U0291560

全屋定制行业设计从业人员实战指南

SET OF CUSTOM SOLID WOOD FURNITURE DESIGN COURSE

全屋定制设计教程

编　著　青木大讲堂

参　编　郭　伟　刘辰亮　李可夫　黄红利　陈义虎　邹炳清

江苏凤凰科学技术出版社

目　录
contents

第 1 章 行业概况和专业术语

第 2 章 产品结构

第 3 章 设计技术

第 4 章 产品计价

第 5 章 安装

第 6 章 岗位

第 7 章 营销

第 8 章 材料

第 9 章 质量判断和品牌定位

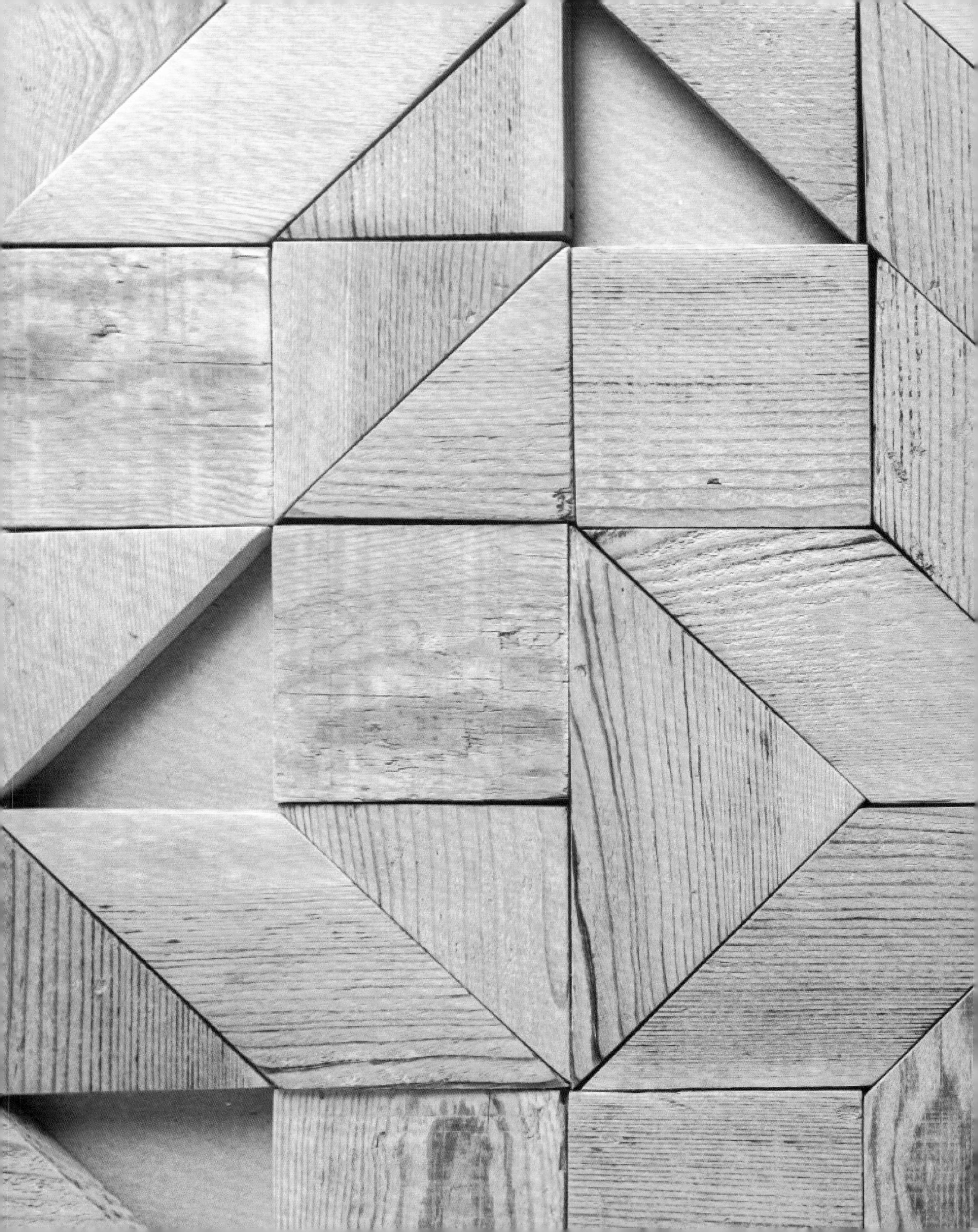

CHAPTER 1
第 1 章
行业概况和专业术语
INDUSTRY OVERVIEW AND TECHNICAL TERMS

CHAPTER 1

第 1 章

行业概况和专业术语

INDUSTRY OVERVIEW AND TECHNICAL TERMS

1.1 全屋定制行业市场概况

1.1.1 行业定义

高级定制的概念最早出现在法国巴黎，由著名设计师查尔斯·弗雷德里克·沃斯（Charles Frederick Worth）首开先河。这个裁缝出身的英国服装设计师于 1851 年在伦敦开始服装设计，并为上流社会人群定制服装。他凭借蕾丝、绸缎等多种服装元素的重新组合开创了自己的“定制服装”品牌，并一举夺得第一届世界博览会女装冠军。当年，“法国高级定制时装协会”成立。由此可见，在时尚界，高级定制有着不可替代的位置，其所代表的创意与精致、专属与服务，一直是引领潮流的风向标。定制家居就是向国人传播一种全新的家居消费模式，在不远的将来，定制也定会成为中国财富阶层的主流消费模式。

体验 + 设计 + 装修 + 产品 + 家饰 + 服务 = 整体家居解决方案。

以整体设计为核心，将风格、装修、产品、家饰等进行统一的整合，形成一整套管理服务的流程体系。

1.1.2 整体家居定义

一个省心省事的家装模式。

一个提升生活品质的梦想。

一个在欧美已很成熟的家居模式。

一个中国家装产业发展的必然趋势。

“一体化装修”其实就是一条龙服务，从装修预算、效果图设计、建材购买到工程施工的全程服务。“整装定制”强调的是个性化的设计、设计风格的统一以及家居文化的演绎。全屋定制是以全房设计为主导，配合专业定制和整体主材配置，以实现只属于客户的家装文化。每个客户对家都有着独特的感情和见解，并非简单的风格呈现，而是客户对生活文化的追求和感悟。整体定制的目的就是把家居文化通过私人定制的方式表达出来。

整装定制涵盖调查、筹备、预案、预装配、安装、售后等一系列服务，所以必须建立在强大的公司规模与平台基础之上，整合设计、施工、生产、饰品配套等多种资源。这样装修出来的房子才能拥有很好的视觉效果，让人们的生活更加舒适，并且更独树一帜地演绎出客户的生活理念。

“实木整装”的实木成品定制避免了装修公司现场制作的弊端，成品直接来源于厂家，意味着在施工现场不会使用一滴油漆。相比现场的手工操作，工厂专业机械生产设备对材料的干燥、清洁、切割、打磨、油漆等工艺进行全面的把控，可以使产品品质更有保障，也更环保！

1.1.3 全屋定制行业市场现状及发展趋势

1. 背景文化

如今装修风格日趋多样化。从繁杂走向简约，从简约走向个性化并追求品位。十多年来，家装风格经历了几个阶段的变化。

第一代家装，即所谓的“马路游击队”。未经正规培训的人员都可以参与装修，往往导致偷工减料、不讲诚信等各种纠纷，品质低劣。

第二代家装，小型装饰公司。装修开始形成产业，由此出现一些相应的装修公司，但整体装修实力并未加强多少，而且价格高，质量却比较低劣，服务内容简单，无太多设计规划。

第三代家装，集成家居。装修和家具脱节，仅仅是拼凑产品，整体风格不统一。

前三代家装由于装修与家具配置脱节，设计施工完毕后客户再选购家居商品或接受家装公司推荐代购的商品，自己还需要进行二次配置设计，这种分步家装模式很难实现装修与家居商品的完美结合。在人们对家居体验有更高层次的要求之时，以“定制家居”为代表的第四代家装应运而生。

2. 市场现状

近年来，中国房地产业高速发展，消费者审美意识和消费意识逐渐成熟，带动了定制家居行业持续、健康、快速、稳定的发展。据相关报道，我国定制家居行业发展平均增长 15% ~ 20%，生产企业由 1994 年的 10 多家发展到目前的 1000 多家，规模企业 100 多家，行业前 50 家销售额占全行业的 30% 以上。目前，国内定制家居使用率为 5 %（包括定制衣柜、定制橱柜等），预计国内定制家居产品的年需求量将保持在 500 万套左右。统计表明，欧美市场对定制家居的年需求量在 3000 万套以上，尚有 40% ~ 50% 的市场空缺需进口。

广阔的市场孕育了大批的定制家居企业，促使行业规模不断扩大。得益于技术创新和市场竞争，全国各地出现了一批优秀的企业，其努力提高产品的科技含量，积极开发新材料、新技术、新设备、新工艺，缩短与国外同类产品科技含量与设计文化含量的差距，为提高我国居民生活的质量和推动行业的发展做出了巨大的贡献。借助企业的积极引导，人们的消费观念不断改变。“整体家居”“集成家居”“整木家装”“全屋定制”的新产品、新技术、新理念层出不穷，诠释着更加积极、健康的定制文化。

3. 市场分析

据相关调查显示：目前我国约 1 亿户城市居民家庭中，整体厨房、衣帽间、私人酒窖等拥有率仅 6.8%，远远低于欧美发达国家 35% 的平均水平。同时，约 29% 的城市居民家庭表示，将在今后 3~5 年内购买安装整体家居。未来五年，我国整体定制家居的需求总量或意向购买量约 2900 万套，平均每年 580 万套。据有关部门测算，家庭装修工程费用每年在 2000 亿元以上，且还在以 15% 的速度增长。据有关部门的研究结果显示，2012 年 1—10 月，北京百万级以上的别墅成交总量为 4476 套（仅显示可监控数据），成交量每月同比增长 24.27%。根据以上数字的测算，我国未来五年的定制家居需求量相当可观。现每年全国定制家居产销营业额仅 20 ~ 30 亿，市场缺口很大。凡此种种足以证明，21 世纪我国定制家居产业的发展空间十分巨大，发展前景十分广阔。

4. 发展趋势

国民生活水平不断提高，人们开始秉承自然、绿色、环保的消费观念，追求温暖健康的家居与温馨和谐的装修。定制家居已成为家居中的必需品，定制家居产品也逐渐深入人心，行业的发展前景甚好。近几年，定制家居逐渐向“健康环保”转型，有三大动力推动其向前发展。

首先，家庭装修已有一定层次的追求，人们远远不满足于原先的现场制作。消费水平的提高，以及人们对定制家居产品的追求，促使行业向前发展，也促使由现场制作向工厂化、机械化制作的转变。

其次，从目前可统计的建筑用工面积来看，每年大概有 16 亿平方米建筑用房投入使用，按照定制家居占 10% 的比例，应该有 1.6 亿平方米的定制家居。据统计，目前形成的一定规模的定制家居生产企业，现在的生产量只能满足 1.6 亿平方米的 40% 左右，还有 60% 的发展空间。因此，定制家居二次、三次装修的需求量非常大，而且也是没法统计的。

另外，在二次、三次装修方面，很多消费者不再只把旧的门刷刷油漆，等等，在经济条件允许的情况下，消费者倾向使用新的定制家居产品。由此可见，无论新房还是旧房都需要大量的定制家居产品。

综上所述，定制家居得益于这三大动力的推动，正逐渐向更高、更优的品质发展，未来的定制家居行业也将前景一片辉煌。

从目前的家居市场来看，未来在定制家居行业或将有大作为的品牌可能集中出现在定制家具和木门行业。定制家具行业出彩的原因在于现有的定制家具品牌里不乏于 2006 年左右就开始探索全屋实木定制，而随着时间的推移，在定制家具行业涌现出如玛格、KD 等以全屋定制见长的定制家具品牌，以配套供应为主的如老木匠、精王木业等品牌，还有精专于酒窖产品的如凯瑟夫等品牌。这些品牌在多年的成长过程中形成了拥有自身品牌特色的全屋定制风格，并积累了丰富的定制经验，这些是后来者在短期内无法超越的。木门行业之所以入围，更多的在于相对其他行业而言，其较多地运用木制品，技工的技能纯熟度高，且不少企业都致力于顶、地、墙几个关键部位的家居制品的研发和生产。最常见的是木门企业的门套、吊顶和护墙类产品的研发、生产，这些都是定制家居非常关键的组成要素。

1.2 全屋定制常用的专业术语

原木

即纯实木，指未经再次加工的天然实木材料，不使用任何人造板的木材。原木定制家居产品的所有木制品部位必须以锯材（由原木锯制而成的成品材或半成品材，如集成材等）加工制作而成。纯实木的木纹、木射线（如果有的话）通常表现为“纹理”清晰可见，或多或少地有一些自然瑕疵（木节、木斑、黑线等）。同一块实木，无论木板还是木条，两个交界面的木纹可以明显看出纵切面与横截面的自然衔接。

实木

由锯材和胶合板（以木材为原料，通过胶合压制成的柱型材和各种板材如多层板、密度板、夹芯板、刨花板等的总称）制成的用于定制家居的木材。

人造板

以木材或其他非木材植物为原料，加工成单板、刨花或纤维等形状各异的组元材料，经施加（或不加）胶黏剂和其他添加剂，重新组合制成的板材。

木皮

木皮的木纹、木射线清晰可见，有一些自然瑕疵。因木皮有一定的厚度（0.5 mm 左右），制作家具时遇到两个相临交界面，通常不转弯，而是各贴一块，因此两个交界面的木纹通常不应衔接。贴皮家具，从外观上看是实木家具，木材的自然纹理、手感及色泽都和实木家具一模一样，但实际上是实木和人造板混用的家具，即侧板、顶、底、搁板等部件采用薄木贴面的刨花板或中密度纤维板，门和抽屉则采用实木。

贴纸

木纹、木射线清晰可见，即使是进口高级纸，木材瑕疵也可仿造，但与天然木皮还是有所区别，稍显不真实。贴纸家具在边角处容易露出破绽。另外，木纹纸因厚度很小（0.08 mm），两个平面交界处直接包过去，造成两个界面的木纹是相接的，通常都是纵切面。

木门

由木制材料（锯材、胶合材等）为主要材料制作门框（套）、门扇的门，简称木门。

楼梯

即住宅内用成品楼梯，使用预制成套构件，用于住宅居住空间套内的现场安装的木制楼梯，包括组装式楼梯和装饰式楼梯。

定制衣柜

也称整体衣柜，指根据客户个性化需求量身定制的衣柜。

整体橱柜

指按照消费者家中厨房的结构、面积，以及家庭成员的个性化需求，通过整体配置、整体设计和整体施工，最后形成的成套产品。

定制家具

也称整体家具，指根据消费者的风格，运用专业知识，设计并制造符合消费者需求的用来收纳、存放家居用品及物料的柜类固定家具，并不限于定制玄关柜、客厅柜、书柜、阳台柜、储物柜、衣帽间等定制柜类产品。

护墙板

指主要由墙板、装饰柱、顶角线、踢脚线、腰线等几部分组成的结构件，起到保护和装饰作用。

吊顶

指住宅居住空间套内顶部的纯实木或实木（实木复合）装修。

实木地板

指天然木材经烘干、加工后形成的地面装饰材料。

酒柜

指纯实木或实木制作的专用于酒类储存及展示的柜子。

酒窖

是对一些与酒有关的空间的总称，包括酿酒酒窖和储酒酒窖。

木制线条

指选用质硬、木制较细、耐磨、耐腐蚀、不劈裂、切面光滑、加工性质良好、油漆上色性好、黏结性好、钉着力强的木材，经过干燥处理后，用机械加工或手工加工而形成的用于装饰或封边的结构件。

门扇

又叫门页，一樘门当中可以启闭的装置。

门头

又叫门楣，原指在门口设置的牌匾及装饰设施。现泛指门体上方的装饰部件。

门框

又叫门套，由门套板、门套线组成。位于洞口侧面装饰洞口的部件。

门洞

请查看第二篇产品结构篇木门部分示意图。

门板

请查看第二篇产品结构篇木门部分示意图。

又称筒子板，位于门洞侧面的装饰板，门扇一般依附门套板安装。分为顶门套板和侧门套板。

门套线

又叫贴脸板，用于遮盖门套板与墙体间缝隙的装饰盖条。

头料

又称上帽，指木门最上方的木料部分。请查看第二篇产品结构篇木门部分示意图。

站料

又称下帽，指木门最下方的木料部分。请查看第二篇产品结构篇木门部分示意图。

踢脚线

顾名思义，就是脚踢得到墙的地方，是室内装饰中墙面接地处的装饰墙砖，主要起到平衡视觉的作用。优美的线条、丰富的色彩与室内环境相呼应，具有较好的美化装饰效果，同时可以保护墙面，是地面的轮廓线，形成良好的视觉效果，营造温馨的家居环境。

罗马柱

由柱础、柱身、柱头（柱帽）三部分构成。各部分尺寸、比例、形状各不相同，柱身处理和装饰花纹彼此各异，形成各不相同的柱子样式。基本单位由柱和檐构成。

柜体

吊柜、地柜、装饰柜及中高立柜等都属于柜体的组成部分。实木型材质体现出自然古典的风格，其中纯实木型规格较高，整体自然，所以价格也偏高；最常见的是实木贴面板和复合板两种类型，不易变形的同时也能解决材料表面的色差问题。

投影面积

即计算正面投影的面积。正面投影面积比较简单，就是衣柜长度乘以高度。

展开面积

即计算每个板材的面积。计算过程较复杂。

延米

即延长米，用于统计或描述不规则的条状或线状工程的工程计量，如管道长度、边坡长度、挖沟长度等；没有统一的标准，不同的工程和规格分别计算，以此作为工作量和结算工程款的依据。在橱柜销售行业，橱柜基本按照延米来计价，在特定的高度和深度下每一米称为延米。

铰链

在橱柜的使用过程中，铰链是不可忽视的一部分。需要承受门板的重量，在重复打开时，必须保持门排列的一致性，所以铰链的好坏直接决定橱柜的使用寿命。带有阻尼功能的铰链可以保证橱柜的使用安全，有效地防止橱柜门板突然关闭。

滑轨

抽屉是厨房储物不可或缺的一部分，其中滑轨是核心的配件。厨房重油烟、重湿度的环境导致滑轨时间长了容易出现推拉困难的现象。市面上钢珠滑轨和硅轮滑轨是相对优质的产品，得益于其内部轴承结构，即使使用过程中落入脏污或者产生锈渍，抽屉也可以滑动自如。

气撑

随着现代创意家居的发展，橱柜设计也不断发展，以求更加人性化。橱柜五金配件针对翻板式的上开门和垂直升降门研发了气撑这个配件，类似于汽车向上开的后备箱，使用起来省力，且拥有多点制动位置，可以停在任意角度。

拉手

随着家装产业的发展，拉手款式种类繁多，如木制、金属及水晶等，除了实用以外，也具有一定的装饰作用。

作为厨房用品，不易生锈、不易损坏、抗腐蚀是必备的特点，所以实木型则不合适。

拉篮

作为储藏碗碟的空间，不锈钢一般是橱柜拉篮材质中性价比最优的选择，既卫生又清爽。根据橱柜尺寸，可以定制拉篮，有效利用空间，不产生一丝浪费。

见光面

柜体的侧面板业内又称为见光面，如油烟机两侧面板、柜体背阴面等，在选购时要咨询清楚，如果需要与橱柜门板一样的材质，是否需要额外的费用。

煤气包管

厨房墙角一般有一根天然气管道，如果原样安装在厨房则不美观，但通常又不允许封住，所以煤气包管在理论上也可算作一种工艺，橱柜公司可能会额外收费，最好提前咨询清楚。

防水铝箔

为了防止漏水和冷凝水破坏柜体，在安装水槽的下柜时会在这个下柜内部包裹一层防水铝箔，可能需要额外的费用。

台下盆

台下盆在这里是指一种加工工艺，简单地说，就是把水槽从下往上，粘到橱柜台面下方。台下盆加工工艺的好处是可以方便打扫台面。

非标柜

厂家在生产橱柜时有标准的尺寸，部分商家会有略微的差异，但大部分都差不多。如果需要的尺寸和标准尺寸差异较大，则需定制，因此会产生额外的费用。

开放漆

有全开放和半开放之分。又称水洗白。原理是保留天然木纹的毛孔，凸显肌理感。如果把毛孔全盖死，则是普通的封闭工艺。如果木质比较柔软，也可用手刷，如杉木。木质比较坚硬的必须喷漆。

开放漆是相对封闭漆而言的一种木器涂装工艺，近年在欧洲高档家具中比较流行。

全开放式油漆（以硝基漆为主）：是一种完全显露木材表面管孔的涂饰工艺，主要成分为聚氨酯，浓度小，表现为木孔明显，纹理清晰，油漆涂布量小，亚光，自然质感强，可以二次修补。开放式漆主要针对实木的材料，但成本高，对喷涂技术要求高，需要六七遍甚至十遍以上工艺。木纹有明显的手感。

半开放漆：最近几年比较流行，通常在水曲柳等粗木纹面板上施工，比较接近自然风格，漆的用量少，可以降低成本，减少环境污染。

封闭漆

是将木材管孔深深地掩埋在透明涂膜层里为主要特征的一种涂饰工艺，主要成分为不饱和树脂，浓度高，表现为家具表面涂膜丰满、厚实，亮光，表面光滑，看不到木眼。

这两种油漆工艺适用于不同木制的家具。如果木材的导管较细而密，如桦木、枫木，建议做封闭漆。如果导管较深且明显，如橡木、水曲柳等高档木材，可以做开放漆。

除了这两种漆，现在欧美较流行的是用木蜡油做开放漆效果。木蜡油的作用原理和油漆完全不同。木蜡油属于渗透型木器漆，涂在木头上，渗透到木材内部，显露木材的纹理，而且有多种颜色可供选择。无底漆面漆之分，最重要的是木蜡油属于天然环保涂料，对人体没有任何伤害（VOC=0），属于真正的环保木器漆。

擦色

擦色与开放漆是两个对立的概念。擦色指将底漆施工好后，进行打磨；通过擦色，可以使木纹纹路更加清晰，体现木材天然纹路的质感。擦色和开放漆从外表面看区别是：擦色的表面摸上去是平的，而纹路又能清晰地体现出来；开放漆的表面是凹凸不平的。

并非所有的木皮都适合擦色，只有木纹纹理清晰，毛孔粗而深，容易吃色，才会有好的效果，如水曲柳、橡木等。枫木木质细腻，纹理均匀，毛孔细而密，不易吃色，擦过后，木纹变模糊，效果不会好！

综上所述，封闭漆和开放漆的主要区别就在于木材的基质。在基质相同的情况下，木材导管的开放与封闭，主要取决于油漆的施工用量与固体份。一般来讲，硝基漆用于开放木材基质的效果最好，PU 漆需要进行稀释，PE 漆则很难用于开放木材基质。相反，若需要封闭家具的效果，PE 漆效果最好，PU 漆需要三遍以上底漆，而硝基漆则效果很差，很难全封闭，最多是半封闭。

混油

在木制板材上用水性腻子批、修补钉眼、打磨平整、清除粉尘，接着刷混水漆。如果是密度板，腻子应使用原子灰批。

清油

先清除饰面板上的污迹，然后刷底漆、用腻子修补钉眼、打磨、清除粉尘，接着刷或喷油漆。

此两种工艺的区别是：清油工艺，在木质纹路比较好的木材表面涂刷清漆，操作完成以后，仍可以清晰地看到木质纹路，有一种自然感。混油工艺，工人在对木材表面进行必要的处理（如修补钉眼、打砂纸、刮腻子）后，在木材表面涂刷有颜色的不透明油漆。混油工艺不易落伍，清油工艺易落伍。

模压

用两片带造型和仿真木纹的高密度纤维模压门皮板经机械压制而成。模压门板的制造是采用人造林的木材，经去皮、切片、筛选、研磨成干纤维，拌入黏合剂和石蜡后，在高温下一次模压成型。从工艺上讲，模压门也属于夹板门，只不过是门的面板采用高密度纤维模压板。

包覆

指用质地柔韧、表面美观的膜状装饰材料对各种型材（MDF 或 HMF 造型线条，PVC、ABS 挤出型材、铝合金型材或木塑复合型材）的各功能面通过专业设备进行饰面处理的工艺。包覆工艺属世界饰面工艺三大发展方向（水性漆、粉末喷涂、膜饰为饰面工艺发展的三大方向）的膜饰工艺中的核心工艺之一，膜饰工艺包括膜状装饰材料平面压贴和型材包覆。包覆工艺是现代化工业设备与人工技术的完美结合，只有实现人机互动，才能完成型材包覆。造型、规格各异的型材与美轮美奂的膜通过包覆机上的辊轮来实现压贴，而辊轮的安装与调整需要技工高超的技艺和长期的经验积累来实现。包覆工艺是一项系统的工业加工技术，是基于精良的型材刨铣设备、包覆生产线和科学的工艺流程控制系统的现代工业技术。

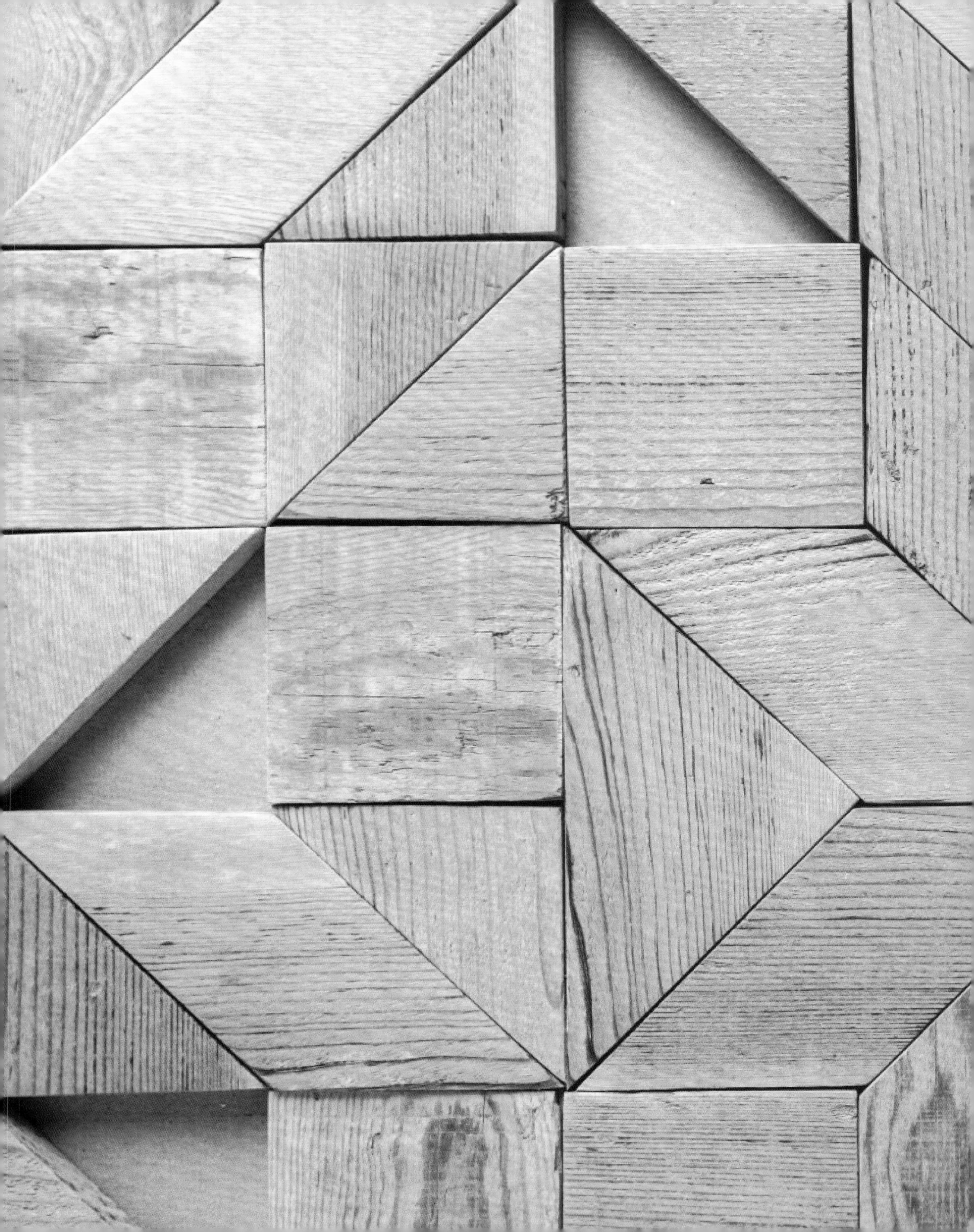

CHAPTER 2
第 2 章
产品结构
PRODUCT STRUCTURE

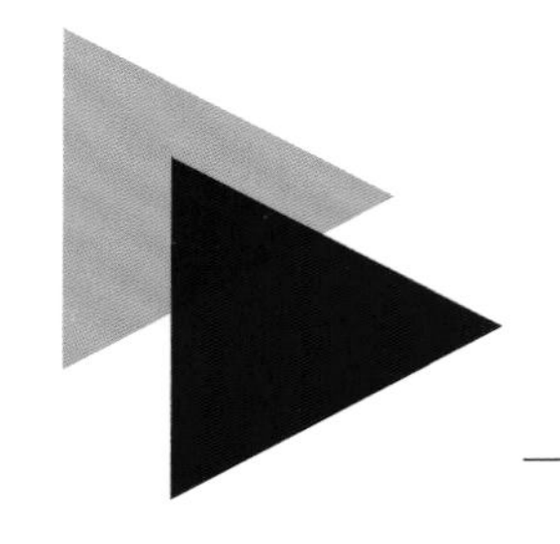

CHAPTER 2
第 2 章
产品结构
PRODUCT STRUCTURE

2.1 全屋定制产品概要

全屋定制产品分广义的实木定制产品和狭义的实木定制产品。广义的实木定制产品指产品主要部件表面采用油漆涂装而形成漆膜的产品，基材使用原木、实木集成材、人造板材，无饰面或使用实木皮饰面等。狭义的实木定制产品限定基材为纯实木产品。本文所述的实木定制产品属广义产品。

2.1.1 产品分类

1. 按产品构成的主要材料分类

纯实木类定制产品

纯实木类定制产品，基材采用实木锯材或实木板材，表面不做覆面处理，或表面覆贴实木单板或实木木皮，木制零部件均使用实木板材或实木锯材制作（托板、压条除外）。纯实木定制产品具有纹理自然、环保等优点，但由于自然特性以及环境温度、湿度的差异，易出现裂缝、变形。

实木综合类定制产品

实木综合类定制产品，指基材采用实木、人造板等多种材料混合制作的家具。日常多采用框架，使用实木基材、芯板，采用人造板 + 实木皮饰面。实木综合类定制产品有着纯实木定制产品无法比拟的优越性，具有外观自然、结实耐用、绿色环保等优点，不易开裂、变形，因此目前市场上 70% 以上的实木定制产品均属于此种类型。

尤其是定制的木门、平开门、墙板、木制房顶，芯板部分推荐使用人造板表面覆实木皮，否则芯板与框架之间极易出现裂缝；厚度低于 12 mm 的板材，亦推荐更多地使用人造板类产品。

实木复合类定制产品

实木复合类定制产品，指基材使用人造板，饰面贴实木皮，或直接在人造板上做油漆涂装。人造板材的种类很多，常用的有刨花板、纤维板（密度板）、细木工板（大芯板）、胶合板（多层实木板）等。它们的特点各异，应用于不同的定制家具制造领域。

2．按产品种类分类

木门、楼梯、衣柜、书柜、玄关柜、厅柜、展示柜、橱柜、护墙板、吊顶、酒柜酒窖，以及其他（过道垭口、窗套等）。

3．按使用的空间分类

整体书房、整体卧室、整体起居室（客厅）、餐厅、整体酒窖、衣帽间、走廊、娱乐间、阳台休闲、玄关等。

2.1.2 定制产品所使用的材料

以木材、人造板材为主。

1．木材

木材是由树木加工成的原木板材、方材（纯实木）等的总称。广泛应用于建筑、装饰装修、家具、地板等领域，是衣柜制作的主要原材料之一。

木材的优点：易加工，强重比大，绝缘性好，富有弹性，色泽、纹理美观，抗震，导热性低，易胶合，质地轻，耐冲击性好；缺点：湿胀干缩，易腐易燃，宽度受直径限制，体形大，不规整，组织不均匀，含水率大，不稳定，保管不良易变形、开裂，易受菌虫侵害。

新鲜木材含有大量水分，水分在特定的环境下会不断蒸发。水分的自然蒸发会导致木材发生干缩、开裂、弯曲变形、霉变等，严重影响木材制品的品质，因此木材在制成各类木制品之前必须进行强制（受控制）干燥处理。正确的干燥处理可以克服上述木材缺陷，提高木材的力学强度，改善木材的加工性能。它是合理利用木材，保证所加工产品质量的技术措施，也是木制品生产不可缺少的首要工序。实木定制产品使用的木材含水率应为 8% 至产品所在地区年平均木材平衡含水率 +1%。特别是对纯实木制作的楼梯、门类及柜类和护墙板、天花板的工艺及结构都要进行预防开裂、变形的严格处理；对于易腐朽的木材，还应事先进行防腐处理。制作实木定制产品时，有的部件需要使用大块木料，但由于大径木材越来越匮乏等原因，这种大块木料一般很少，而且价格很高。因此，通常需要使用胶合的方法，将较小的板材胶合成大的板材，如纯实木指接板（集成材），此时的工艺要求十分严格。

实木定制产品的常用木材（锯材和木方）包括橡木、柚木、黑胡桃木、椴木、楸木、水曲柳、橡胶木、柞木、白栎、桃花心木、南美胡桃（玫瑰木）、樱桃木、西南桦、桦木、枫木、沙比利木、榆木、松木、榉木、香樟木、柏木等。

除了使用实木原木锯材、实木板材外，在定制家居领域广泛使用的实木指接板（集成材），是去除木材缺陷的短料，通过指行榫接长后，按木材色调和纹理配板胶合而成的实木板材。集成材的特点是：由短小料制成符合要求的规格、尺寸和形状，做到小材大用、劣材优用；胶合前，剔除节子、腐朽等木材缺陷，使得成品少有缺陷；保留天然木材的质感，外表美观；原料经过充分干燥，各部分的含水率均匀，与实体木材相比，开裂变形小；在抗拉和抗压等物理力学性能方面和材料质量均匀化方面，优于实体木材。

2．人造板材

即以木材或其他非木材植物为原料，经一定机械加工分离成各种单元材料后，施加或不施加胶黏剂和其他添加剂胶合而成的板材。主要包括胶合板（多层实木板）、刨花板和纤维板（密度板）三大类产品，延伸产品和深加工产品达上百种。人造板的诞生，标志着木材加工现代化时期的开始，使木材加工过程从单纯改变木材形状发展到改善木材性质。这一发展，涉及全部木材加工工艺，需要吸收纺织、造纸等领域的技术，从而形成独立的加工工艺。此外，人造板还可提高木材的综合利用率，1 m 人造板可代替 3~5 m 原木。

刨花板（实木颗粒板）

是天然木材粉碎成颗料大小不等的木屑，通过一定比例树种的配比，再经拌胶后，热压压制而成的板材，具有木材本身大部分的优良品质。质量好的刨花板从切面看，颗粒相对比较细密、均匀，越靠近两侧板面，颗粒越细，就像一个夹心饼。刨花板安装连接件（如螺钉等）的牢固性（握钉力）好于密度板。刨花板的环保系数相对同等级的密度板要高，但不可做门板造型。

纤维板（密度板）

是由木制纤维交织成型的一种人造板材，也是目前最贴近木材组织结构的人造板材。有高密度、中密度、低密度之分。生产制造工艺过程与刨花板相似，不同的是刨花板由刨花组成，纤维板由纤维组成，材料内部组织均匀，与实木结构相似或相近，各项性能相同，制造过程也要加入胶黏剂、防水剂等。纤维板具有材质均匀、纵横强度无差异、加工工艺好、不易变形开裂等优点，紧实，易于做造型，板材性能良好，加工工艺性强，用途非常广泛，深受广大消费者欢迎，也是定制家居最主要的用材之一。

细木工板（大芯板）

俗称大芯板、木工板，是具有实木板芯的胶合板，将尺寸规格较小的原木切割成条，拼接板芯，外贴面材加工而成，竖向（以芯板材走向区分）抗弯强度较差，但横向抗弯强度较高。面材树种可分为柳桉、榉木、柚木、杨木等，质量好的细木工板面板表面平整光滑，不易翘曲变形，并可根据表面砂光情况，将板材分为一面光和两面光两种类型。两面光的板材可用于家具面板、门窗套框等关键部位的装饰材料。现在市场上大部分是实心、胶拼、双面砂光的细木工板。

实木多层板

是以纵横交错排列的很多层实木薄片为基材，经涂树脂胶后在热压机中通过高温高压制作而成。不易变形开裂，干缩膨胀系数极小，具有较好的调节室内温度和湿度的能力，结构强度好，稳定性好，在实木定制产品中，尤其是在柜类产品的背板、抽屉底板等厚度低于 12 mm 的情况下，多采用实木多层板。

本书中，将以上定制产品统称为“定制家居木作系统”。

2.2 木门

2.2.1 木门基本知识

木制门

由木制材料（锯材、胶合材）等为主要材料制作门框（套）、门扇的门，简称木门。

锯材

由原木锯制而成的任何尺寸的成品材或半成品材。

胶合材

以木材为原料，通过胶合压制成的柱形材和各种板材的总称。

全实木榫拼门

以榫接木边梃内镶木板或用厚木板拼接加工制成的门，称为全实木榫拼门，简称全木门。

实木复合门

以木材、胶合材等为主要材料复合制成，实型（或接近实型）体面层为木制单板贴面或其他覆面材料的门，称为实木复合门，简称实木门。

夹板模压空心门

以胶合材、木材为骨架材料，面层为人造板或 PVC 板等经压制胶合或模压成型的中空（中空体积大于 50%）门，称为夹板模压空心门，简称模压门。

2.2.2 木门分类

按开启形式分：平开门、推拉门、折叠门和弹簧门，固定部分与平开门或推拉门组合时为平开门或推拉门。

按构造分：全实木榫拼门、实木复合门和夹板模压空心门。

按饰面分：木皮门、人造板门、高分子材料门。

2.2.3 原木门常见结构

1. 常见门框结构

平开门框

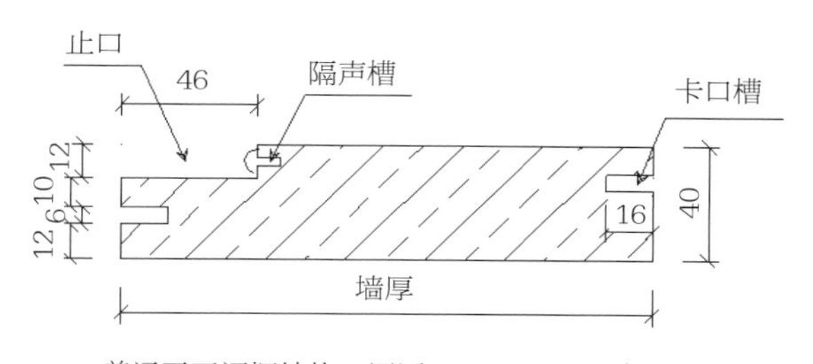

普通平开门框结构：门厚 40 mm，开口宽 46 mm

平开门框

推拉门框

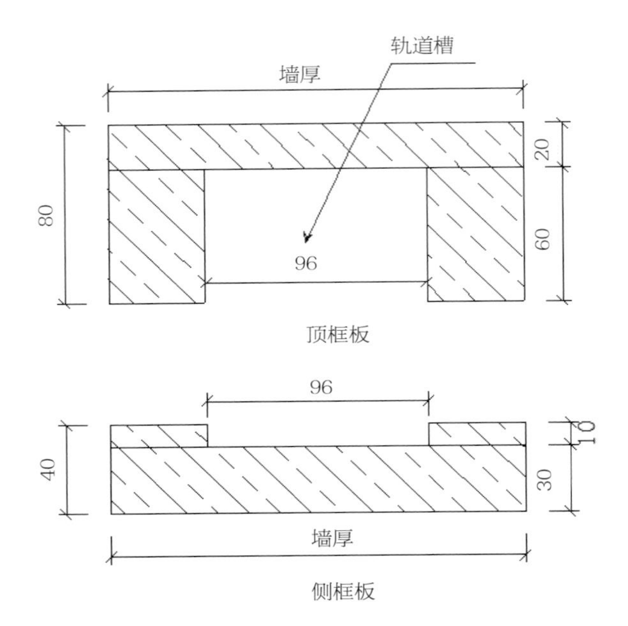

普通双轨道推拉门框结构：门厚 40 mm，轨道槽宽 96 mm

推拉门框

平板框

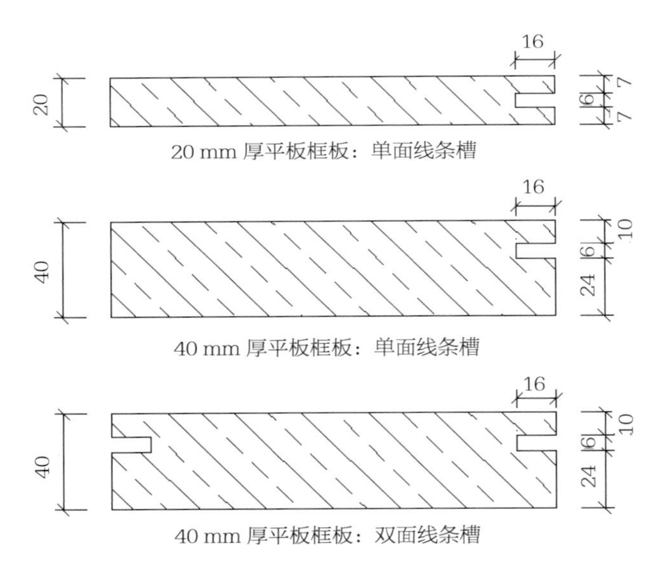

平板框

2．常见门扇结构

常规门

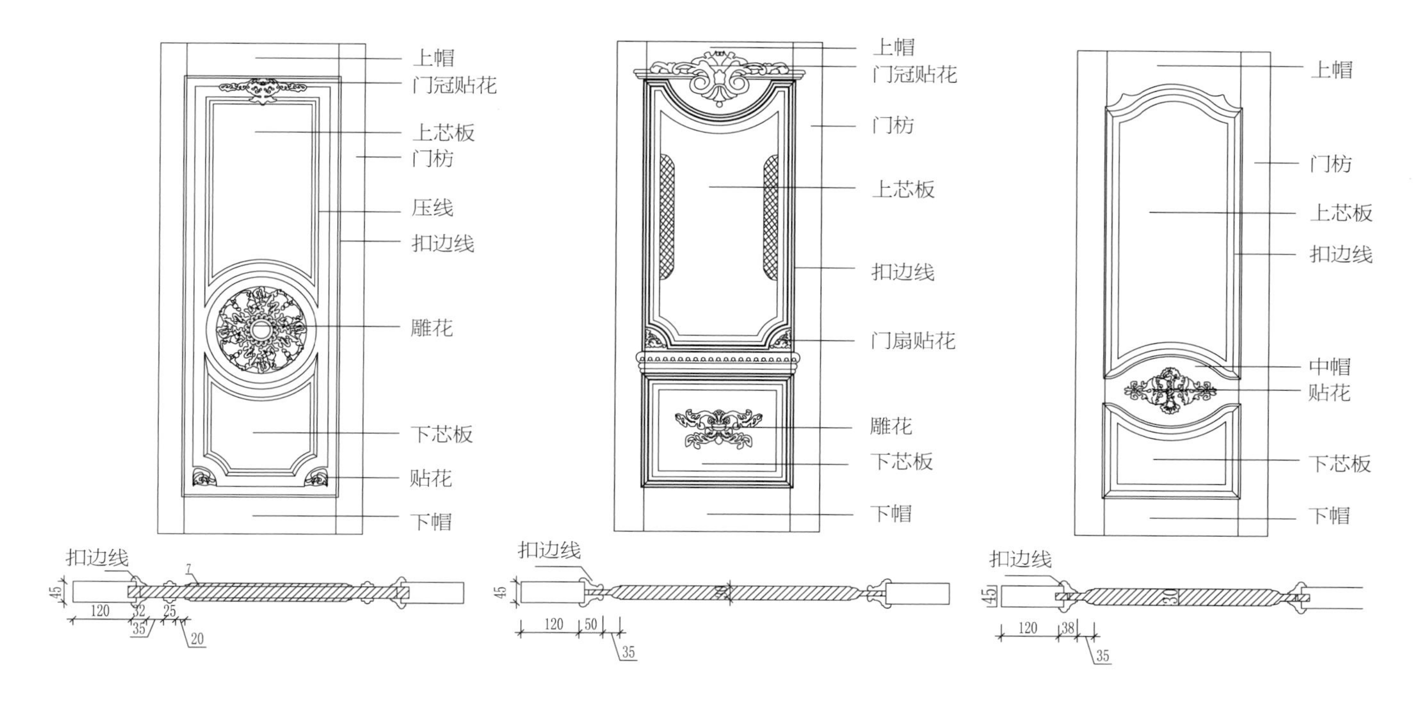

常规门

3．门扇剖面结构

普通芯板门

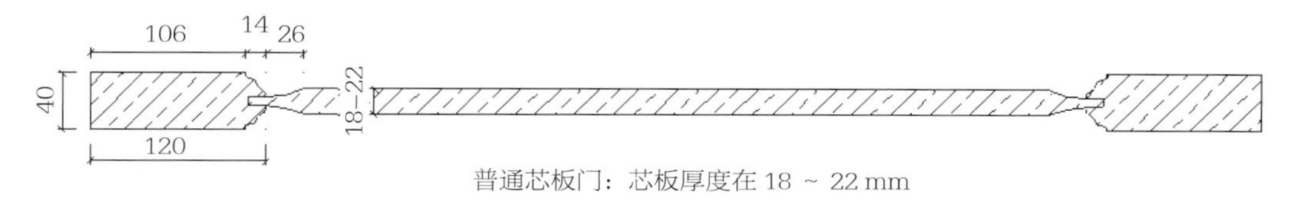

普通芯板门

厚芯板门

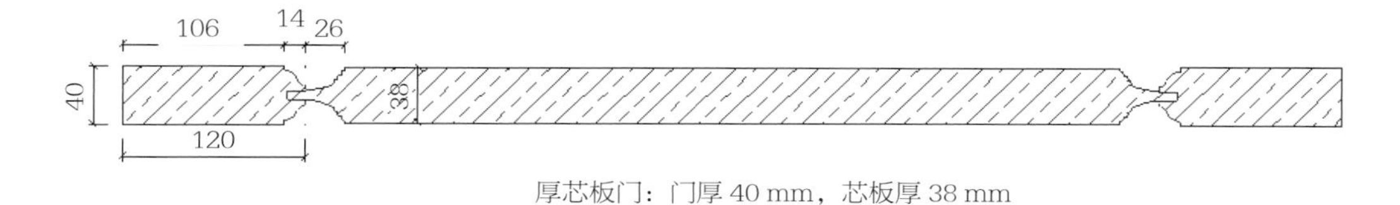

厚芯板门

厚芯板带假扣线门

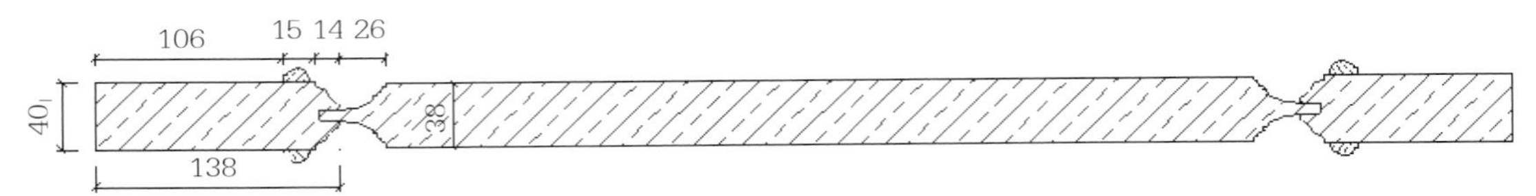

厚芯板门带假扣线：门厚 40 mm，芯板厚 38 mm

厚芯板带假扣线门

厚芯板带真扣线门

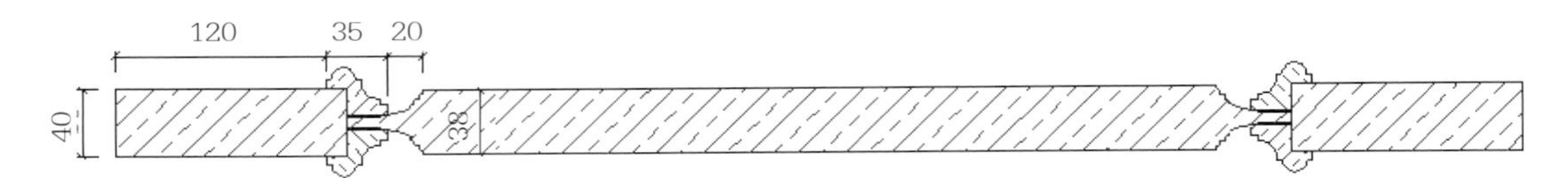

厚芯板门带真扣线：门厚 40 mm，芯板厚 38 mm

厚芯板带真扣线门

实芯平板门

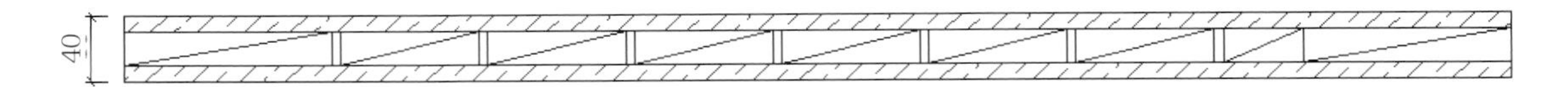

实芯平板门：三层结构，中间 80% 填实

实芯平板门

芯板夹三厘板门

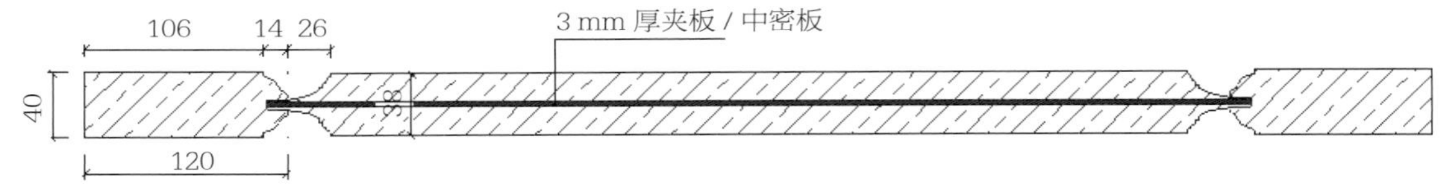

特殊芯板工艺门：北方地区开裂概率高，大块芯板的门型、芯板均可按两面实木，中间夹三厘板制作，可有效降低芯板开裂概率

芯板夹三厘板门

木制防盗门

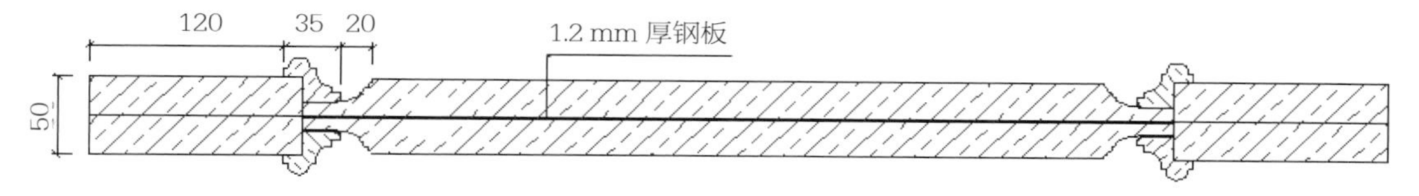

加钢板防盗工艺：门厚通常 50 mm 或以上，结构为两层拼压。外一圈边枋不加钢板

木制防盗门

木制防火门

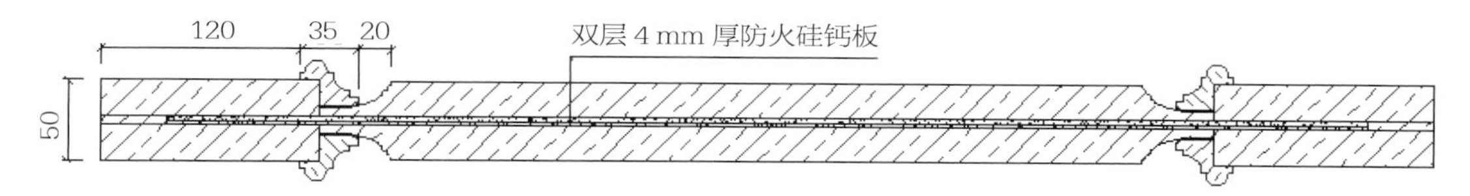

防火门工艺：门厚通常 50 mm 或以上，结构为两层拼压，中间夹双层防火硅钙板

木制防火门

豪华门

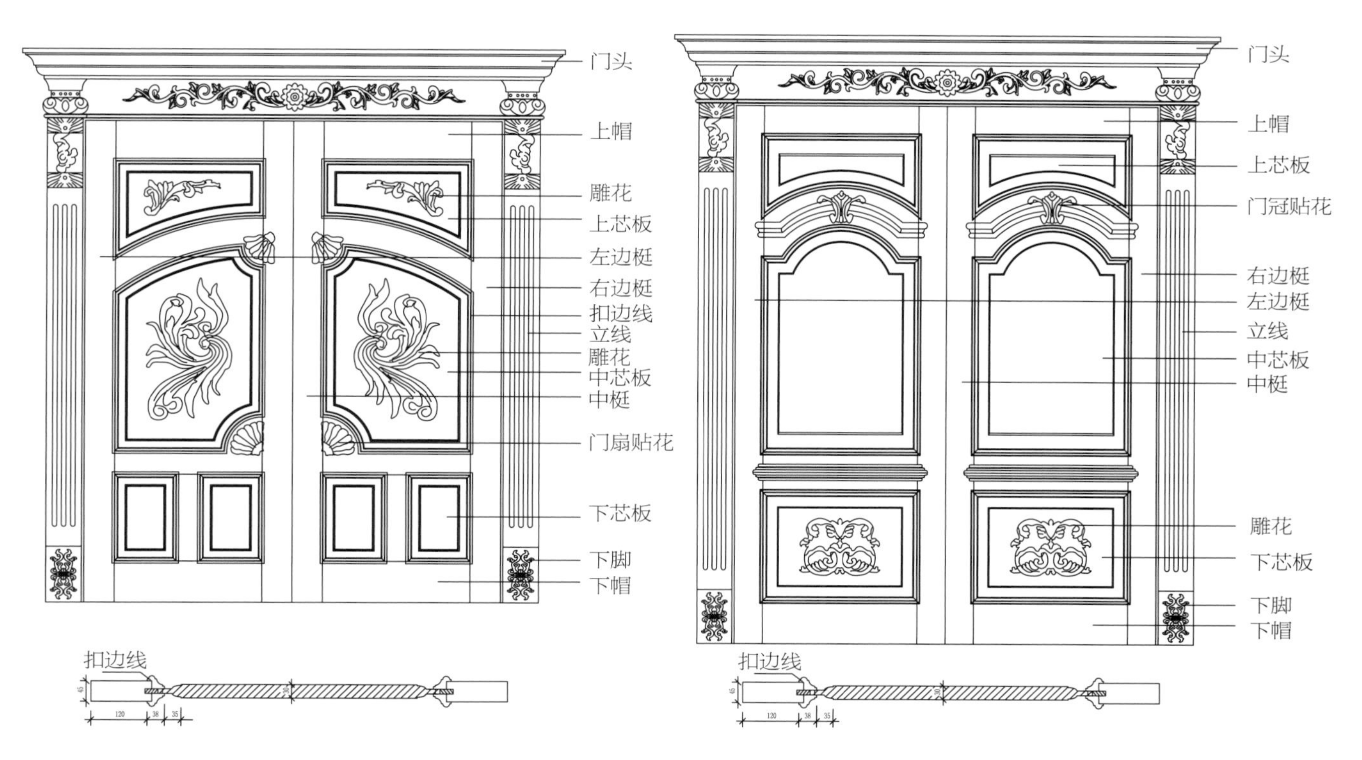

豪华门

4．常规线条结构

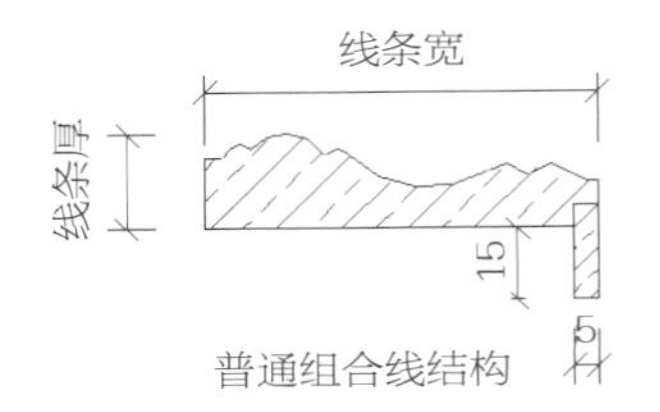

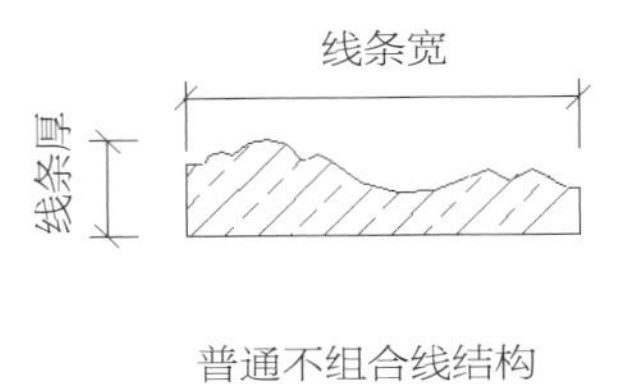

常规线条结构

5．平开门结构

普通平开门

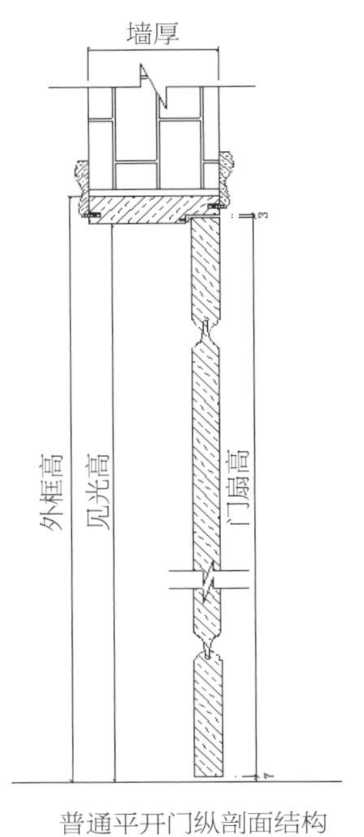

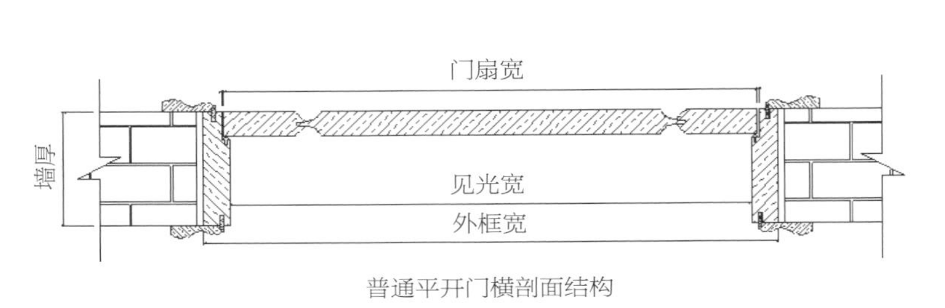

普通平开门横剖面结构

普通平开门

居中平开门

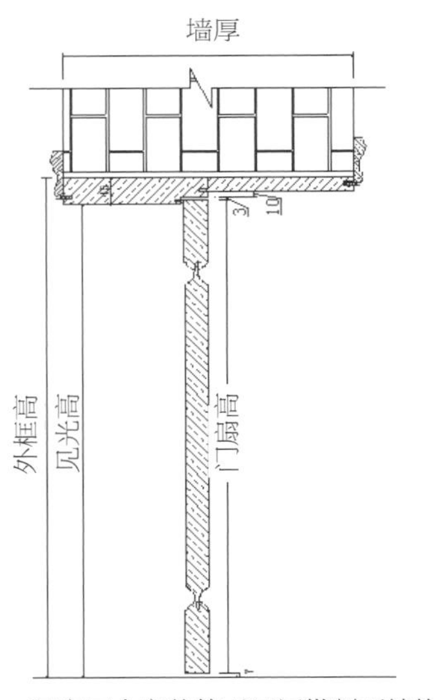

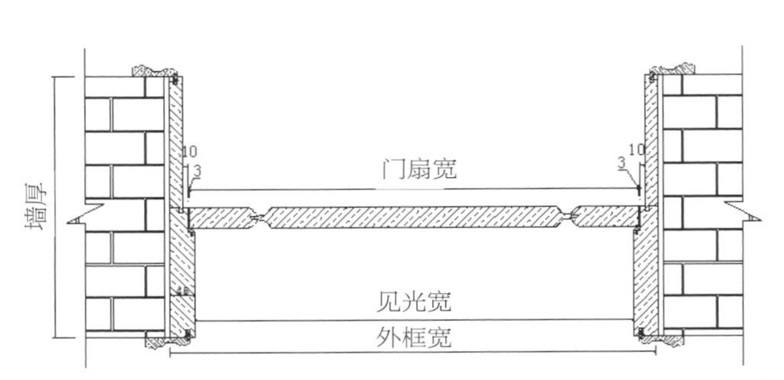

门扇居中安装的平开门横剖面结构：如果墙厚尺寸超大，可考虑用此方式安装门扇，门框做分体 2 件，框总厚度须做到 45 mm

门扇居中安装的平开门纵剖面结构

居中平开门

靠外平开门

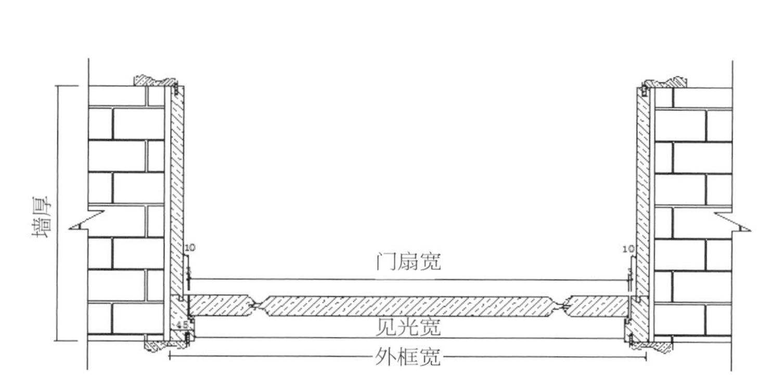

门扇靠外安装的平开门横剖面结构：如果墙厚尺寸超大，可考虑用此方式安装门扇，门框做分体 2 件，框总厚度须做到 45 mm

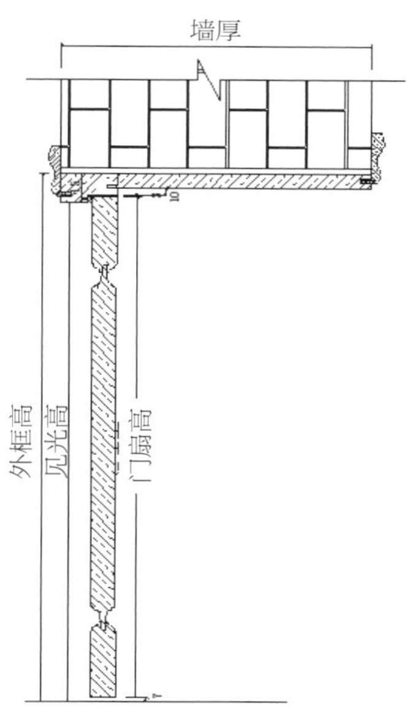

门扇靠外安装的平开门纵剖面结构

靠外平开门

暗门

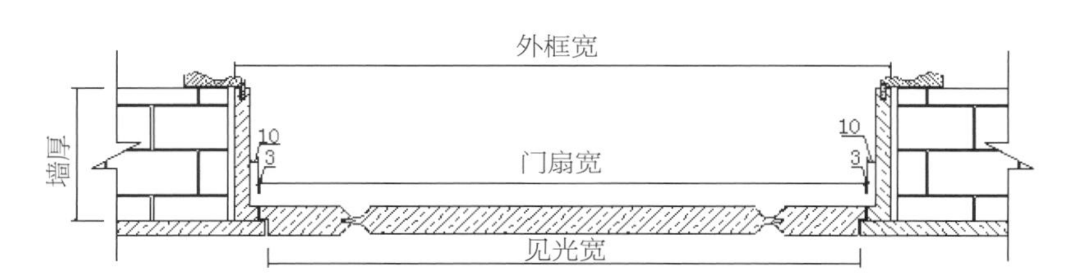

暗门横剖面结构：整个房间带墙板时，可考虑用此方式做暗门，以墙板厚度做门扇止口（如无墙板只有线条，可用线条做止口，如无线条和墙板，可将门框加宽做止口），装弹簧暗门合页

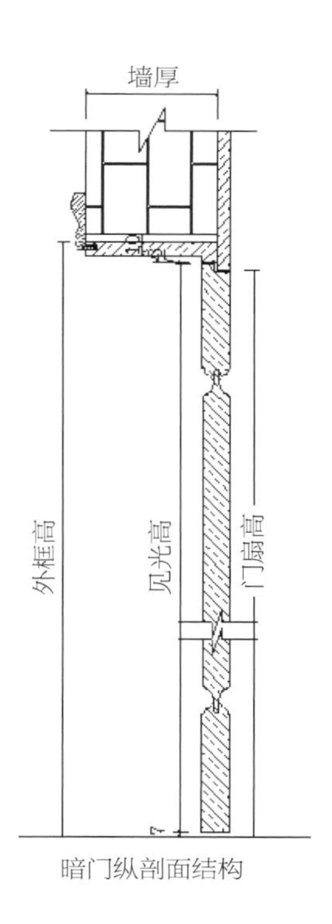

暗门纵剖面结构

暗门

6．多扇开启方式

子母门

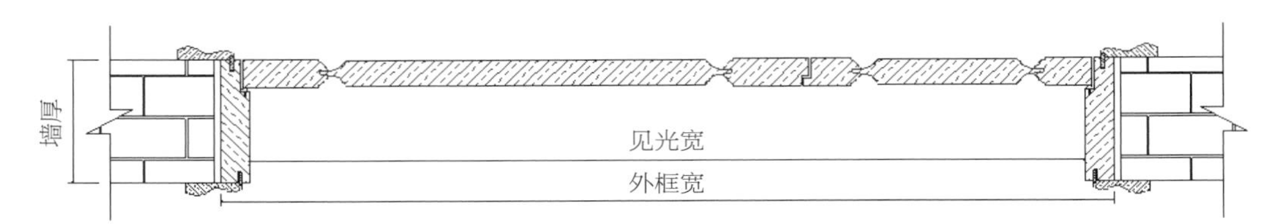

字母门结构：开启方向在（下单概要）内有说明

子母门

对开门

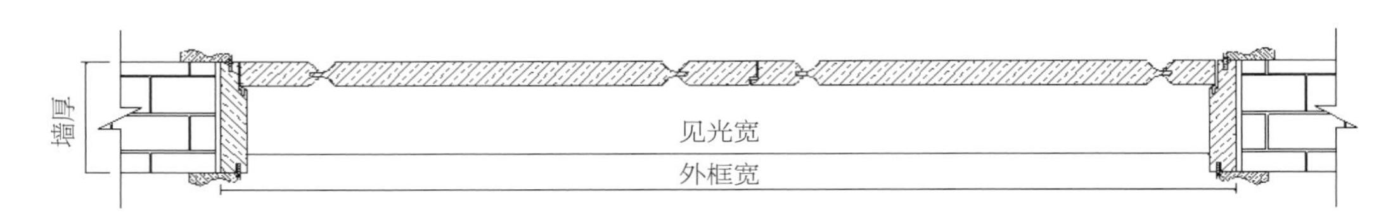

对开门结构：开启方向在（下单概要）内有说明

对开门

双子一母门

A 型（常规做法）

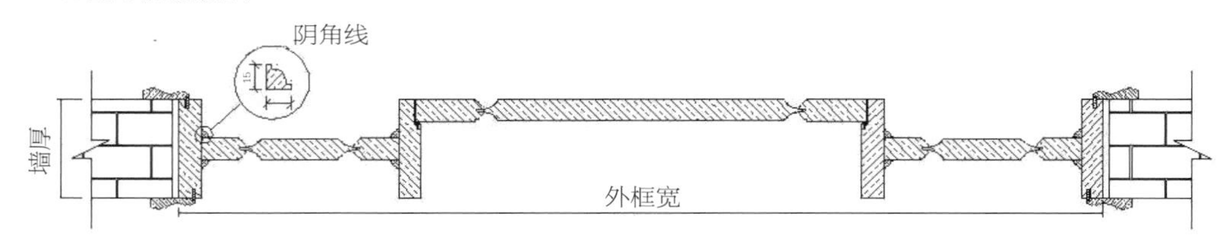

双子一母门结构：加 2 条立柱，配阴角线固定子门，可现场调整安装位置

B 型

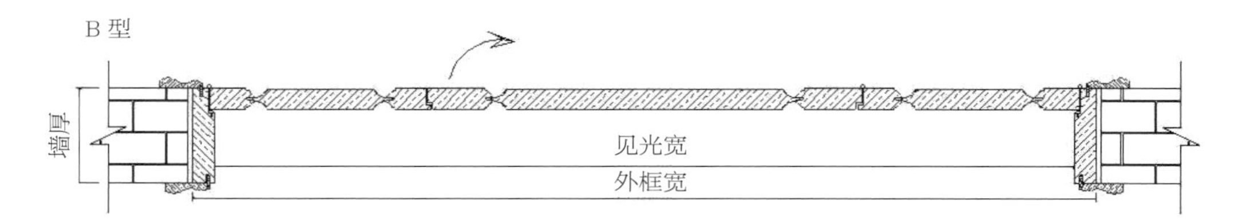

双子一母门结构：无立柱，母门和子门直接用合页连接，3 扇门均可开启，但结构不够稳固

双子一母门

双子双母门

A 型（常规做法）

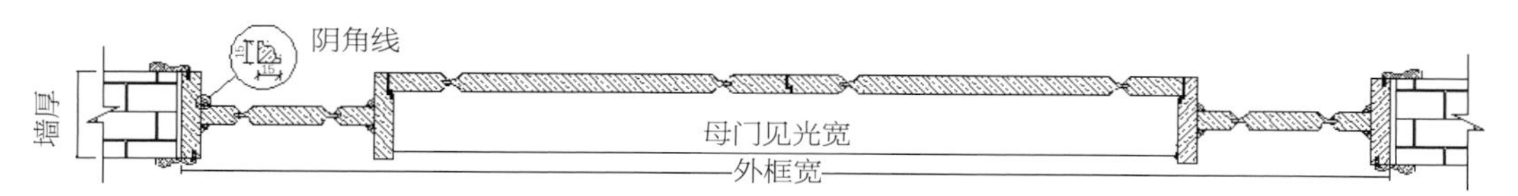

双子双母门结构：配阴角线固定子门，可现场调整安装位置

B 型

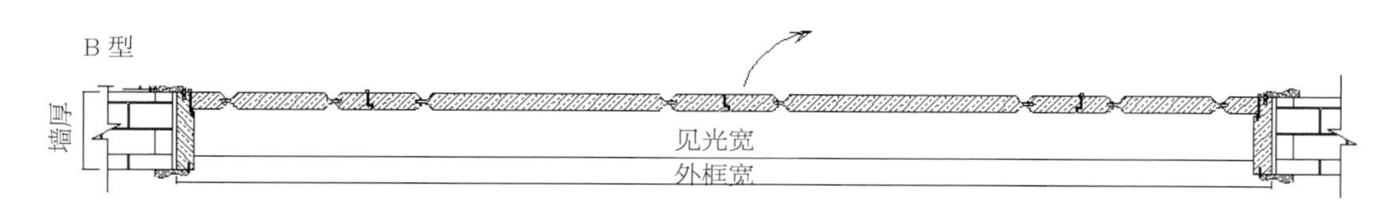

双子双母门结构：双立柱，母门和子门直接用合页连接，4 扇门均可开启，但结构不够稳固

双子双母门

双子一（双）母门

墙厚尺寸过大时做法如下

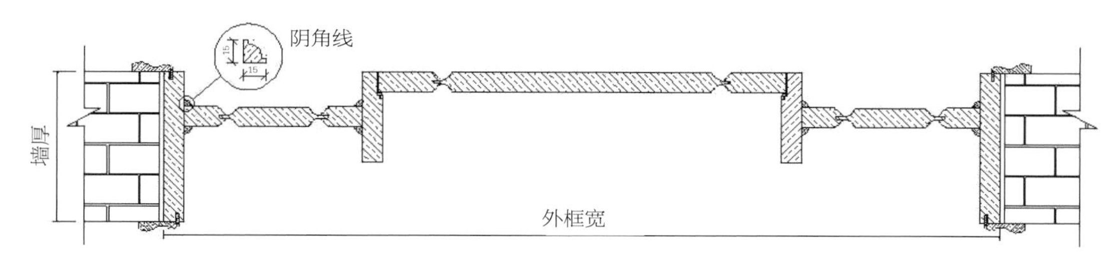

双子一母门结构：加 2 条立柱，配阴角线固定子门，可现场调整安装位置，如墙厚尺寸过大，可选用此方案，立柱尺寸在 120 ~ 160 mm 间即可

双子一（双）母门

地弹簧门

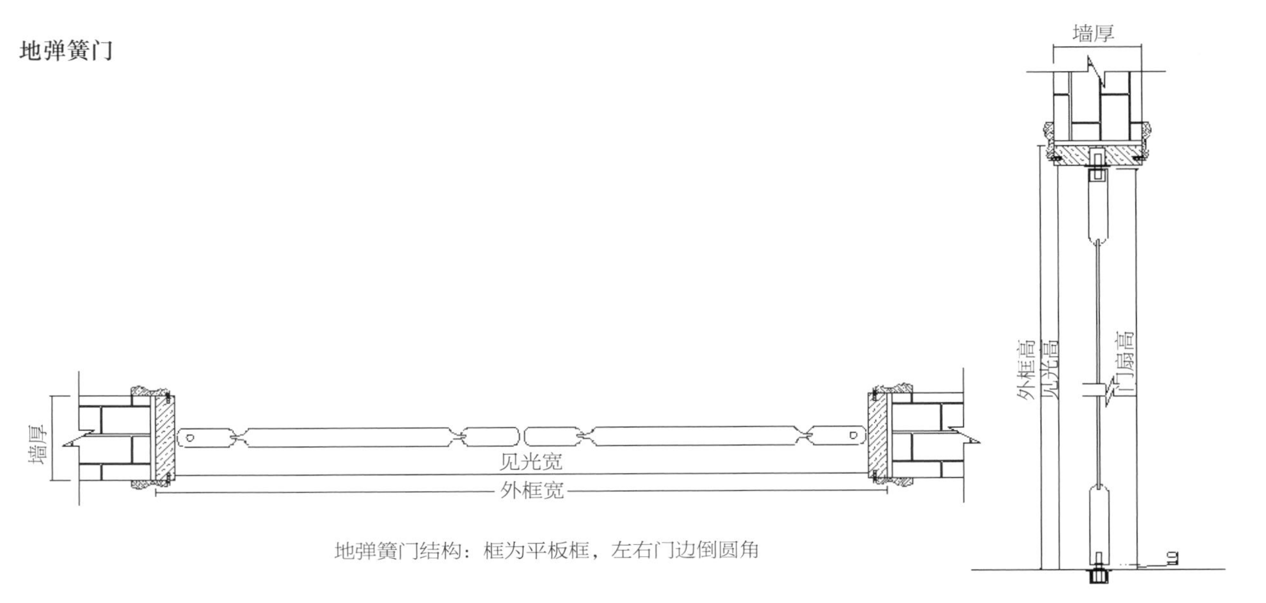

地弹簧门结构：框为平板框，左右门边倒圆角

地弹簧门纵剖面结构：上下均带转轴

地弹簧门

双推门

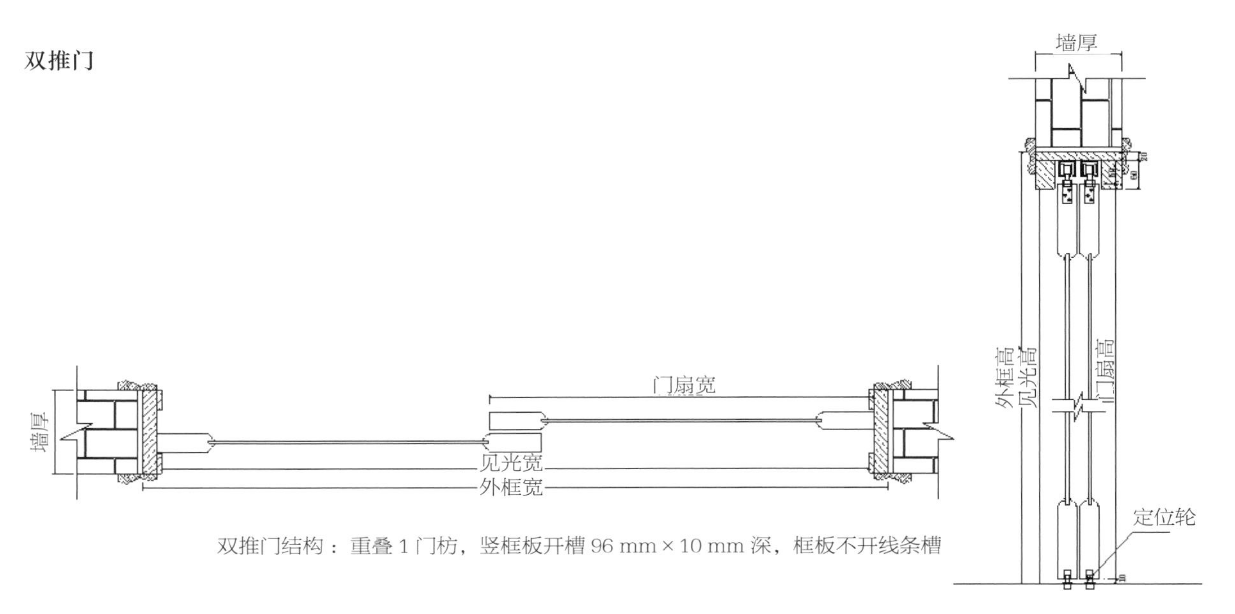

双推门结构：重叠 1 门枋，竖框板开槽 96 mm × 10 mm 深，框板不开线条槽

双推门纵剖面结构：顶框板开槽 96 mm × 60 mm 深，框板不开线条槽，下部如需开定位轮槽，应在下单时注明

双推门

折叠门

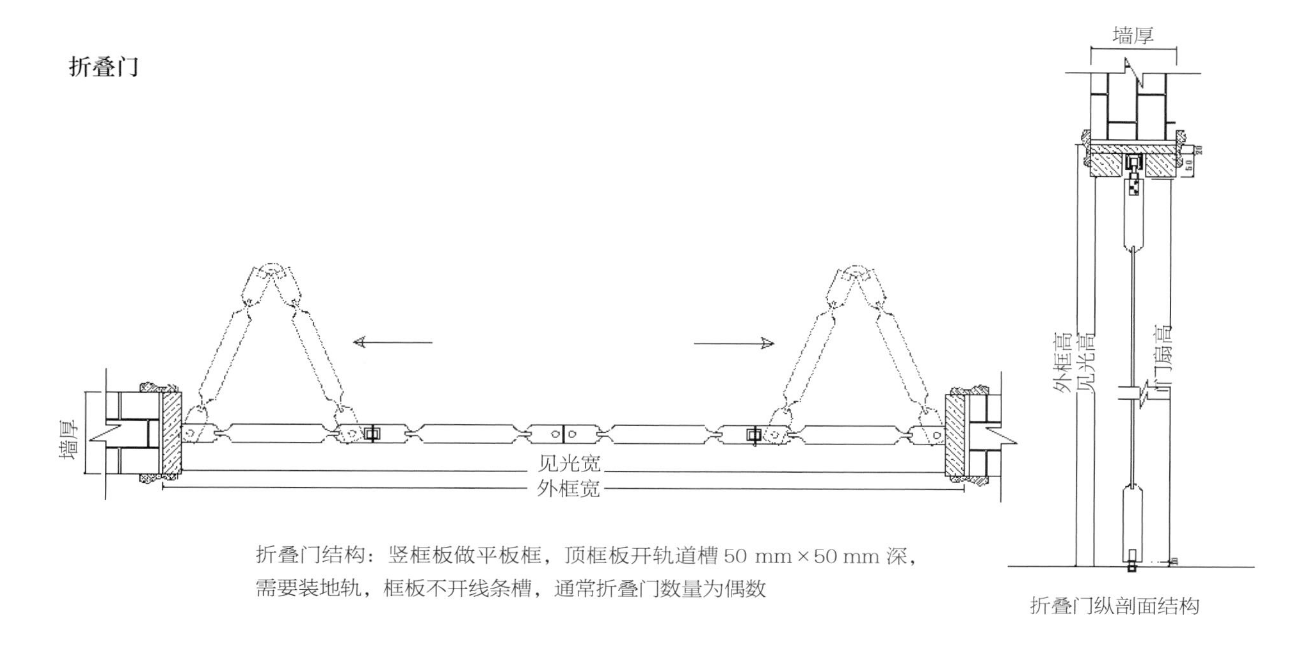

折叠门结构：竖框板做平板框，顶框板开轨道槽 50 mm×50 mm 深，需要装地轨，框板不开线条槽，通常折叠门数量为偶数

折叠门纵剖面结构

折叠门

外挂式单推门

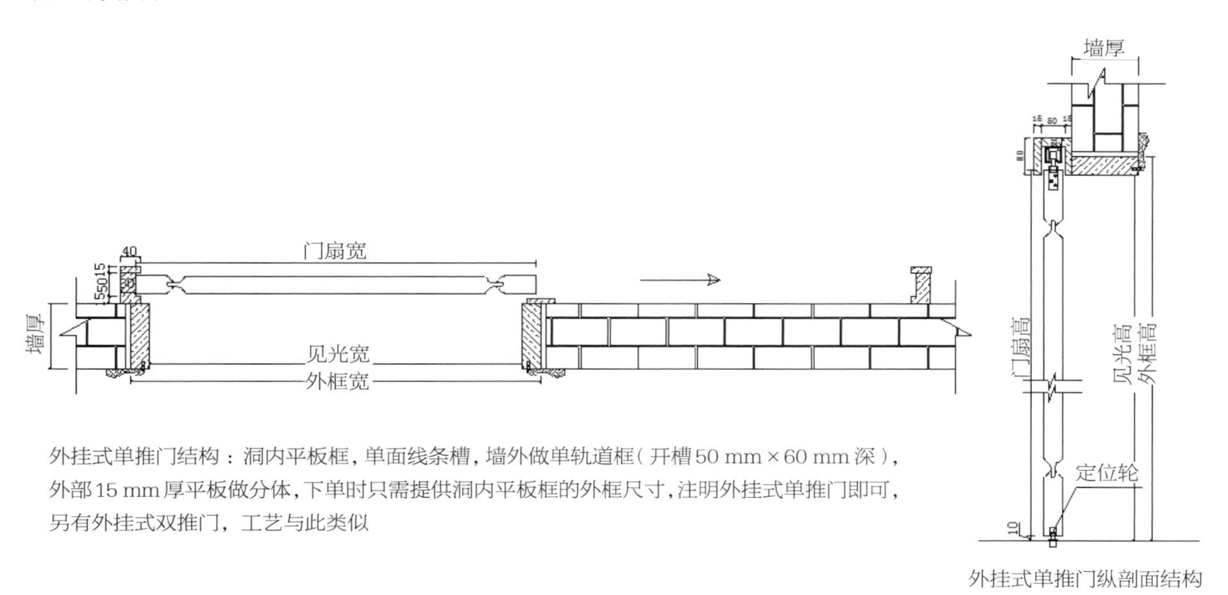

外挂式单推门结构：洞内平板框，单面线条槽，墙外做单轨道框（开槽 50 mm×60 mm 深），外部 15 mm 厚平板做分体，下单时只需提供洞内平板框的外框尺寸，注明外挂式单推门即可，另有外挂式双推门，工艺与此类似

外挂式单推门纵剖面结构

外挂式单推门

手枪式单推门

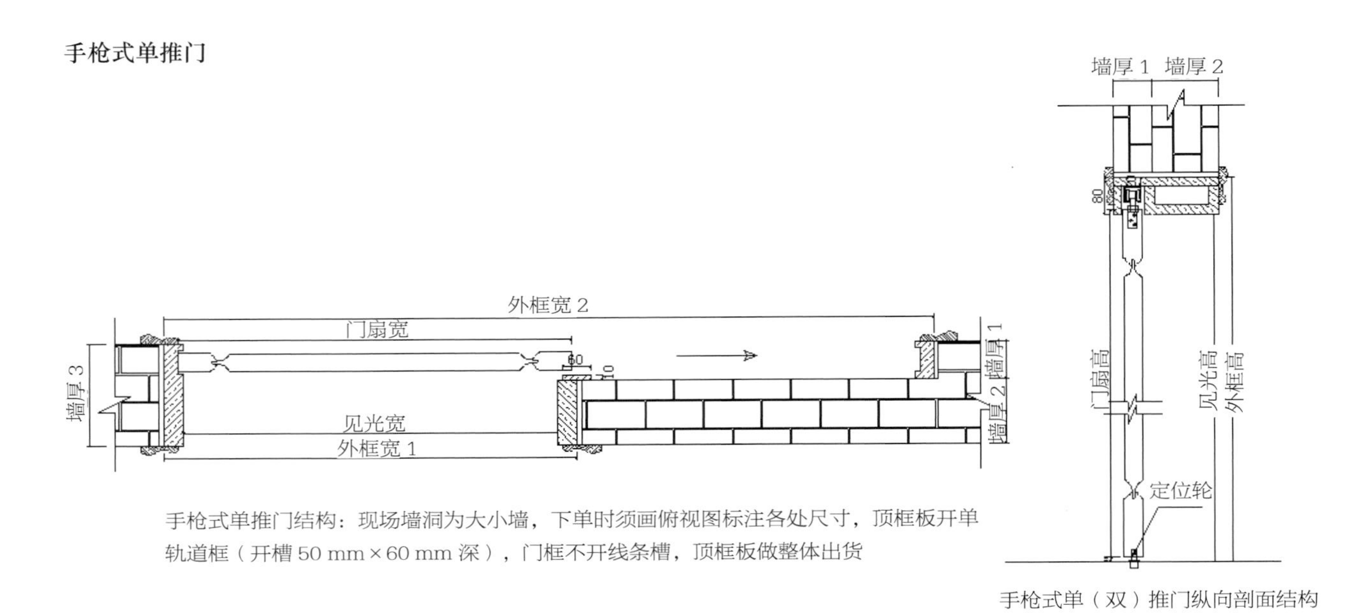

手枪式单推门结构：现场墙洞为大小墙，下单时须画俯视图标注各处尺寸，顶框板开单轨道框（开槽 50 mm × 60 mm 深），门框不开线条槽，顶框板做整体出货

手枪式单（双）推门纵向剖面结构

手枪式单推门

手枪式双推门

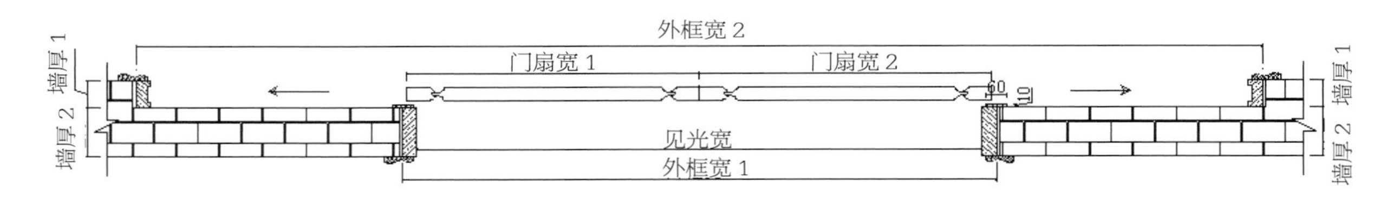

手枪式双推门结构：现场墙洞为大小墙，左右推各 1 扇，下单时须画俯视图标注各处尺寸，顶框板开单轨道框（开槽 50 mm × 60 mm 深），门框不开线条槽，顶框板做整体出货，纵剖面结构见上图

手枪式双推门

入墙式单推门

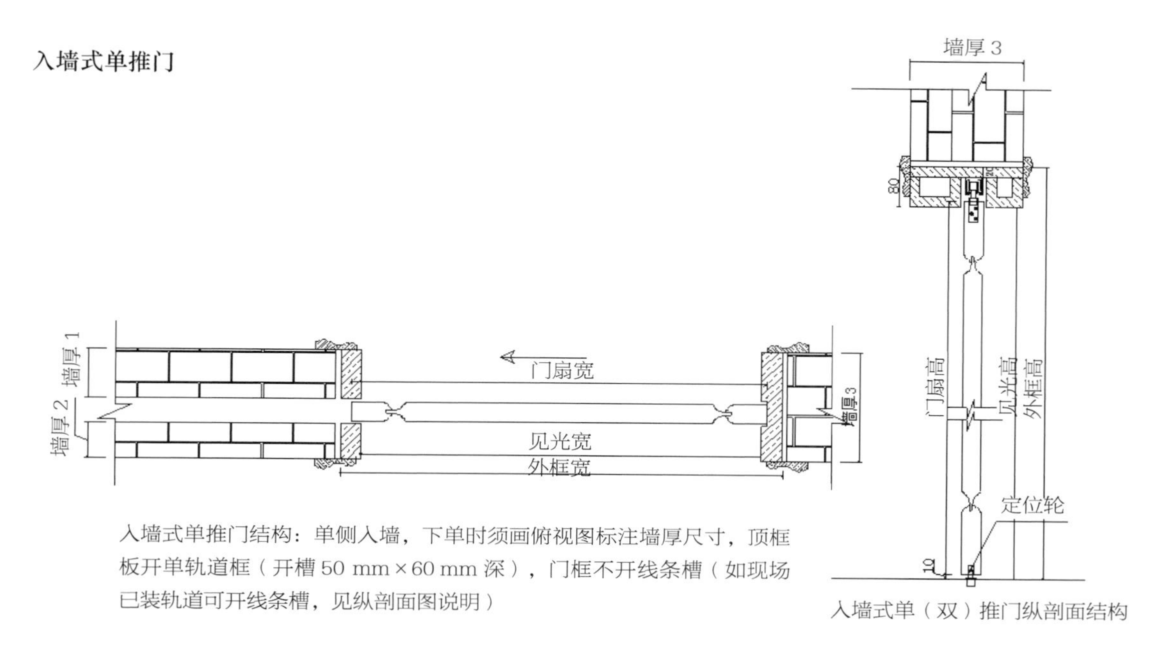

入墙式单推门结构：单侧入墙，下单时须画俯视图标注墙厚尺寸，顶框板开单轨道框（开槽 50 mm × 60 mm 深），门框不开线条槽（如现场已装轨道可开线条槽，见纵剖面图说明）

入墙式单（双）推门纵剖面结构

入墙式单推门

入墙式双推门

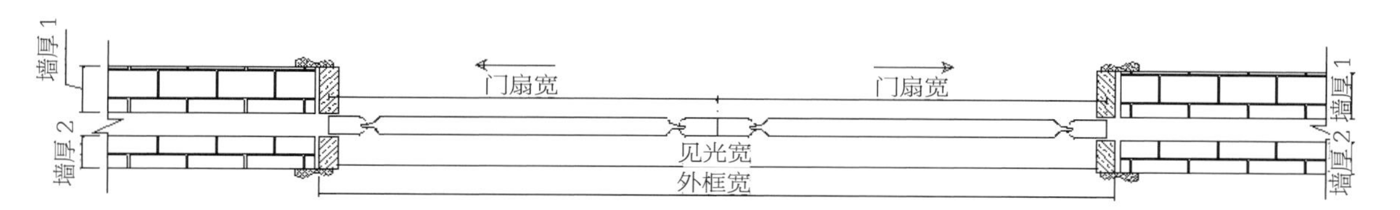

入墙式双推门结构：两侧分别入墙，下单时须画俯视图标注墙厚尺寸，顶框板开单轨道框（开槽 50 mm × 60 mm 深），门框不开线条槽（如现场已装轨道可开线条槽，见纵剖面图说明）

入墙式双推门

入墙式单（双）推门 现场已装轨道

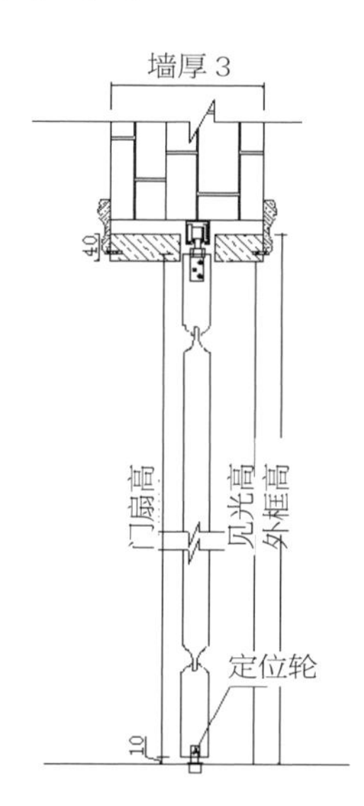

入墙式单（双）推门纵剖面结构：现场如已装轨道，顶框板做 2 块平板框即可，框板可开双面线条槽，应在下单时注明门扇高度

入墙式单（双）推门现场已安轨道

2.2.4 实木复合门常见结构

1. 常规门框结构

平开门

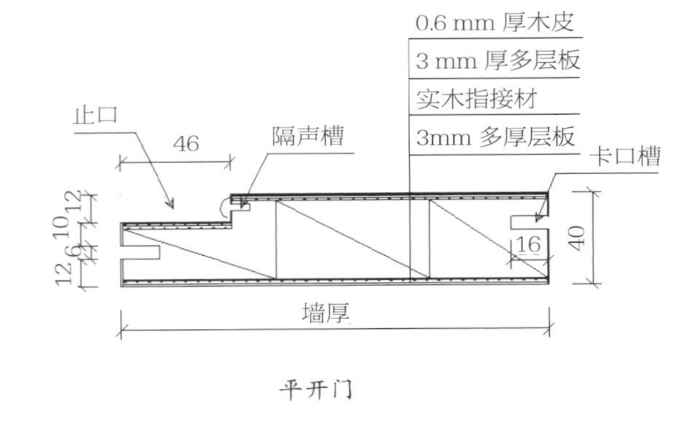

平开门

推拉门框

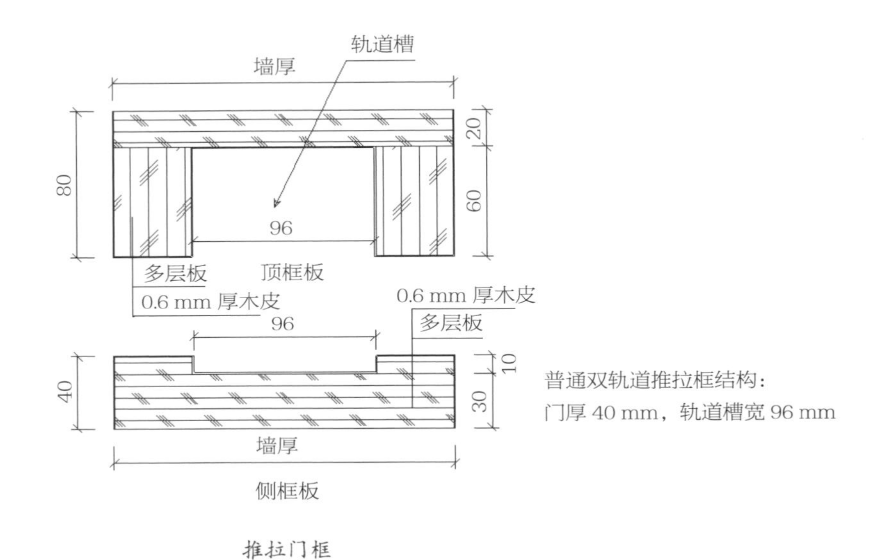

推拉门框

平板框

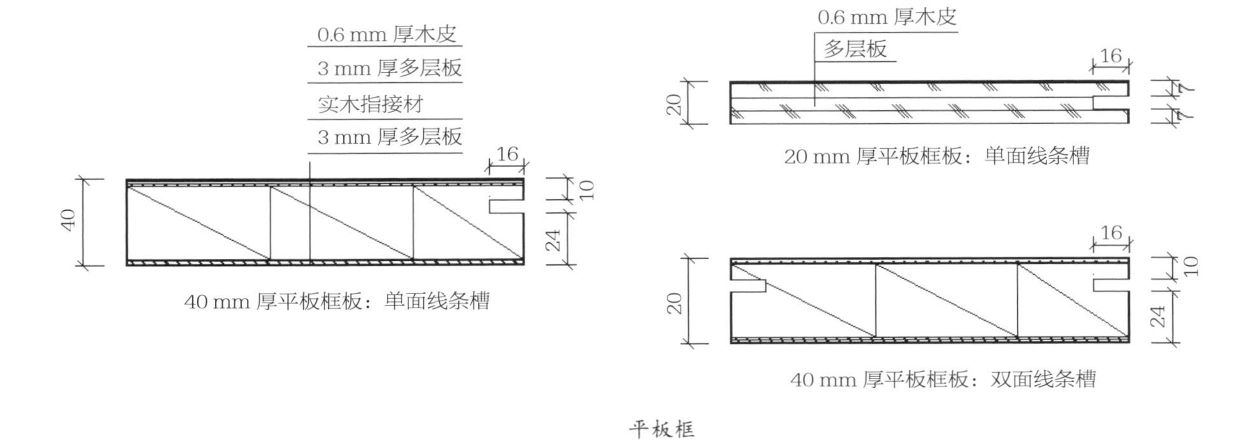

平板框

2．常规门扇结构

普通芯板门

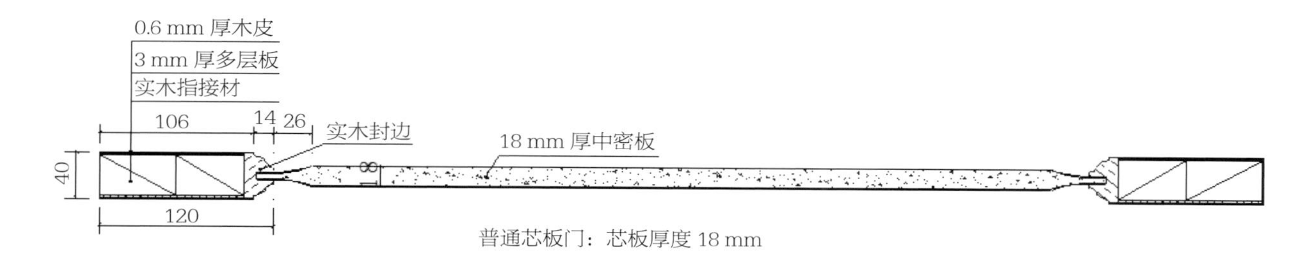

普通芯板门：芯板厚度 18 mm

普通芯板门

厚芯板门

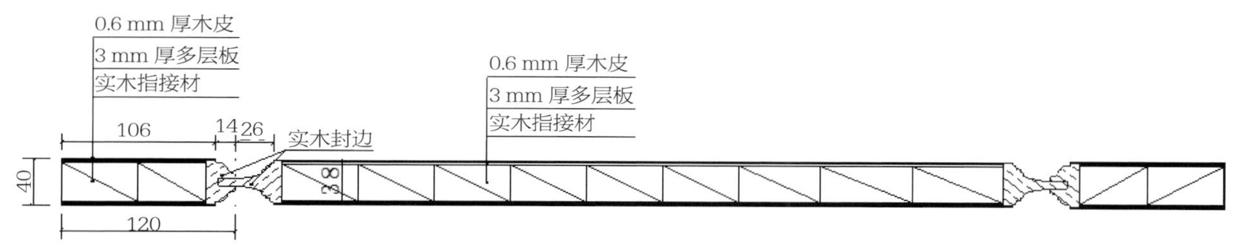

厚芯板门：门厚 40 mm，芯板厚 38 mm

厚芯板门

厚芯板带假扣线门

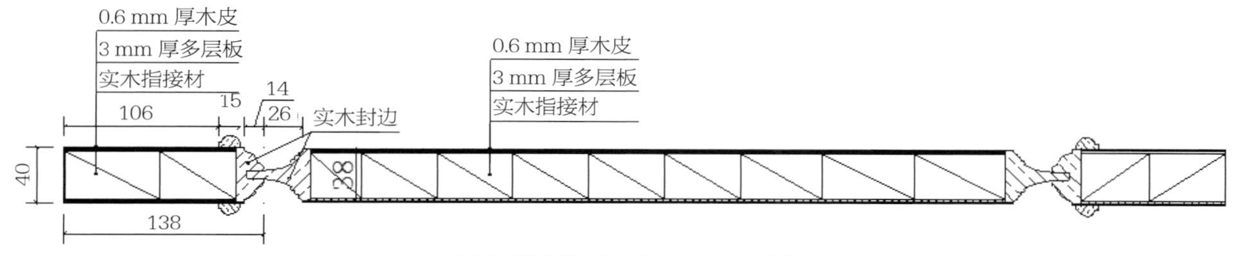

厚芯板门带假扣线：门厚 40 mm，芯板厚 38 mm

厚芯板带假扣线门

厚芯板带真扣线门

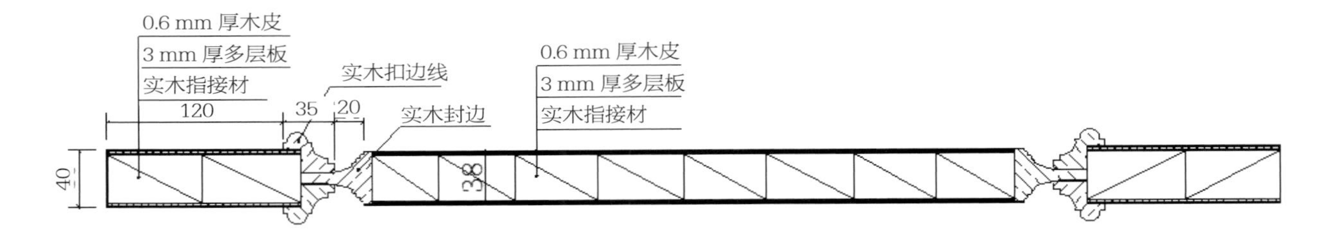

厚芯板门带真扣线：门厚 40 mm，芯板厚 38 mm

厚芯板带真扣线门

实芯平板门

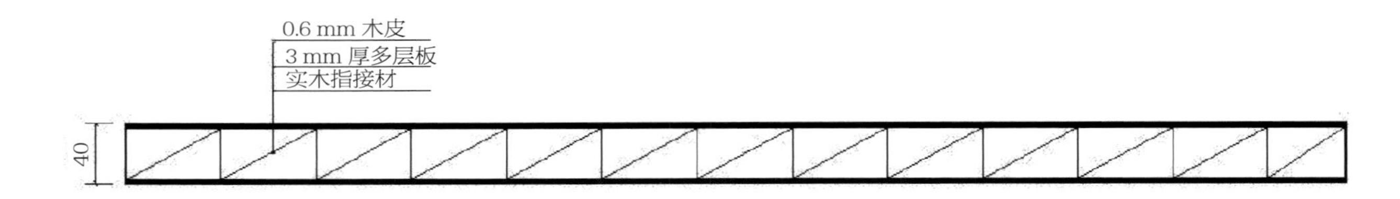

实芯平板门：中间 80% 填实

实芯平板门

注：开启结构等与原木门相同。

2.3 实木定制整体橱柜

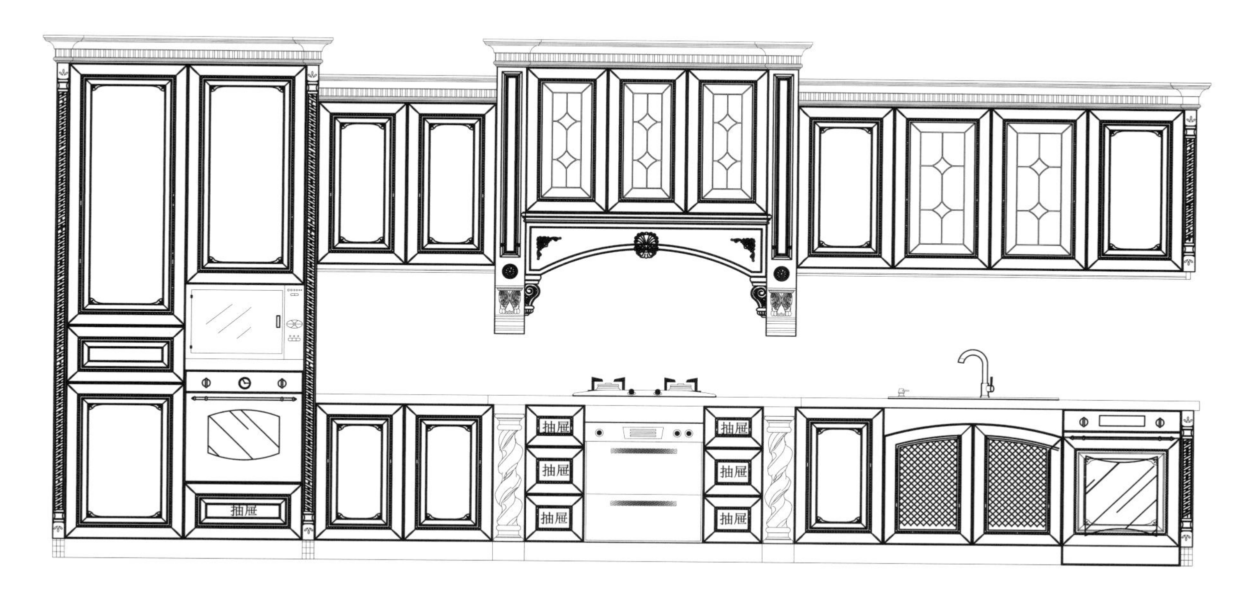

实木定制整体橱柜示意图

2.3.1 整体橱柜的基本构成

柜体：按空间构成包括吊柜，地柜，装饰柜，中、高立柜等。

橱门：按材料组成包括实木类门、铝合金门、玻璃门、卷帘门等。

装饰板件：包括搁板、顶板、顶线、顶封板、背墙饰等。

台面：包括人造石台面、防火板、人造石英石（金刚石）、不锈钢台面、天然石（大理石或花岗岩）台面等。

地脚：包括地脚板、调整地脚和连接件。调整地脚常用的有塑料和金属两种，通用地脚板有刨花基材三聚氰胺贴面、多层实木板表面贴皮、纯实木、塑钢、不锈钢、铝合金六种材料。

五金配件：包括门铰、导轨、拉手、吊码、其他结构配件、装饰配件等。

功能配件：包括星盆（人造石盆和不锈钢盆）、龙头、上下水器、皂液器、各种拉篮、拉架、置物架、米箱、垃圾筒等。

电器：抽油烟机、消毒柜、冰箱、炉灶、烤箱、微波炉、洗碗机等。

灯具：层板灯，顶板灯，各种内置、外置式橱柜专用灯。

2.3.2 橱柜的结构形式

1. 单排形

所有橱柜沿一面墙呈一字形布置，给人简洁明快的感觉，满足客户的个性化需求，有些备餐较简单的家庭也喜欢这种形式。

单排形橱柜实景

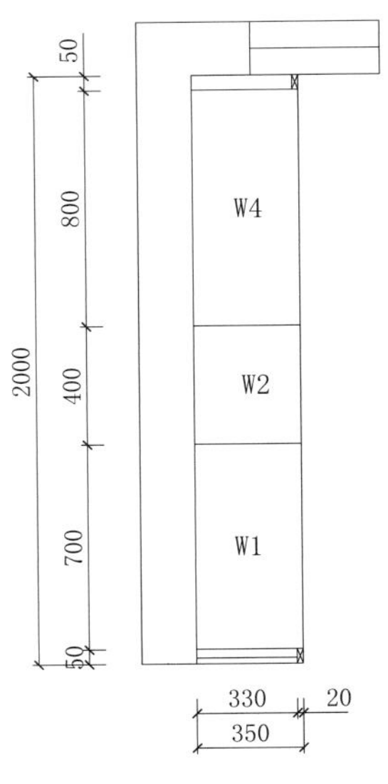

单排形橱柜平面图

2. L 形

适合面积较小且比较方正的厨房。橱柜紧靠墙壁安装，工作空间安排得紧凑有序。如果空间允许，还可以安放餐桌，构成就餐区；既可作为操作台，坐着进行一些烹饪准备，也可作为就餐空间，使用很方便。

L 形橱柜实景

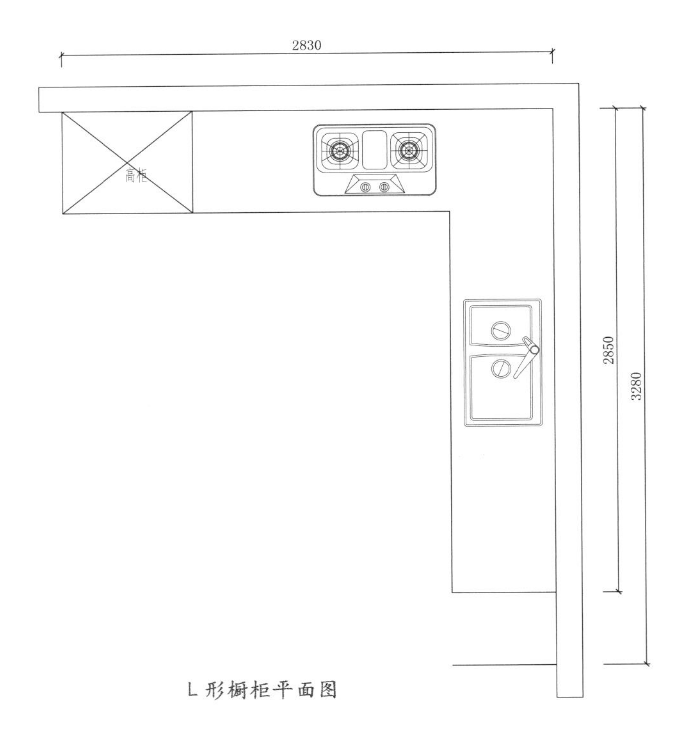

L 形橱柜平面图

3．U 形

适合宽大的长方形厨房，工作三角区配置恰当，样样东西随手可取。柜子、工作空间和贮存物品的地方都很舒适。开敞式 U 形布局使得厨房工作区和客厅娱乐区既有分隔又有联系，增加了空间的深度与广度，既美观又实用。

U 形橱柜实景

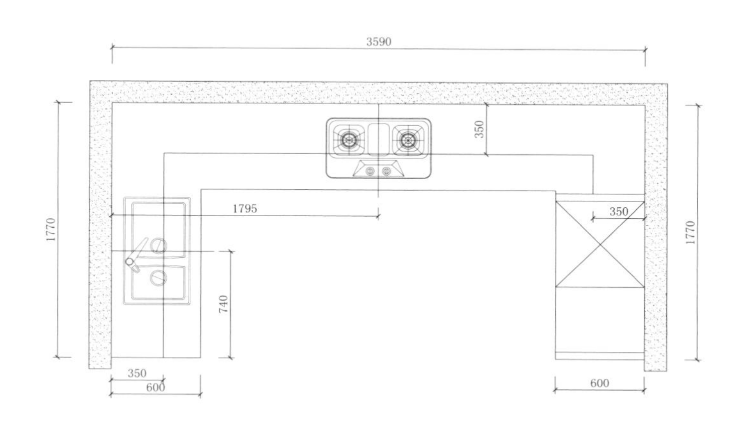

U 形橱柜平面图

4．双排形

将工作区沿墙平行布置，前台后柜两端为开放式，各司其职。这种配置在工作中心的分配上常将清洗和配餐中心组合在一边，将烹饪中心设置在另一边。在开放式大空间采用此设计，常产生令人意想不到的效果。

双排形橱柜实景

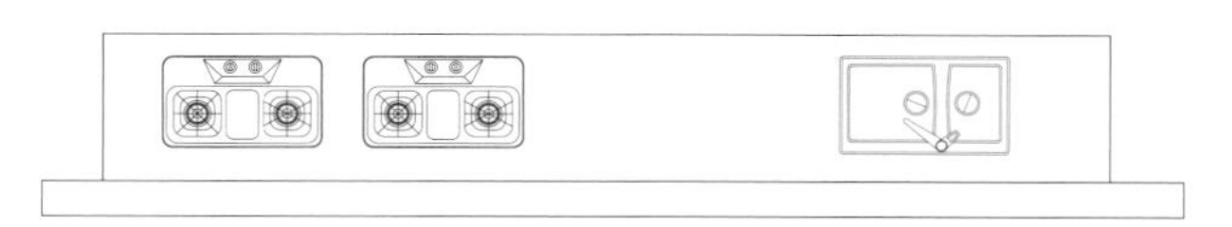

双排形橱柜平面图

5．岛形

现代感十足的设计，适合较大的厨房。在厨房里设置一个岛式单元，不仅增加了工作台面，更重要的是形成了工作三角区的中心，使厨房工作变得方便轻松。岛的设计既可与墙柜统一，也可与之形成强烈的对比。

岛形橱柜实景

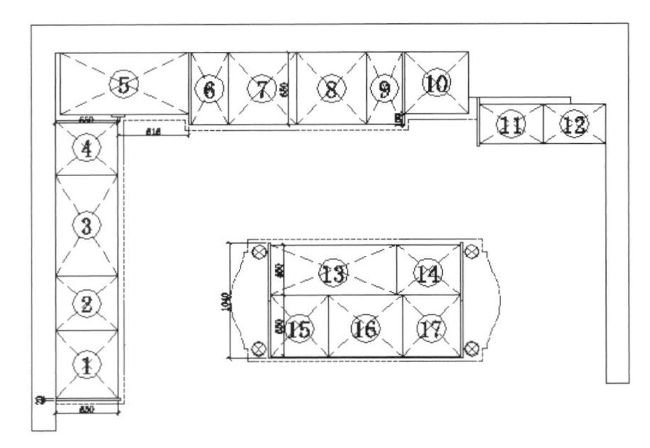

岛形橱柜平面图

6．其他

近年来欧洲流行的款式，将传统的吊柜、中高柜、地柜和各种厨房电器收归于一体式“嵌入”墙壁，形成一个整体，时尚且大气。在厨房中间设置一个独立的料理台或工作台，整个厨房既简洁明朗又协调统一。

2.3.3 橱柜的品类

按橱柜的组成构造大约分为六大品类。

奢华高档橱柜的组成构造：高档纯实木门板＋高档纯实木柜体板（框架板结构）＋高档金刚石＋顶级五金件配件＋顶级功能配件＋顶级厨房电器配套。

高档橱柜的组成构造：纯实木门板＋多层实木防水柜体板＋高档金刚石＋高级五金件配件＋高级功能配件＋高级厨房电器配套。

中高档橱柜的组成构造：复合实木门板＋多层实木防水柜体板＋高档金刚石＋高级五金件配件＋中档功能配件＋中档厨房电器配套。

中低档橱柜的组成构造：复合实木门板＋实木颗粒防潮柜体板＋中档金刚石＋中档五金件配件＋中档功能配件＋中档厨房电器配套。

普通档橱柜的组成构造：密度板包覆板门板＋实木颗粒防潮柜体板＋普通金刚石＋普通五金件配件＋普通功能配件＋普通厨房电器配套。

低端档橱柜的组成构造：实木多层板 PVC 封边门板＋实木颗粒防潮柜体板＋普通人造石＋低端五金件配件＋低端功能配件＋低端厨房电器配套。

2.3.4 厨房核心功能区的分析

满足厨房的各种使用功能：橱柜必须具备存储、洗涤、烹饪三个基本功能分区，且每个功能分区有自己的一套设备。合理安排各个功能分区的位置，并设计最佳流程。

按取材、洗净、备膳、调理、烹煮、盛装、上桌顺序，沿着三个主要设备（即炉灶、冰箱和洗涤池）组成一个三角形，将米箱、垃圾筒、厨具等功能配件围绕三个基点进行合理配置，方便各种器物的存取、使用。合理利用地柜与吊柜间的剩余空间：放置消毒柜、微波炉，或安装搁板、挂钩，避免收纳盘、杯、调料瓶、铲子、勺子等占据橱柜台面。

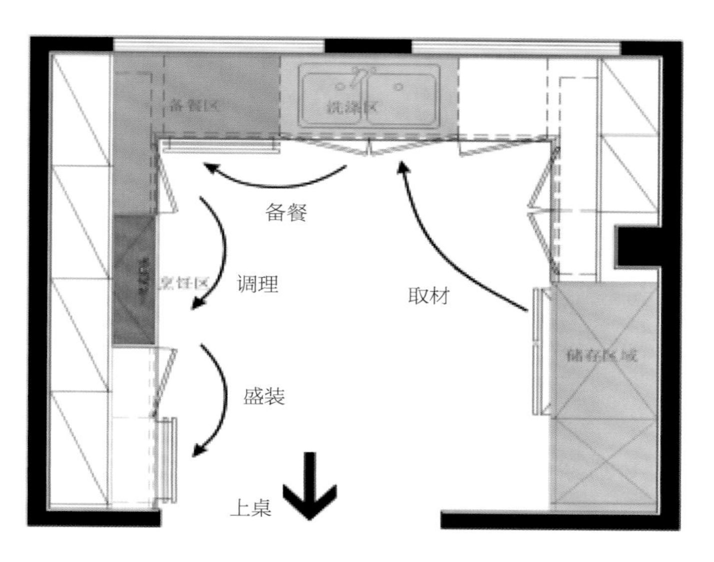

厨房核心功能区平面图

1. 存储区

主要贮备食品（干货及湿货）和餐具，冰箱是主要设备，其次是高柜、中高柜和存放各类餐具的柜体，如拉篮柜等。

存储区

每个厨房应具备：

① 方便的储物空间（干、湿食物）；

② 足够的空间，用于存放厨房用具及橱用电器；

③ 存放备用品的空间。

2．洗涤区

主要功能是洗菜、洗碗、清除残渣等，配备星盆柜（可放置洗涤用品、抹布）、垃圾筒、洗碗机、消毒柜、净水机柜等。

洗涤区

厨房星盆不应太靠近转角，否则没有足够的空间，影响操作。星盆一侧操作台最小空间不应小于 500 mm

3．备餐区

包括食品加工、切菜、配菜，为烹饪做准备。可根据需要，设计相关柜体、抽屉，以放置筷子、刀叉、勺子，独立存放生姜、蒜等。

备餐区

4．烹饪区

需要配置燃气灶、抽油烟机、灶柜等。灶柜可设计成抽屉柜或拉篮柜，便于存放杂物或炉灶用具。常用的油、盐等可放置于炉灶柜旁的拉篮柜中。

烹饪区

台面到油烟机的保护距离应该保持在 650 mm~750 mm 之间
台面到吊柜的保护距离应该保持在 600 mm~750 mm 之间

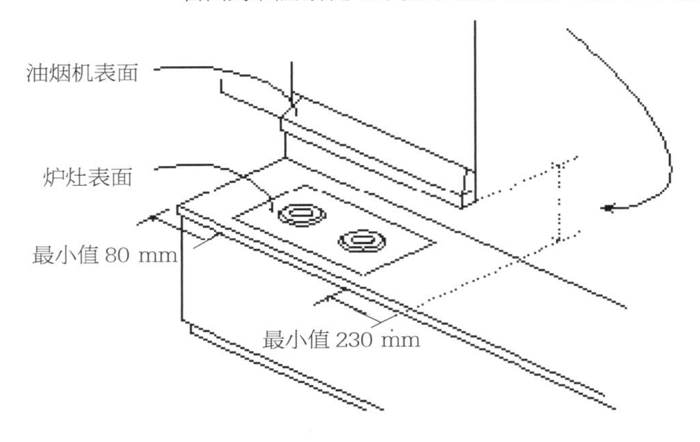

灶台不应太靠近转角，一侧保留的操作台面应在 300 mm 以上。

5．橱柜与人体工程学

人体工程学，也就是适合人的身体条件的厨房设计，以厨房使用者的所需为出发点。

厨房环境与使用行为：日常厨房工作中，对工作台面、炉盘台面、洗菜盘、物品存放区及各种电器的操作，需要低头、弯腰、屈膝、蹬脚及下蹲来完成最终的烹饪过程。

符合人体工程学的橱柜各部分的要求如下所述。

① 根据人的不同身高，在不同的操作情况下，工作台面的高度：

在清洗过程中，人需要长时间站立。若操作台面过低，人会因为背部弯曲得厉害而无法忍受。合适的工作高度是比手肘低 10 ~ 15 cm。

在备餐过程中，人需要精细操作，离台面物体很近。若工作高度过低，人的背部会受不了，从而影响厨房操作的舒适性。

② 地柜：

地柜作为厨房主要的操作部分，扮演着非常重要的角色，到地柜取物品是一个时间较短的过程。

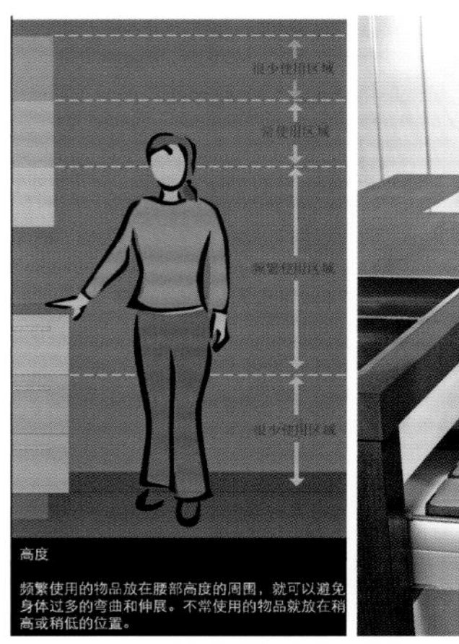

工作台面

地柜

带层板的地柜，因视线的角度及取物品的方便性都可能有所限制，还需要蹲下或下跪的姿势。因此，根据人体工程学的原理，当厨房里的使用空间较小时，可使用带层板的地柜，并在下边一层放置很少的物品。

抽屉或拉篮地柜，把抽屉拉出来，一般情况下站姿就可以做到，无需下蹲等导致人体不舒适的姿势，便可以把抽屉里的物品一览无余。最先进的全开式抽屉，可更好地展示抽屉的所有物品，人可以毫无费力地取出放在最里面的物品。

③ 高柜：

简单的带层板高柜可以很方便地储存物品，但在某种情况下，人很难从高柜中取出物品。根据人体工程学的原理，可以把使用高柜分为三种不同的动作，即身体前倾的站姿、蹬脚、下蹲。其中，符合人体高度的站姿是最舒服的，而蹬脚、下蹲时，高于人体 35 cm 的高度往往够不到，所以这两个动作是不太舒服的。因此，高柜结构一部分中带有 1~2 个下部抽屉，另一部分是带有拉篮的高柜，或使用全开式高柜拉篮，使物品一目了然。

高柜

④ 厨房金三角与动线设计：

合理、充分地利用人体工程学，以人为本，满足各项功能，达到使用方便、感受舒适、减轻劳动强度的目的。

存储、备餐、烹饪三区符合“金三角”原则，且“金三角”的周长不超过 6 m。

这个金三角会因户型、大小不同而有所差异。

在三个工作区中，自然地形成一条三角形的走道动线，该动线的长短与顺畅性在很大程度上反映了厨房的舒适度及设计的合理性。

三者之间的距离确保动线短、不重复，保持一个合理的距离。动线过长，会增加不少的往返距离。动线过短，会相互干扰，使操作不便。因此，在考虑操作顺序的基础上，应尽量确保动线的顺畅和紧凑，尽量避免动线交叉和相互干扰。

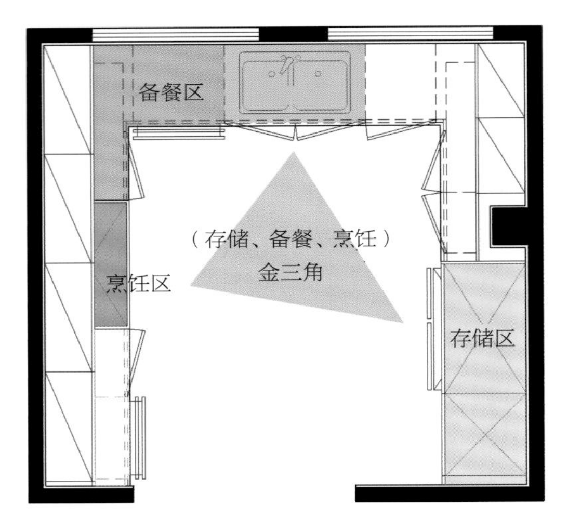

厨房金三角平面图

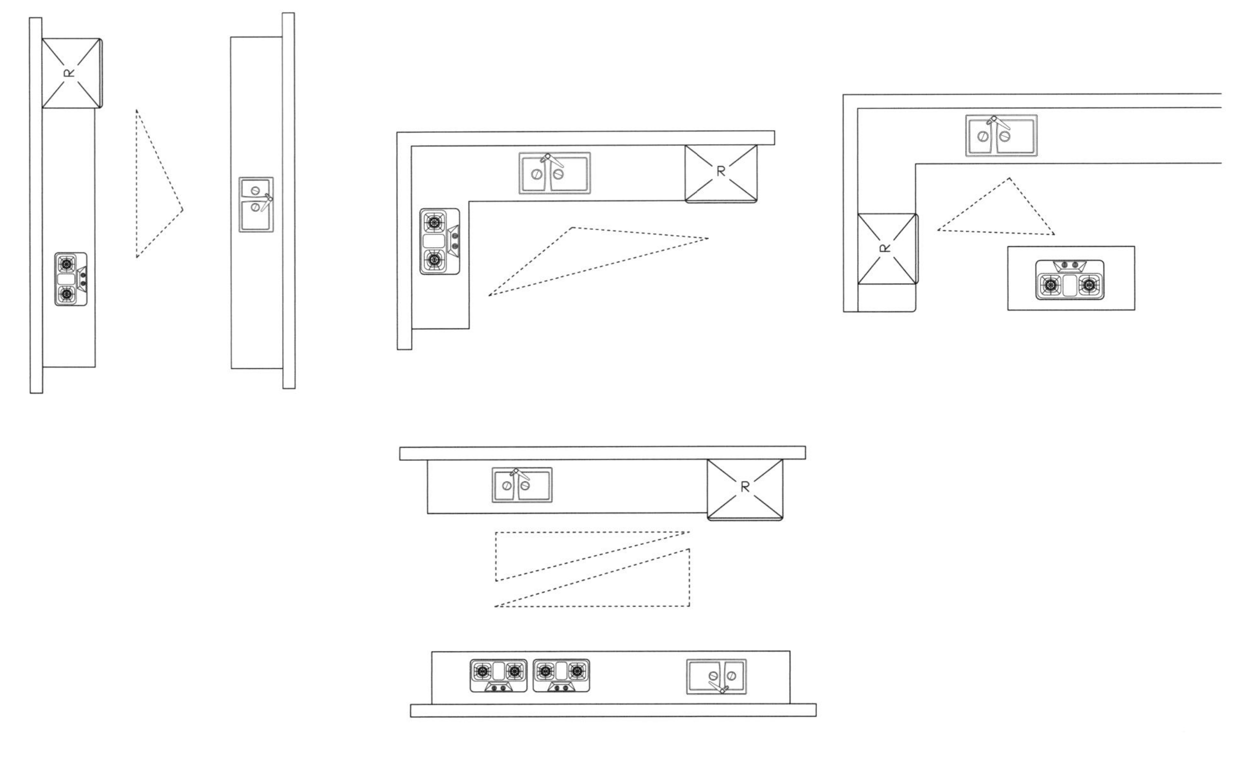

动线设计

6. 厨房大小与橱柜布局的关系

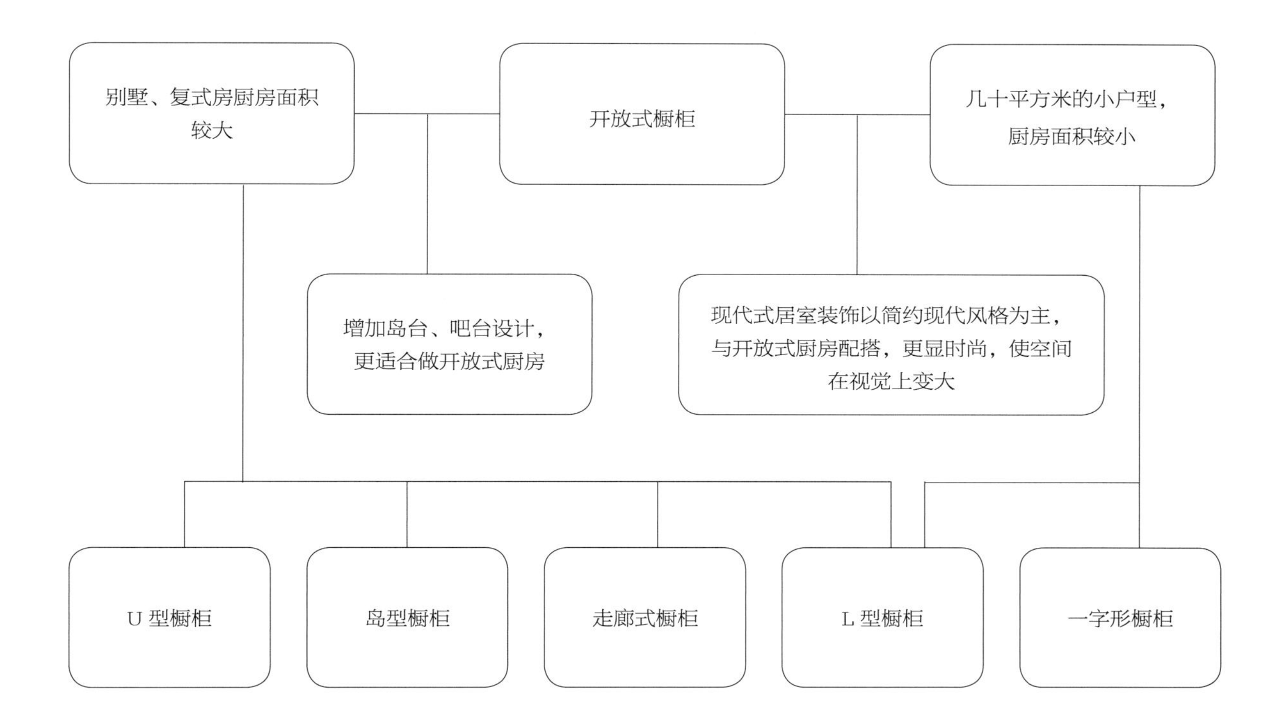

U 形橱柜适合厨房长且宽的房间；

L 形橱柜适合厨房长度较长、宽度适中的房间；

岛形橱柜适合厨房比较开放的房间；

带吧台的橱柜适合厨房比较开阔的房间。

2.3.5 橱柜标准化设计规范

1．非标准尺寸处理办法

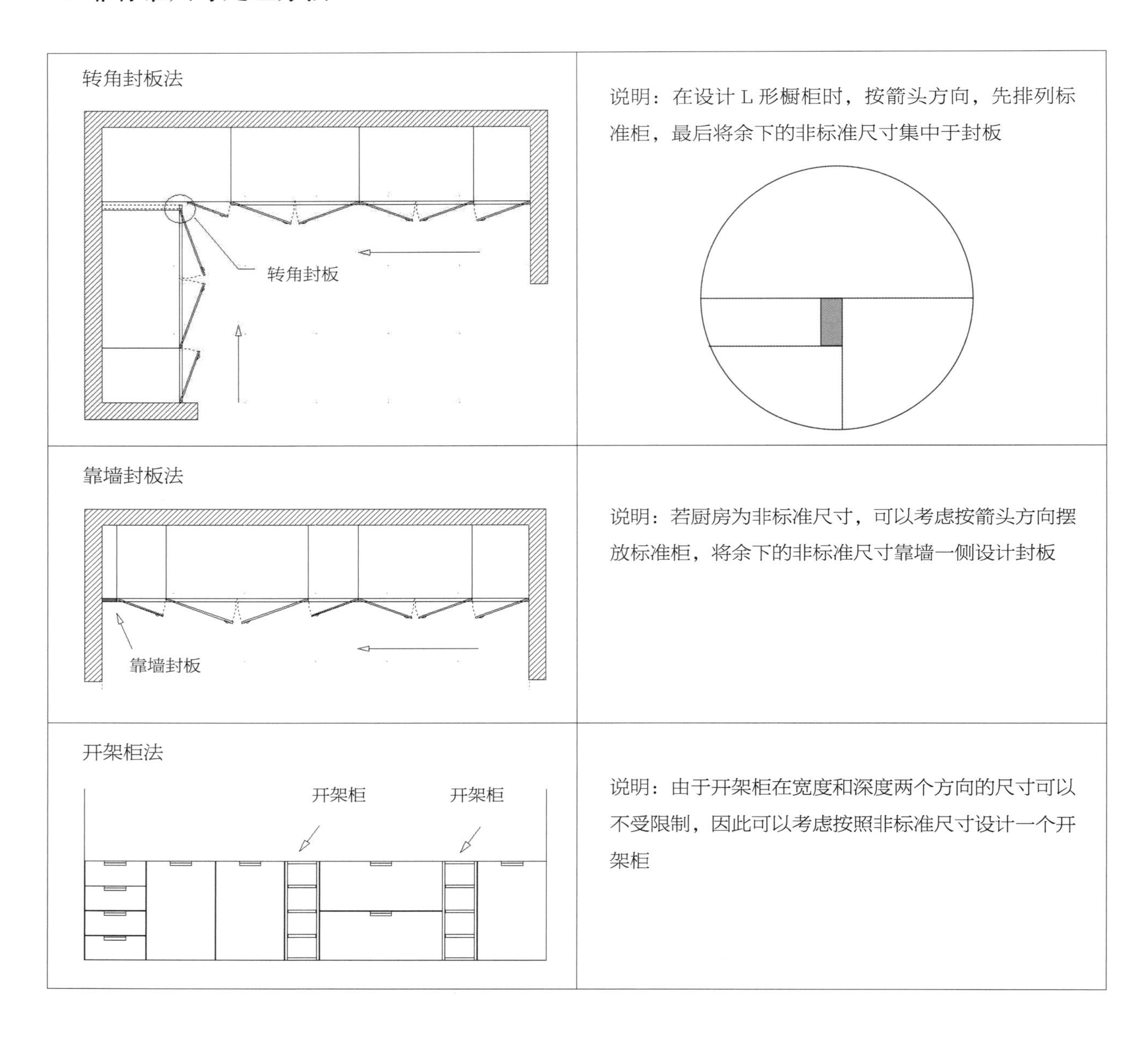

2．切角柜简化办法

斜角柜、切角柜是制约生产力的一大通病。柜子经过切角后的剩余空间已无多少利用价值，因而简化切角柜、斜角柜对客户来说并无大碍，对生产则大大有利——既提高生产效率，又降低设计及生产出错的概率。只要不影响配件安装，思路则是“能简则简”。

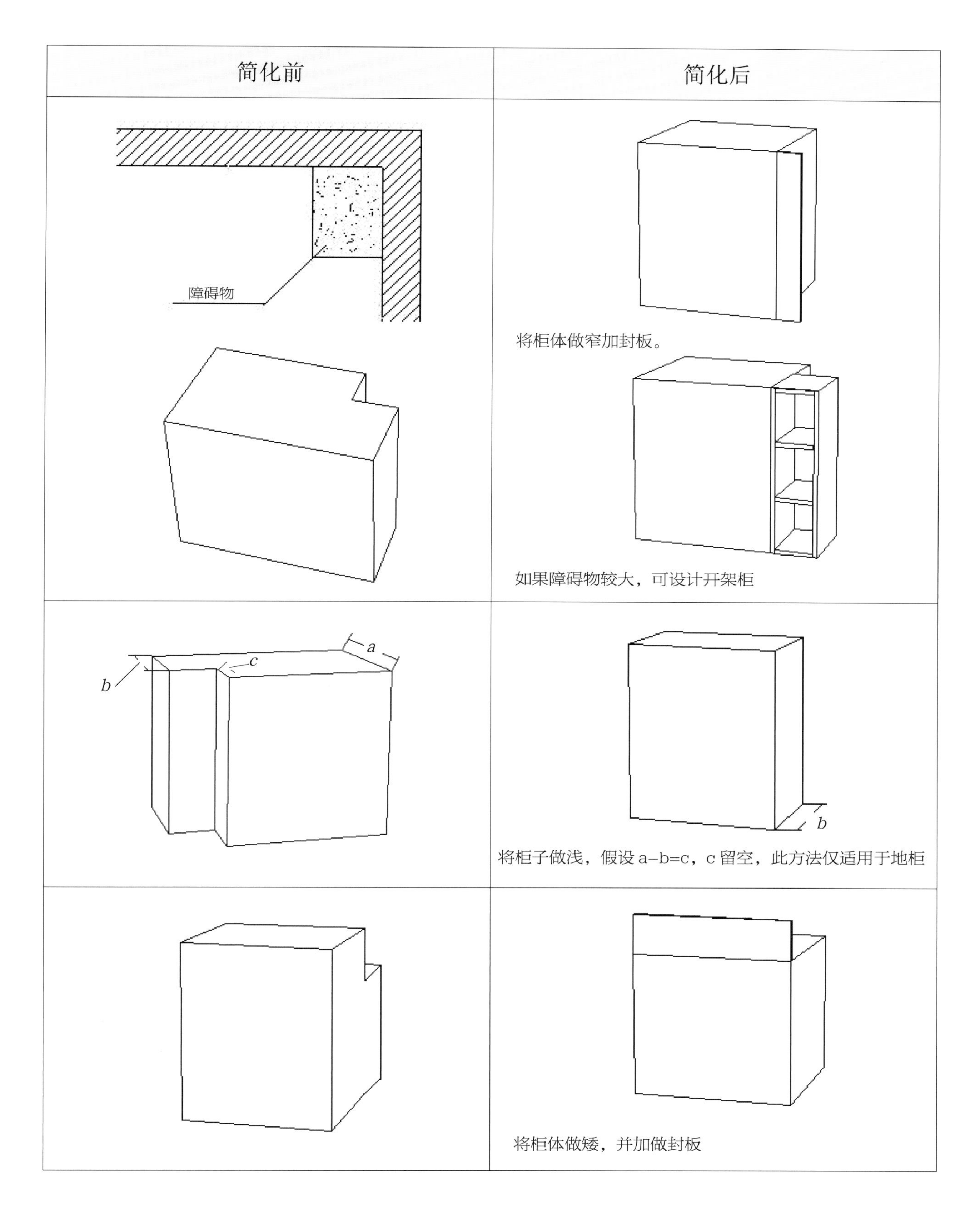
简化前
简化后
障碍物
将柜体做窄加封板。
如果障碍物较大，可设计开架柜
a
b
c
b
将柜子做浅，假设 a–b=c，c 留空，此方法仅适用于地柜
将柜体做矮，并加做封板

2.3.6 标准化处理办法详解

1. 一字形锐角墙（无障碍物）

图例	标准化处理方法
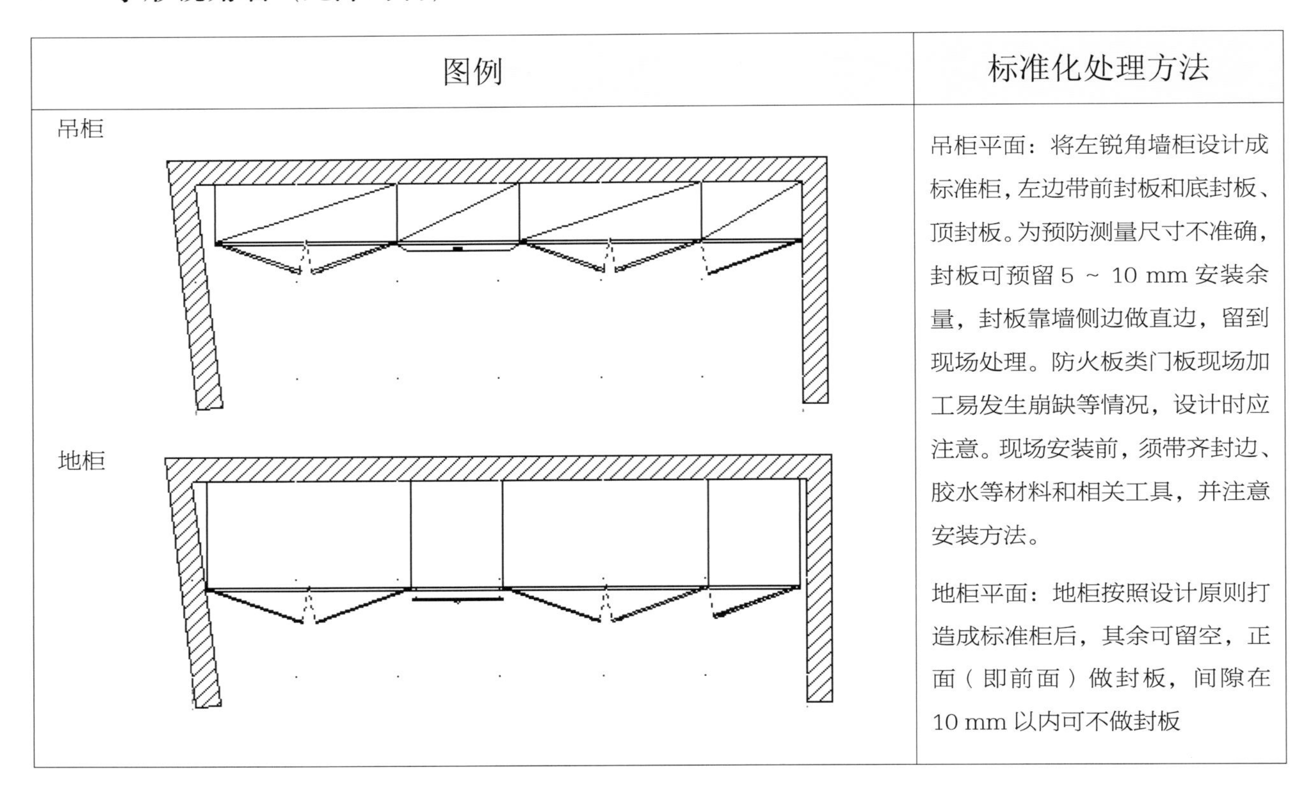	吊柜平面：将左锐角墙柜设计成标准柜，左边带前封板和底封板、顶封板。为预防测量尺寸不准确，封板可预留 5 ~ 10 mm 安装余量，封板靠墙侧边做直边，留到现场处理。防火板类门板现场加工易发生崩缺等情况，设计时应注意。现场安装前，须带齐封边、胶水等材料和相关工具，并注意安装方法。 地柜平面：地柜按照设计原则打造成标准柜后，其余可留空，正面（即前面）做封板，间隙在 10 mm 以内可不做封板

2. 一字形钝角墙（无障碍物）

图例	标准化处理方法
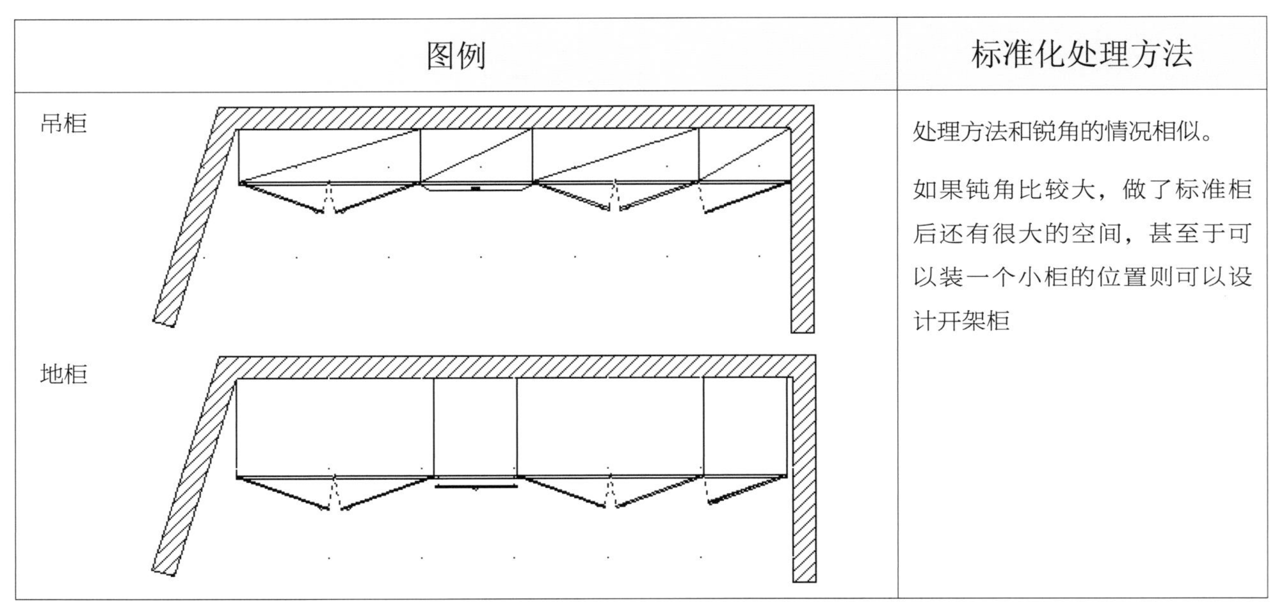	处理方法和锐角的情况相似。 如果钝角比较大，做了标准柜后还有很大的空间，甚至于可以装一个小柜的位置则可以设计开架柜

3．一字形异型墙柱

图例	标准化处理方法
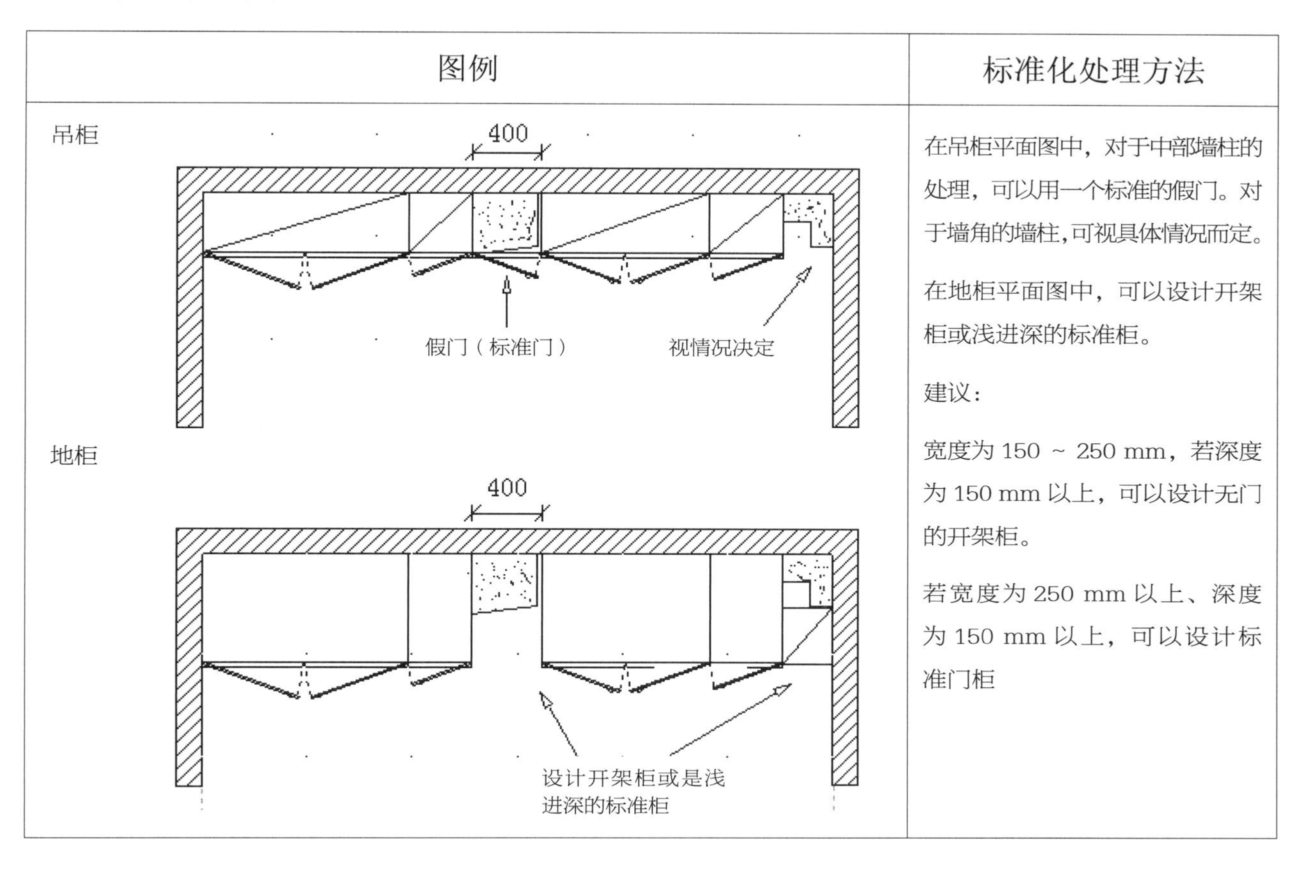	在吊柜平面图中，对于中部墙柱的处理，可以用一个标准的假门。对于墙角的墙柱，可视具体情况而定。 在地柜平面图中，可以设计开架柜或浅进深的标准柜。 建议： 宽度为 150 ～ 250 mm，若深度为 150 mm 以上，可以设计无门的开架柜。 若宽度为 250 mm 以上、深度为 150 mm 以上，可以设计标准门柜

4．L 形直角墙

图例	标准化处理方法
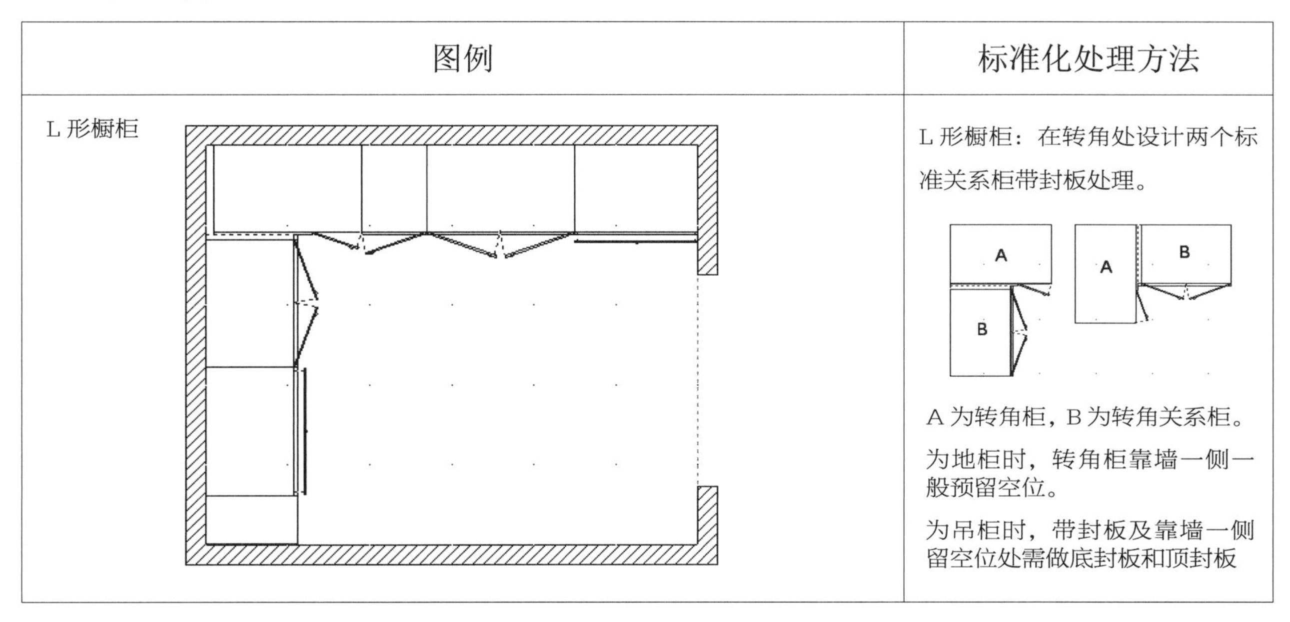	L 形橱柜：在转角处设计两个标准关系柜带封板处理。 A 为转角柜，B 为转角关系柜。 为地柜时，转角柜靠墙一侧一般预留空位。 为吊柜时，带封板及靠墙一侧留空位处需做底封板和顶封板

5．L 形直角墙带墙柱

图例	标准化处理方法
墙柱、水管 L 形橱柜 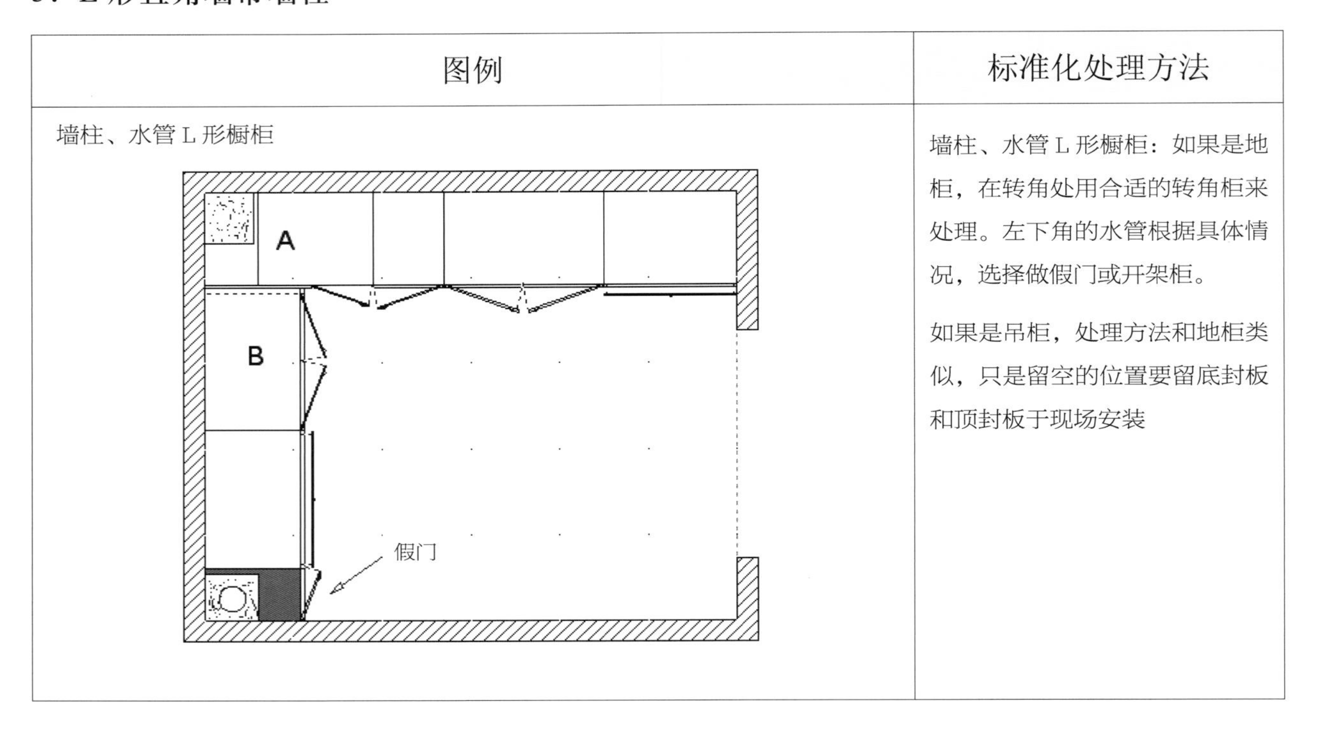 	墙柱、水管 L 形橱柜：如果是地柜，在转角处用合适的转角柜来处理。左下角的水管根据具体情况，选择做假门或开架柜。 如果是吊柜，处理方法和地柜类似，只是留空的位置要留底封板和顶封板于现场安装

6．L 形锐角墙

图例	标准化处理方法
地柜 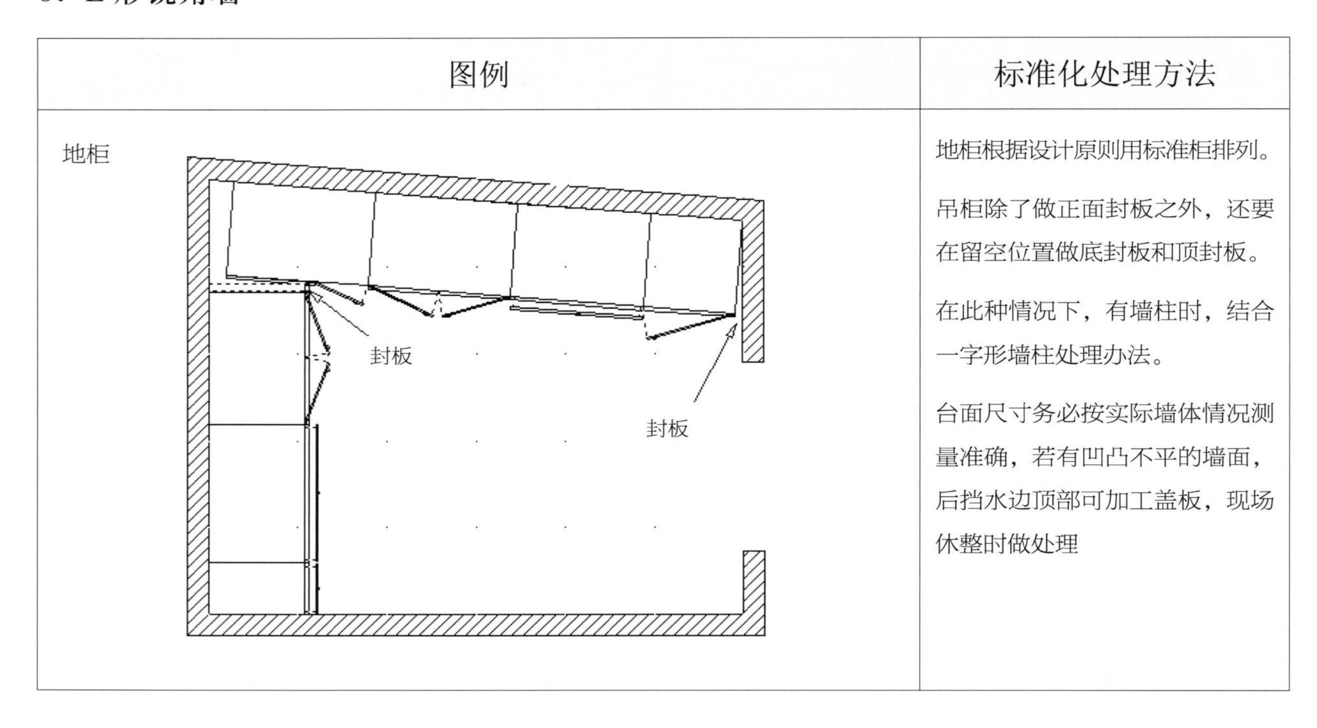 	地柜根据设计原则用标准柜排列。 吊柜除了做正面封板之外，还要在留空位置做底封板和顶封板。 在此种情况下，有墙柱时，结合一字形墙柱处理办法。 台面尺寸务必按实际墙体情况测量准确，若有凹凸不平的墙面，后挡水边顶部可加工盖板，现场休整时做处理

7．L 形钝角墙

图例	标准化处理方法
地柜 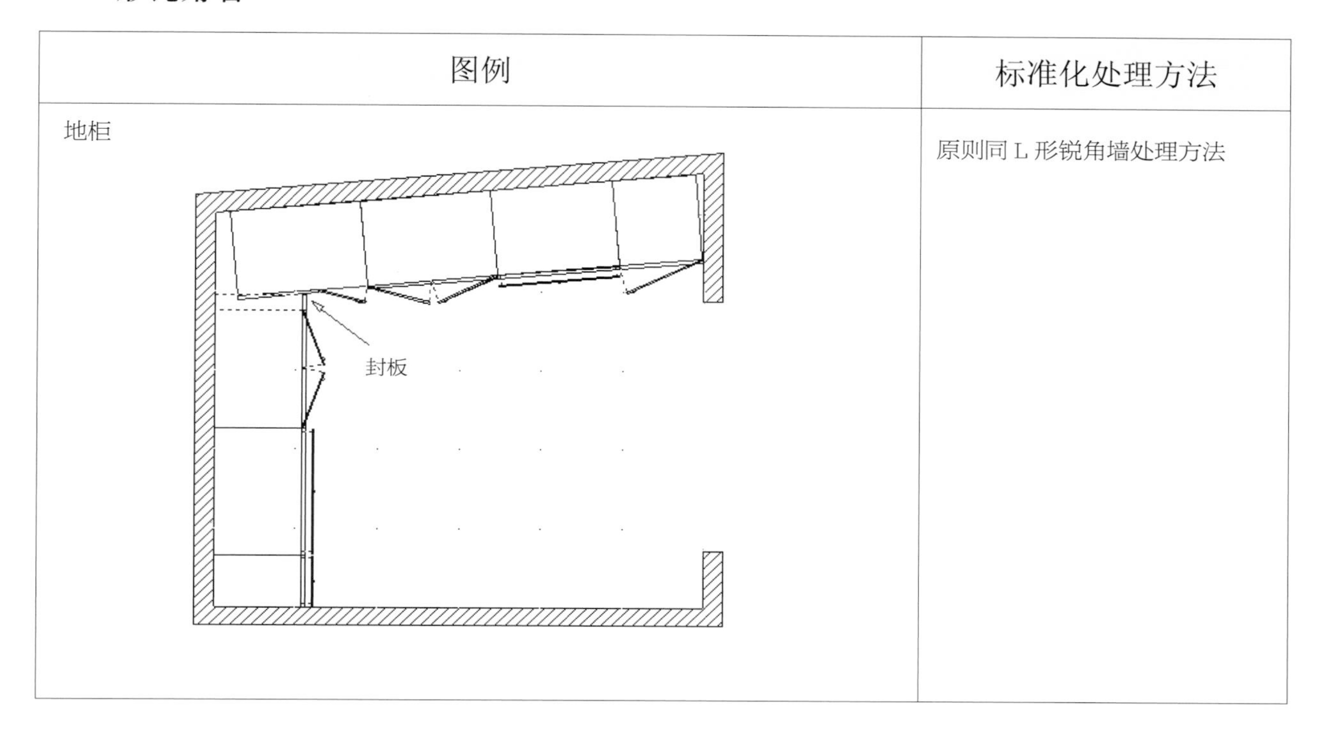	原则同 L 形锐角墙处理方法

2.4 实木护墙板

2.4.1 实木护墙板概述

护墙板主要由墙板、装饰柱、顶角线、踢脚线、腰线组成。

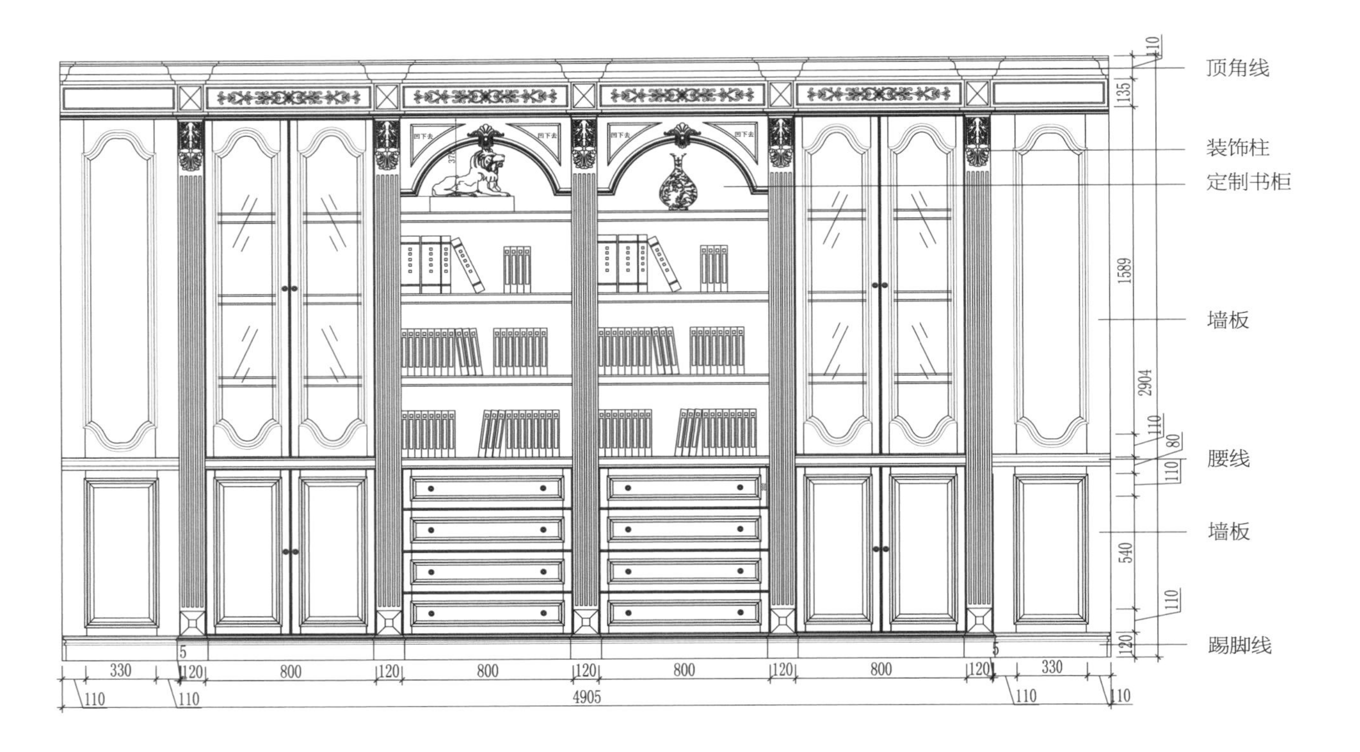

护墙板式样（一）

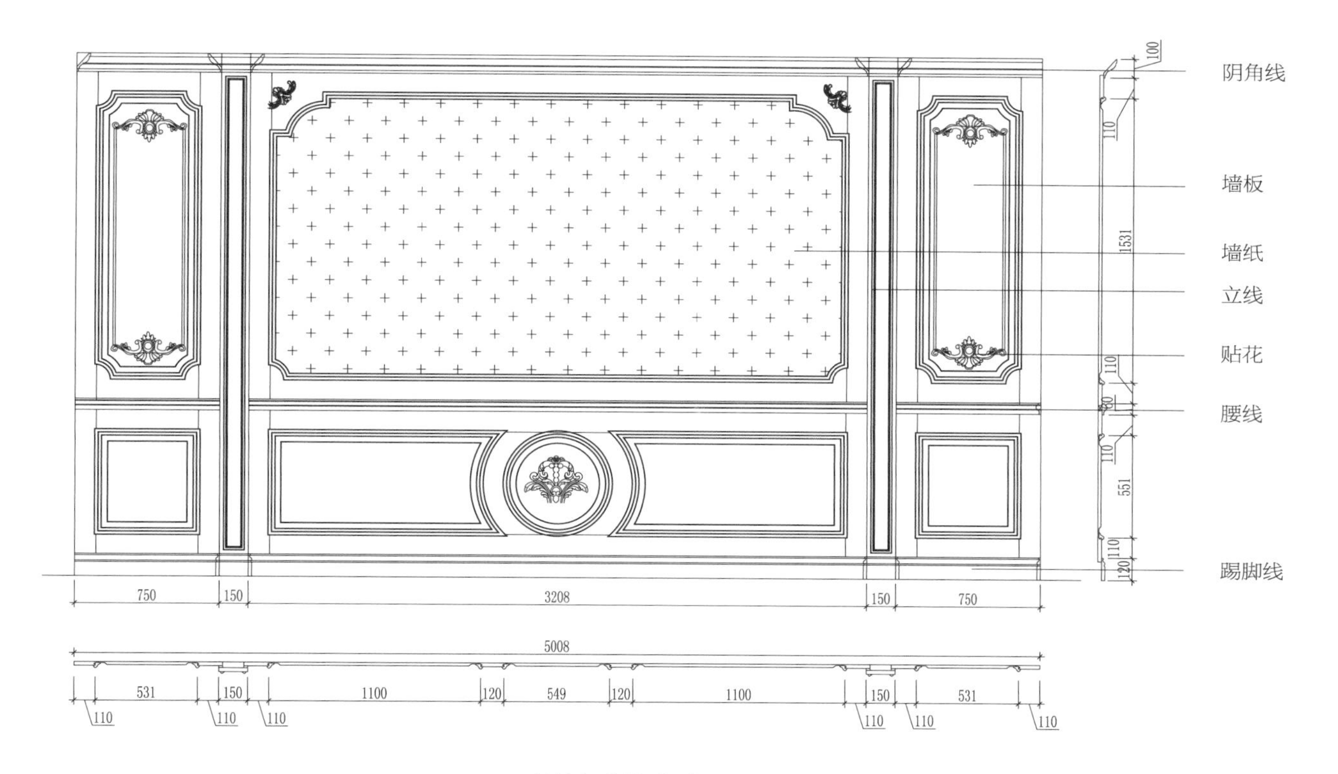

护墙板式样（二）

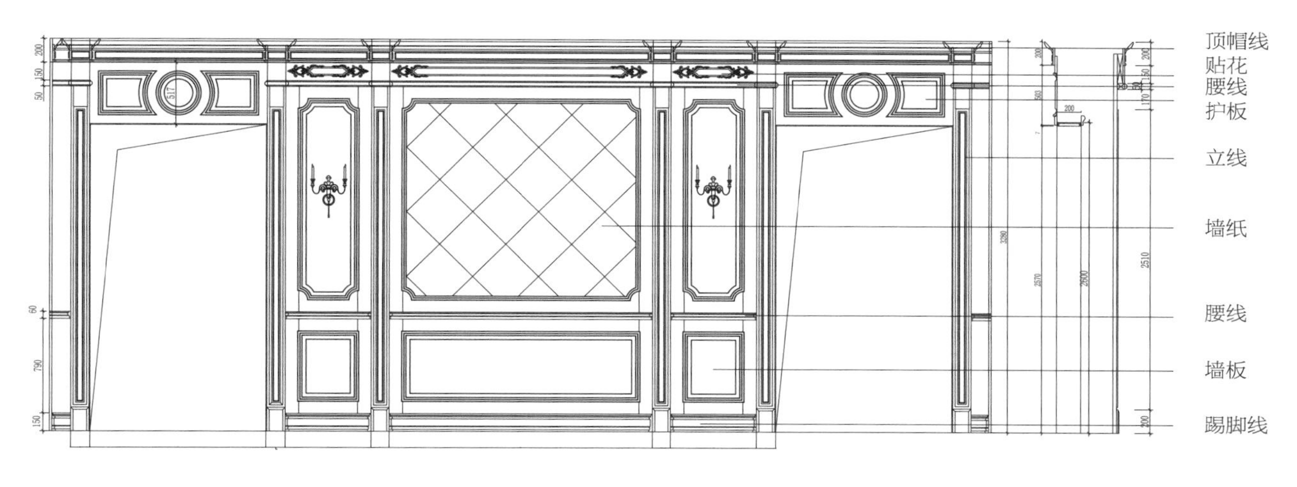

护墙板式样（三）

2.4.2 当代流行的护墙板样式

护墙板按材料分为纯实木墙板、实木综合类墙板及实木复合墙板三类。

纯实木墙板指横竖方、芯（肚）板、所有木制零部件（托板、压条除外）均使用实木锯材或实木板材。

实木综合类墙板指横竖方、框架部分使用实木板材或锯材，芯（肚）板使用人造板作为基材。

实木复合墙板材指横竖方及肚（芯）板全部使用人造板，表面贴实木皮或直接使用油漆涂饰。

以上三大类墙板所用线条均为实木，如腰线、顶线、踢脚线、墙板上扣线、钉线等。

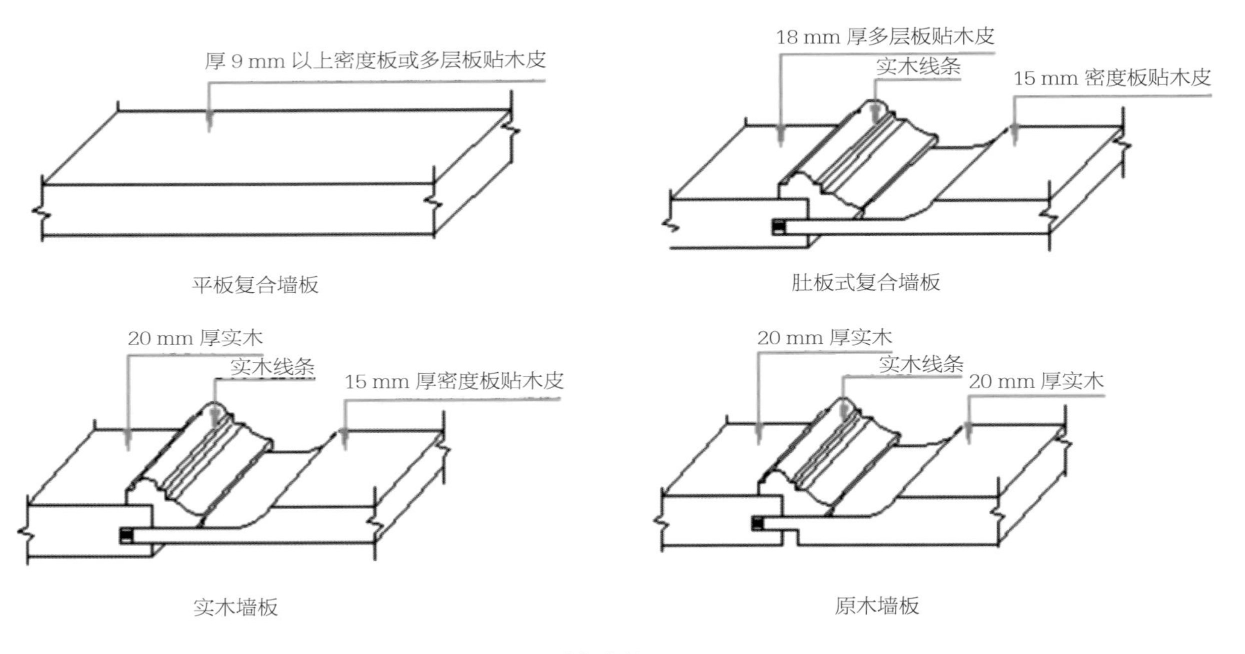

墙板结构

护墙板按组合形式可分为墙裙板、墙框两组合（简称落樘）、墙裙墙框两组合、墙板两组合（简称满护墙）、墙裙墙框上围裙组合、护墙板包柱与背景墙组合、护墙板罗马柱与背景墙组合、床头背景墙、门洞套、窗套和装饰垭口套等几种形式。

墙裙板：墙裙一般适用于过道、楼梯墙、卧室以及阳角外露的墙面，可以很好地保护房间内极易损坏的墙面，墙裙高度通常为地面向上 95 cm 左右。在安装墙板前，先做好墙面木工板基层（基层板厚度 9 ~ 15 mm 的多层板），墙裙配 L 形盖头腰线，设计护墙产品时注意墙板收口。

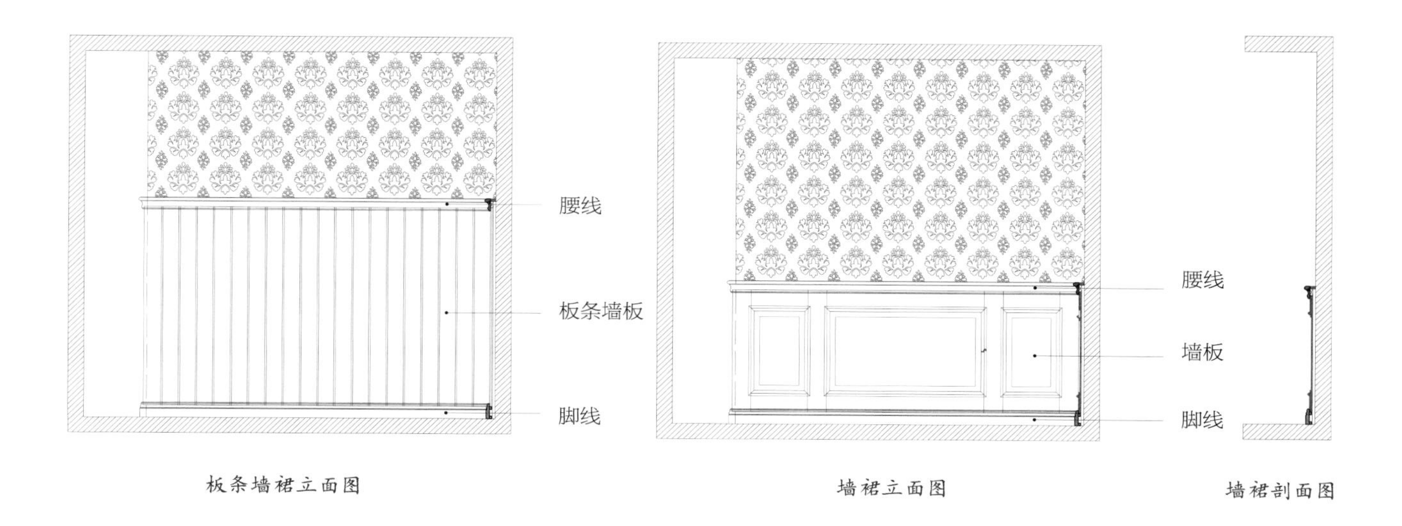

板条墙裙立面图　　墙裙立面图　　墙裙剖面图

墙框两组合（简称落樘）：墙板墙框一般适用于过道、楼梯墙、客餐厅、卧室以及阳角外露的墙面，可以很好地保护房间内极易损坏的墙面。在安装墙板前，先做好墙面木工板基层（基层板厚度 9 ~ 15 mm 的多层板），上下夹缝墙板使用“凸”形腰线，方便收口，设计护墙产品时注意墙板收口。

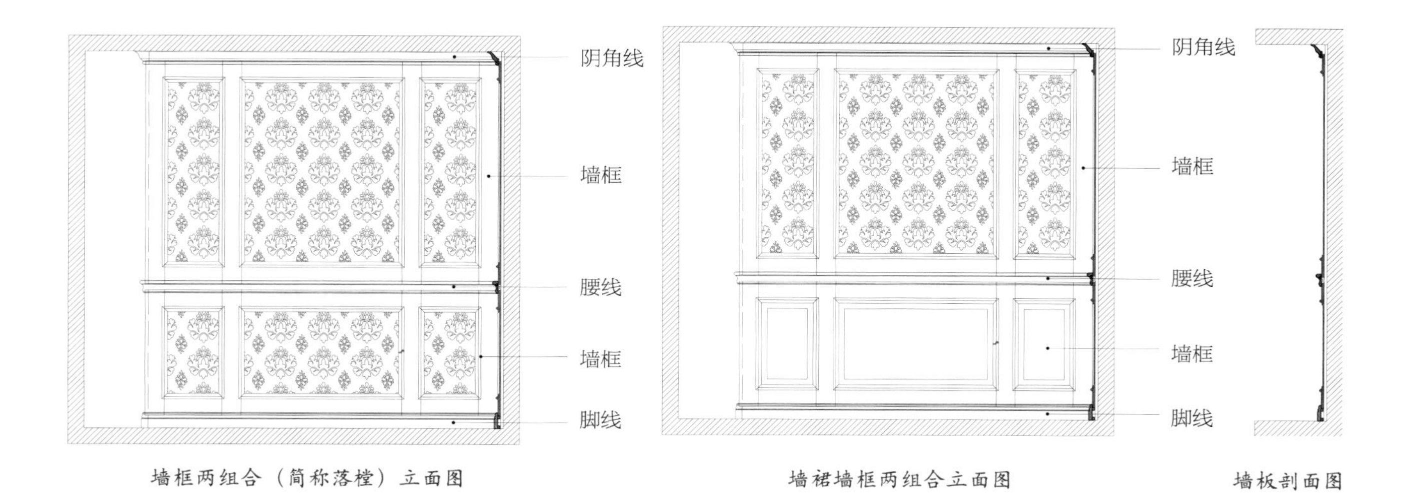

墙框两组合（简称落樘）立面图　　墙裙墙框两组合立面图　　墙板剖面图

墙板两组合（简称满护墙）与墙裙墙框上围裙组合： 墙板两组合（满护墙）一般适用于过道、楼梯墙、客餐厅、卧室以及阳角外露的墙面，可以很好地保护房间内极易损坏的墙面。在安装墙板前，先做好墙面木工板基层（基层板厚度 9 ~ 15 mm 的多层板），上下夹缝墙板要使用“凸”形腰线，方便收口，设计护墙产品时注意墙板收口。

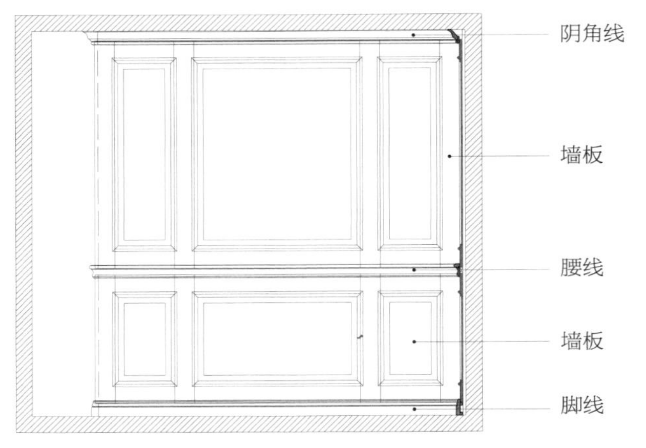

墙板两组合（简称满护墙）立面图

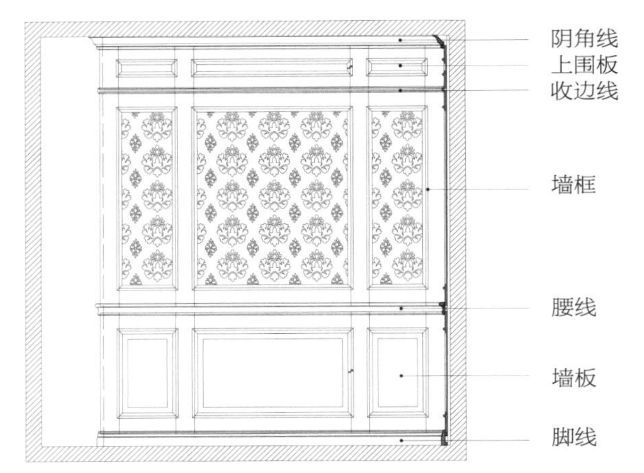

墙裙墙框上围裙组合立面图

护墙板包柱与背景墙组合。

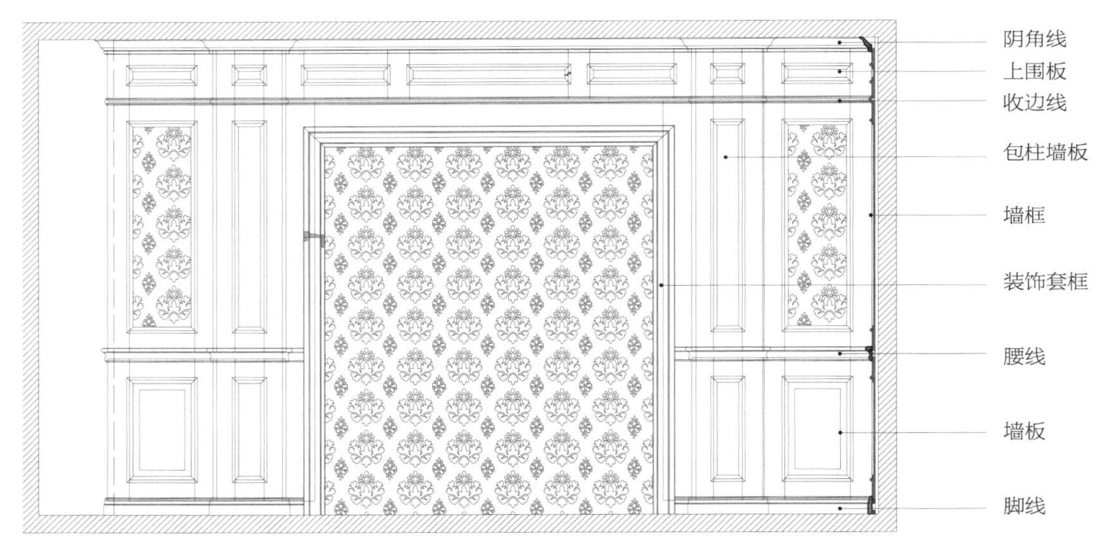

护墙板包柱与背景墙结构立面图

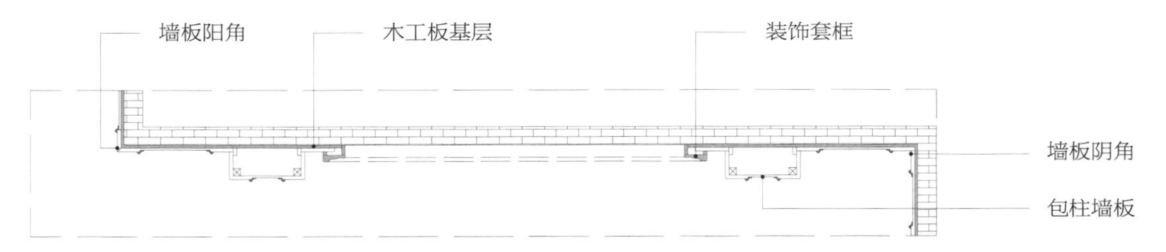

护墙板包柱与背景墙结构俯视图

注：① 水泥柱体在使用墙板包柱时，以柱体最大尺寸为准，并将尺寸放松 10 ~ 20 mm，以保证墙板包柱顺利完成安装。

② 平面墙体要求以装饰性墙板包柱，安装前以柱体内空宽、长做固定基层，方便安装。

③ 背景墙框套板、框套线在工厂生产成整体，现场安装碰口，框套盖住墙板达到收口效果。

④ 上述效果较为适合做电视背景墙、床头背景墙、沙发背景墙等装饰性墙面。

护墙板罗马柱与背景墙组合。

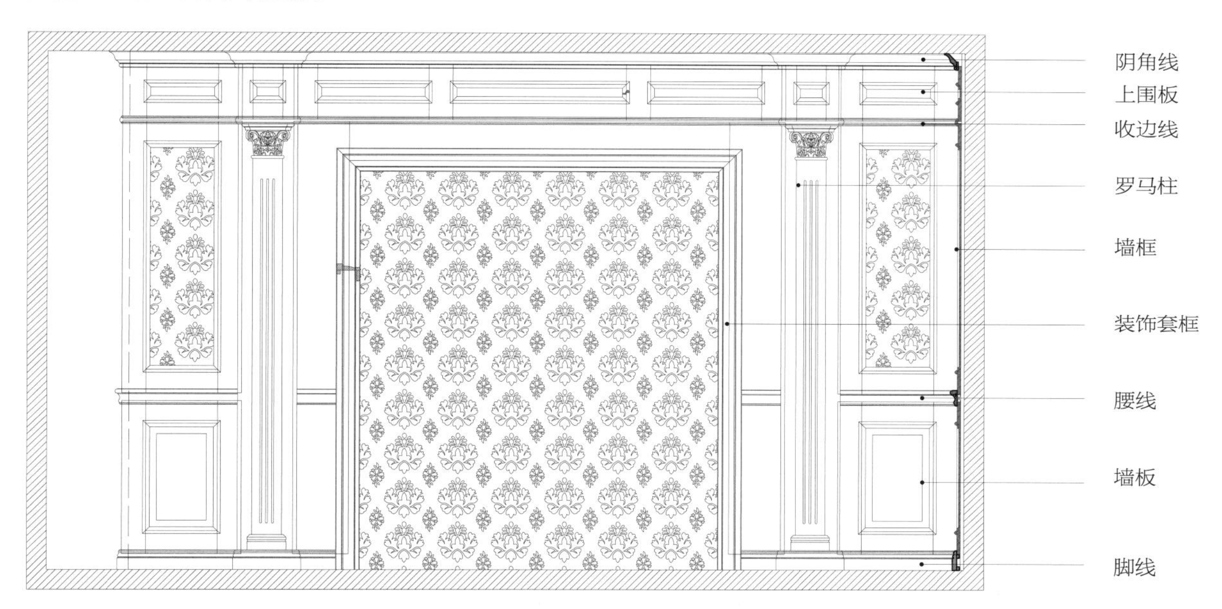

护墙板罗马柱与背景墙结构立面图

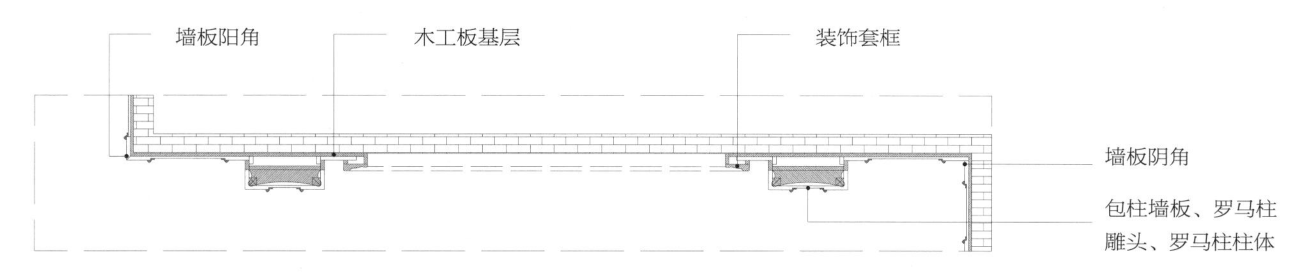

护墙板罗马柱与背景墙结构俯视图

注：① 装饰罗马墙板柱一般为装饰性柱体，设计时应了解雕刻柱头的最大厚度，方可计算上方围口厚度或装饰线的内沿尺寸，并以柱内空尺寸打好固定基层，方便安装。

② 背景墙框套板、框套线工厂生产成整体，现场安装碰口，框套盖住墙板达到收口效果。

③ 上述效果较为适合做电视背景墙、床头背景墙、沙发背景墙等装饰性墙面。

床头背景墙。

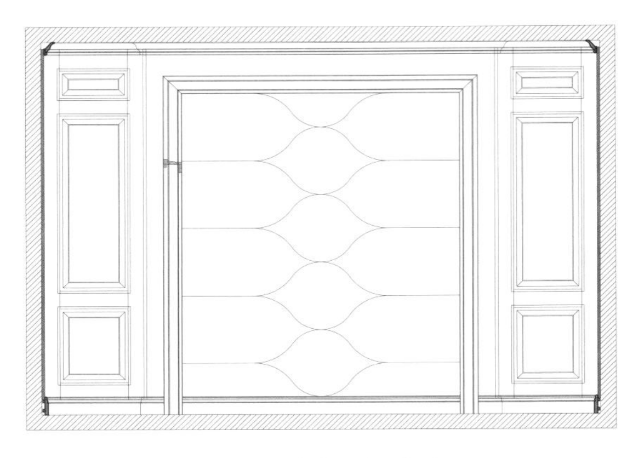

床头背景墙方案（一）

床头背景墙方案（二）

注：① 床头背景墙方案一、方案二均为左右整体型墙板，中部外凸型结构。方案一床头背景软包到底，方案二床头背景软包与墙板结合，上述两方案未使用套框收口。

② 实木多层板墙板标准高度不超过 2.4 m，如因高度需要，可选择 2.8 m 或 3 m 超长板制。

床头背景墙方案（三）

床头背景墙方案（四）

注：① 床头背景墙方案三左右二合一组合墙板，配有腰线。方案四左右墙框型反扣线加墙板、基层厚度，套框线厚度应考虑腰线、脚线收口。

② 软包在墙板安装后再行制作和完装。

床头背景墙方案（五）

床头背景墙方案（六）

注：① 床头背景墙方案五左右中均使用套框线型包覆软包，方案六为外框包内框型背景墙，左右上、内中均使用软包或硬包处理。

② 软包在墙板安装后再行制作和完装。

门洞套。

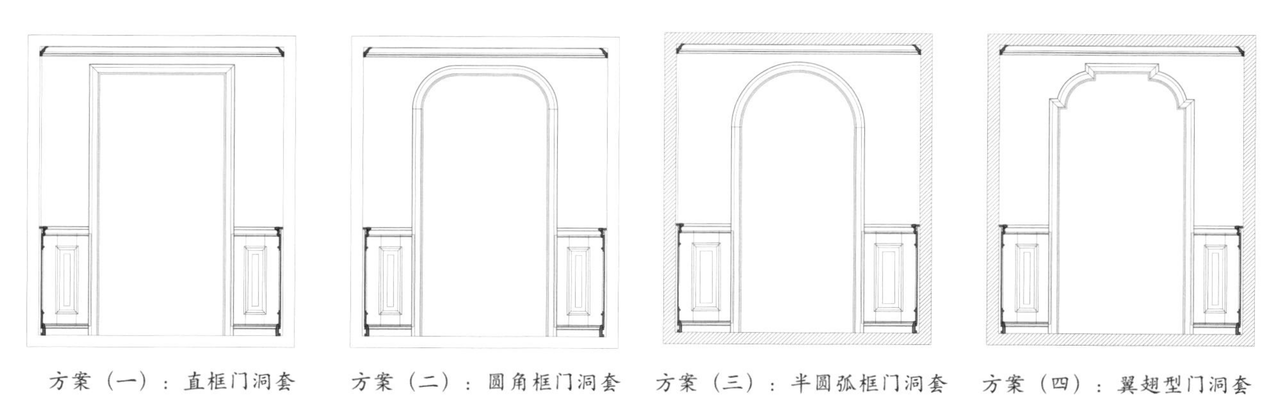

方案（一）：直框门洞套　方案（二）：圆角框门洞套　方案（三）：半圆弧框门洞套　方案（四）：翼翅型门洞套

上述四种门洞套与墙裙搭配时请加厚度，厚度要求单边大于腰线最厚尺寸 20 ~ 30 mm，套板应将墙板厚度加在内。与墙板相接处的加厚重叠部分在现场开口。

装饰垭口套和窗套。

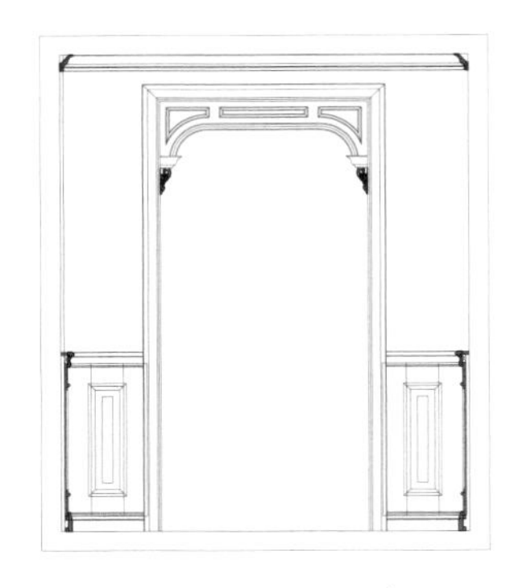

方案（一）：圆角装饰垭口

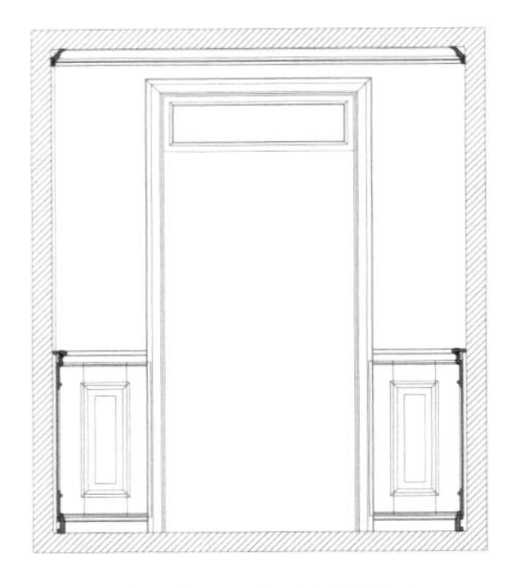

方案（二）：方形装饰垭口

四方框窗套立面图

三方窗套配窗台板立面图

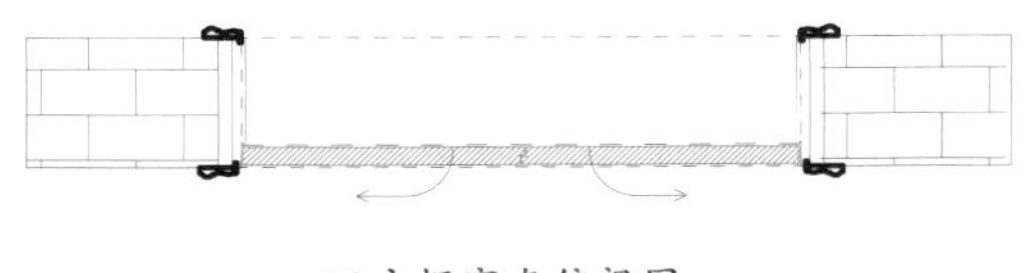

四方框窗套俯视图

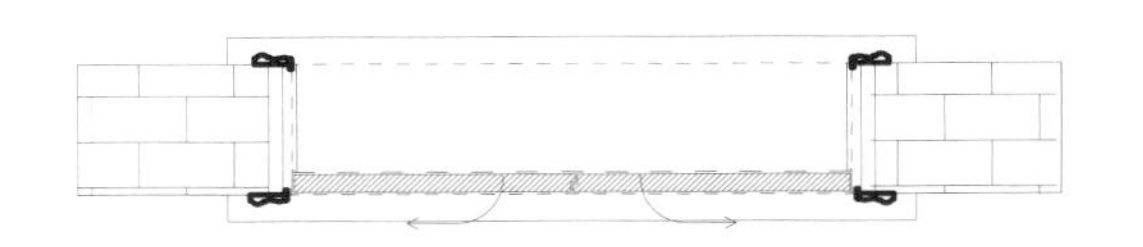

三方窗套配窗台板俯视图

注：① 上述两种垭口套与墙裙搭配时请加厚度，厚度要求单边大于腰线最厚尺寸 20 ~ 30 mm，套板应将墙板厚度加在内。与墙板相接处的加厚重叠部分在现场开口。

② 垭口装饰顶最宽尺寸要求小于套板 10 ~ 20 mm。

③ 四方框窗套、三方框加窗台板窗套有单、双在套线选择，常见为单面套线（房间窗套、阳台窗套等），窗台板厚度为 36 ~ 40 mm，外飞角在套线外 30 ~ 50 mm。

2.4.3 护墙板设计的构图方式

护墙板设计的构图方式有对称式构图法、圆形式构图法、左中右式构图法、上中下式构图法、上下式构图法。

1. 对称式构图法

对称式构图法具有平和、稳定、相互呼应的特点，令人有种安全感和肃静庄重感。

对称式构图法示意（一）

对称式构图法示意（二）

2. 圆形式构图法

圆形式构图法是把主体安排在圆心所形成的视觉聚焦中心，从而产生富有活力的动感。

圆形式构图法示意

3．左中右式构图法

左中右式构图法是把主体安排在视觉聚焦中心，从而产生富有活力的主次感。

左中右式构图法示意

4．上中下式构图法

上中下式构图法是把主体安排在纵向的聚焦中心，避免产生呆板感。

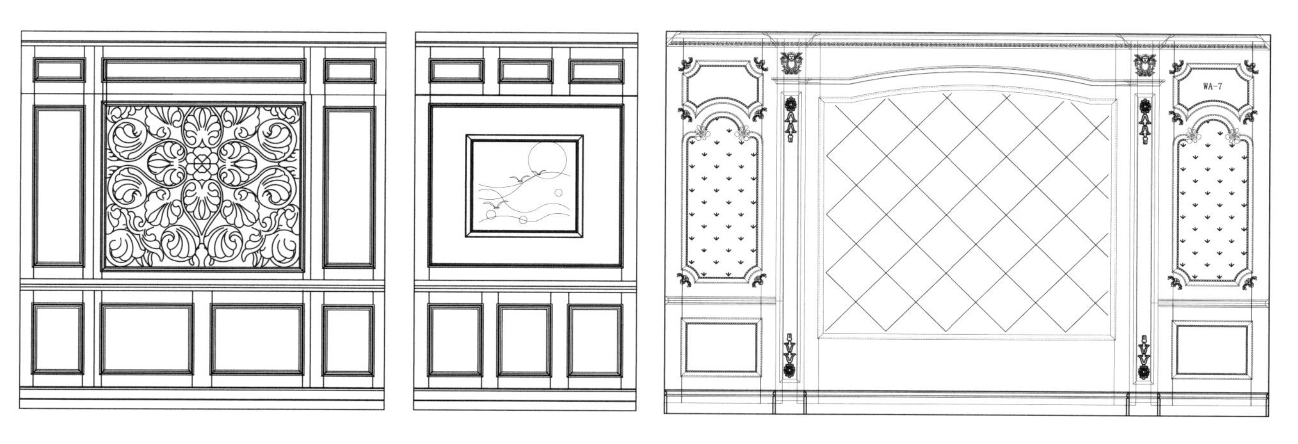

上中下式构图法示意

5. 上下式构图法

按照 0.618 ： 1 的比例来设计，更加耐看、修身，或按照 2 ： 8 或 3 ： 7 的比例来设计。

上下式构图法示意

2.4.4 实木墙板连接结构设计

实木墙板连接结构包括多层板复合墙板（实木墙板）、多层板复合型墙板、墙板结构侧剖图。

1. 多层板复合墙板（实木墙板）

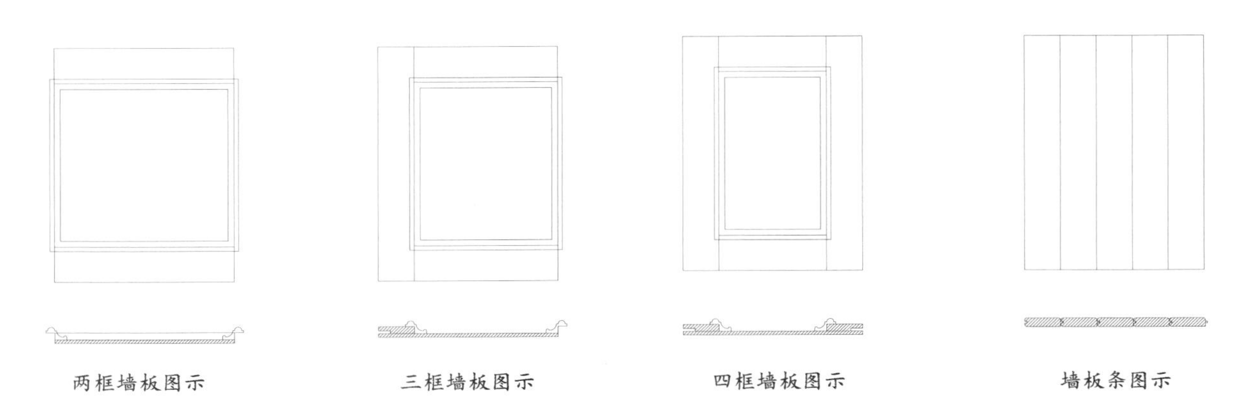

两框墙板图示　　三框墙板图示　　四框墙板图示　　墙板条图示

2．多层板复合型墙板

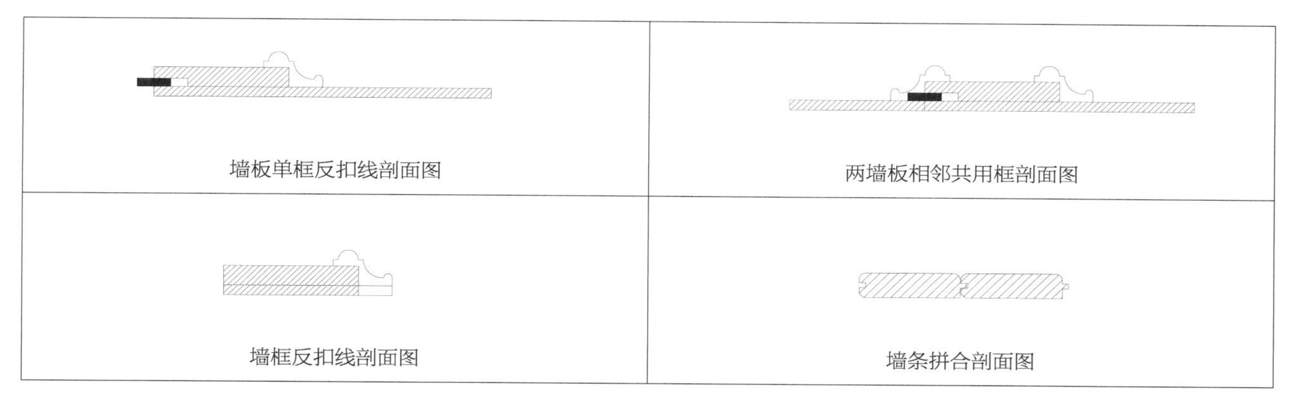

多层板复合型墙板

3．墙板结构侧剖图

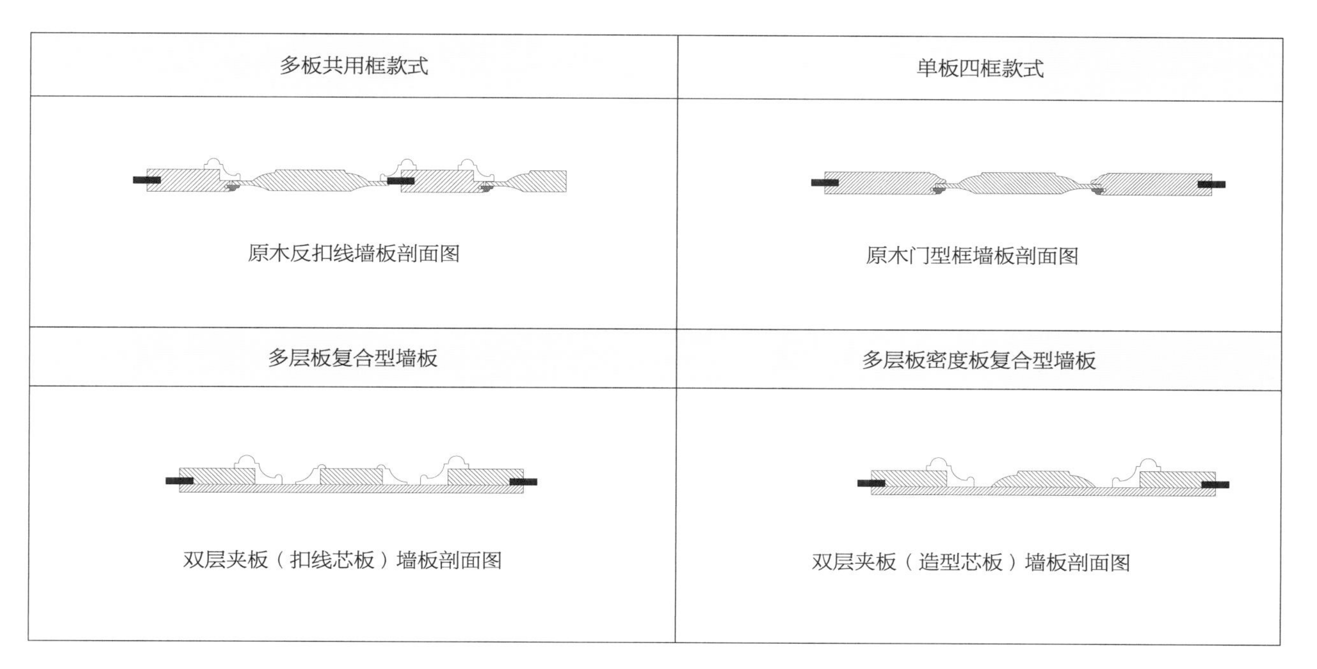

墙板结构侧剖图

2.4.5 实木墙板安装方式集锦

1. 成品木饰面（护墙板干挂）

成品木饰面（护墙板）采用干挂方法，既可以保证护墙板的平整度，又可以防潮，还可以达到美观大方的视觉效果。以苏州金螳螂建筑装饰股份有限公司为大港集团公司安装护墙板为例，展示木饰面护墙板干挂过程。

第一步：在面漆房里自然烘干。

第二步：包装前细检。

第三步：产品包装前需要进行编号。

第四步：在护墙板和挂条之间进行打钉固定。

第五步：在护墙板后面做 12 mm 厚挂条。

第六步：护墙板与基层之间通过挂条进行固定。

第七步：护墙板之间留有 5 mm 的工艺槽。

第八步：工艺条安装在工艺缝之间。

第九步：局部护墙板安装好后的效果展示。

第十步：完成效果。

2. 五金挂件安装

五金挂件安装过程展示

3．木饰面挂件

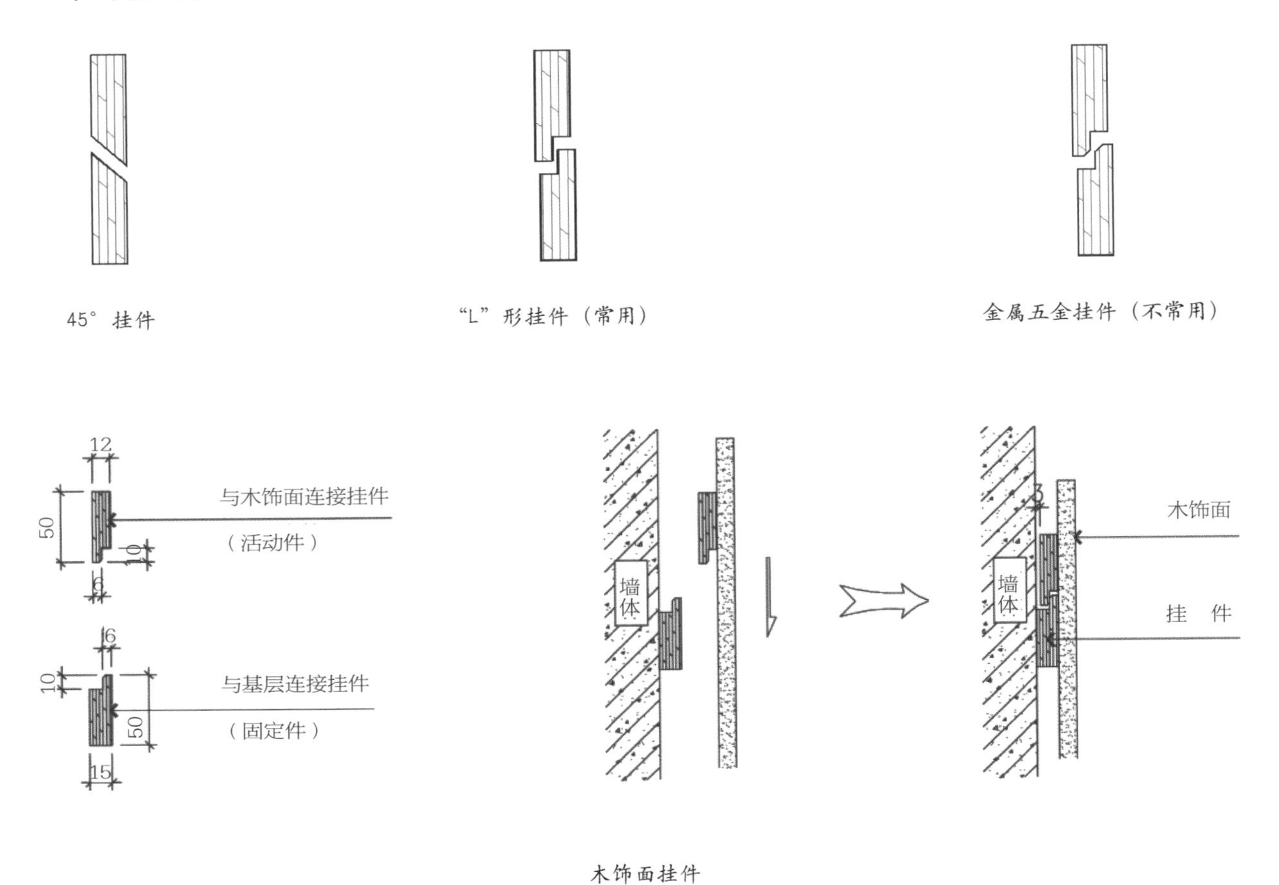

木饰面挂件

4．迪信护墙板结构专利技术

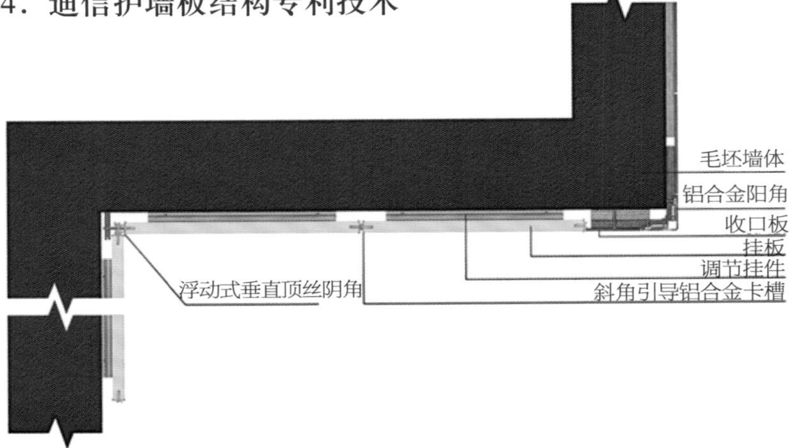

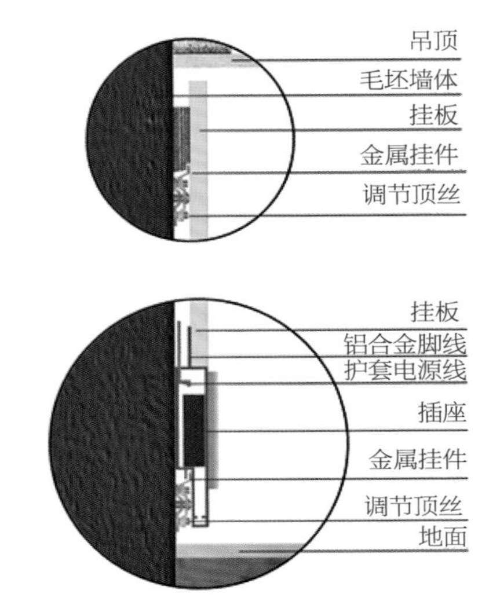

斜角引导铝合金卡槽

铝合金阳角

铝合金脚线、浮动式垂直顶丝阴角

安装挂板

5．护墙板安装

为防墙芯板变形，可增加挂墙芯板木块。挂墙芯板木块规格为 120 mm × 35 mm × 12 mm，小芯板居中用 1 块，大芯板根据芯板长度配木块数量；挂脚线与腰线木块规格为 120 mm × 27 mm × 22 mm，根据产品长度配木块数量。

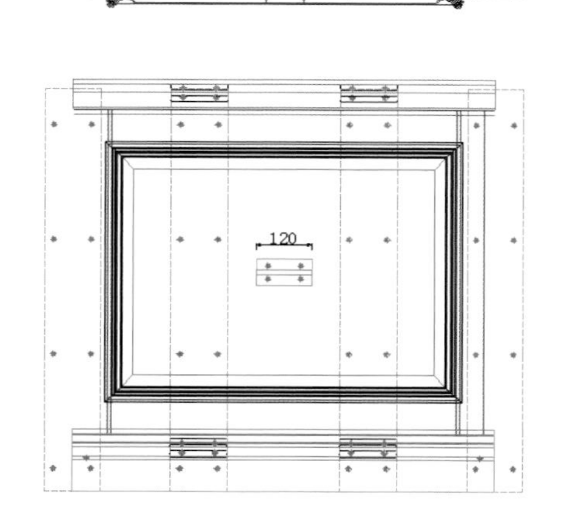

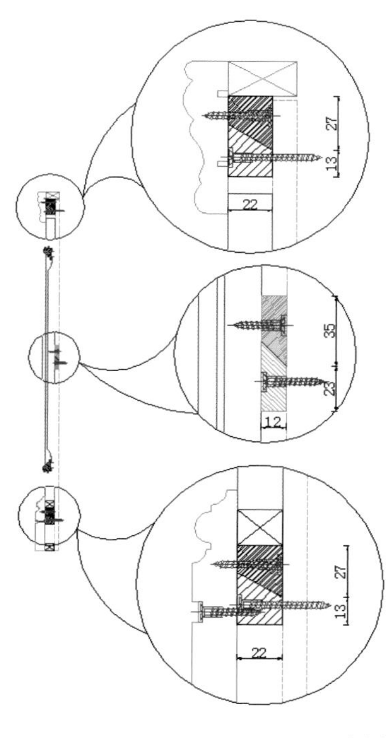

护墙板安装结构示意图

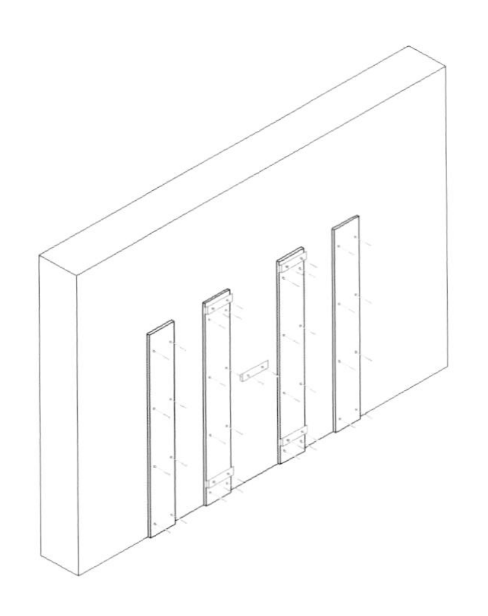

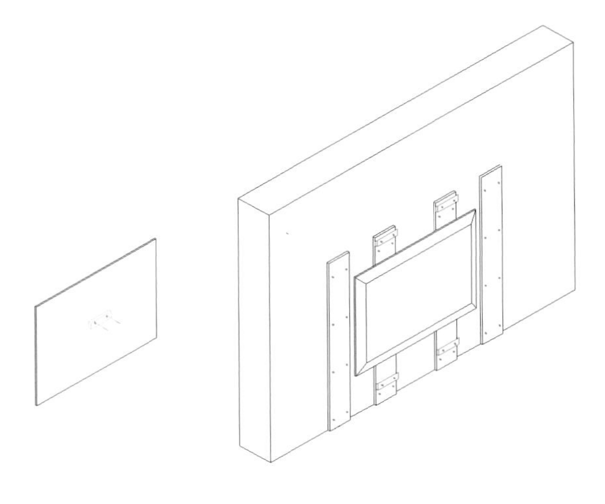

第一步：用冲击钻在墙上打⌀ 12 mm 定位孔埋入木榫（加免钉胶水），用⌀ 8 mm × 32 mm 快速牙将基层板与挂墙芯板木块照木榫位锁在墙上（可适当加胶水），再用⌀ 8 mm × 38 mm 快速牙将挂脚线与腰线木块锁在基层板上（可适当加胶水）。

第二步：用⌀ 8 mm × 25 mm 快速牙将挂墙芯板木块照墙上已锁好的挂墙芯板木块位置相应地锁在墙芯板上，挂上墙芯板，四周锁上墙芯板卡片。

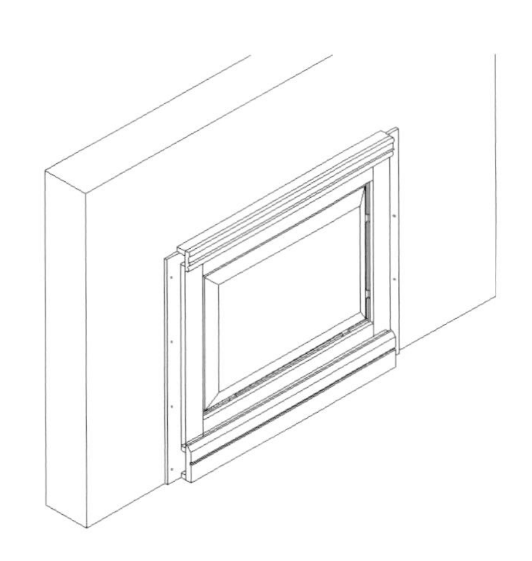

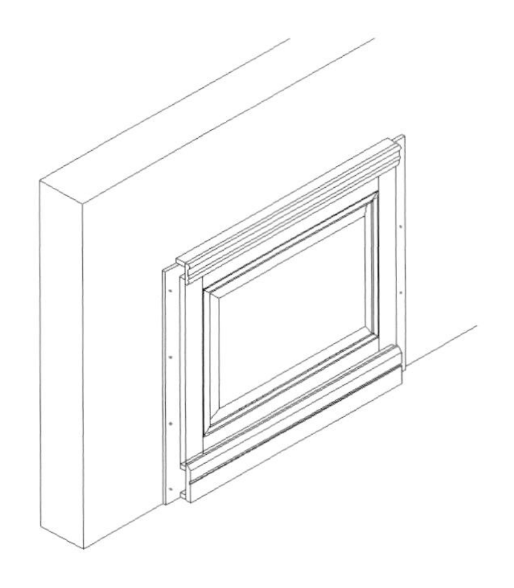

第三步：挂上脚线（可适当加胶水，在隐蔽处打枪钉固定），装上墙板框（在隐蔽处打枪钉固定），再挂上腰线（可适当加胶水，在隐蔽处打枪钉固定）。

第四步：压上墙芯板饰框（在与墙板框接触的位置可适当加胶水，在隐蔽处打上枪钉固定）。

2.4.6 护墙板安装注意事项

1. 保持墙面干净

安装前，应使墙面干净、干燥、平整，高度弹线找平，为适应当地气候条件，达到空气的含水率，买来的墙板在安装前，应将原包装拆封就地保存至少 48 小时。

2. 事先设计好尺寸

安装前，应先设计好分块尺寸，并将每一分块找方找直后试装一次，经调整修理后再正式钉装，避免面层的花纹错乱、颜色不匀、棱角不直、表面不平、接缝处有黑纹及接缝不严等。

3. 拉线，检查顶板

操作前，应拉线，以检查护墙板顶部是否平直，如有问题及时纠正，避免护墙板压顶条粗细不一、高低不平、劈裂等。

4. 墙面需做防潮处理

由于木料含水率大，干燥后容易收缩，造成接头不严、不平或开裂。因此，如果墙面潮湿，应待干燥后施工，或做防潮处理。

5. 面板表面要留缝隙

面板表面的高差应小于 0.5 mm；板面间留缝宽度应均匀一致，尺寸偏差不应大于 2 mm；单块面板对角线长度偏差不大于 2 mm；面板的垂直度偏差不大于 2 mm。

6. 阴阳角要水平、垂直

护墙板的阴阳角是施工的重点和难点，应特别注意。必须做到阴阳角垂直、水平，对缝拼接为 45°。

7. 踢脚线与压条要紧贴面板

踢脚板和压条应紧贴面板，不得留有过大的缝隙。固定踢脚板或压条的钉子间距，一般不得大于 300 mm；钉帽应敲扁，进入板条内的深度为 0.5 ~ 1.0 mm，钉眼要用同色油性腻子抹平。

2.5 实木吊顶天花板

实木吊顶天花板

2.5.1 实木吊顶概述

天花板吊顶由三部分组成：天花板（框架 / 芯板 / 外扣线条）、顶线、收口线，有深度的另多一个立式框架。

实木吊顶的种类及结构造型分类：实木吊顶按材料分为纯实木吊顶、实木综合类吊顶及实木复合吊顶三类。

纯实木吊顶指横竖方、芯板、所有木制零部件（托板、压条除外）均使用实木锯材或实木板材。

实木综合类吊顶指横竖方、框架部分使用实木板材或锯材，芯（肚）板使用人造板作为基材。

实木复合吊顶指横竖方及肚（芯）板全部采用人造板，表面贴实木皮或直接使用油漆涂饰。

以上三大类吊顶所用线条均为实木，如阴角线、扣线、钉线等。

2.5.2 实木吊顶的类型

吊顶按形状可分为宫字格吊顶、步步高吊顶、斜屋顶吊顶、宫字格雕花吊顶、圆弧圆顶（内圆弧与外圆弧）、燕槽板吊顶等。

1. 宫字格吊顶

宫字格吊顶实例

宫子格吊顶平面图

2. 步步高吊顶

步步高吊顶

3．斜屋顶吊顶

斜屋顶吊顶

4．宫字格雕花吊顶

宫字格雕花吊顶

5. 圆弧圆顶（内圆弧与外圆弧）

圆弧圆顶（内圆弧与外圆弧）

6. 燕槽板吊顶（假木方 + 地板结构）

燕槽板吊顶（假木方 + 地板结构）

注: 关于吊顶设计及安装资料，请关注青木大讲堂官方微信（ID:qingmulecture，回复“护墙板”，可查看大量护墙板图片、安装视频及其他参考资料）。

2.6 实木楼梯

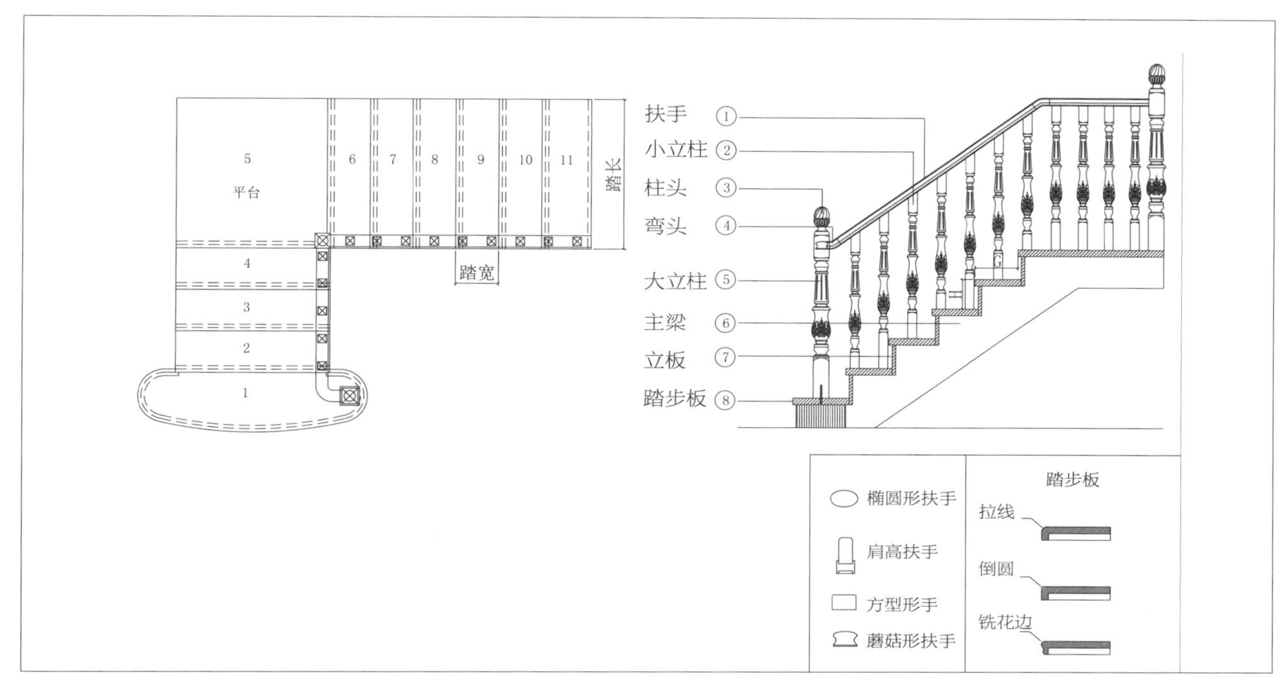
5
平台
6
7
8
9
10
11
踏长
4
3
2
1
踏宽
扶手 ①
小立柱 ②
柱头 ③
弯头 ④
大立柱 ⑤
主梁 ⑥
立板 ⑦
踏步板 ⑧
椭圆形扶手
肩高扶手
方型形手
蘑菇形扶手
踏步板
拉线
倒圆
铣花边

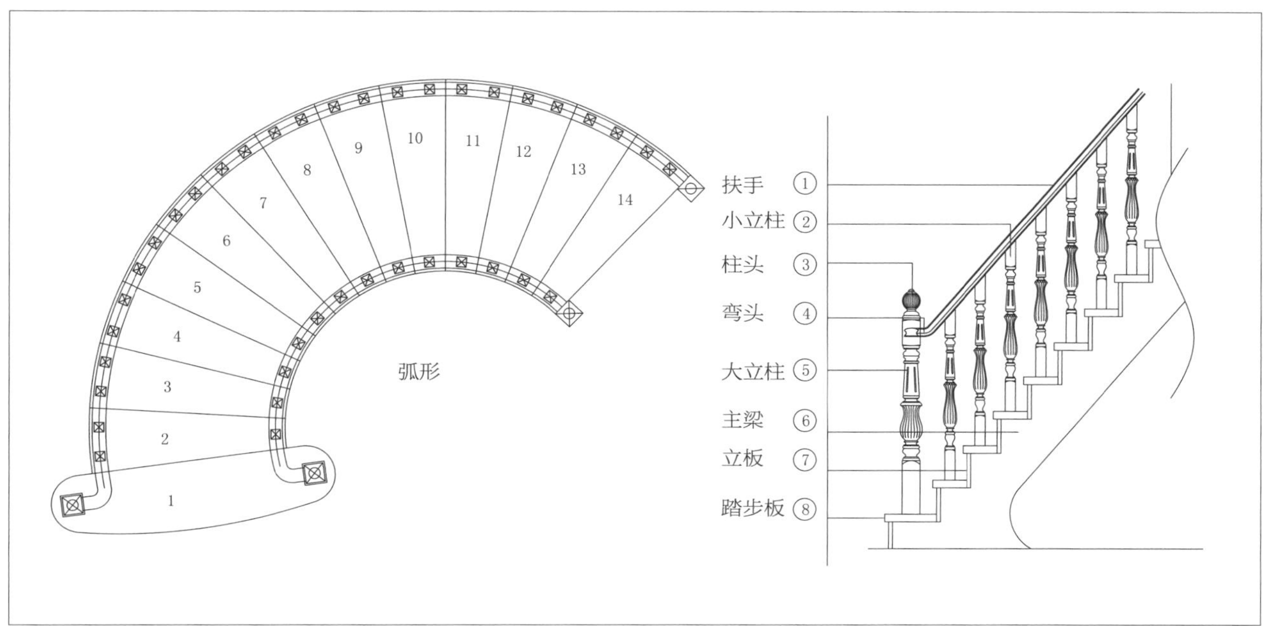
1
2
3
4
5
6
7
8
9
10
11
12
13
14
弧形
扶手 ①
小立柱 ②
柱头 ③
弯头 ④
大立柱 ⑤
主梁 ⑥
立板 ⑦
踏步板 ⑧

实木楼梯

2.6.1 楼梯的性能

楼梯是供人行走的工具，是连接上、下两层面及上、下两个空间的重要元素，性能定义为衔接上、下两个空间的“桥梁”。

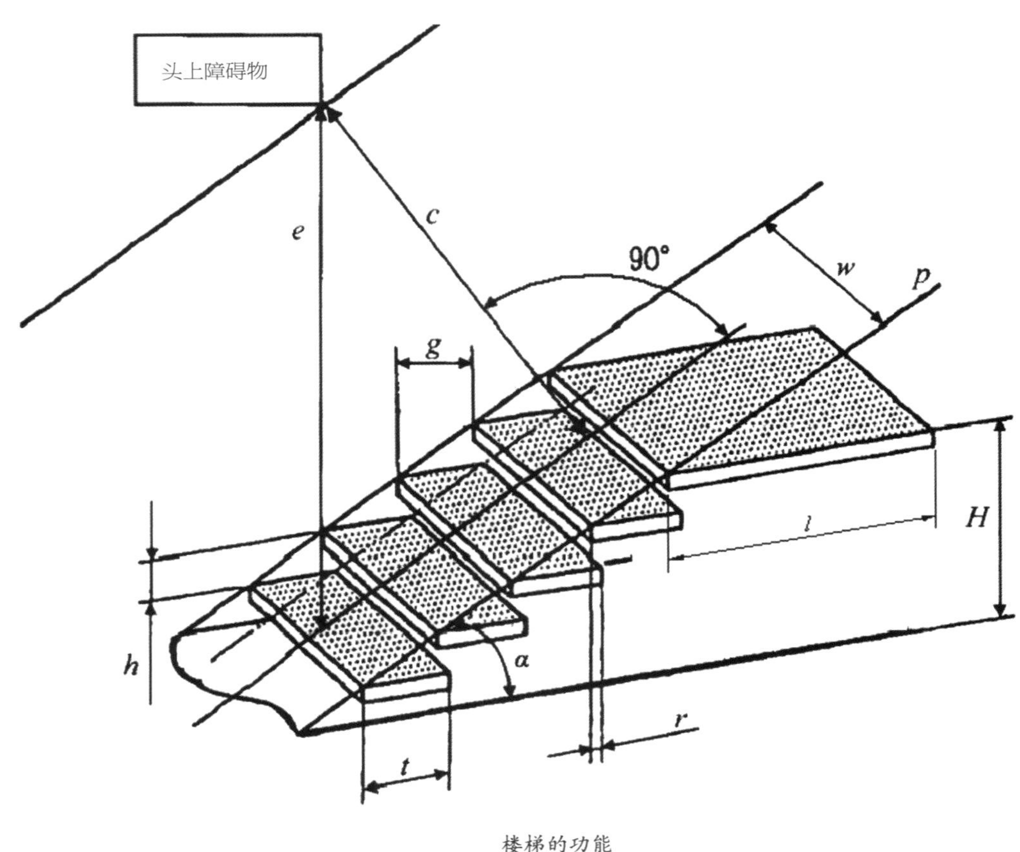

楼梯的功能

2.6.2 楼梯的结构及材质

楼梯的结构主要有两种：一是有基础楼梯；二是无基础楼梯。有基础楼梯主要由踏板、立板、栏杆、扶手及五金配件等组成。有基础楼梯与无基础楼梯的安装方式是相同的，都是靠模块拼接套接的方式连接在一起。不同的是，有基础楼梯需要依附在原有的水泥基础上，无法独立拼装成楼梯。这种楼梯虽然局限于水泥楼梯基座的形状，但可以根据具体情况进行改造，以便适用于各种不同形状的楼梯。无基础楼梯由底梁、踏板、立板、护栏及扶手组成。这里主要介绍无基础楼梯。

1. 楼梯的底梁

底梁是楼梯的重要组成部分，是整部楼梯的支撑和承重部分。结构的设计，主要是从结构力学的角度，在满足结构安全性的前提下，增加结构的美观性。按照结构材料选用的材质，可分为实木结构楼梯、钢结构楼梯、钢木结构楼梯和混凝土楼梯，各种楼梯主要是按照楼梯的结构进行区分。在不同结构的基础上，可搭配与之相应的楼梯其他组件，从而彰显出楼梯的不同风格。近些年，由于楼梯产品的花色品种日趋增多，消费者逐渐成熟，楼梯逐渐走向差异化和个性化，因此要求楼梯制造企业，根据客户的不同需求进行不同的组合，从而制造出完全满足客户需求的楼梯产品。

2．踏板

踏板是人体在楼梯上行走时的主要承载部分，是将人体及其他载荷传递给结构的重要部分。由于踏板是人体行走的承载部件，所以踏板的设计必须重点从人体工程学的角度来考虑。首先是安全性，其次是舒适度及美观性。踏板在材质的选材上可以是实木、石材、玻璃、钢材等。家用楼梯的踏板以实木为主。实木的花纹自然美丽，装饰效果好，给人温馨奢华之感，并且更易于与家庭的整体装修风格相融合。其他材质的踏板，更多地应用于户外及公共建筑楼梯。

3．立板

立板是楼梯的一种装饰部件，同时对楼梯的整体结构起到一定的稳固作用。立板选用的材质通常与踏板选用的材质相同，分为实木、石材、玻璃、钢材等。立板的选用是根据客户需求及现场装饰的需要而决定的。

4．护栏及扶手

护栏主要包括将军柱（起步柱）和栏杆，在大部分整体结构中与扶手一同搭配，形成楼梯的安全保护系统；同时，通过不同材质、不同种类护栏的选择搭配，形成一种差异化极强、体现消费者不同品位、充分彰显个性的整体楼梯产品。因此，为了满足消费者的不同需求，护栏的材质及花色品种上也是最多的。根据护栏材质的不同，可分为实木、钢制、铝镁合金、不锈钢、玻璃、铁艺、混合型等。在实木护栏中，有从国外原装进口的，也有国内生产的，高档产品通常选择原装进口的护栏产品。每一种材质护栏都会形成系列产品，供消费者选择。扶手是人体在楼梯上行走时的载荷分散构件，在楼梯的整体结构中具有重要的辅助安全作用。楼梯的扶手根据所选材质的不同大致分为三种：实木扶手、高分子（PVC）扶手、钢制扶手（碳钢及不锈钢两种）。

在家用楼梯中，更多地选用实木扶手，再与高低弯头、扭弯头、扭弯扶手、弧形扶手等高难度部件搭配，凸显整部楼梯的流畅与奢华。PVC 扶手价格便宜，施工方便，主要应用于低档楼梯产品。钢制扶手，主要应用于户外及公共建筑楼梯。

2.6.3 楼梯的形式

楼梯是非标产品，根据客户的个性化需求及现场的状态而量身定制，所以尚未形成统一的标准规格。根据楼梯的走向，可分为直跑梯、L 形梯、U 形梯、弧形梯、螺旋梯等。

1. 直跑梯

几何线条明显，给人硬朗的感觉，占地面积小，简洁、流畅。

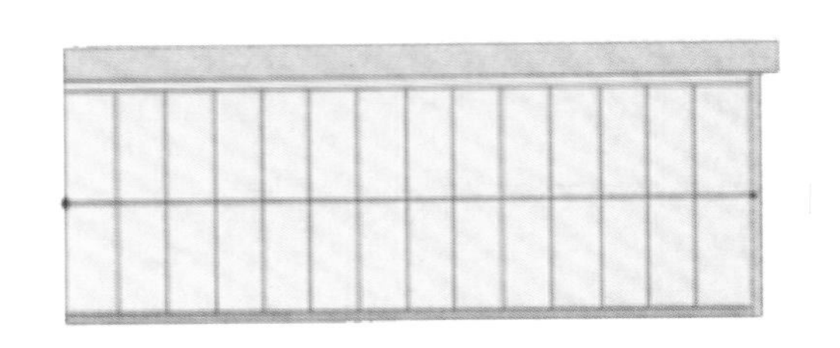

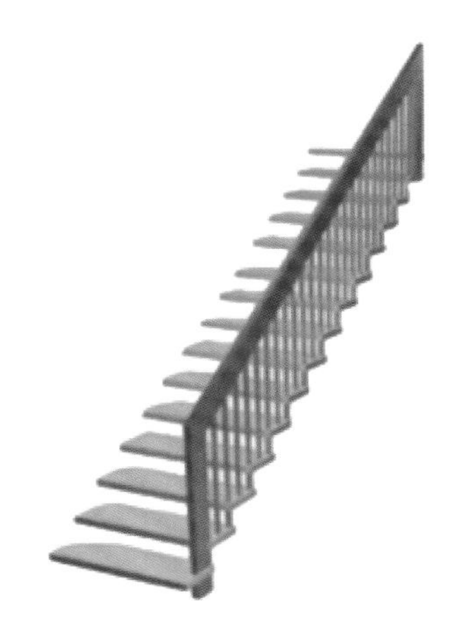

直跑梯

2. L 形梯

直梯的改良，增加了转角的平台，减缓了楼上下的趋势，使室内空间的层次更加清晰，适合多种地形的居室场所。

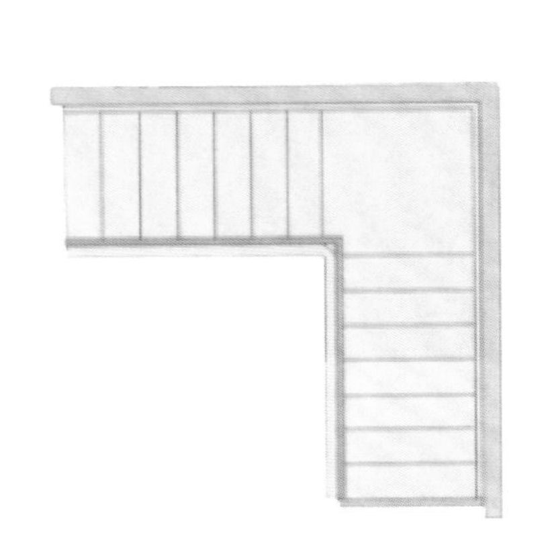

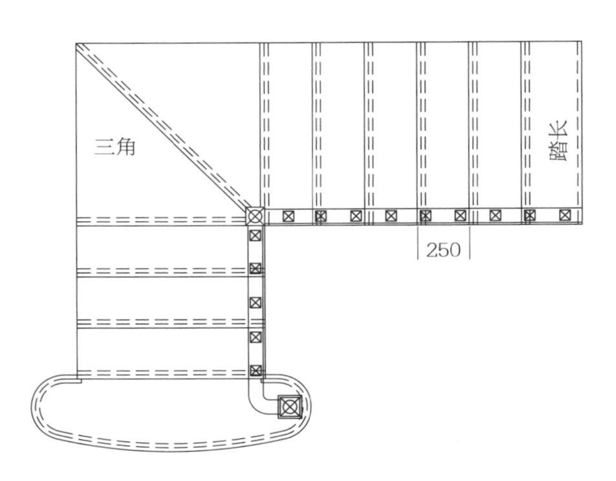

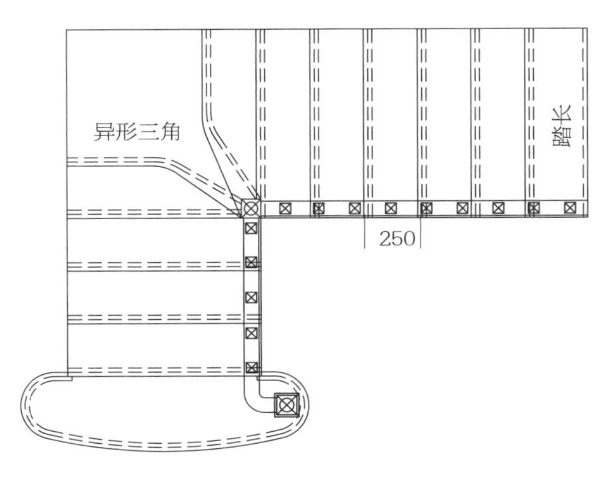

L 形梯

3．U 形梯

兼有直跑梯和 L 形梯的特点，适合多种居室场所，韵味、美感都在转首之间体现出来。

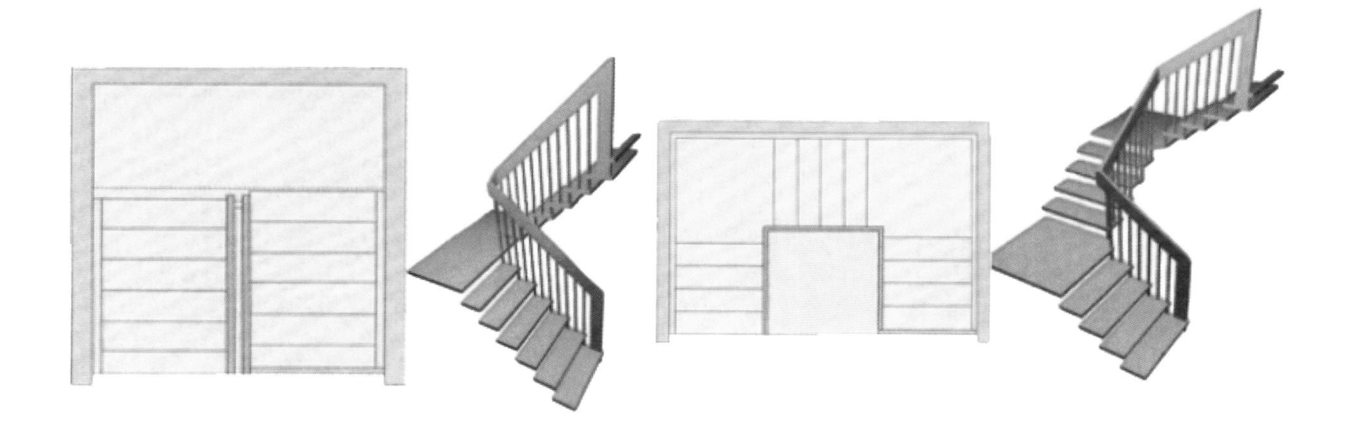

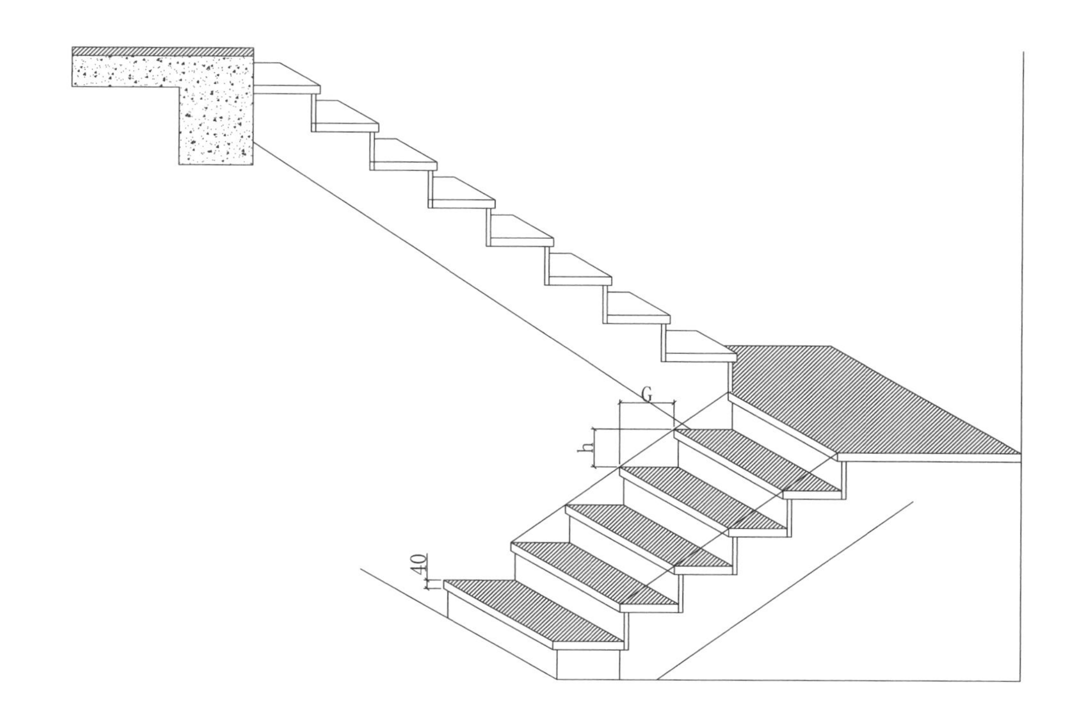

U 形梯

4. 弧形梯

以一个曲线来实现上下楼的连接，美观大方，行走起来没有生硬的感觉。

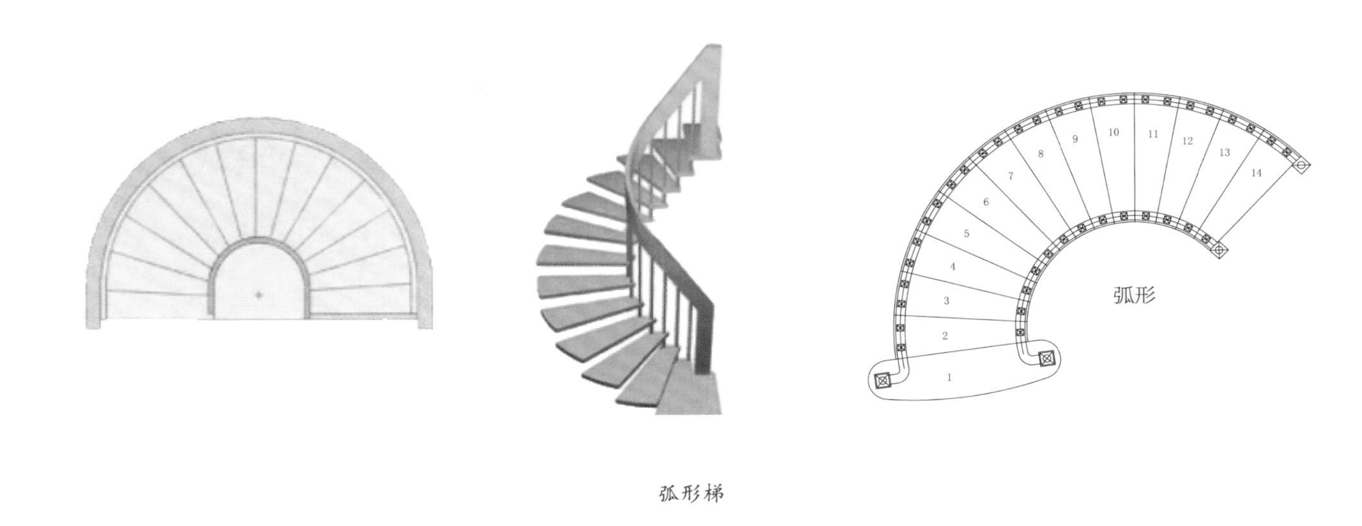

弧形梯

5. 螺旋梯

根据角度的不同而各不相同。360° 螺旋楼梯是一种能真正节省空间的造型，优点为盘旋而上，表现力强，占用空间小，比较适合小户型。

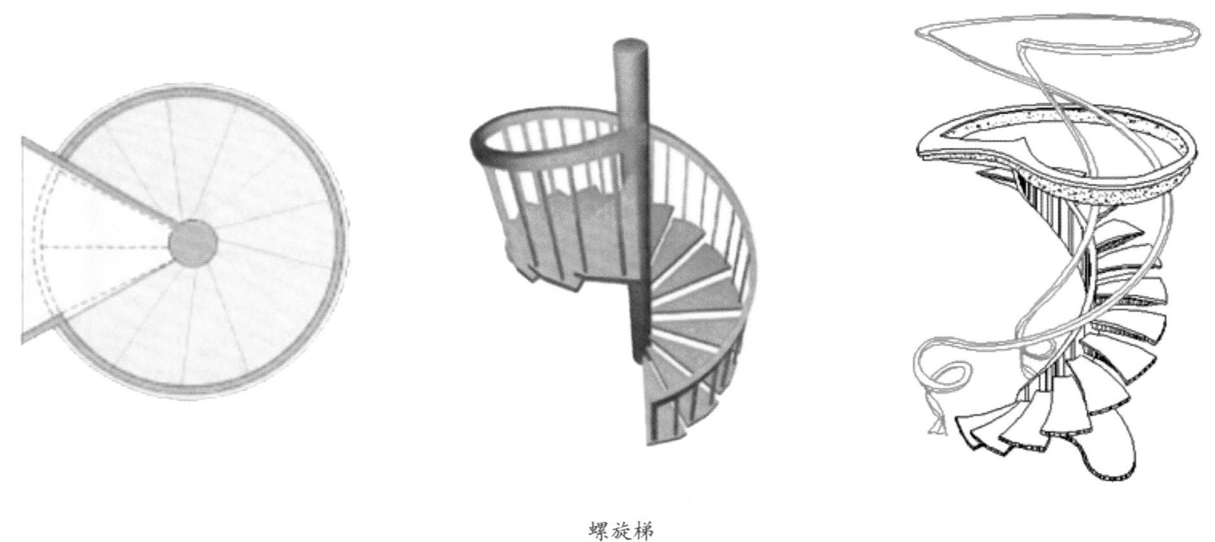

螺旋梯

2.6.4 楼梯走向的设计

主要是根据现场环境而定，不同的楼梯走向会产生不同的视觉冲击效果。由于我国的楼梯行业起步较晚，独立研发的产品较少，所以根据楼梯的设计风格，大致可分为意大利系列、西班牙系列、德国系列、奥地利系列和中国系列等。

模块化结构设计——意大利式，现代简约。

组合式结构设计——西班牙式，欧式古典。

整体式结构设计——德国式，现代与古典的完美结合。

特殊专业功能设计——奥地利式，为实现特殊的功能而量身定制。

中国风格设计——中国式，含中式风格的窗棂或木雕工艺等，完美体现中国元素。

2.6.5 楼梯设计注意事项

① 平台转角处的分法：一般为四方平台，2 步、3 步。

② 重叠面：上来不重叠，转弯有重叠。

③ 板宽在图纸上是 240 mm，工厂生产出来的板宽是 280 mm（加 40 mm 的重叠面）。

④ 正常板宽（步宽）不能低于 220 mm，一般为 240 ~ 250 mm，最后一步板宽不能低于 250 mm，一般为 280 ~ 310 mm。

⑤ L 形：步长一般为 800 ~ 1000 mm，受限少。

U 形：步长是根据是否共用一根大柱来决定的。

如果共用一根大柱，一般大柱是 90 mm × 90 mm 或 80 mm × 80 mm，那么步长在原基础上加 80 mm 或 90 mm 的一半。如果墙长 1780 mm，步长为 1780/2 mm+ 40/45 mm。

如果不共用一根大柱，在转角处再加一个踏步。如果墙长 2000 mm，按共用大柱来算步长为 1040 mm 或 1045 mm，算大了，所以应（2000 mm–1800 mm）+40/45 mm（与大柱重叠部分）。

⑥ 排踏步时切记从上往下排。弄清楚楼梯到梁下边部分的算法。

⑦ 设计方案要合理。图纸的尺寸务必准确，未复测的图纸不下单。

⑧ 设计图上的特殊地方要清晰标明。外挂柱一定在图纸上画上立面图。确保图框的统一性。

⑨ 放样要在图纸上说明（弧形奥拉、费恩斯、弧形护栏、较复杂的楼梯，通常这些都需要放样）。销售人员对图纸上的说明不要轻易改动。

⑩ 弄清楚洞口的环境、空间的大概位置。注意碰头现象。

⑪ 有电箱、水电预埋的地方要注意，必要时，绘制水电图，交给工程部；楼梯间的门注意会不会在门角，以及是否为空心墙，要做预埋。

⑫ 弄清楚洞口墙面大、小的问题。测量时四面都要测量，在图纸上超过 3 cm 以上的差距要说明，整梯以比较宽的一边为准。

⑬ 客户铺设的地板：实木地板，3 ~ 4 cm 的龙骨 + 地板就有 5 ~ 6 cm 的高差，强化地板有 1.2 ~ 1.5 cm 的高差，地砖有 4 ~ 6 cm 的高差。

⑭ 弧形梯，180° 弧形，一般在外弧最大弧的地方放一个支撑柱。

⑮ 楼梯下面的东西，电、柜等的处理，设计师要和客人及销售人员多沟通，以免与客人的要求有差距。

⑯ 护栏的高度不低于 90 cm，小柱间距为 8 ~ 12 cm。

⑰ 测量尺寸的确定：尺寸大于 2 cm 的误差就会影响楼梯的安装。转角的地方，大柱的安装位置要合理。

⑱ 尺寸的搭配：双层扶手面只配 40 cm × 40 cm 的小柱。

⑲ 弯头设计要合理，尽量简单，引导客户用大柱，以增加稳固性，少用弯头。

打底的好处：

- 水泥自身有湿度，大芯板可防止受潮变形；
- 实木板与大芯板相结合，便于安装；
- 调节步高、步长、步宽一致。

⑳ 颜色太浅不能做，尽量推荐公司常有颜色较深的色梯。

2.6.6 楼梯放样要则

1. 楼梯踏步板放样

① 放样材料的选择：

- 三合板；
- 标准放样纸（大于或等于 350 g/ ㎡），切忌用报纸等易损纸张。

② 放样好的样板应该是加工的实际尺寸，包括压边尺寸。

③ 放样好的样板应写上图纸编号、踏板序号、厚度。

④ 样板上的正反面及前后方向一定要标明。

⑤ 棱角分明，不能有不规则的曲线。

⑥ 宽度超过 1300 mm 的平台样板要标明是否分成若干块来加工。

⑦ 样板原则上同图纸一起送达工厂（通常采用 EMS 等快递方式），以便按工期完成生产。

⑧ 异形样板需要拼接时，在连接处用油性记号笔标明连接关系。

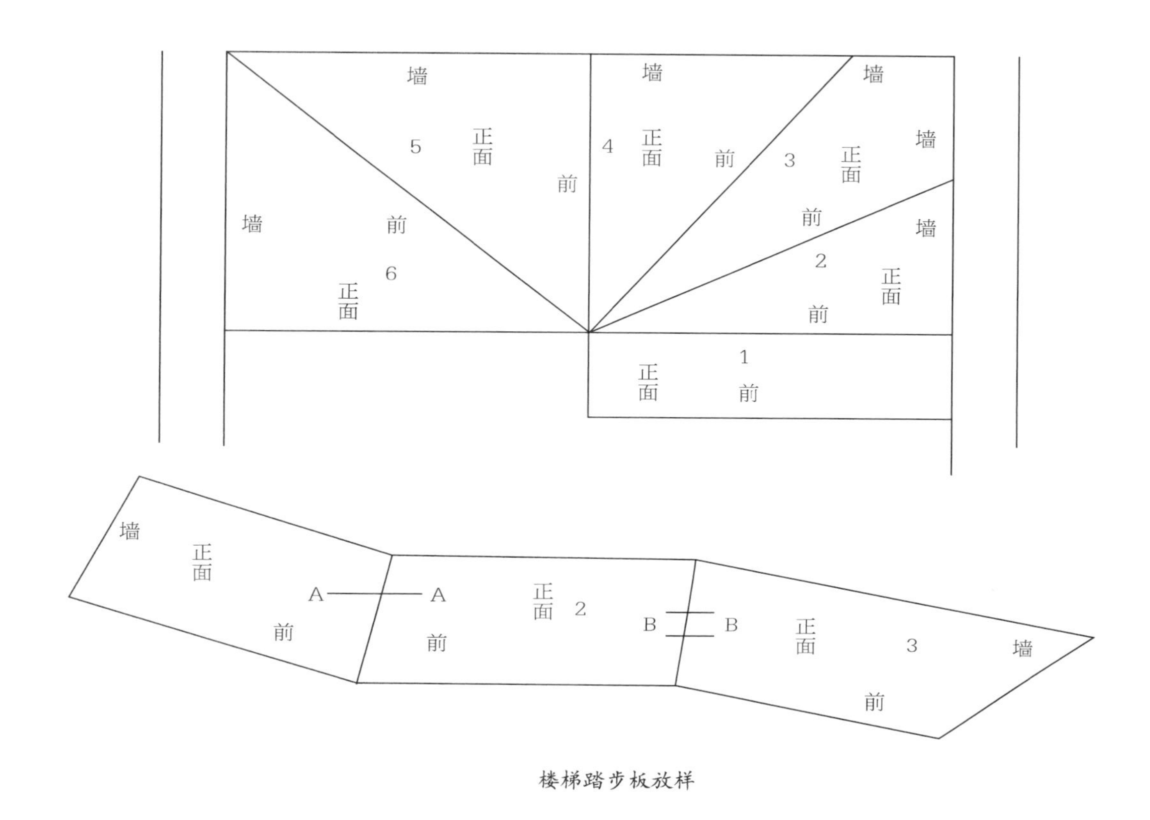

楼梯踏步板放样

2．平弯扶手放样

① 放样材料必须使用三合板。

② 放样时，先将三合板用美工刀划成与楼板相似的形状，然后平放在楼板边缘表面，三合板和楼板紧密相接，再沿楼板的弧度划线，注意在划线的过程中样板不能有任何移动。

③ 放样可能需要多块的三合板拼接时，需要在接口处处理好，用实线表示出来。

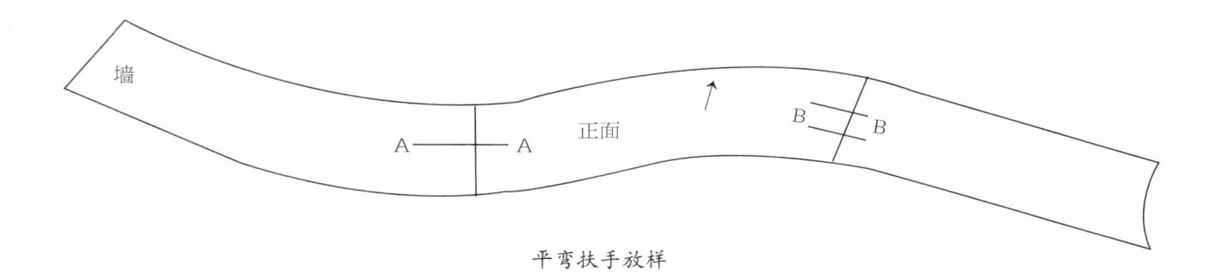

平弯扶手放样

④ 划线后的样本必须注明正面及反面字样，并用箭头表示哪边为实际扶手样（及洞口和楼板）；若出现弧形与直扶手相连处时，需要将角度样放下来，在直扶手处注明直扶手的准确长度。

3．扭弯扶手的放样

① 用美工刀切割三合板划成与弧度相应的条，放在踏步侧板的边缘，将小螺丝钉轻轻钉在踏板的基础上，然后用笔在每个踏板侧面顶角处点上线，样板取下来后再连接成弧线。

② 每个踏步的前面，即立板也要划上线。

③ 如为不规则的弧形楼梯，要把踏板的实样放出来。

④ 所有规则及不规则的样板需要在图纸上给出准确步宽及步高的明细表。

2.6.7 下单及预算

1．下单程序及注意事项

在客户确定方案后下单。

① 在图纸的图框里写清楚以下内容：

• 成品梯（整梯）：写明大柱，小柱，柱头，扶手面，弯头的款式、规格、数量。

• 费恩斯：除写明大柱，小柱，柱头，扶手面，弯头的款式、规格、数量外，还要注明踏板，立板，贴角线，包边线的款式、规格、数量。

② 在图纸上写明材质和颜色：颜色要分清是哪种色板，务必按厂部发的通知来下单，颜色统一在备注里填写。

③ 核对下单日期、安装日期、客户姓名、单号、电话、地址、成品梯，务必注明图框下部分内容：一、二楼铺设的地板，步长，步宽，步高，梁厚，层高，步数等。

④ 费恩斯不需要填写图框下部分内容，但一定要在图纸上写明我方是否负责大芯板打底，以免耽误安装时间。

⑤ 其他特殊要求，需注明。

⑥ 设计师用电子格式编排完整，并核对无误后，打印图纸。

⑦ 图纸复印 8 份，留底 1 份，其他的送厂部。

⑧ 图框必须统一。

⑨ 下单时，大小柱、扶手面的搭配要协调。例如，1200 mm 的楼梯一般考虑 115 mm 的大柱和 52 mm 的小柱。

⑩ 若大小柱是拉线的，一般配拉线的扶手面和柱头。

⑪ 生产周期一般为 30 天，特殊材质和特殊款式及弧形梯要 40 ~ 50 天。

⑫ 色样在下单时要同时交给厂部。

2．预算

零售核算

① 将军柱（大柱）刻画 60 元 / 面，柱头刻画 60 元 / 个。

② 立柱作彩，描金粉，银粉，作旧，裂纹漆，另加 20% 的费用。

③ 弧形立板乘以 1.2(系数)，弧形踏板按最大尺寸算面积，四方平台侧板按 2 个计算。

④ 订货周期为 30 天（法定假日扣除），加急时收 20% 的加急费。

⑤ 实木梯奥拉、瓦伦亚、费恩斯核按楼梯的材料组成部分总合计（㎡）。

⑥ 以上报价含油漆、不含（地、州、县）运输及安装费。

⑦ 小贴片：10 元 / 片。

⑧ 若换材质，须另计价格。

⑨ 二楼中空护栏：5 ~ 6 根小柱 /m，（46 mm× 46 mm，排 6 根，52 mm× 52 mm，排 5 根）。

⑩ 除奥兰多大柱无柱头外，其他大柱一般带着柱头，报大柱的价格时要加上柱头的价格。

⑪ 建议客户在安装楼梯前把比较大的东西放上楼。

⑫ 楼梯一般步高为 18 ~ 20 cm，踏步数 = 层高 / 步高，碰头 = 层高 − 梁厚 − 踏步高度（一般指第三或第四踏步到地面的高度）= 净高 − 踏步高度。

⑬ 奥拉：步长有喷边，步宽有喷边，最后一步长宽都没有喷边。

成本预算

计算时，统一把单位换算成 m。

① 踏板（整梯）：（步宽 +0.04）× 步长 × 步数

三步转角平台：（步宽 +0.08）× 步长

二步转角平台：（步宽 +0.06）× 步长

费恩斯（散梯）：（步宽 +0.04）×（步长 +0.04）× 步数。

② 立板：步长 × 步高 ×（步数 +1）

转三角平台：步长 × 步高 ×1.2（系数）。

③ 扶手面：步宽 × 步数 ×1.3（系数）

如果是中空护栏，直接量尺寸。

④ 贴角线：直角走向：（步宽 + 步高 +0.18）× 步数

锯齿形：（步高 +0.07）× 步宽 ×1.3× 步数（单价按立板平方计算）。

⑤ 包边线：直角走向：（步宽 + 步高 +0.12）× 步数

侧板式：扶手面的长度 × 垂直高度 × 立板平方单价。

⑥ 小柱按长度分 850 mm、950 mm 的单价计算。

⑦ 弧形梯梁：一般价格 ×2。

⑧ 弧形踏板：按大头的步宽计算。

⑨ 弯头：按相关价格计算。

⑩ 奥特莱斯、迷你珑、科莫、奥兰多，四个款的成本按套价计算。

大芯板打底：（踏板平方 + 立板平方）/2× 大芯板的单价（150 元 / 块）。工时 25 元 / 踏，平台 50 元 / 踏。

2.6.8 楼梯安装

安装步骤：实木楼梯是由下往上，先安装内梯梁（靠墙一侧），再安装外侧梁，根据图纸尺寸调整，固定受力点（连接处），然后安装立板、踏板，安装小柱，根据楼梯坡度，小柱截好后用扶手面确定小柱垂直度。小柱、扶手面装好后，装大柱，大柱丝杆为 8 mm，现场切割，丝杆长度为 10 ~ 12 cm。

内梯梁厚 5 cm，宽 26 cm。

大柱装好后，将大柱和扶手面连在一起，装完后，要自检。客户若在现场，由客户验收；客户若有特殊要求，须在图纸上注明。验收后，客户在安装单上签字。用双面胶粘好，然后清理现场。

钢木楼梯（奥特莱斯、迷你珑）的安装：从上往下，与实木正好相反，先安装头件（平式和挂式），根据量的厚度决定，可现场调整高度等。装转角地方的立柱、立臂，每 4 ~ 5 踏加一个立臂。

踏板也是用螺丝从下往上，角梯、装栏杆、扶手面、转角受力加“7”字杆。

散梯和实木楼梯的不同之处：有水泥、钢架基础，每块踏板不得少于 5 个点，立板不得低于 6 个点。区别较大，立板统一放在踏板上。第一道工序是打底用大芯板（板厚 2.5 cm）；目的是确保步高、步宽、步长尺寸统一，方便安装。

注：① 楼梯测量、放样、预算及安装部分内容由昆明丰友楼梯工贸有限公司提供。

② 楼梯其他参考资料参见：行业标准《住宅内用成品楼梯》（JGT 405—2013）。

2.7 实木衣柜、衣帽间

2.7.1 柜体分类及材质

实木衣柜、衣帽间的分类如下所述。

按形式区分：推拉门衣柜、平开门衣柜、开放式衣柜。

按材质分：纯实木柜类、实木指接板类、实木复合类、人造板类。

按功能分区：家具柜（情人柜、睡衣柜、浴衣柜、被库柜）、休闲柜、商务柜、饰品柜、盛装柜、暗藏密码保险柜、鞋柜、妆容柜、箱包帽柜、待季柜（贮存柜）、整理柜、女红台、整冠壁、三面镜、迷你衣架、休闲吧（迷你书吧、酒吧、音乐吧）。

按组合形式分：一字形（一字形入墙衣柜；一字形外露衣柜）、L 形衣柜 / 衣帽间、U 形衣柜 / 衣帽间。

按区域分：叠被区、短衣区、叠衣区、长衣区、小件区和其他功能区。

按设计原则分：框架式衣柜、模块式衣柜。

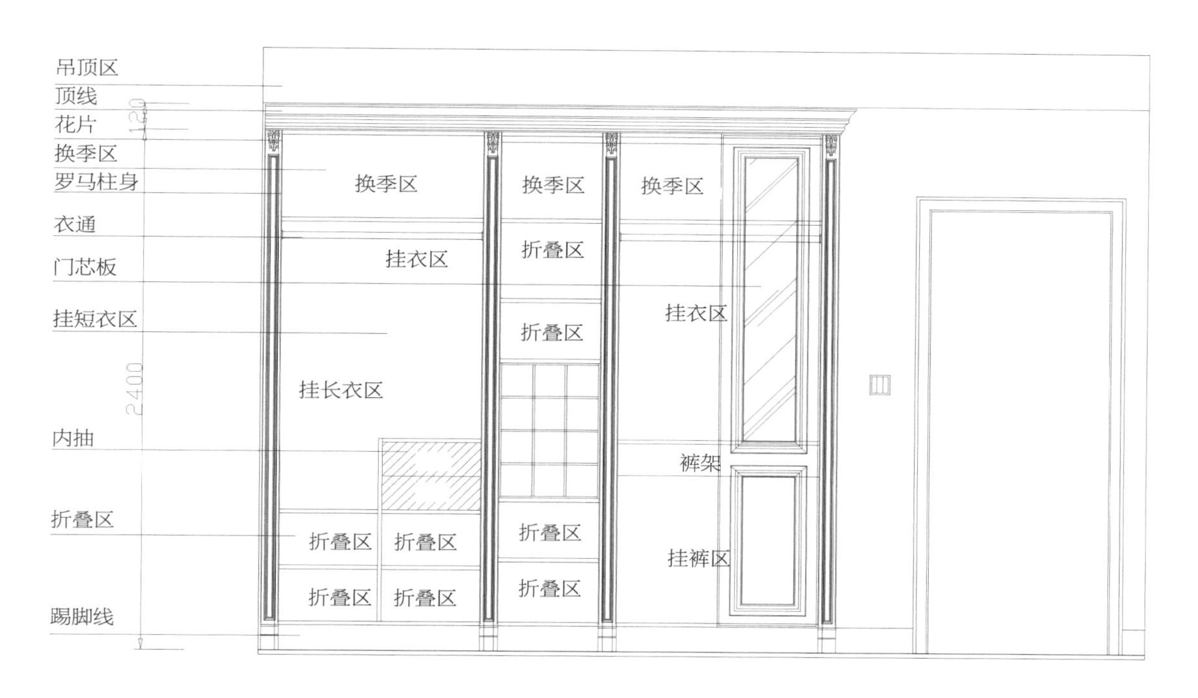

衣柜结构示意图（一）

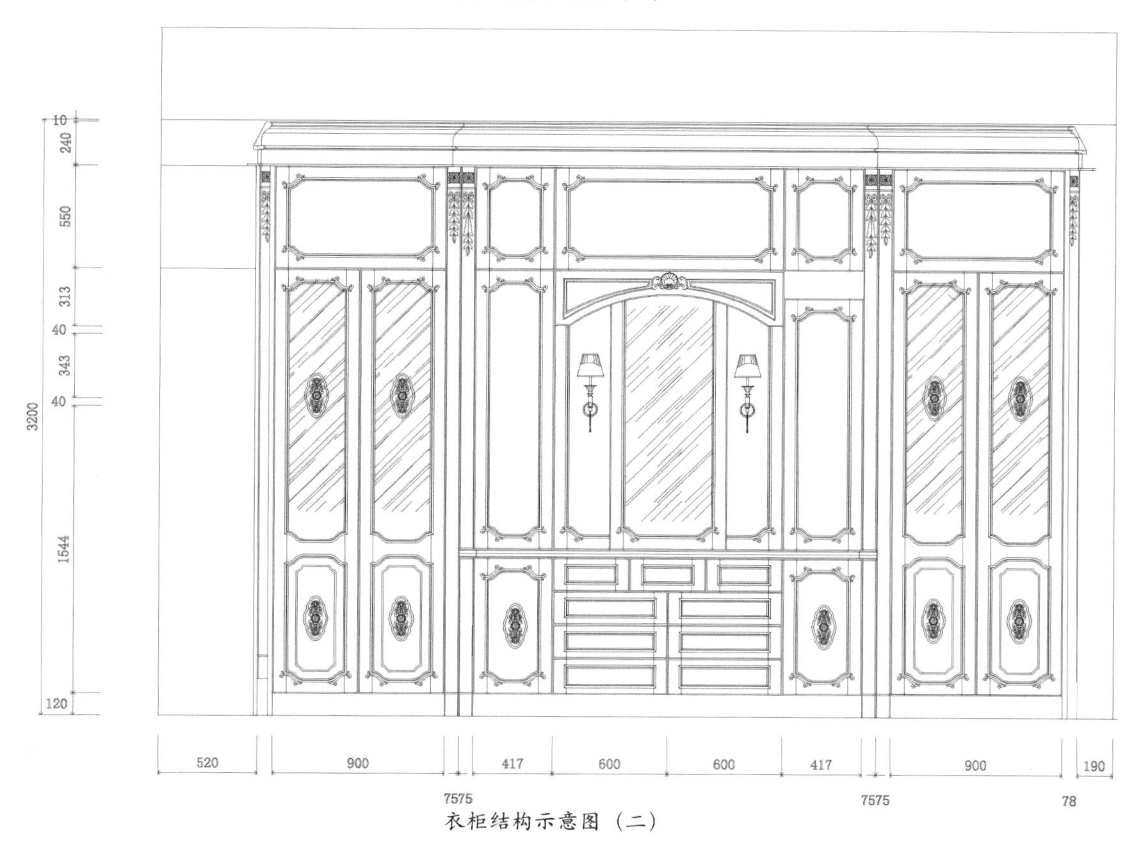

衣柜结构示意图（二）

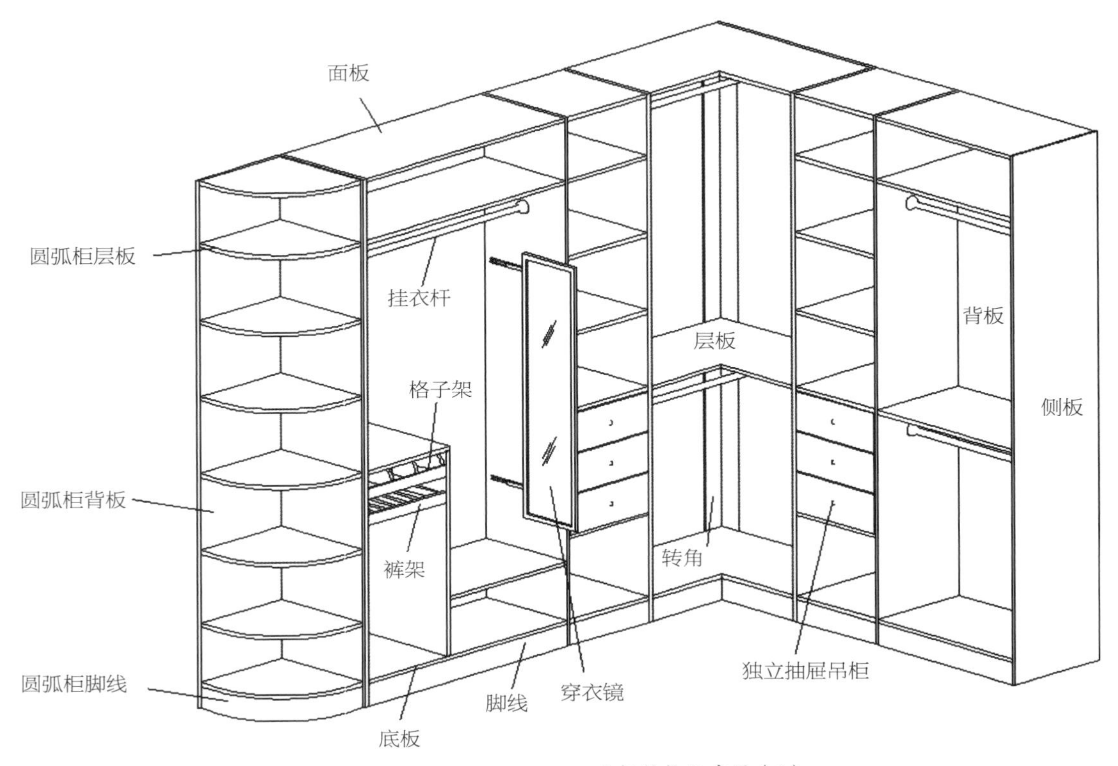

衣柜结构示意图（三）

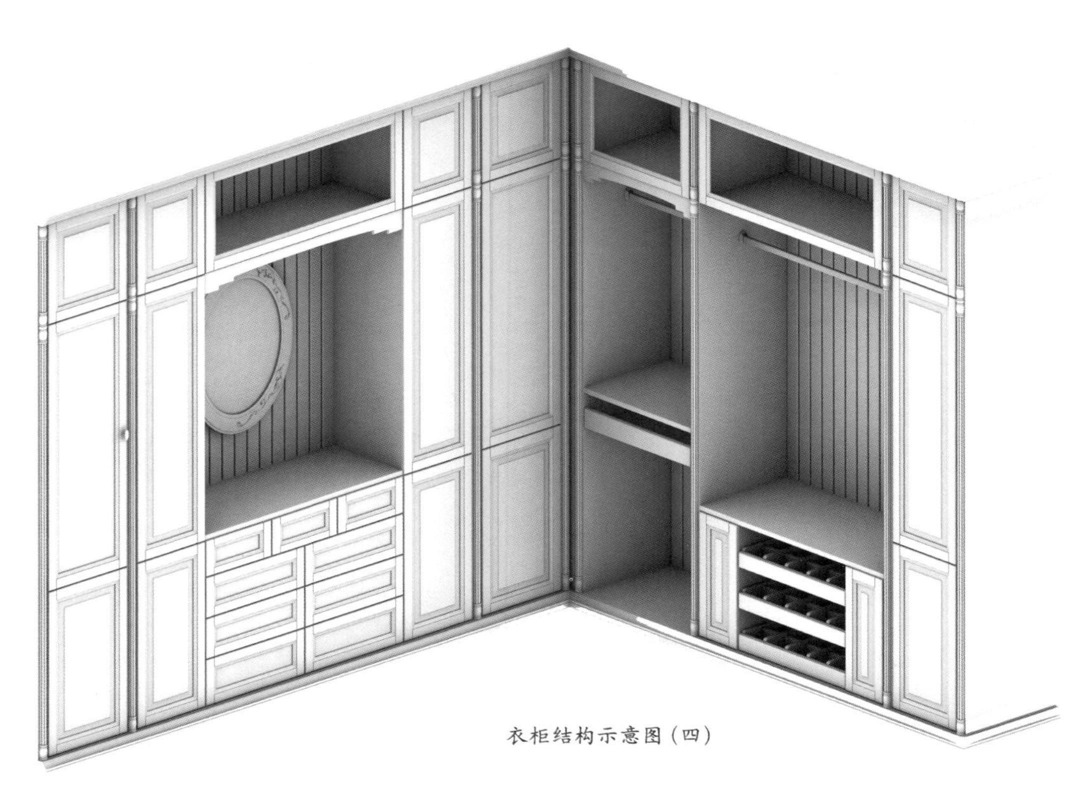

衣柜结构示意图（四）

2.7.2 产品配置标准

衣柜产品包括柜门板（开门结构和滑动门结构）、柜体板（框架 + 板式 / 纯板式结构）、背板（原木框架板 / 板式）、装饰结构件（顶线、踢脚线、罗马柱、其他辅助装饰件）及功能配件（梳妆台、穿衣镜、标准抽、格子抽、裤架、鞋架、挂衣杆）等。

1. 柜门板

柜门板的材质如下所述。

纯实木：门框及门芯全部使用实木材质。

实木复合：边框为纯实木，芯板为纤维板或多层实木板贴与边框材质相同的实木皮。

其他材料组合：铝合金 + 芯板或人造板边框 + 芯板。

各种规格柜门板

2. 柜体板

柜体板的材质如下所述。

纯实木柜身：实木框架 + 实木芯板，或 18 mm 厚、25mm 厚实木板式结构。

实木指接板：18 mm 厚、25 mm 厚实木指接板。

实木复合：18 mm 厚、25 mm 厚柜身板为实木板、厚 12 mm 以下薄板为多层板或纤维板贴实木皮。

人造板：人造板贴实木。

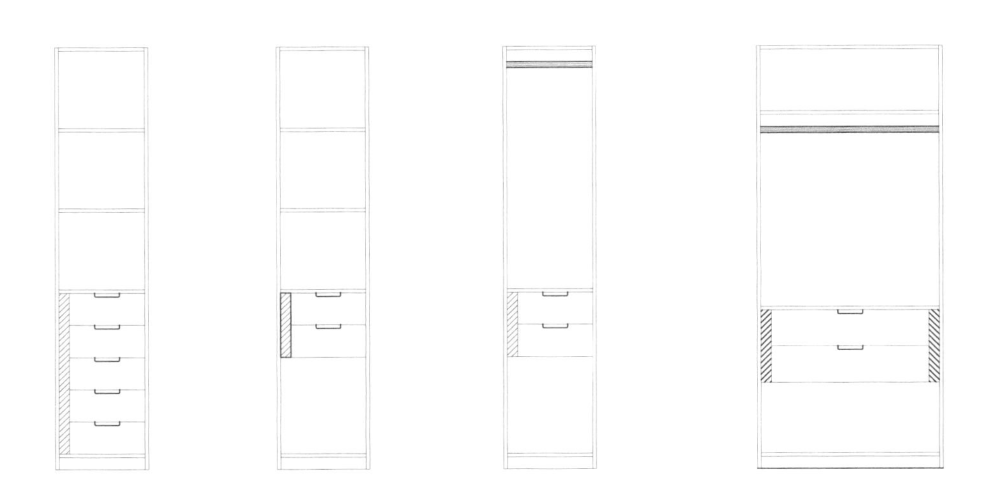

各种规格柜体板

3．背板

背板的材质如下所述。

纯实木：纯实木框架结构 + 板材；纯实木指接板。

实木复合：实木框架 +9 mm 厚、12mm 厚多层板或纤维贴，贴实木皮。

人造板：9 mm 厚、12mm 厚多层板或纤维板，贴实木皮。

4．装饰结构件

顶线：纯实木 / 纤维板贴木皮。

踢脚线：纯实木 / 密度板贴木皮。

罗马柱：纯实木 / 密度板贴木皮 。

其他配饰件。

① 柜楣雕花件：专用于柜楣板上的雕花件；

饰花 1

饰花 2　　饰花 3

饰花 1

饰花 2

饰花 3

弧板前花 1

弧板前花 2

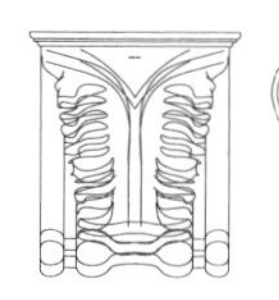

柱头花 1

柱头花 2

柱头花 3

柱头花 4

柱头花 5

柱头花 6

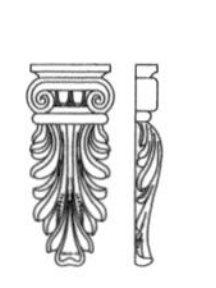

柱头花 7

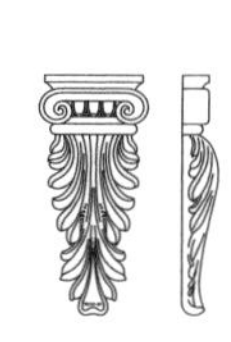

柱头花8

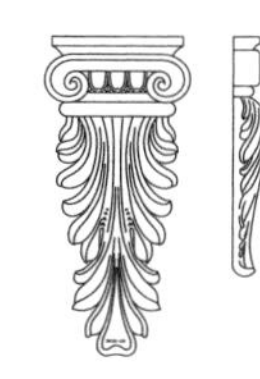

柱头花 9

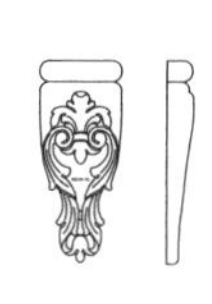

柱头花 10

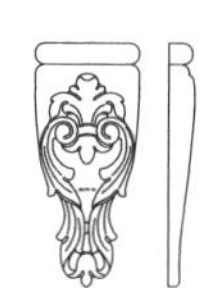

柱头花 11

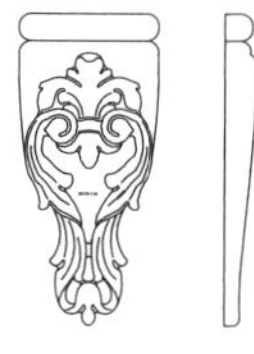

柱头花 12

柱头花 13

柱头花 14

柱头花 15

柱头花 16

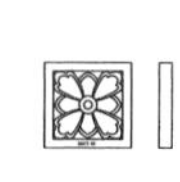

柱头花 17

柱头花 18

柱头花 19

柱头花 20

柜楣雕花件

② 装饰扣板（线）：专用于柜门板下侧的扣板或装饰线；

装饰扣板（线）

③ 梁托：专用于罗马柱上方的雕花梁托；

④ 上下角花：专用于罗马柱上下方的装饰花件；

⑤ 装饰板：专用于柜体外侧的造型装饰挡板。

5．功能配件

梳妆台：按设计图纸规划。

穿衣镜：按设计图纸规划。

抽屉：内抽（挡板无造型）；外抽（挡板为嵌线或铣形）。

材质：纯实木指接材（配原木柜体）/ 香杉指接板。

格子抽（多宝盒）。

裤架。

鞋架。

挂衣杆。

其他配件：铰链、抽屉滑轨、锁具、拉手、射灯等。

2.7.3 衣柜功能分区

长衣及中长衣区、短衣区、叠衣区、小件区；

其他功能区：床单存放区、换季用品储藏区、挎包区、梳妆台（穿衣镜）、储鞋类区、保险柜区、行李箱（背包）存放区。

2.7.4 衣帽间

随着人们生活质量的不断提高，几乎每个人都拥有几十件甚至更多的衣服。这些衣服的款式、质地各不相同，人们开始对其进行分类收纳，因此衣帽间逐渐成为每个家庭空间中不可或缺的一部分。很多人认为，衣帽间仅仅可存在于大空间内，其实不然。在现代住宅设计中，经常有凹入或突出的部分或三角区域，完全可以对此充分利用，根据空间的具体情况，规划一个衣帽间。衣帽间带给人生活便捷的同时，还令在其中更衣的人心情愉悦且充满自信，更可以成为家居设计中的亮点。每个女人都渴望拥有专属于自己的衣帽间，疯狂购物之后整齐地陈列、摆放。可以说。一个时尚得体的衣帽间，是精致生活的完美体现。

2.7.5 衣柜的模块化设计

为了衣柜产品实现大规模定制生产，做到产品设计规范化、标准化，并简化衣柜产品的计价模式，企业必须制定衣柜产品标准结构模块图库。

现重申衣柜产品设计标准，同时将这些模块的使用进行举例说明。

1．衣柜产品的常见设计形式

一字形。

L 形。

U 形。

2．衣柜产品的设计标准技术参数

柜体设计标准高度：

① 2400 mm；

② 2200 mm 开门；

③ 以上设计标准高度均可加顶柜（400 ~ 600 mm，以 50 mm 为标准进级）。

柜体单元柜设计标准宽度（若单柜宽度在 1.6 m 以上，应考虑分两个单元柜制作）：

① 382 mm；

② 482 mm；

③ 582 mm；

④ 782 mm；

⑤ 783 ~ 1000 mm 为可变宽度；

⑥ 衣通长度大于 1200 mm 时，必须配置中通支架。

柜体设计标准深度

带推拉门衣柜为 600 mm。

开放柜为 550 mm 。

3．衣柜转角柜设计标准

标准尺寸为 900 mm × 1050 mm（配 550 mm 深柜体）

4．衣柜上下分格参数

衣柜固层设计标准高度为 987 mm（L 架小侧板的设计高度 1137 mm。

分格层高参数为净空 317 mm、367 mm 进级。

5．衣柜功能件设计标准

抽屉：

① 设计标准宽度：362 mm、462 mm、562 mm、762 mm；

② 设计标准深度：450 mm；

③ 设计标准高度：抽面 180 mm、抽侧 130 mm （配托底滑轨或三节路轨）。

滑轨：

① 设计标准宽度：462 mm、562 mm；

② 设计标准深度：450 mm（配托底滑轨或三节路轨）。

裤架：

① 设计标准宽度：462 mm、562 mm、762 mm；

② 设计标准深度：450 mm（配三节路轨）。

格子架：

① 设计标准宽度：462 mm、562 mm、762 mm；

② 设计标准深度：450 mm（配三节路轨）。

产品设计规格（宽度 W、深度 D、高度 H）必须符合公司设定的标准。其中，在一套衣柜产品里，一个面只允许有一个宽度为可变尺寸的单独柜体。比如，设计 L 形或 U 形衣帽间时，如果每一个面都受到空间的限制，有可能要用到 2 ~ 3 个宽度为可变尺寸的柜体设计。因此，在进行衣柜产品设计时，可利用可变柜体的尺寸进行调整，并参考各种固定模块。

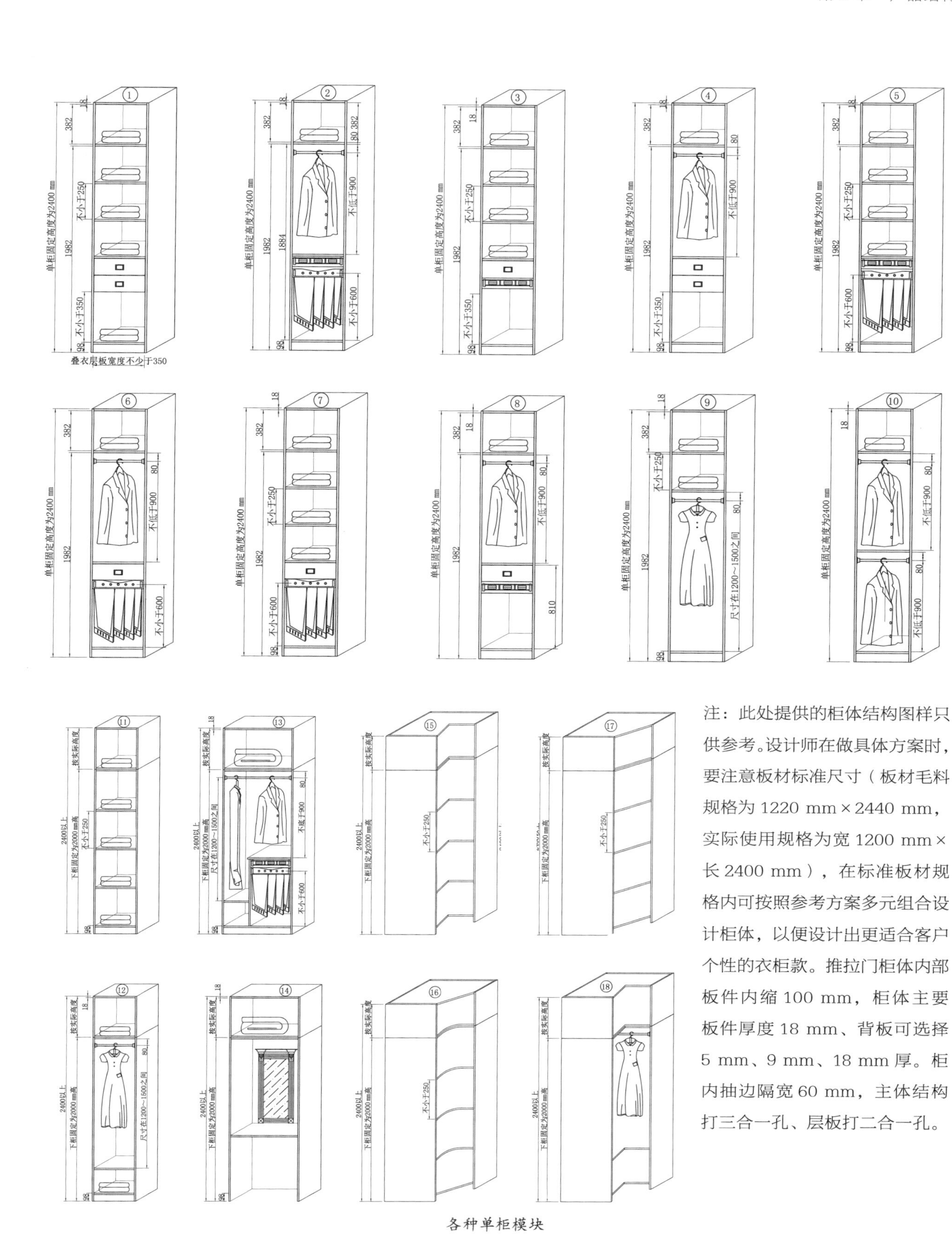

各种单柜模块

注：此处提供的柜体结构图样只供参考。设计师在做具体方案时，要注意板材标准尺寸（板材毛料规格为 1220 mm × 2440 mm，实际使用规格为宽 1200 mm × 长 2400 mm），在标准板材规格内可按照参考方案多元组合设计柜体，以便设计出更适合客户个性的衣柜款。推拉门柜体内部板件内缩 100 mm，柜体主要板件厚度 18 mm、背板可选择 5 mm、9 mm、18 mm 厚。柜内抽边隔宽 60 mm，主体结构打三合一孔、层板打二合一孔。

2.7.6 框架式设计和模块化设计对比

1. 框架式设计方案

框架式

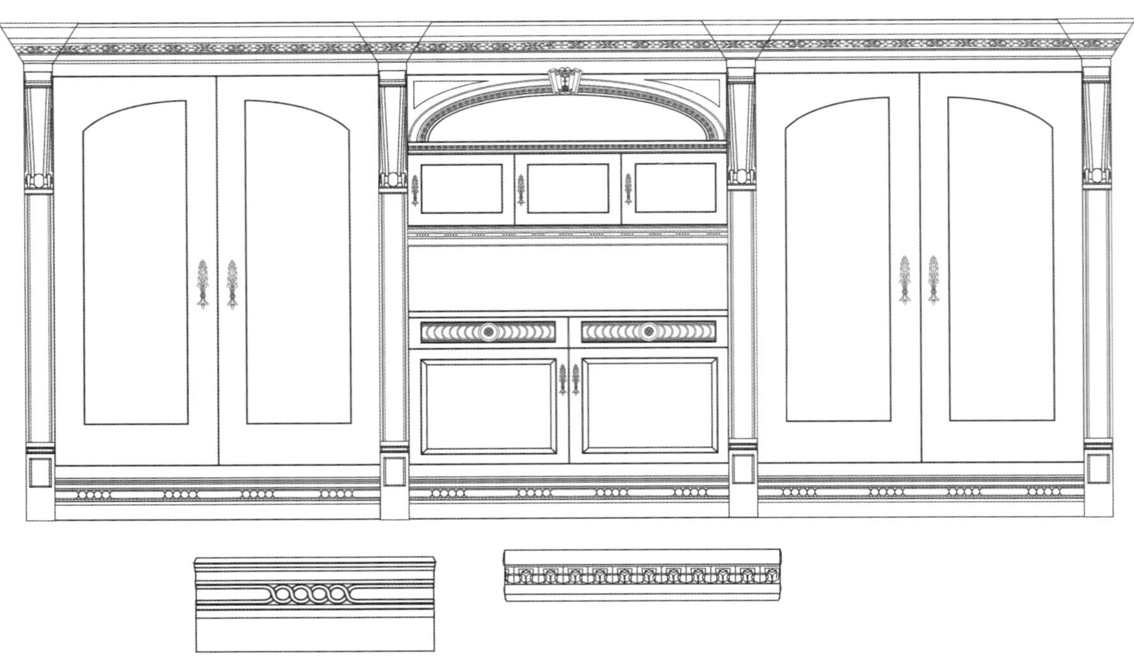

衣柜左立面图及各部分部件名称

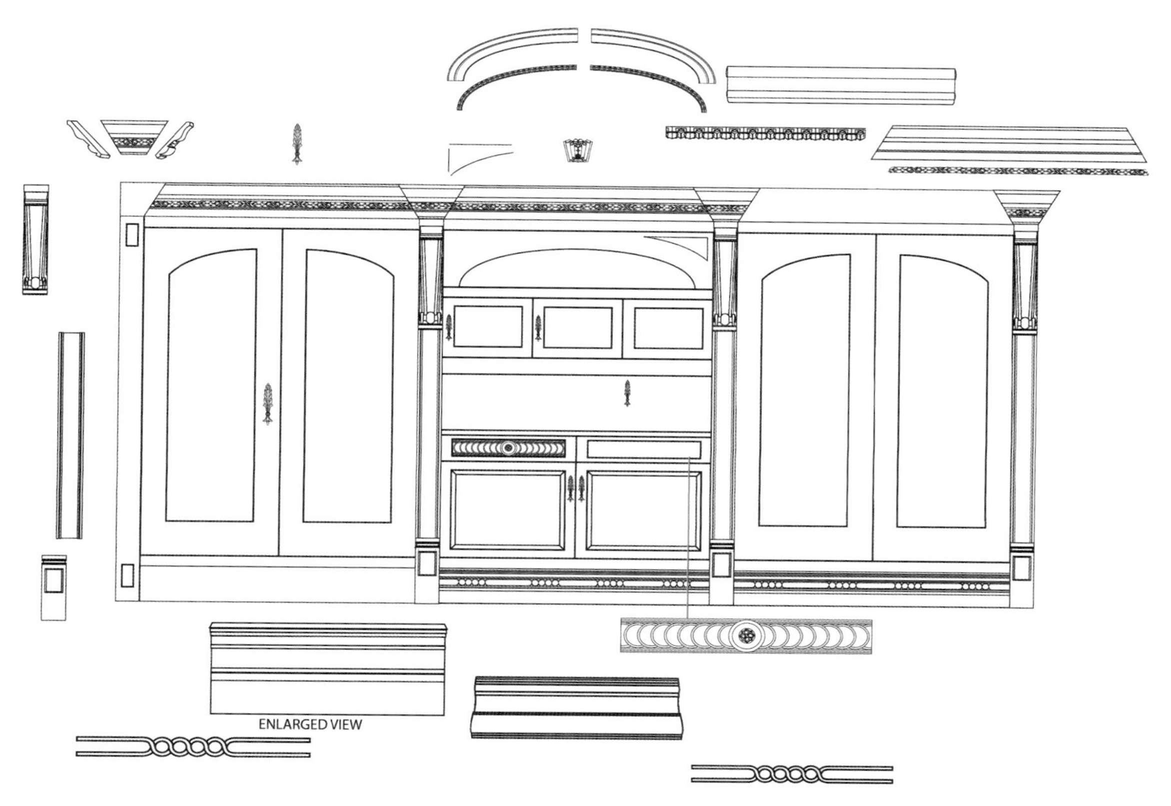

衣柜左立面爆炸图

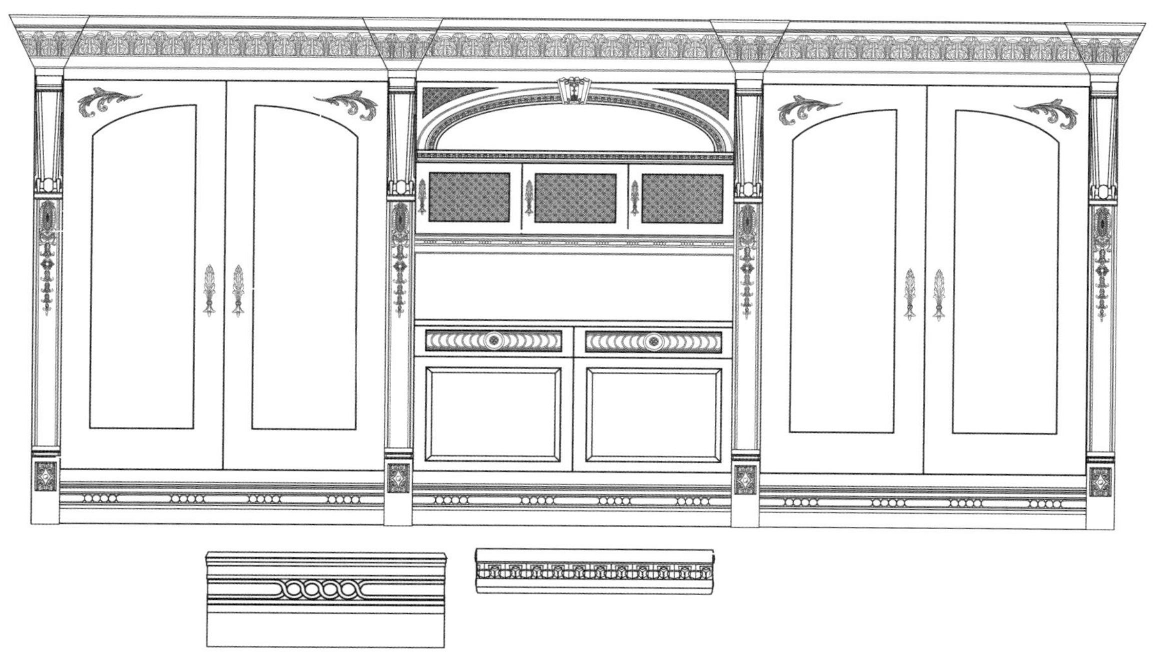

衣柜左立面变化（一）

衣柜左立面变化（二）

衣柜左立面变化（三）

衣柜左立面变化（四）

衣柜左立面变化（五）

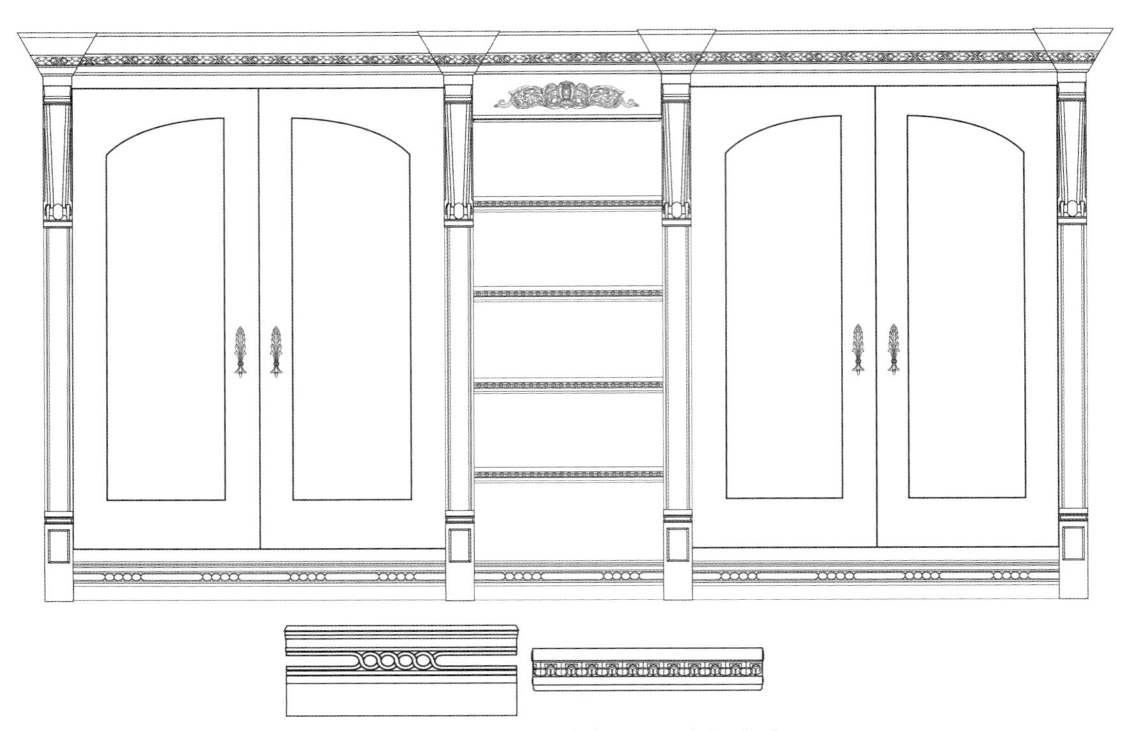

衣柜右立面变化（一）

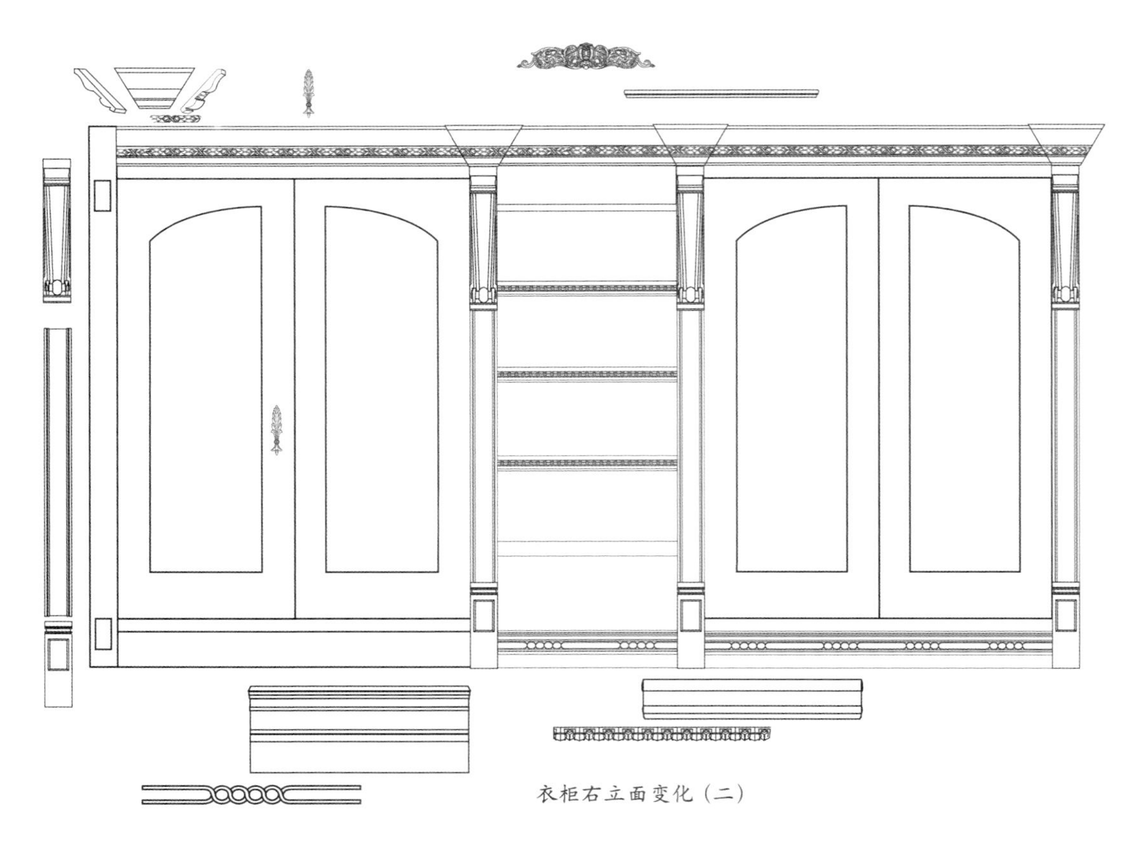

衣柜右立面变化（二）

衣柜右立面变化（三）

衣柜右立面变化（四）

衣柜右立面变化（五）

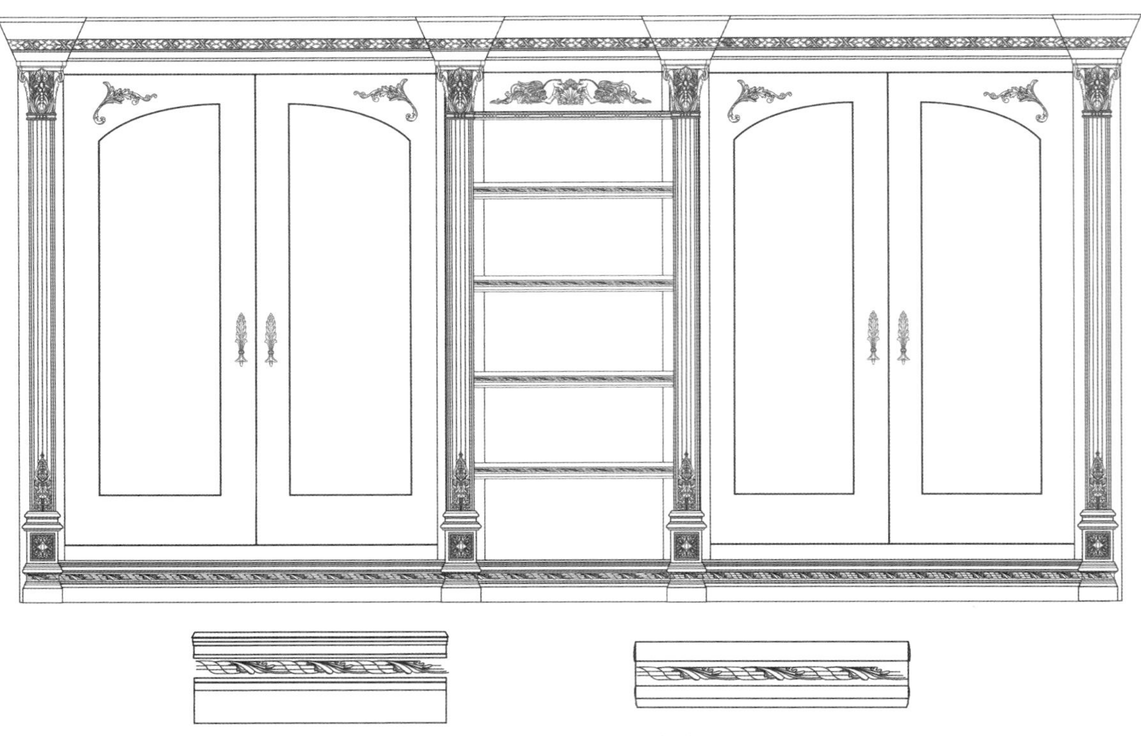

衣柜右立面变化（六）

2．模块式设计方案

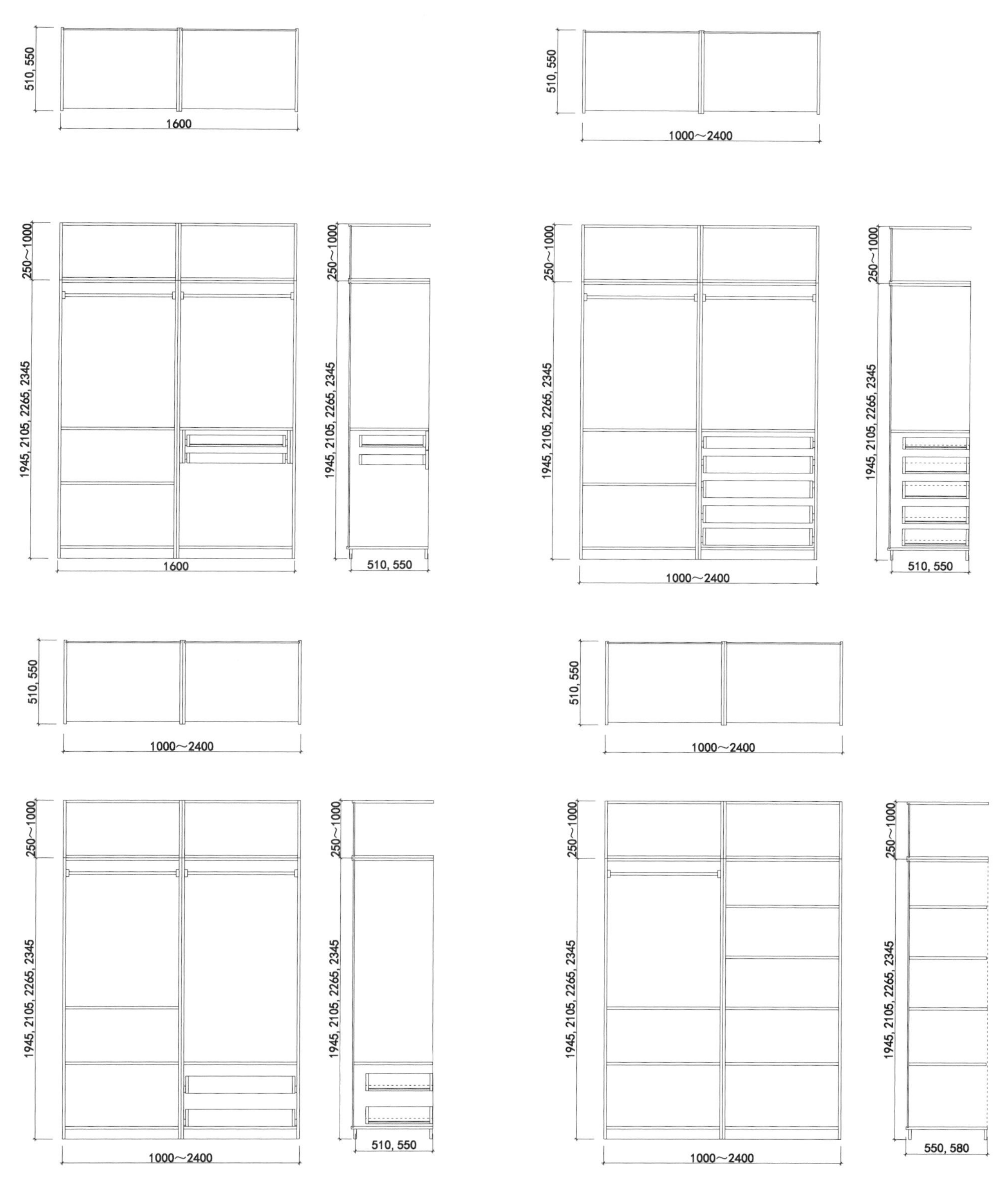

开门成组衣柜（一）

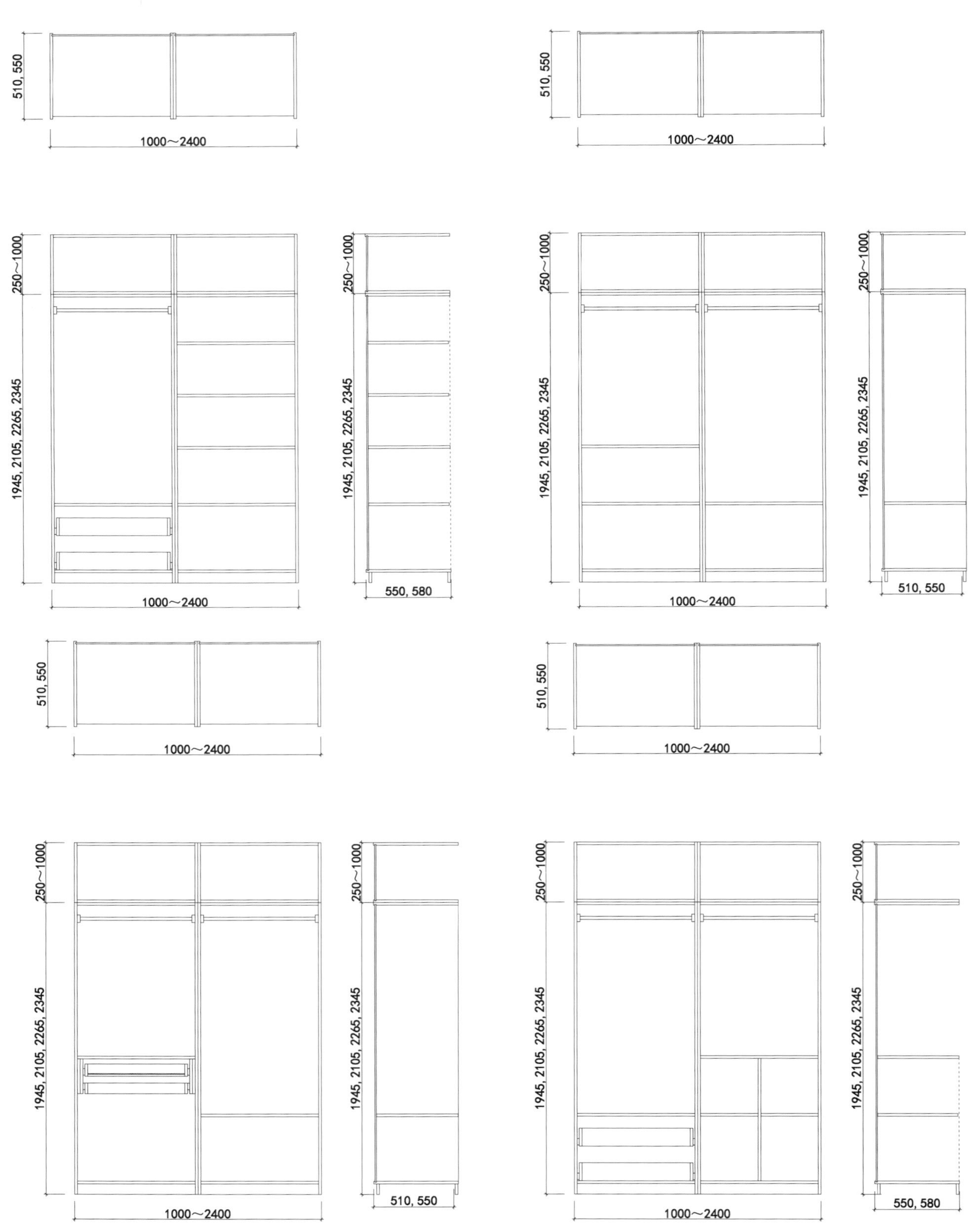
510, 550
1000～2400
510, 550
1000～2400
250～1000
1945, 2105, 2265, 2345
1000～2400
250～1000
1945, 2105, 2265, 2345
550, 580
250～1000
1945, 2105, 2265, 2345
1000～2400
250～1000
1945, 2105, 2265, 2345
510, 550
510, 550
1000～2400
510, 550
1000～2400
250～1000
1945, 2105, 2265, 2345
1000～2400
250～1000
1945, 2105, 2265, 2345
510, 550
250～1000
1945, 2105, 2265, 2345
1000～2400
250～1000
1945, 2105, 2265, 2345
550, 580

开门成组衣柜（二）

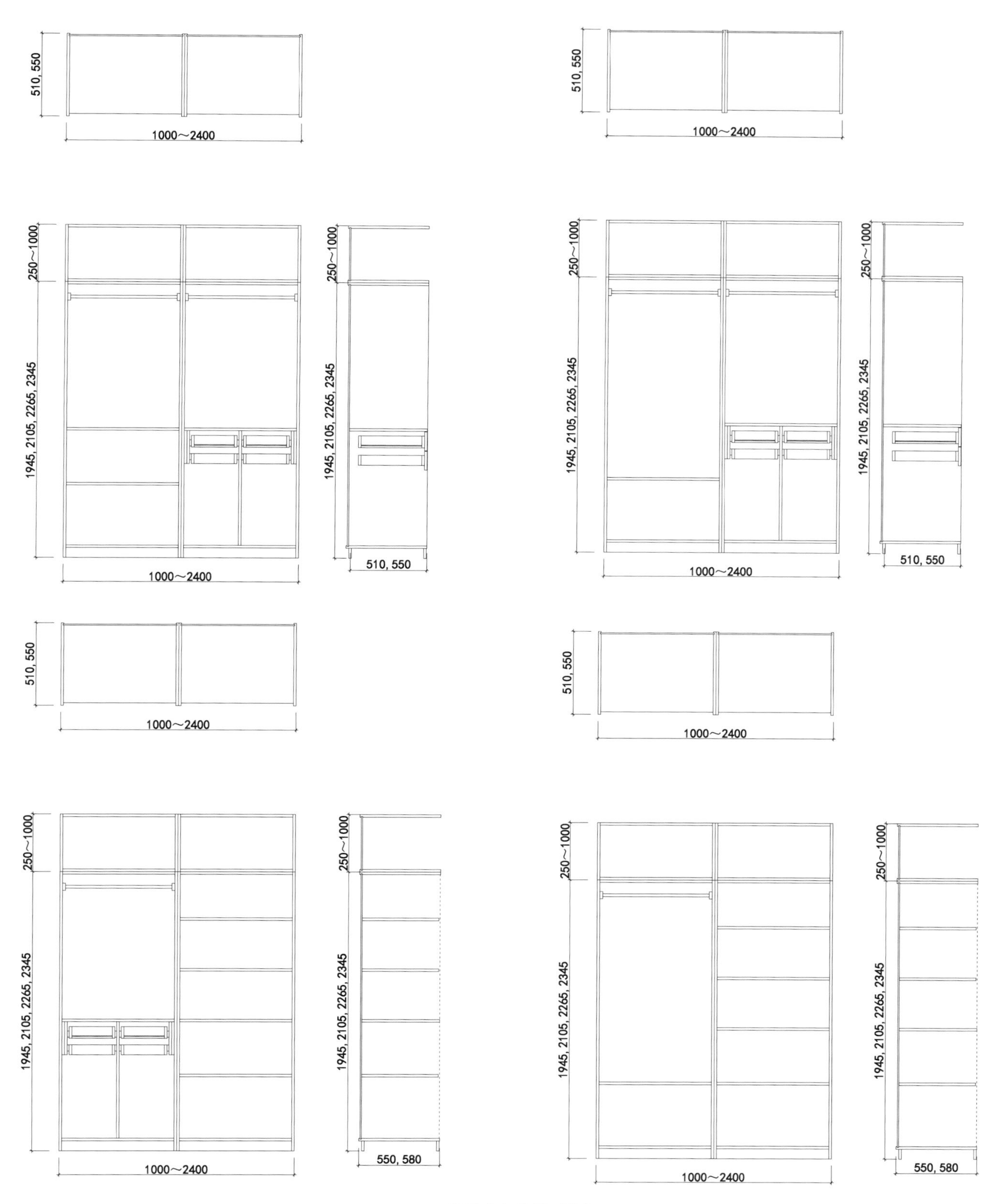
510, 550
1000～2400
510, 550
1000～2400
250～1000
1945, 2105, 2265, 2345
1000～2400
250～1000
1945, 2105, 2265, 2345
510, 550
250～1000
1945, 2105, 2265, 2345
1000～2400
250～1000
1945, 2105, 2265, 2345
510, 550
510, 550
1000～2400
510, 550
1000～2400
250～1000
1945, 2105, 2265, 2345
1000～2400
250～1000
1945, 2105, 2265, 2345
550, 580
250～1000
1945, 2105, 2265, 2345
1000～2400
250～1000
1945, 2105, 2265, 2345
550, 580

开门成组衣柜（三）

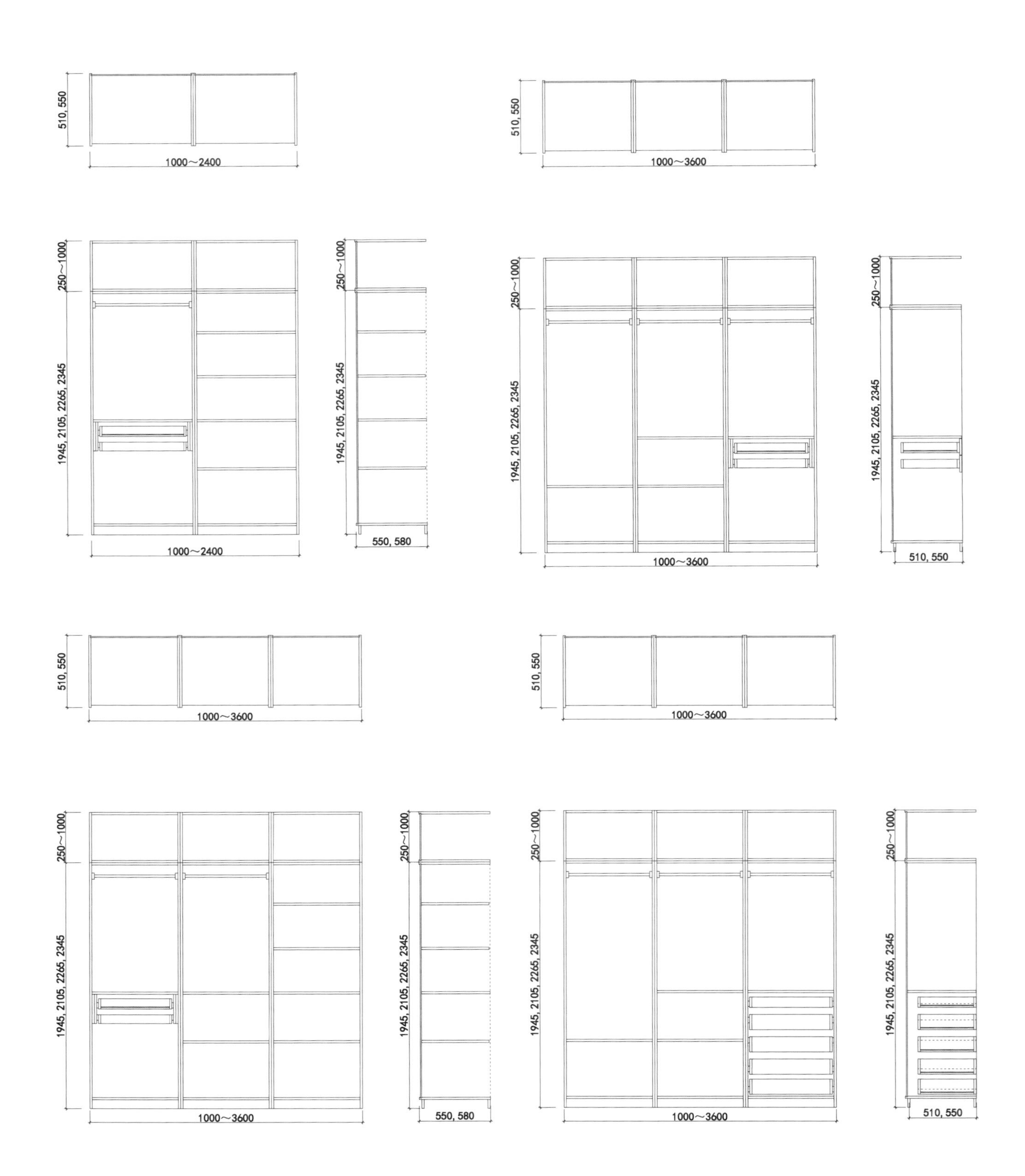
510, 550
1000～2400
510, 550
1000～3600
250～1000
1945, 2105, 2265, 2345
1000～2400
250～1000
1945, 2105, 2265, 2345
550, 580
250～1000
1945, 2105, 2265, 2345
1000～3600
250～1000
1945, 2105, 2265, 2345
510, 550
510, 550
1000～3600
510, 550
1000～3600
250～1000
1945, 2105, 2265, 2345
1000～3600
250～1000
1945, 2105, 2265, 2345
550, 580
250～1000
1945, 2105, 2265, 2345
1000～3600
250～1000
1945, 2105, 2265, 2345
510, 550

开门成组衣柜（四）

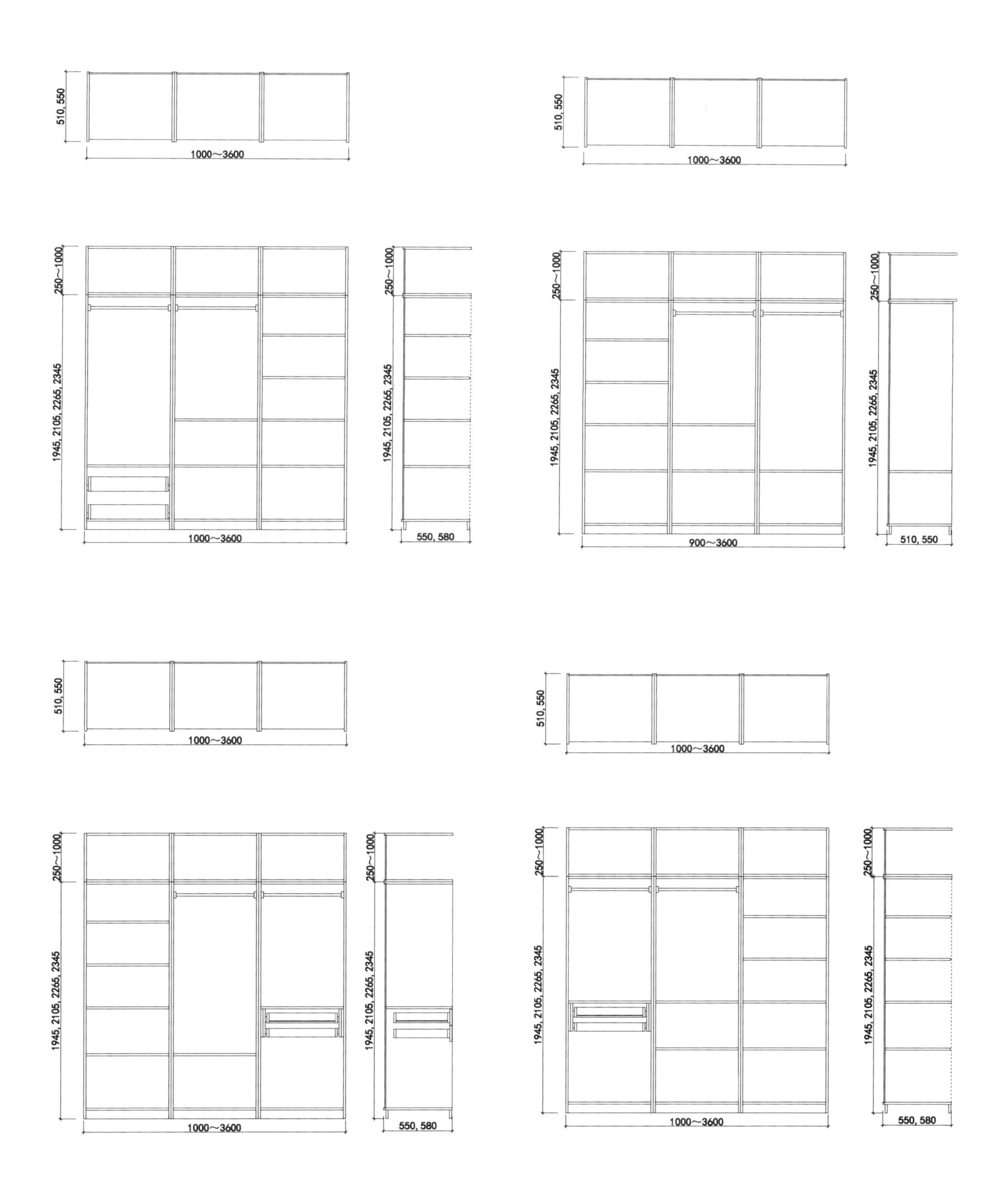
510, 550
1000～3600
510, 550
1000～3600
250～1000
1945, 2105, 2265, 2345
1000～3600
250～1000
1945, 2105, 2265, 2345
550, 580
250～1000
1945, 2105, 2265, 2345
900～3600
250～1000
1945, 2105, 2265, 2345
510, 550
510, 550
1000～3600
510, 550
1000～3600
250～1000
1945, 2105, 2265, 2345
1000～3600
250～1000
1945, 2105, 2265, 2345
550, 580
250～1000
1945, 2105, 2265, 2345
1000～3600
250～1000
1945, 2105, 2265, 2345
550, 580

开门成组衣柜（五）

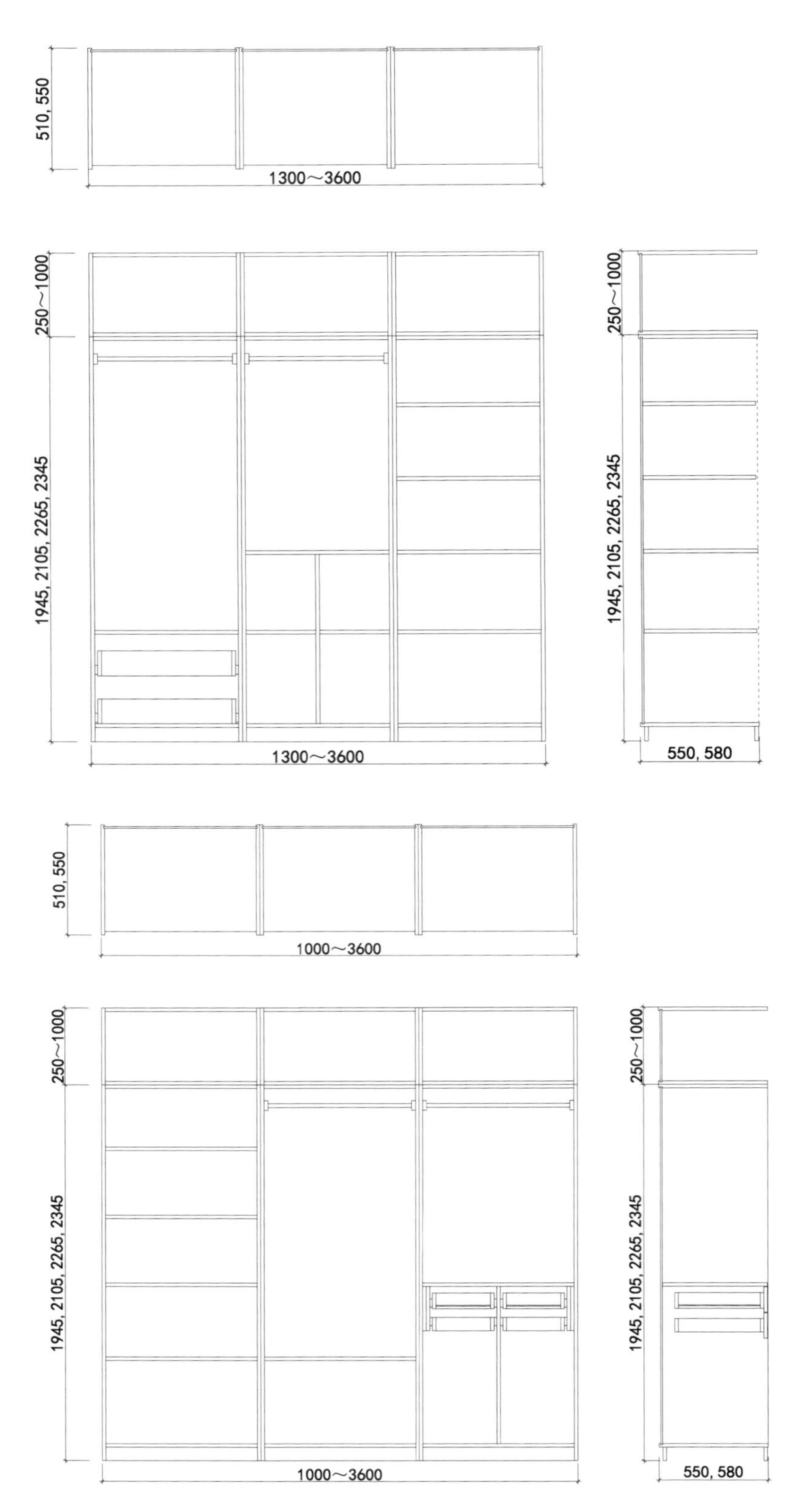
510, 550
1300～3600
250～1000
1945, 2105, 2265, 2345
1300～3600
250～1000
1945, 2105, 2265, 2345
550, 580
510, 550
1000～3600
250～1000
1945, 2105, 2265, 2345
1000～3600
250～1000
1945, 2105, 2265, 2345
550, 580

开门成组衣柜（六）

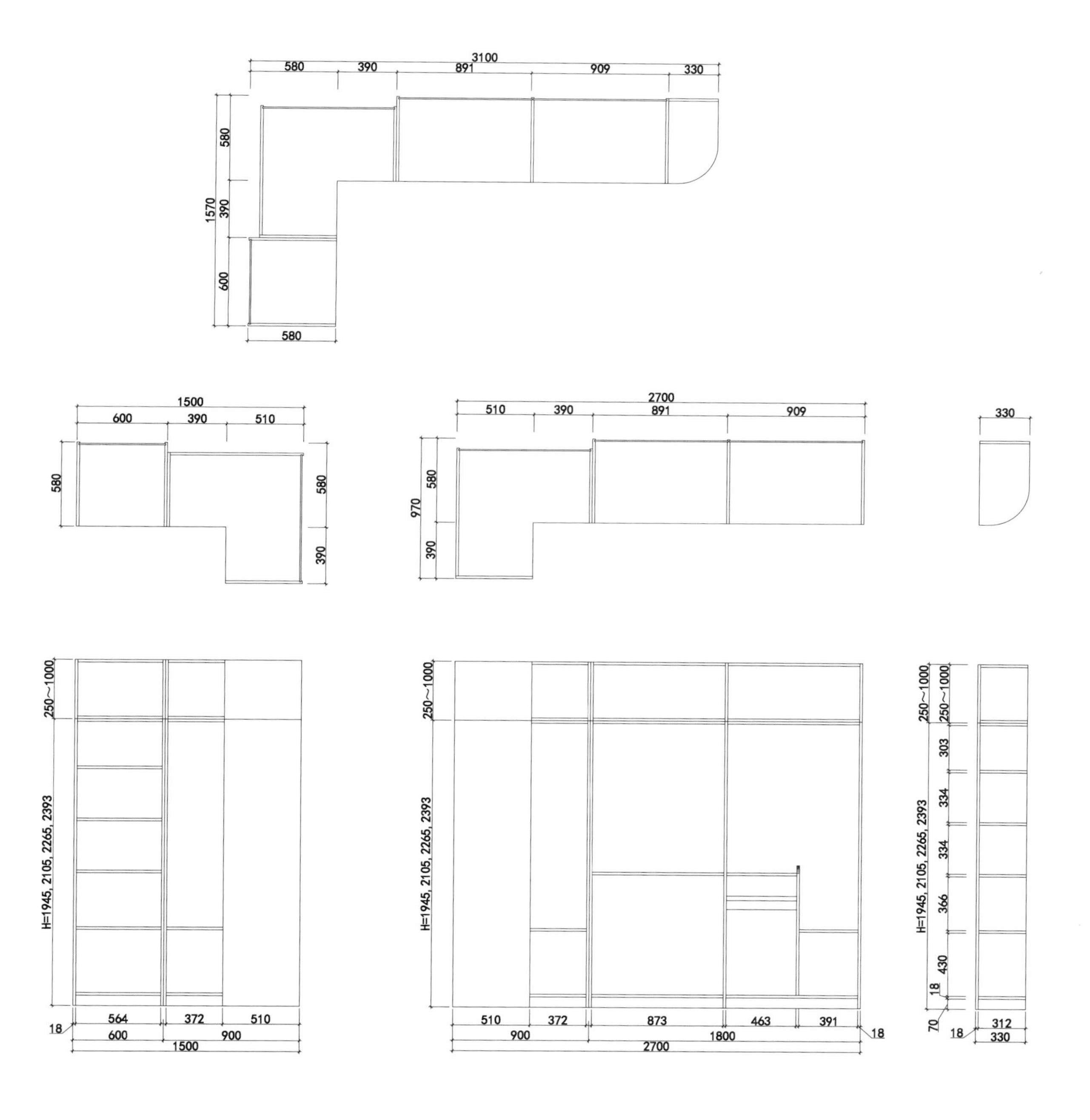
3100
580 390 891 909 330
1570
580
390
600
580
1500
600 390 510
580
580
390
2700
510 390 891 909
970
580
390
330
250~1000
H=1945, 2105, 2265, 2393
564 372 510
18
600 900
1500
250~1000
H=1945, 2105, 2265, 2393
510 372 873 463 391
900 1800
2700
18
250~1000
250~1000
303
334
334
366
430
18
70
H=1945, 2105, 2265, 2393
312
18
330

衣帽间（一）

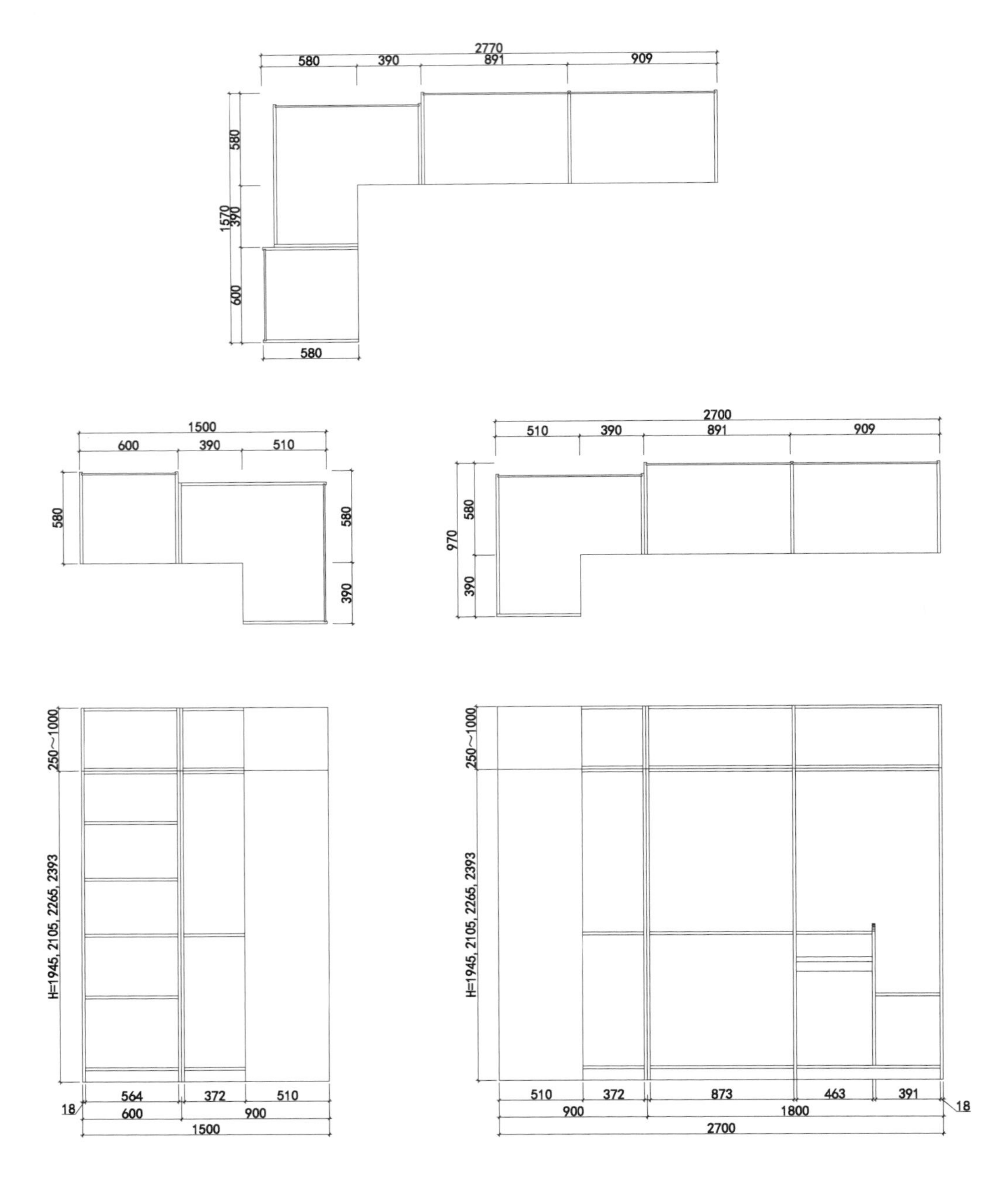
2770
580
390
891
909
580
1570
390
600
580
1500
600
390
510
580
580
390
2700
510
390
891
909
970
580
390
250~1000
H=1945, 2105, 2265, 2393
564
372
510
18
600
900
1500
250~1000
H=1945, 2105, 2265, 2393
510
372
873
463
391
18
900
1800
2700

衣帽间（二）

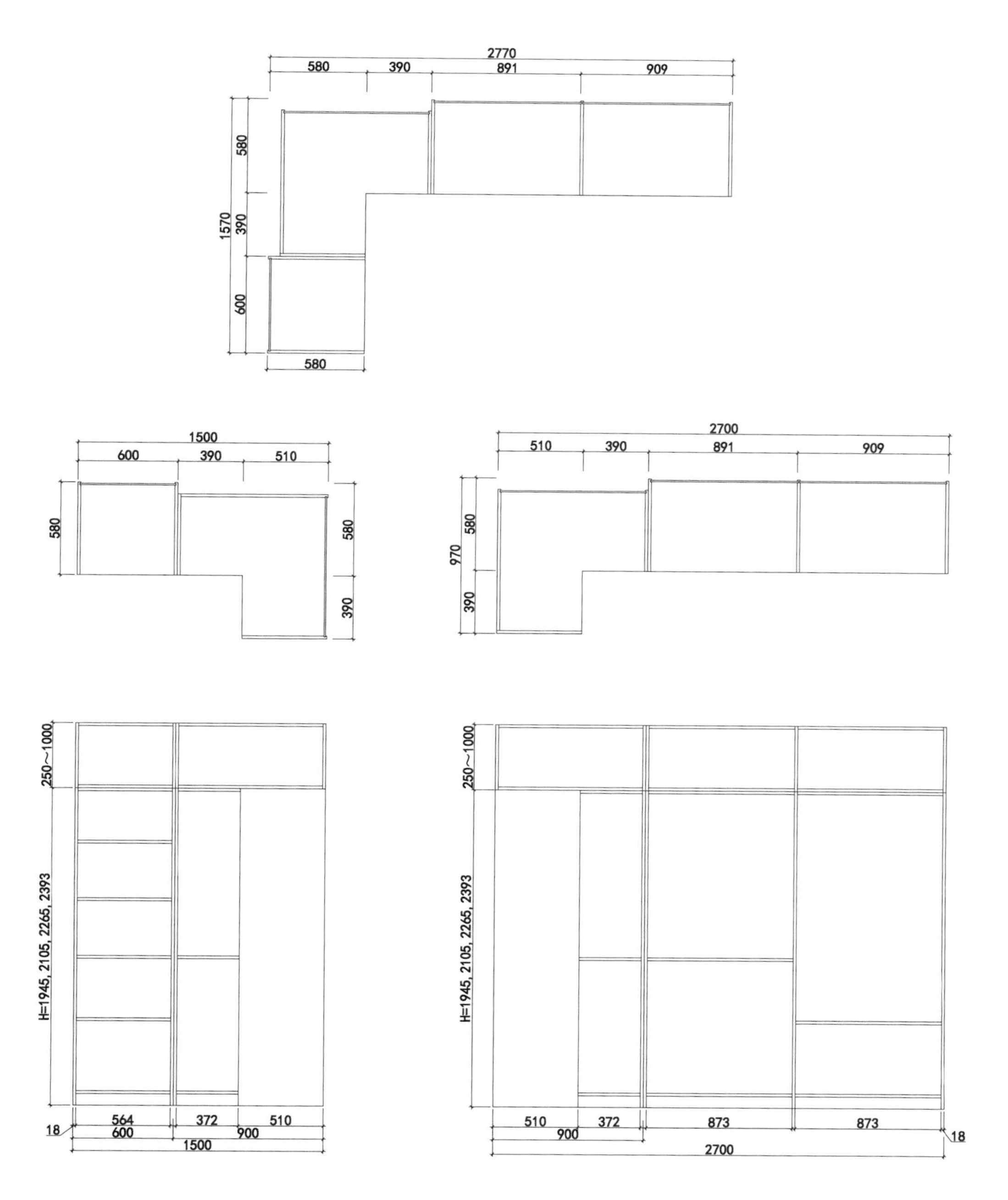
2770
580
390
891
909
580
1570
390
600
580
1500
600
390
510
580
580
390
2700
510
390
891
909
970
580
390
250~1000
H=1945, 2105, 2265, 2393
564
372
510
18
600
900
1500
250~1000
H=1945, 2105, 2265, 2393
510
372
873
873
900
18
2700

衣帽间（三）

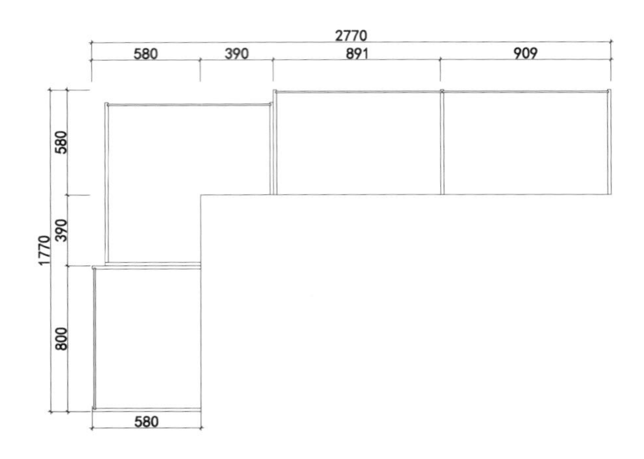

2770
580
390
891
909
580
390
1770
800
580

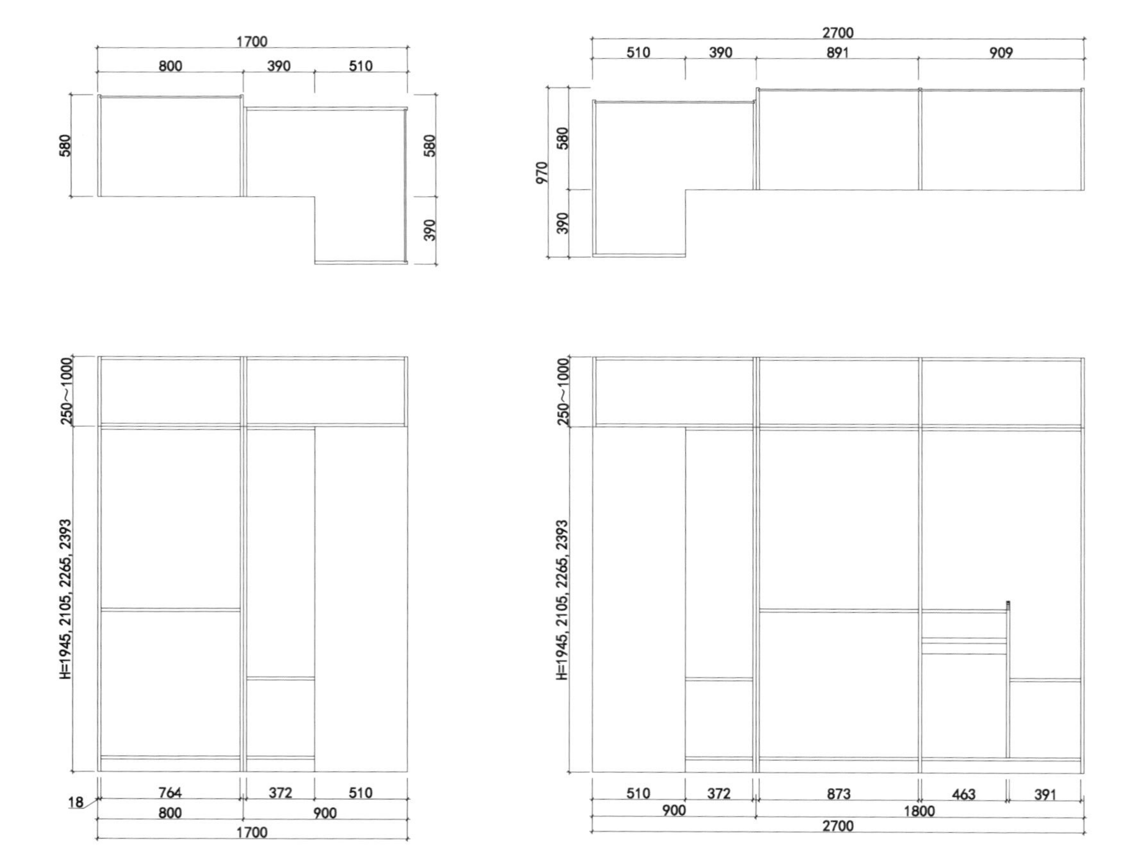

1700
800
390
510
580
580
390
2700
510
390
891
909
970
580
390
250~1000
H=1945, 2105, 2265, 2393
764
372
510
18
800
900
1700
250~1000
H=1945, 2105, 2265, 2393
510
372
873
463
391
900
1800
2700

衣帽间（四）

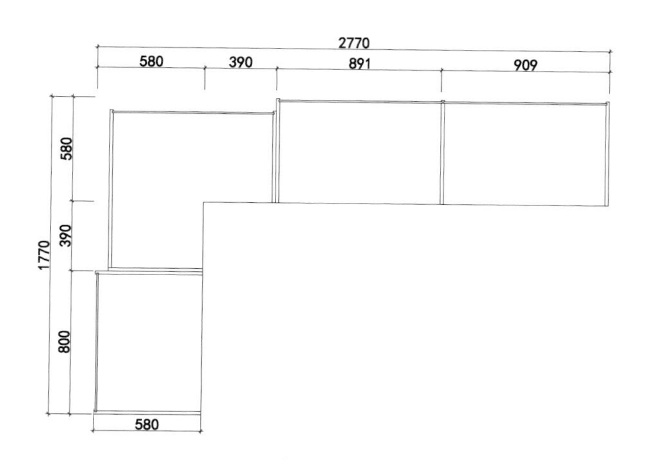
2770
580
390
891
909
580
390
1770
800
580

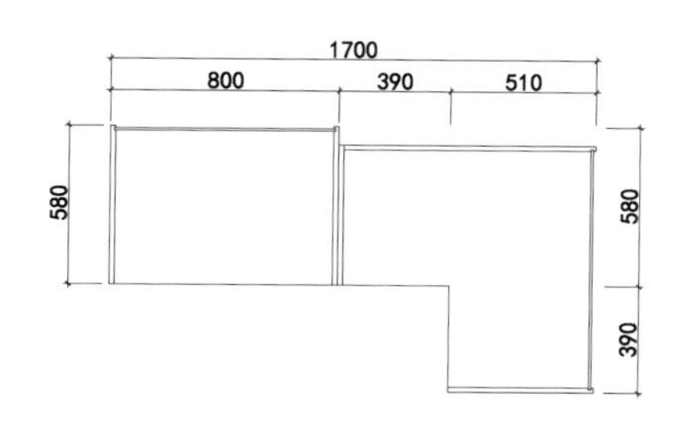
1700
800
390
510
580
580
390

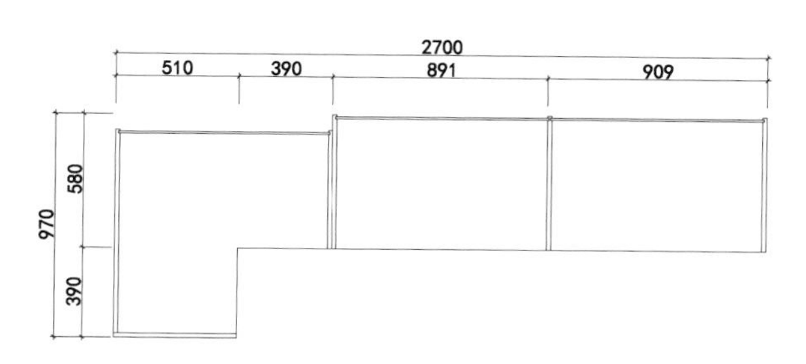
2700
510
390
891
909
970
580
390

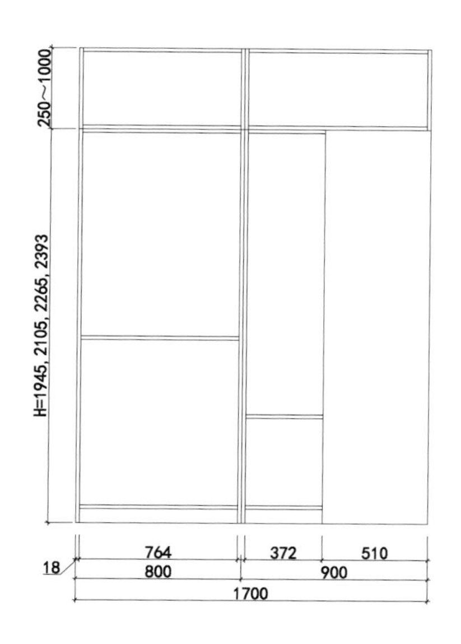
250～1000
H=1945, 2105, 2265, 2393
764
372
510
18
800
900
1700

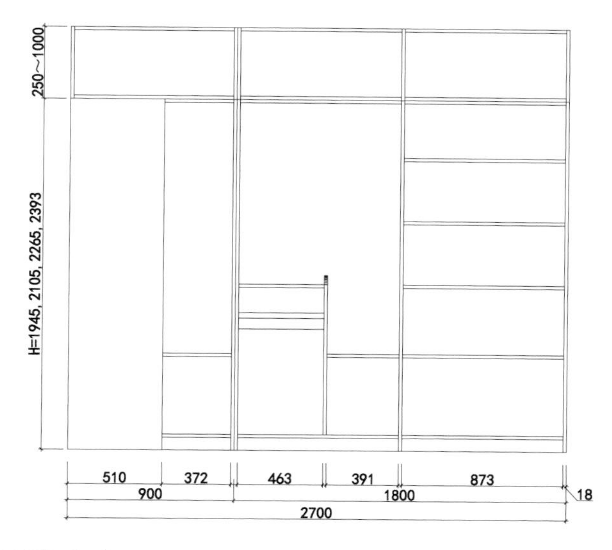
250～1000
H=1945, 2105, 2265, 2393
510
372
463
391
873
900
1800
18
2700

衣帽间（五）

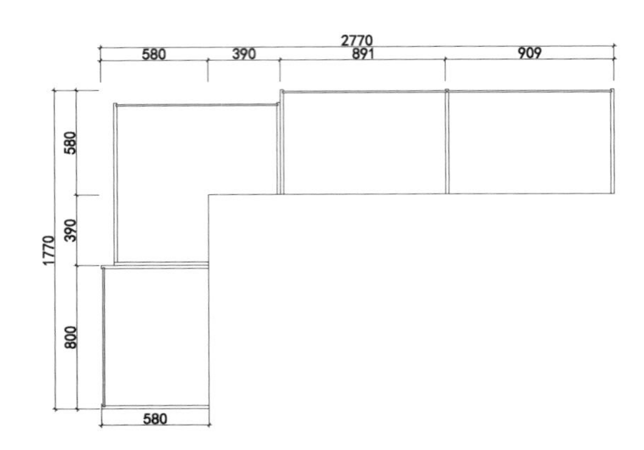
2770
580
390
891
909
1770
580
390
800
580

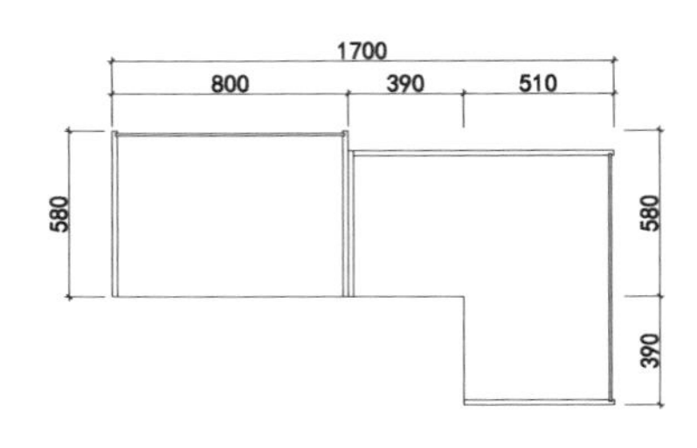
1700
800
390
510
580
580
390

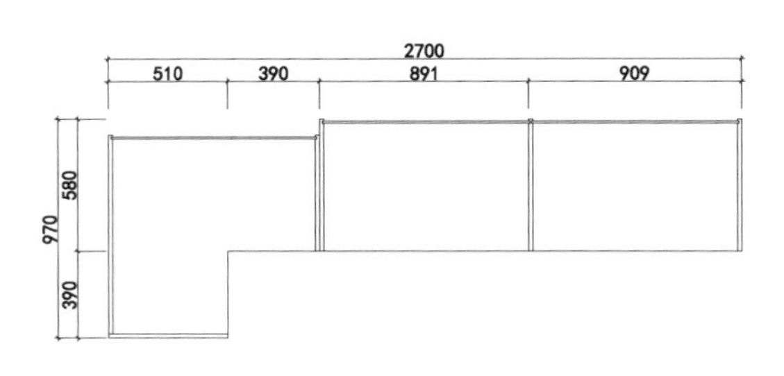
2700
510
390
891
909
970
580
390

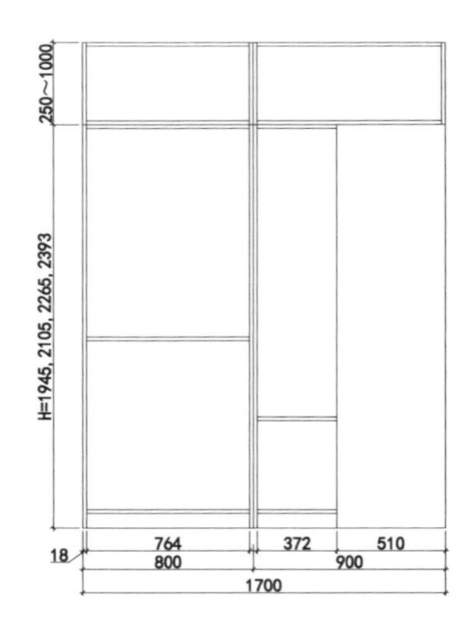
250~1000
H=1945, 2105, 2265, 2393
764
372
510
18
800
900
1700

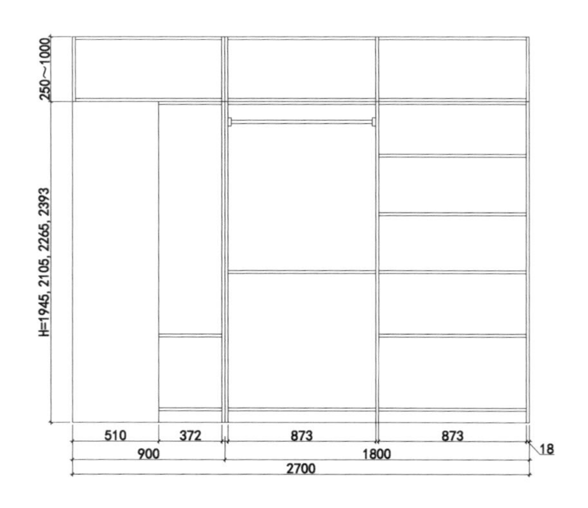
250~1000
H=1945, 2105, 2265, 2393
510
372
873
873
18
900
1800
2700

衣帽间（六）

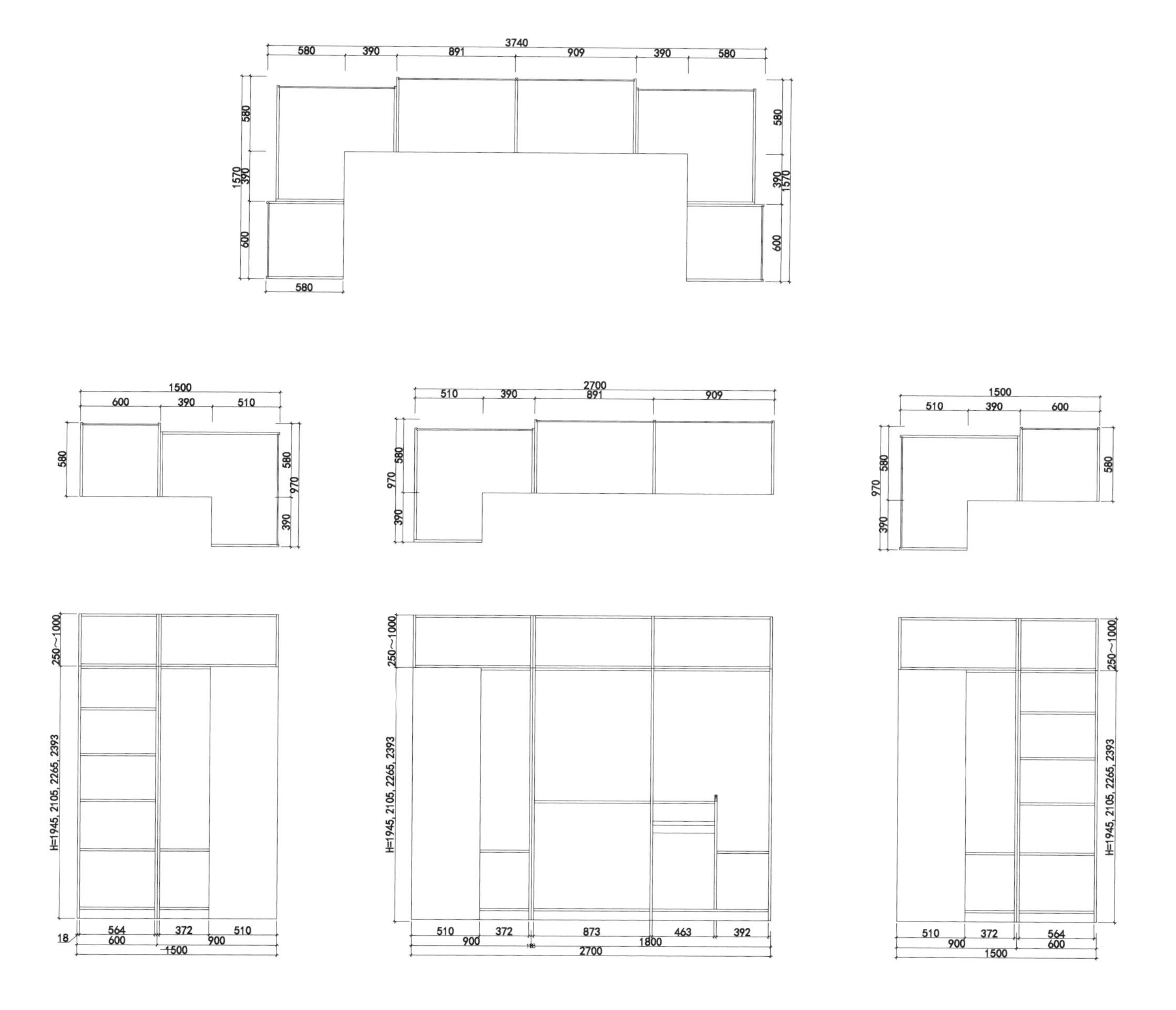
3740
580
390
891
909
390
580
1570
600
1500
600
390
510
970
2700
873
463
392
372
564
250~1000
H=1945, 2105, 2265, 2393
900
1800
18

衣帽间（七）

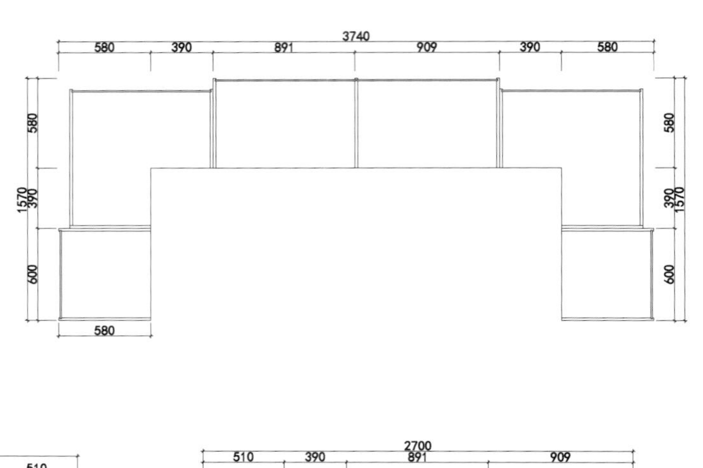
3740
580
390
891
909
390
580
580
390
1570
600
580
580
390
1570
600

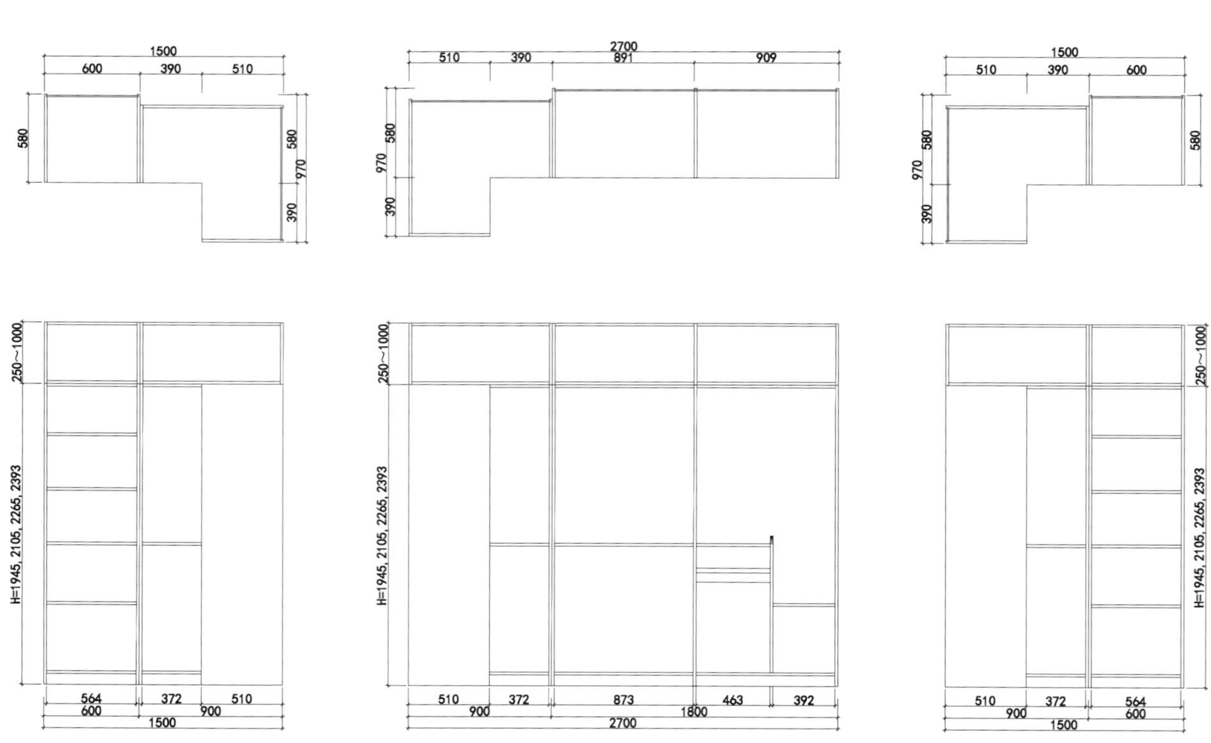
1500
600
390
510
580
580
970
390
2700
510
390
891
909
970
580
390
1500
510
390
600
970
580
390
580
250~1000
H=1945, 2105, 2265, 2393
564
372
510
600
900
1500
510
372
873
463
392
900
1800
2700
510
372
564
900
600
1500

衣帽间（八）

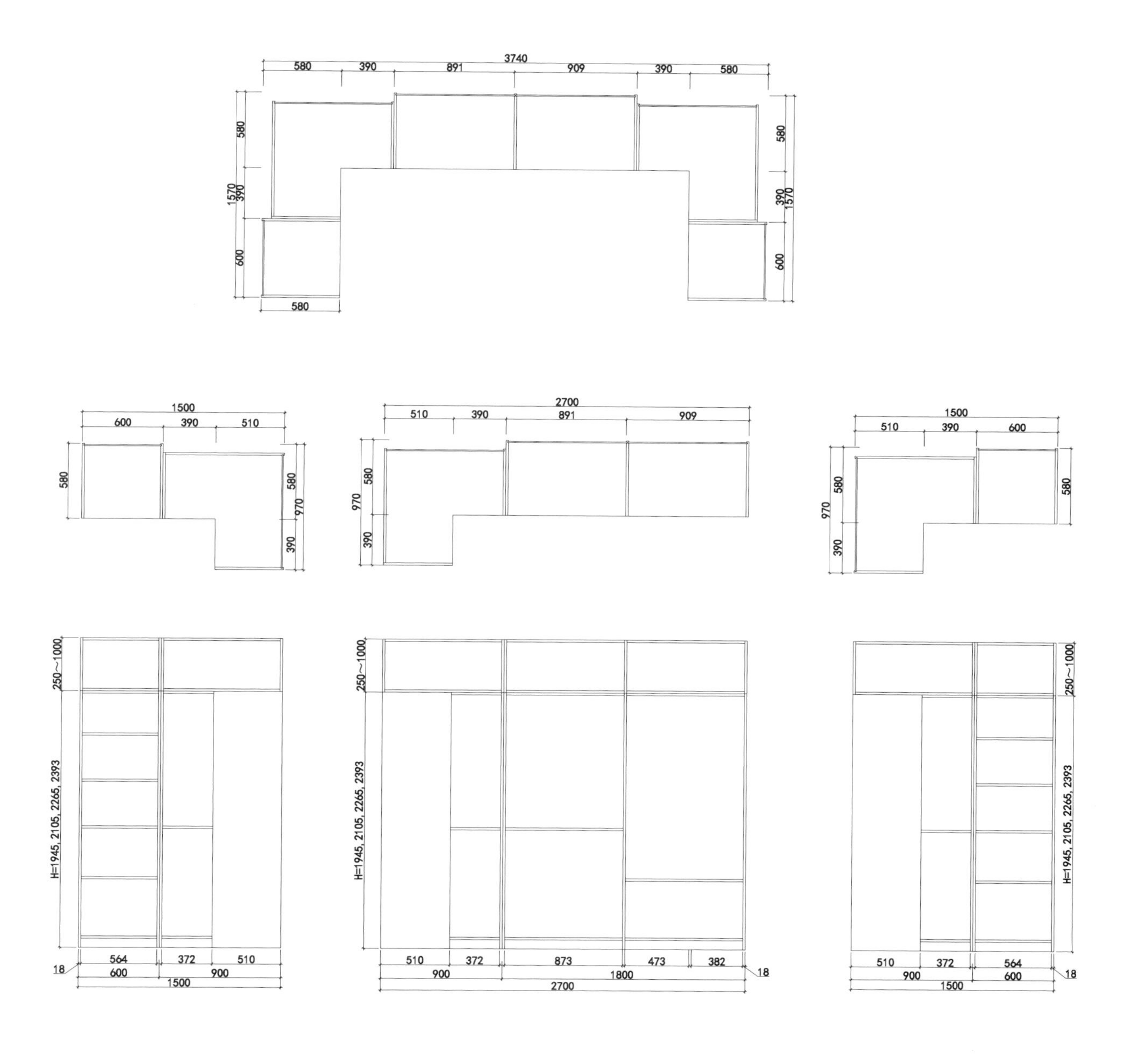
3740
580
390
891
909
390
580
580
390
1570
600
580
1500
600
390
510
580
970
390
2700
510
390
891
909
1500
510
390
600
250~1000
H=1945, 2105, 2265, 2393
564
372
510
18
600
900
1500
873
473
382
1800
2700

衣帽间（九）

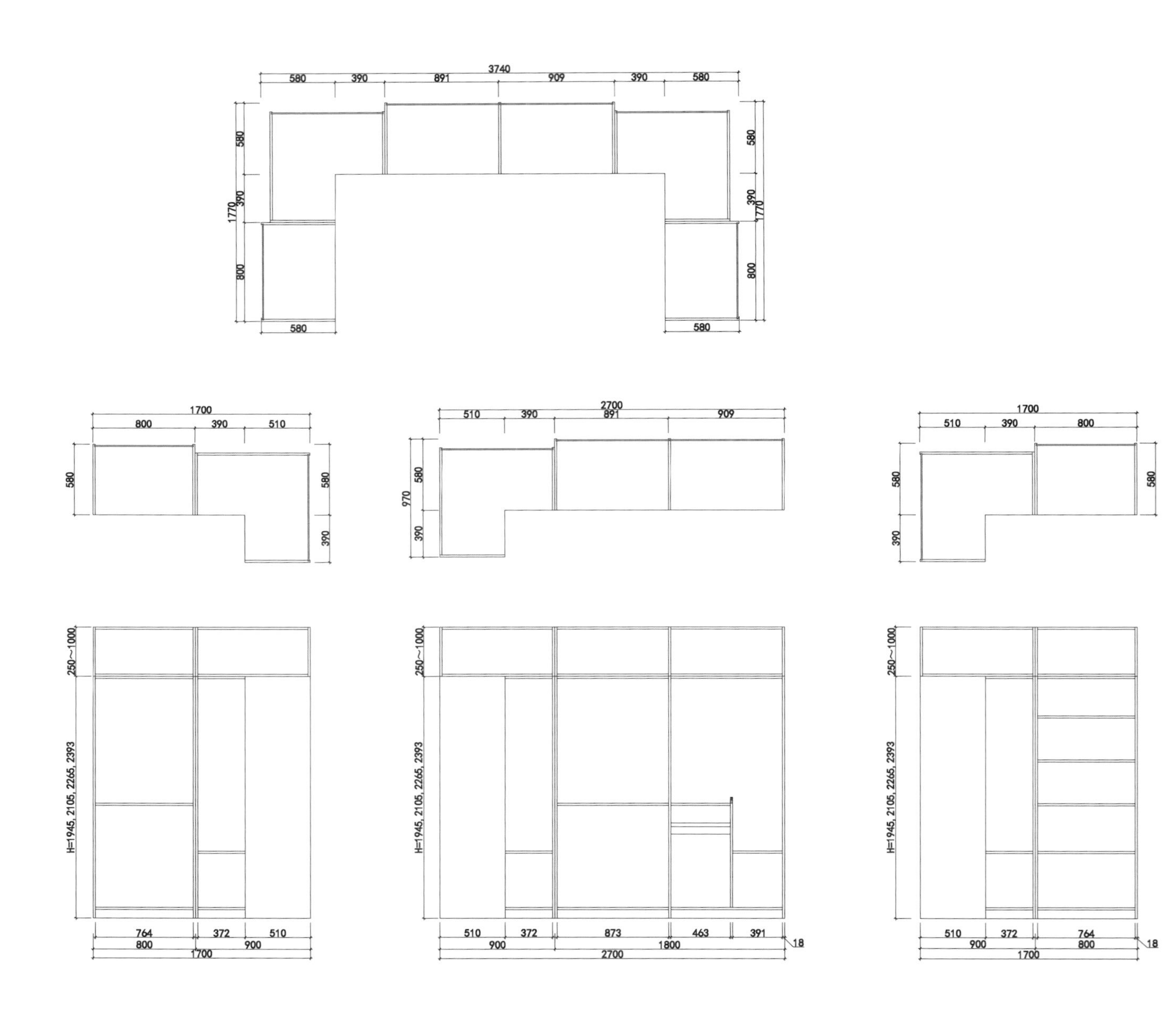
3740
580
390
891
909
390
580
580
390
1770
800
580
580
390
1770
800
580
1700
800
390
510
580
580
390
2700
510
390
891
909
970
580
390
1700
510
390
800
580
390
580
250~1000
H=1945, 2105, 2265, 2393
764
372
510
800
900
1700
250~1000
H=1945, 2105, 2265, 2393
510
372
873
463
391
18
900
1800
2700
250~1000
H=1945, 2105, 2265, 2393
510
372
764
18
900
800
1700

衣帽间（十）

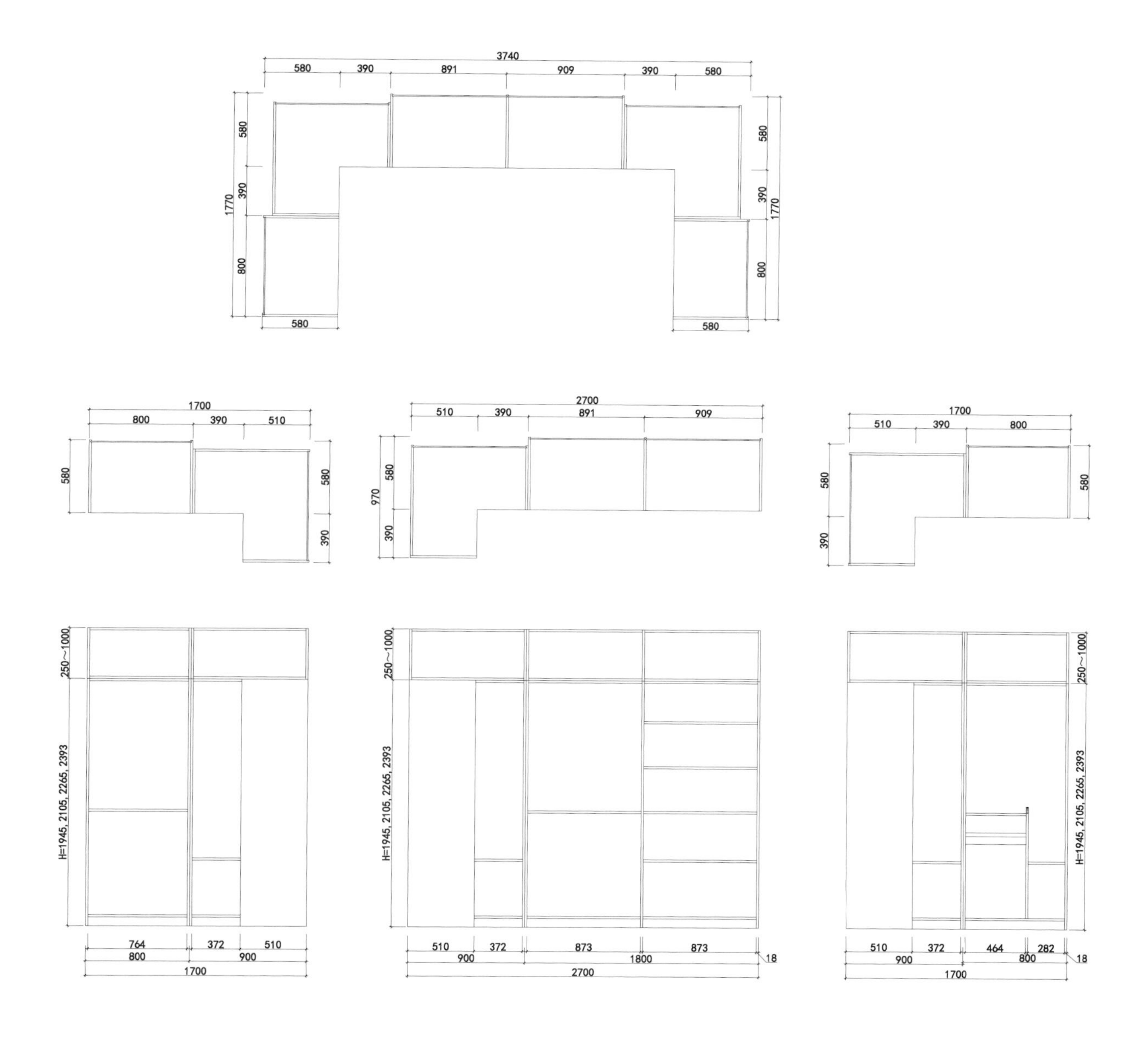

3740
580 390 891 909 390 580
580
390
1770
800
580
580
390
1770
800
580
1700
800 390 510
580
580
390
2700
510 390 891 909
970
580
390
1700
510 390 800
580
390
580
250~1000
H=1945, 2105, 2265, 2393
764 372 510
800 900
1700
250~1000
H=1945, 2105, 2265, 2393
510 372 873 873
900 1800
18
2700
250~1000
H=1945, 2105, 2265, 2393
510 372 464 282
900 800
18
1700

衣帽间（十一）

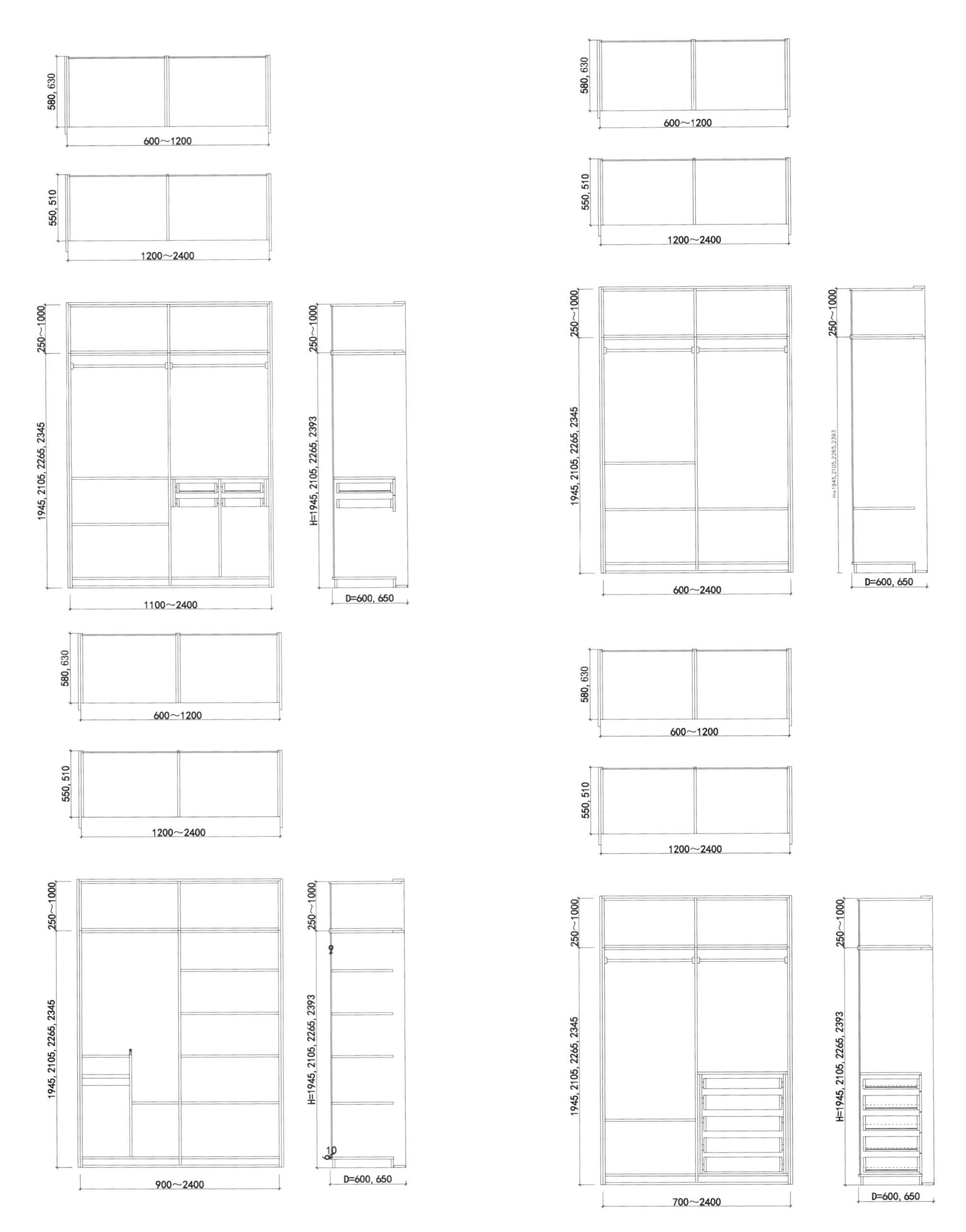
580, 630
600～1200
550, 510
1200～2400
250～1000
1945, 2105, 2265, 2345
1100～2400
H=1945, 2105, 2265, 2393
D=600, 650
600～2400
900～2400
700～2400

滑门成组衣柜（一）

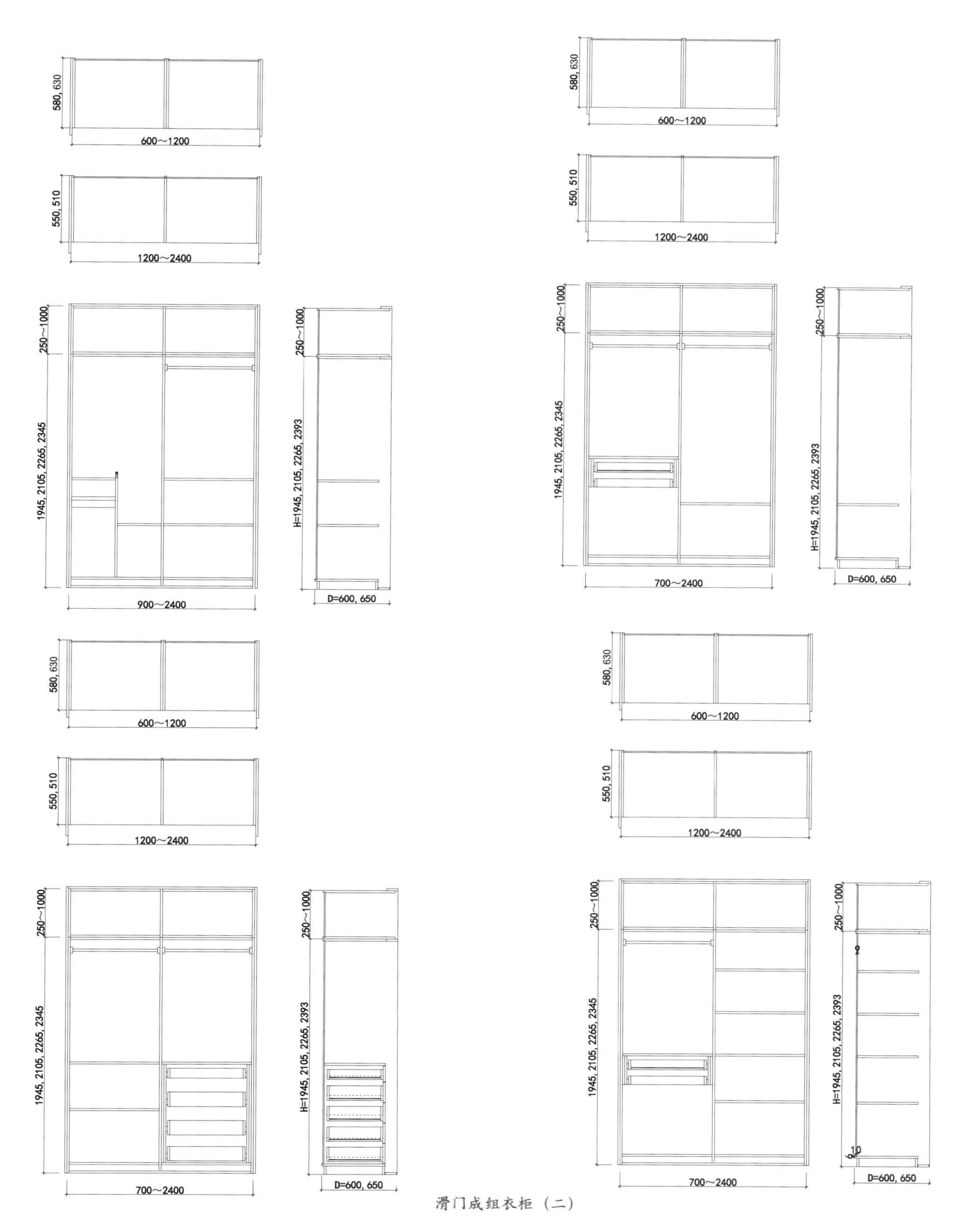
580, 630
600～1200
550, 510
1200～2400
250～1000
1945, 2105, 2265, 2345
900～2400
H=1945, 2105, 2265, 2393
D=600, 650
580, 630
600～1200
550, 510
1200～2400
250～1000
1945, 2105, 2265, 2345
700～2400
H=1945, 2105, 2265, 2393
D=600, 650
580, 630
600～1200
550, 510
1200～2400
250～1000
1945, 2105, 2265, 2345
700～2400
H=1945, 2105, 2265, 2393
D=600, 650
580, 630
600～1200
550, 510
1200～2400
250～1000
1945, 2105, 2265, 2345
700～2400
H=1945, 2105, 2265, 2393
D=600, 650

滑门成组衣柜（二）

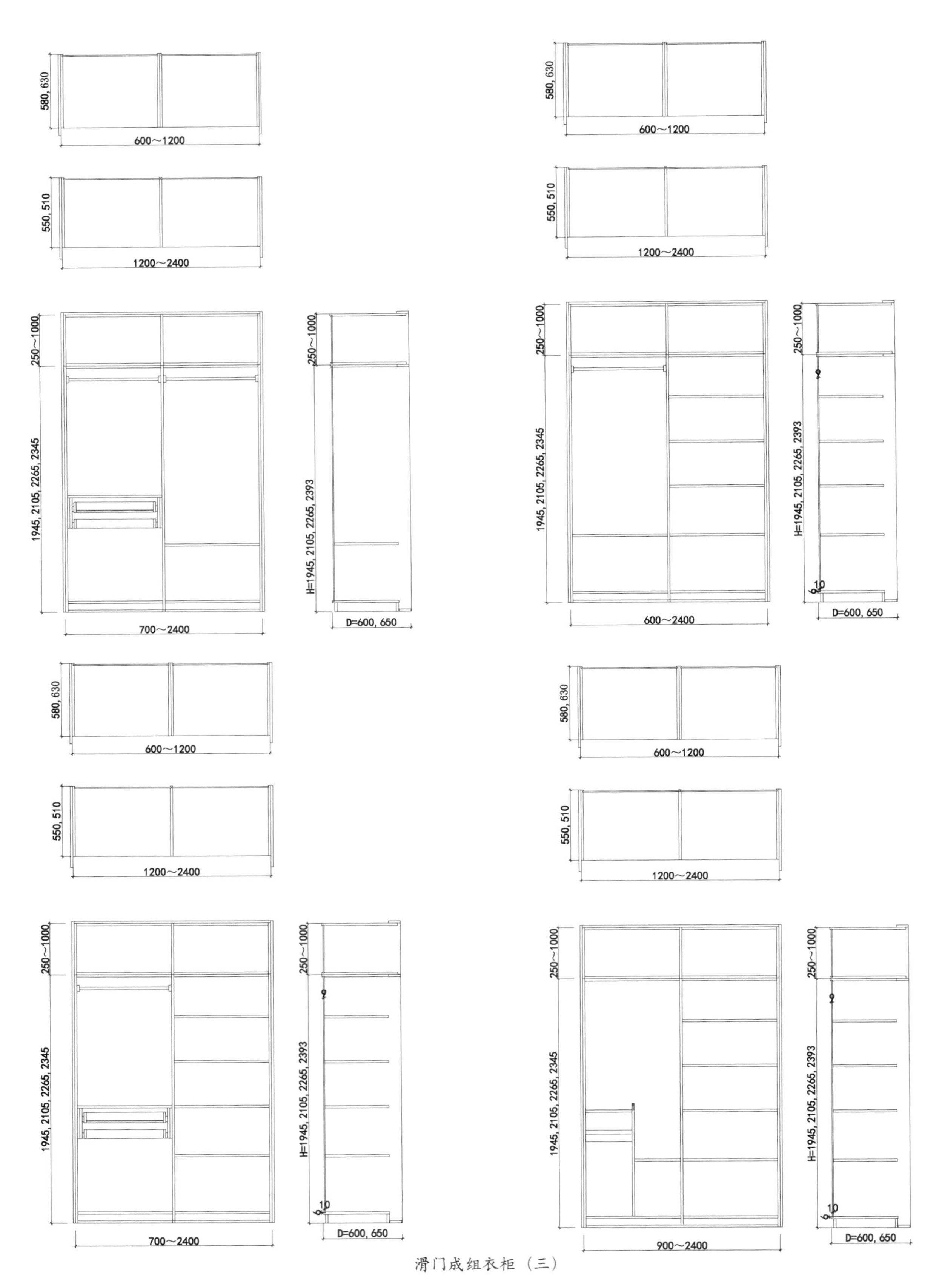
580, 630
600～1200
550, 510
1200～2400
250～1000
1945, 2105, 2265, 2345
700～2400
H=1945, 2105, 2265, 2393
D=600, 650
600～2400
900～2400
10

滑门成组衣柜（三）

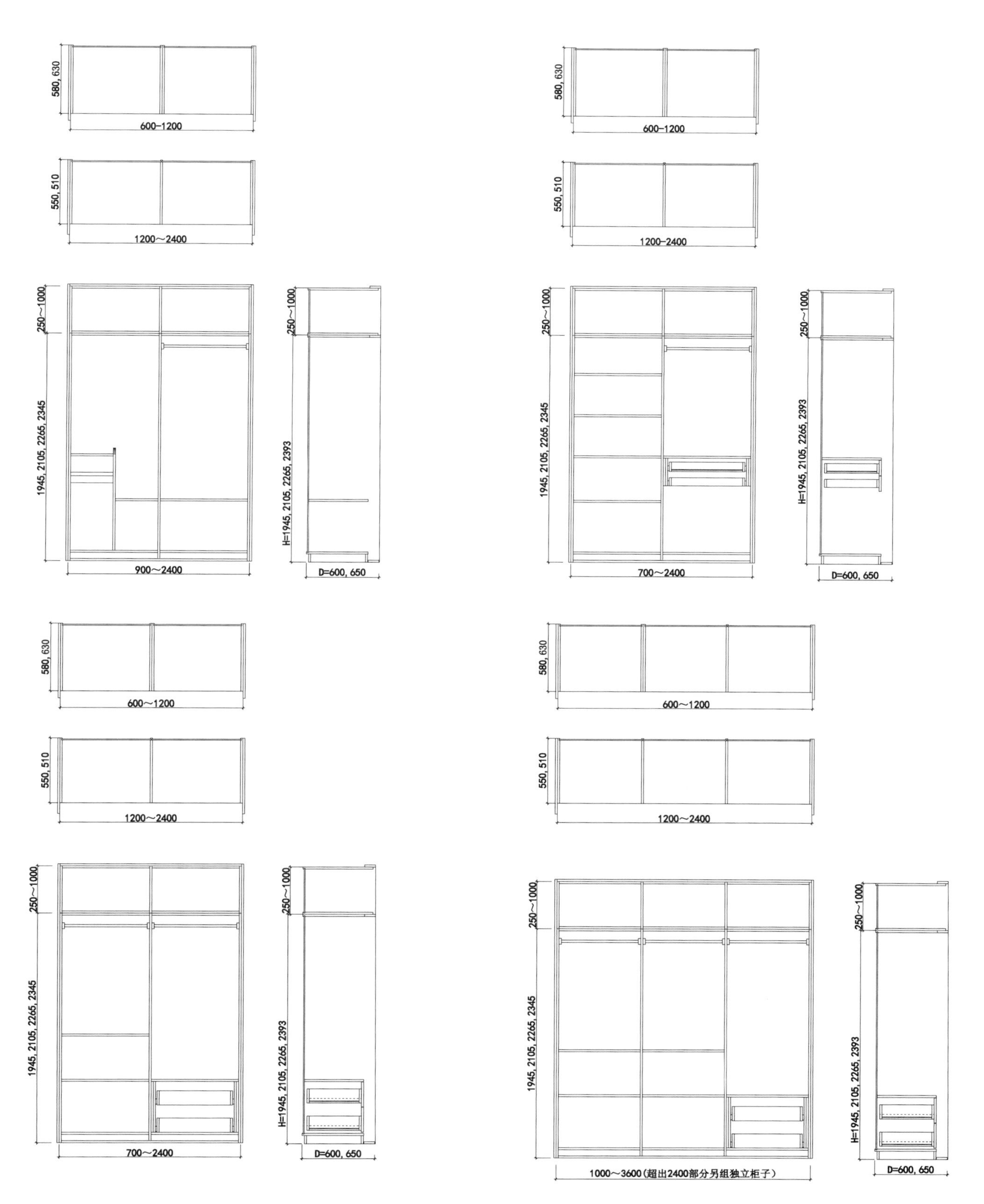
580, 630
600~1200
550, 510
1200~2400
250~1000
1945, 2105, 2265, 2345
900~2400
H=1945, 2105, 2265, 2393
D=600, 650
580, 630
600~1200
550, 510
1200~2400
250~1000
1945, 2105, 2265, 2345
700~2400
H=1945, 2105, 2265, 2393
D=600, 650
580, 630
600~1200
550, 510
1200~2400
250~1000
1945, 2105, 2265, 2345
700~2400
H=1945, 2105, 2265, 2393
D=600, 650
580, 630
600~1200
550, 510
1200~2400
250~1000
1945, 2105, 2265, 2345
1000~3600(超出2400部分另组独立柜子)
H=1945, 2105, 2265, 2393
D=600, 650

滑门成组衣柜（四）

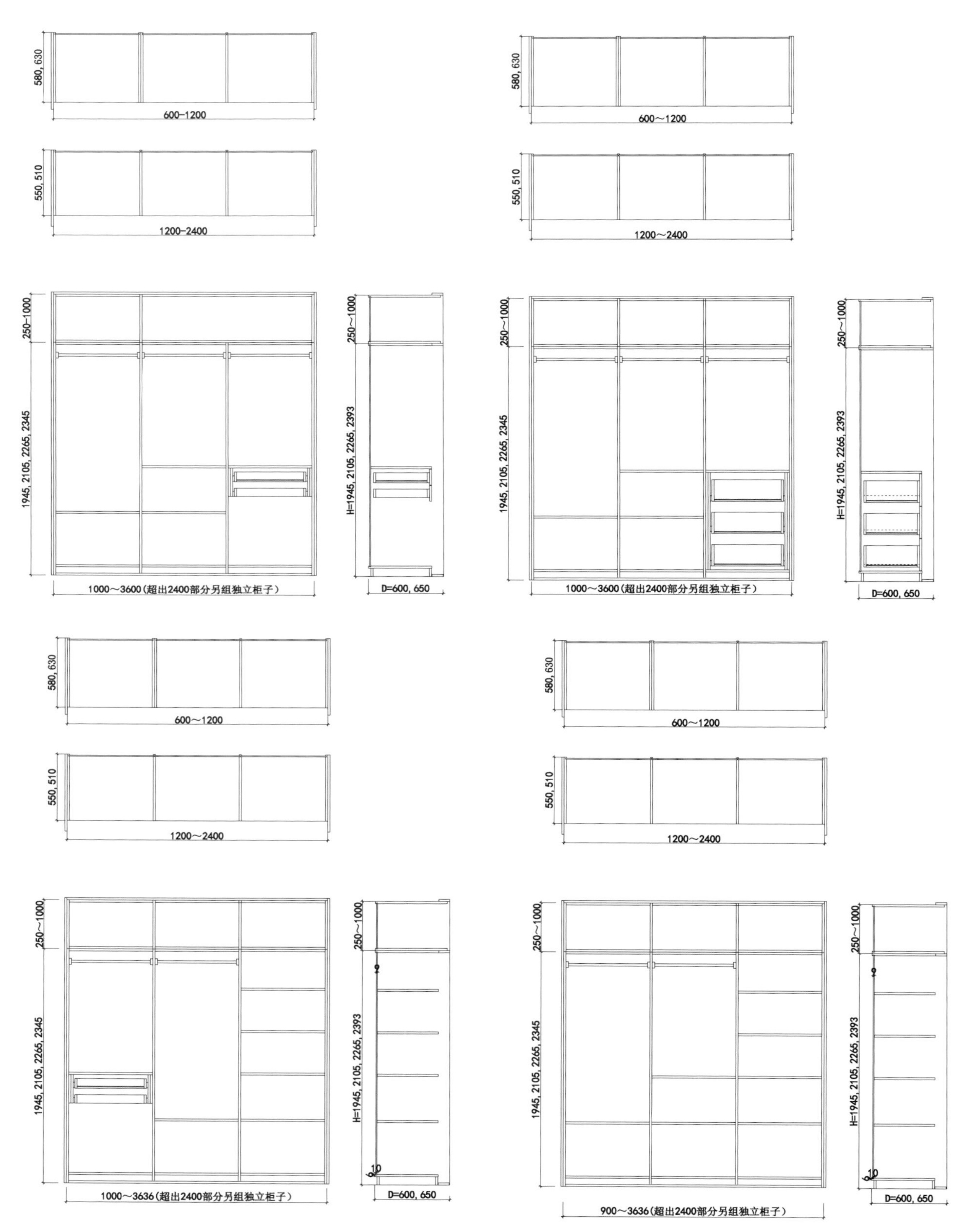
580, 630
600-1200
550, 510
1200-2400
580, 630
600～1200
550, 510
1200～2400
250~1000
1945, 2105, 2265, 2345
1000～3600(超出2400部分另组独立柜子)
250～1000
H=1945, 2105, 2265, 2393
D=600, 650
250～1000
1945, 2105, 2265, 2345
1000～3600(超出2400部分另组独立柜子)
250～1000
H=1945, 2105, 2265, 2393
D=600, 650
580, 630
600～1200
550, 510
1200～2400
580, 630
600～1200
550, 510
1200～2400
250～1000
1945, 2105, 2265, 2345
1000～3636(超出2400部分另组独立柜子)
250～1000
H=1945, 2105, 2265, 2393
10
D=600, 650
250～1000
1945, 2105, 2265, 2345
900～3636(超出2400部分另组独立柜子)
250～1000
H=1945, 2105, 2265, 2393
10
D=600, 650

滑门成组衣柜（五）

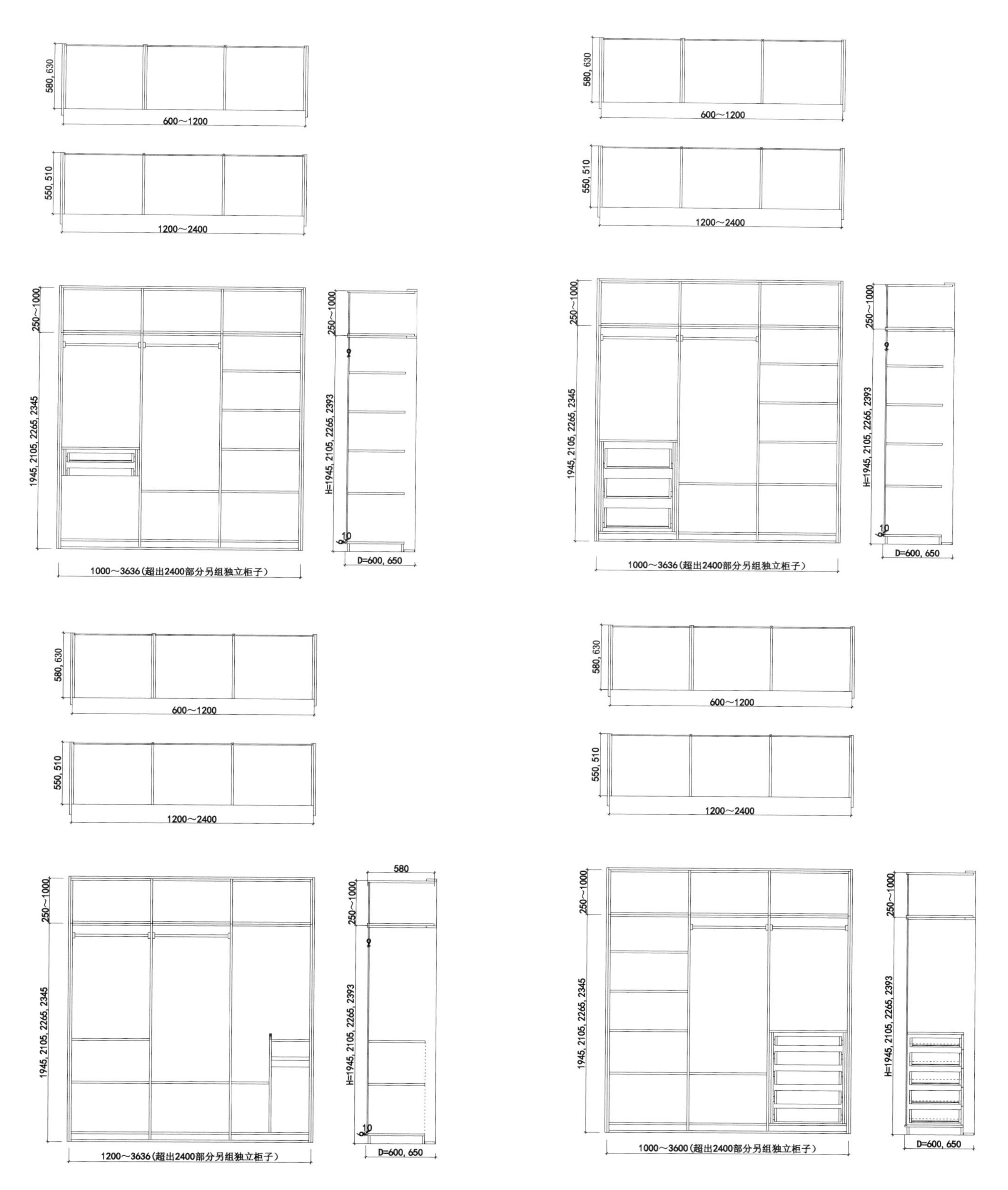
580, 630
600～1200
550, 510
1200～2400
250～1000
1945, 2105, 2265, 2345
H=1945, 2105, 2265, 2393
10
6
D=600, 650
1000～3636(超出2400部分另组独立柜子)
580
1200～3636(超出2400部分另组独立柜子)
1000～3600(超出2400部分另组独立柜子)

滑门成组衣柜（六）

2.7.7 定制衣柜的黄金比例

定制衣柜通常高 2400 mm，长 1800 mm，分为 900 mm 长的两个单元，柜深为 600 mm。盲目扩大或缩小个别区域，不仅给使用带来不便，里面放置衣物后，还可能带来牢固度方面的隐患。衣柜的“黄金尺寸”建议如下：

被褥区：高 400 ~ 550 mm，宽 900 mm；

上衣区：高 1000 ~ 1200 mm，不小于 900 mm；

抽屉：宽 400 ~ 800 mm，高 160 ~ 200 mm；

百宝格：单层高 80 ~ 100 mm；

叠放区：高 350 ~ 500 mm；

长衣区：高 1400 ~ 1700 mm，不低于 1300 mm；

踢脚线：高 80 ~ 100 mm；

裤架：高 80 ~ 100 mm。

定制衣柜图示

由于拿取物品不方便，通常将衣柜上端用于放置棉被等不常用物品，也利于防潮。最好将棉被放在储物箱中，既防尘也方便拿取。根据棉被通常的厚度，被褥区高度一般为 400 ~ 500 mm。

上衣区：高 1000 ~ 1200 mm，不小于 900 mm。

上衣区用来悬挂西服、衬衫、外套等易起褶皱的上衣。挂衣杆和柜顶之间不得小于 60 mm，否则不方便取放衣架。挂衣杆到底板之间不得小于 900 mm，否则衣服会拖到底板上。另外，挂衣杆到地面的距离不得超过 1800 mm，否则不方便拿取。

抽屉：宽 400 ~ 800 mm，高 190 mm。

一般在上衣区下方设计三四个抽屉，主要用于存放内衣。根据内衣卷起来的高度来计算，抽屉的高度不能低于 190 mm，否则闭合抽屉时容易夹住衣物。高 200 mm，才够放衣衫。

叠放区：高 350 ~ 400 mm。

叠放区用于叠放毛衣、T 恤、休闲裤等衣物。最好安排在腰到眼睛之间的区域，这样拿取方便，还能减少灰尘。如果家里有老年人和孩子，可以将叠放区适当放大，一般以衣物折叠后的宽度来计算，柜子宽度应为 330 ~ 400 mm。最好设计为可调节的活动层板，方便根据具体情况不断变化，比如，孩子长大后，可将叠放区安装挂衣杆，改为上衣区。

长衣区：高 1400 ~ 1700 mm，不低于 1300 mm。

长衣区主要用于悬挂风衣、羽绒服、大衣、连衣裙、礼服等长款衣服。可根据自己拥有长款衣服的件数设计长衣区的宽度。一般来讲，宽 450 mm 即够一个人使用，如果人口较多，可适当加宽。

踢脚线：高 80 ~ 100 mm。

为了防潮、隔热，衣柜底部要设置踢脚线，高 70 mm 以内就足够，过高则浪费空间。有的家庭由于空间受限，衣柜进深小于 500mm，此时就需要设计为衣服平着挂，否则柜门会夹住衣袖。也可使用一种拉出衣杆，方便拿取衣物。

裤架：高度 80 ~ 1000 mm。

裤架专门用于悬挂裤子，不易起褶皱。挂杆到底板的距离不得少于 600 mm，否则裤子会拖到底板上。建议选购成品金属裤架，可以悬挂 12 条裤子；一般工厂制作的裤架只能悬挂 8 ~ 10 条裤子。还可以安装一个挂衣杆，用衣架悬挂裤子，比较节省空间。

注：① 关于衣柜黄金比例的高 2400 mm，需要论证，从生产效率和包装运输的角度，一般为高 2100 mm，且通高柜门易变形。

② 根据工厂的标准，如果是通用标准，一般为高 2100 mm；如果是活动衣柜、单体衣柜，高 2400 mm 则无所谓，就是生产效率稍低；如果是定制衣柜，下柜高 2100 mm 是最合理的。

③ 高 2100 mm 以下属于易于人体的范围，常用物品都在高 2100 mm 以内，同时也是生产模数标准数据。

④ 高 2100 mm 以上通常是非常用区域，需要使用梯子，用于存放被子等过季物品，属于常闭区域。

⑤ 房间高度通常都是在 2500 mm 以上，2400 mm 在定制衣柜里通常不能单独使用。

⑥ 关于定制衣柜、衣帽间的更多内容请关注青木大讲堂官方微信（ID:qingmulecture，回复“定制衣柜或衣帽间”，可查看大量定制衣柜/衣帽间图片及其他参考资料）。

2.8 实木酒窖、酒柜

2.8.1 酒窖的概念

传统酒窖指酒庄用于生产、储藏红酒的大型仓库，一般修建于山洞或人工挖掘的地下洞穴中，旨在利用地下天然的温湿条件。私人酒窖则运用现代技术，如恒温、恒湿设备等，模拟地下酒窖的环境。

2.8.2 酒窖的设备

1. 恒温设备（酒窖空调）

推荐选用低能耗、高配置的国内空调产品，如卓邦、喜嘉露。由于中国实行 CCC 认证的限制，进口产品目前无法正常报关进口，而且售后保障比较有难度，因此选用前务必慎重考虑；国产酒窖空调产品的种类很多，各个厂家的生产原理和系统有较大差异，售后服务和质量保证期是需要考虑的重要因素。若选择国外品牌，推荐法国欧威尔（Airwell），该厂家有近 60 年的酒窖空调专业生产经验；该品牌是全球唯一使用变频技术的酒窖空调，恒温稳定，最长输送距离 25 m。

2. 恒湿设备（加湿器）

推荐选用美国垂恩（Trion）品牌加湿器，适用于 150 平方米以下空间，加湿量随空间大小进行调节，外观尺寸为 336 mm × 336 mm × 425 mm，其工作原理是利用离心力将水形成水雾喷出。

3. 墙体保温部分

墙体和顶地必须做保温处理。这是酒窖建造比较专业的环节。墙体需要测量、计算，并得到一个比较准确的数值，以满足各个空间的储藏要求。同一个酒窖放在太阳下和洞穴里的墙体厚度肯定是不一样的。最简单的保温方法是采用挤型板、聚苯板等常见的保温材料。

4. 酒窖木门部分

最好在中间添加一层保温材料，并在四周粘上隔声棉条，因为门是整体酒窖中保温最薄弱的部位。选用木材中最便宜的是松木，最常用的是橡木和一些国产的硬杂木。前提是，木门一定要烘干得当，否则受门两侧不同的温度、湿度影响，很容易变形。

5. 酒窖酒架部分

根据存放葡萄酒的数量、酒瓶规格，可选用不同的材质，定做彰显预期风格并符合预算的酒架。酒架的材质非常多，木制、钢制或砖砌，规模和风格建议与酒窖整体风格一致。现在比较常用的风格是木制酒架。最简单的做法是，将现有的货架转换成酒架。挑选酒架时，首先保证强度，安全性上考虑周到，不要盲目自己动手做；若储藏不当，没过多久，酒就会发霉，得不偿失。

2.8.3 酒窖的设计风格与类型

1. 酒窖的设计理念

“新概念”酒窖是对传统酒窖定义的全新诠释，也是对传统酒窖历史的革新。传统意义上的酒窖指葡萄酒生产企业的地窖，利用地窖的恒温、避光、通风等天然条件，进行葡萄酒酿造、发酵的场所。区别于传统意义上的酿酒酒窖，私人酒窖利用高科技的手段（如恒温恒湿设备），进行地窖储酒环境“仿生”模拟。私人酒窖在技术上能实现恒温、恒温、通风等专业储酒环境控制。

2. 酒窖的类型

私人酒窖、商务会所酒窖、酒庄展示型、多功能型、现代简约型、乡村复古型、古典奢华型。

2.8.4 酒窖的报价方式

延米报价、展开面积报价、用料精算报价、投影面积报价（洞口面积）、模块报价。

2.8.5 酒柜的尺寸

酒柜有电子酒柜和传统实木酒柜。这里说的酒柜尺寸是定制酒柜的尺寸。在家居装修之前，应该首先进行必要的测量，从而确定酒柜的尺寸。酒柜的尺寸设计要以实用性为原则，不能为追求美观而不实用，否则会给日常生活带来不便。酒柜的尺寸应充分考虑与家居的协调搭配，不要破坏整体家居的协调。

酒柜的尺寸是多少？首先应考虑酒柜的用途，是家用，还是商用。如果是家用，酒柜的尺寸没有统一的标准，根据家居的空间面积和放置酒柜的实际位置来设计增减尺寸即可。如果是商用，如酒吧里的酒柜，通常包含两个部分：底柜，高度约为 600 mm，厚度在 500 mm 左右，上柜的尺寸高度不超过 2000 mm，厚度不超过 350 mm；如果连着吧台，酒柜吧台的高度尺寸根据人体工程学的原理，通常为 1000 ~ 1200 mm。为方便拿取酒，酒柜和吧台之间的距离通常为 900 mm 左右。

酒柜的高度呢？酒柜的高度通常不超过 1800 mm，不过实际的高度最好根据使用者的身高来设计。比如，一位身高 1.6 m 的女性，酒柜的高度通常为 1100 ~ 1800 mm；一位身高 1.7 m 的男性，酒柜的高度通常为 1200 ~ 2000 mm。

酒柜的厚度通常为 300 ~ 400 mm，空隙间隔通常也是 300 ~ 400 mm，而按照人体工程学的原理，人体的活动区域在 450 mm 左右，那么总体上酒柜的设计空间则为 1060 ~ 1270 mm。具体的酒柜高度应根据人体身高做适当的调整。

家庭酒柜的尺寸呢？很多家庭都喜欢在客厅里摆放一个酒柜，那么这样的酒柜尺寸应根据摆放酒柜的位置来设计，高度不宜太高，一是避免酒柜的重心过高，酒柜的稳定性无法保证，造成安全隐患，二是避免拿取酒时不方便。很多人喜欢将家里的某一扇墙打掉，设计一款酒柜，形成一个嵌入式酒柜，这样的酒柜尺寸应考虑打掉墙之后给其他墙造成的承重力增加多少，以及墙给酒柜带来的压力是否影响酒柜的使用。

定制酒柜的尺寸并没有一个一成不变的标准，更多的是根据实际家居空间和使用者的情况来设计。在设计酒柜高度尺寸时，应综合考虑酒柜的功能性、实用性、装饰性，这样才能设计一个好的酒柜。

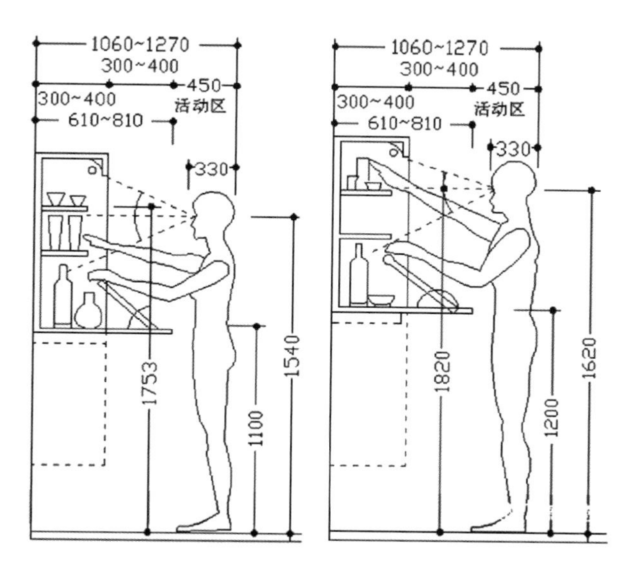

酒柜立面尺寸设计图

2.8.6 酒柜／书柜的组成及设计

酒柜/书柜由四部分组成：柜体、门板、线条装饰、功能配件五金，酒柜的设计也可分为框架式设计和模块式设计。

1. 酒柜／书柜的框架式设计

酒柜／书柜立面图

酒柜／书柜爆炸图

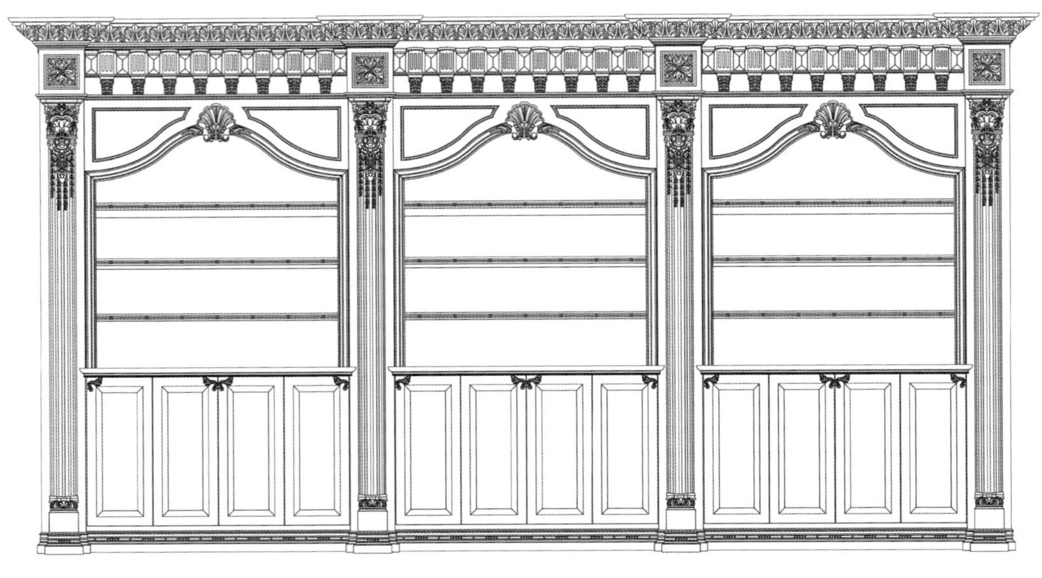

三组酒柜／书柜示意图

酒柜 / 书柜的表现形式

2．酒柜 / 书柜的模块化设计

酒柜模块

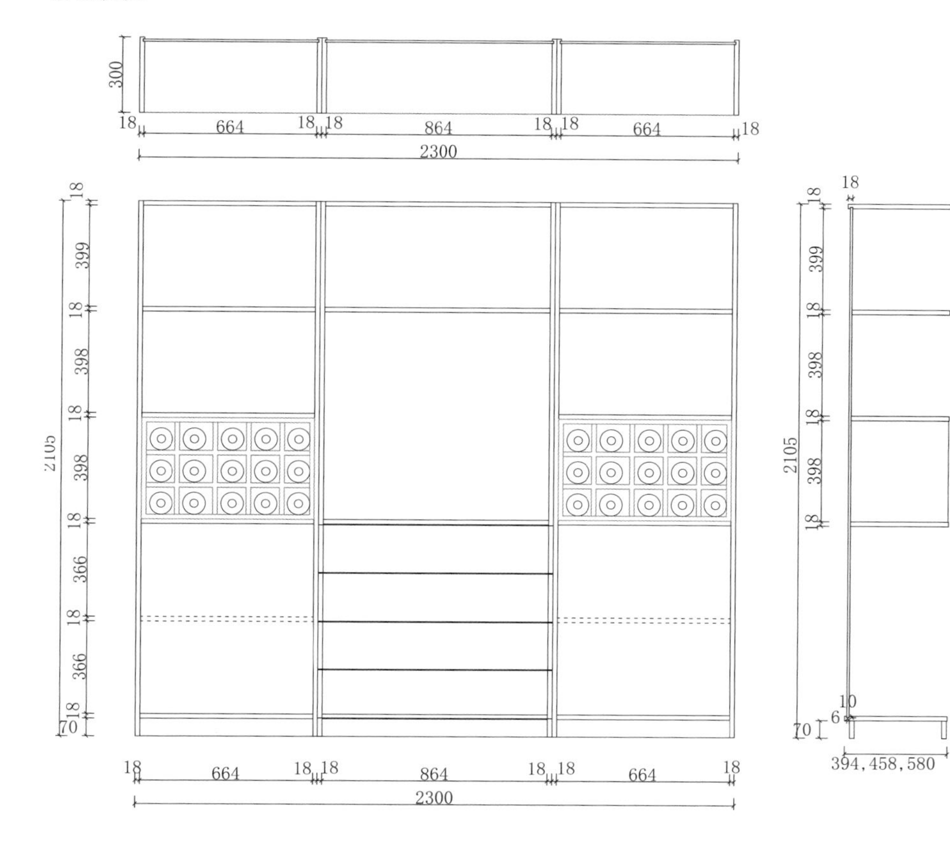

酒柜模块化示意（一）

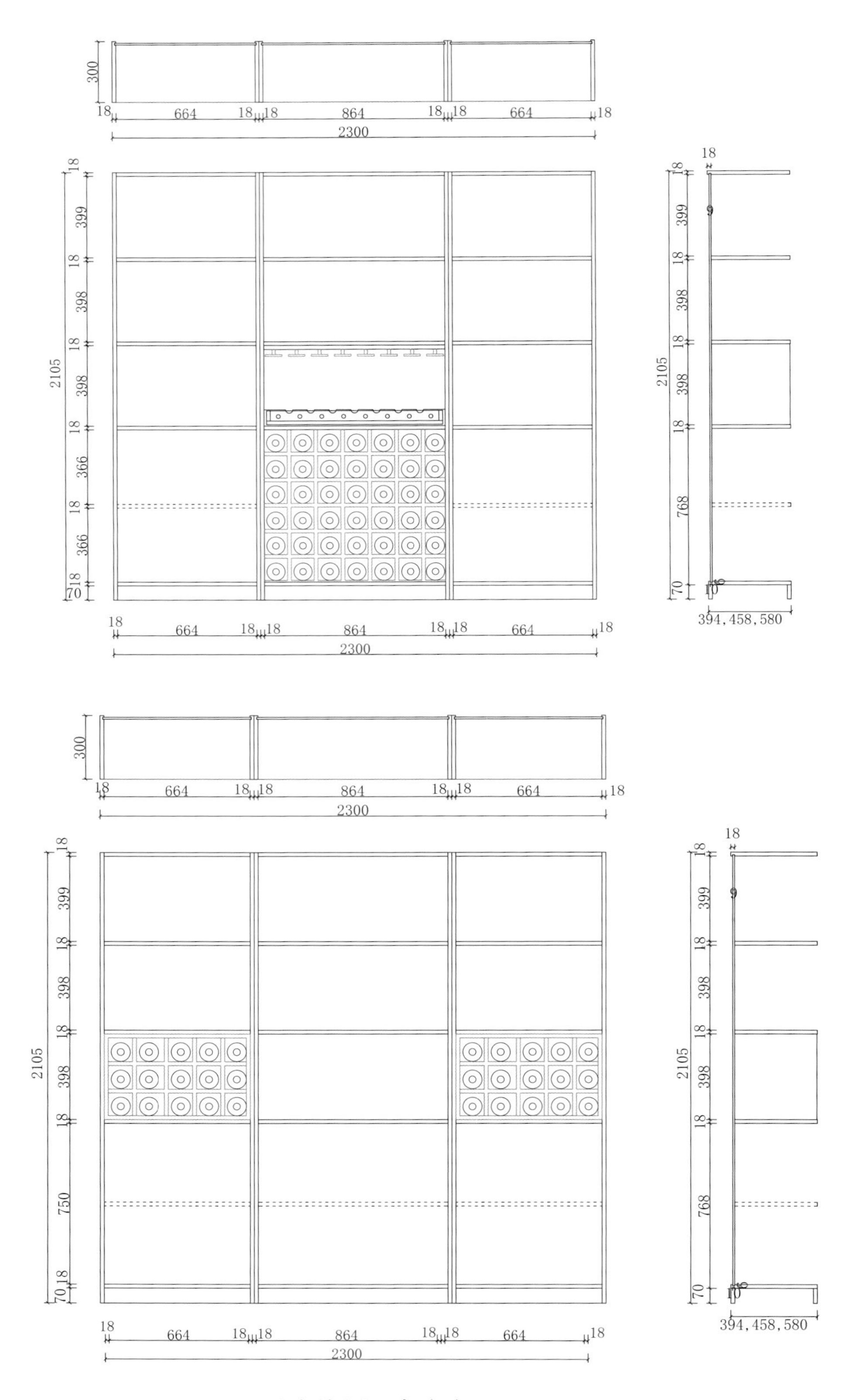
300
18 664 18 18 864 18 18 664 18
2300
18 399 18 398 18 398 18 366 18 366 18 70
2105
18 664 18 18 864 18 18 664 18
2300
18
18 399 18 398 18 398 18 768 70
2105
394,458,580
300
18 664 18 18 864 18 18 664 18
2300
18 399 18 398 18 398 18 750 18 70
2105
18 664 18 18 864 18 18 664 18
2300
18
18 399 18 398 18 398 18 768 70
2105
394,458,580

酒柜模块化示意（二）

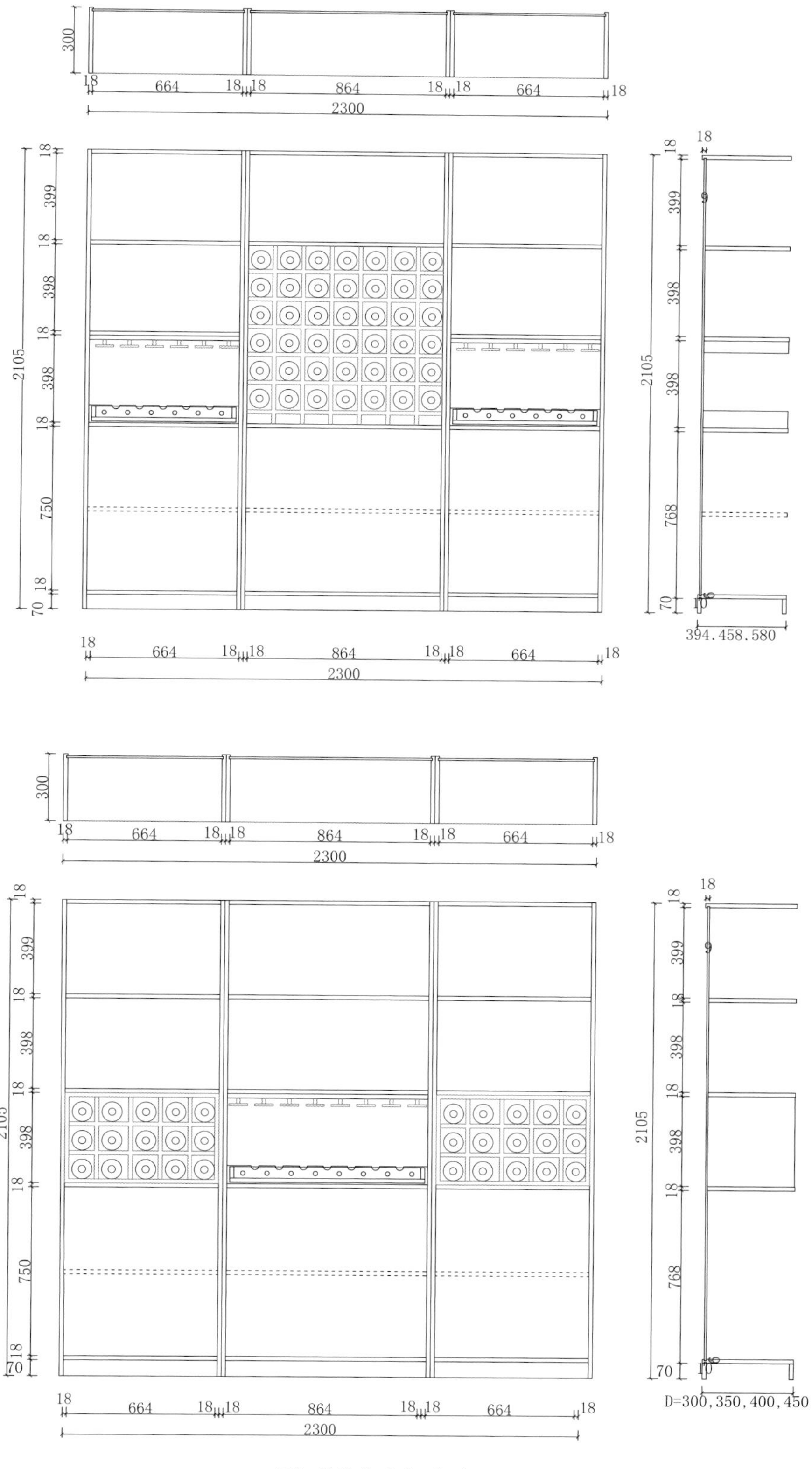
300
18
664
18
18
864
18
18
664
18
2300
2105
18
399
18
398
18
398
18
750
18
70
768
70
10
394.458.580
D=300,350,400,450

酒柜模块化示意（三）

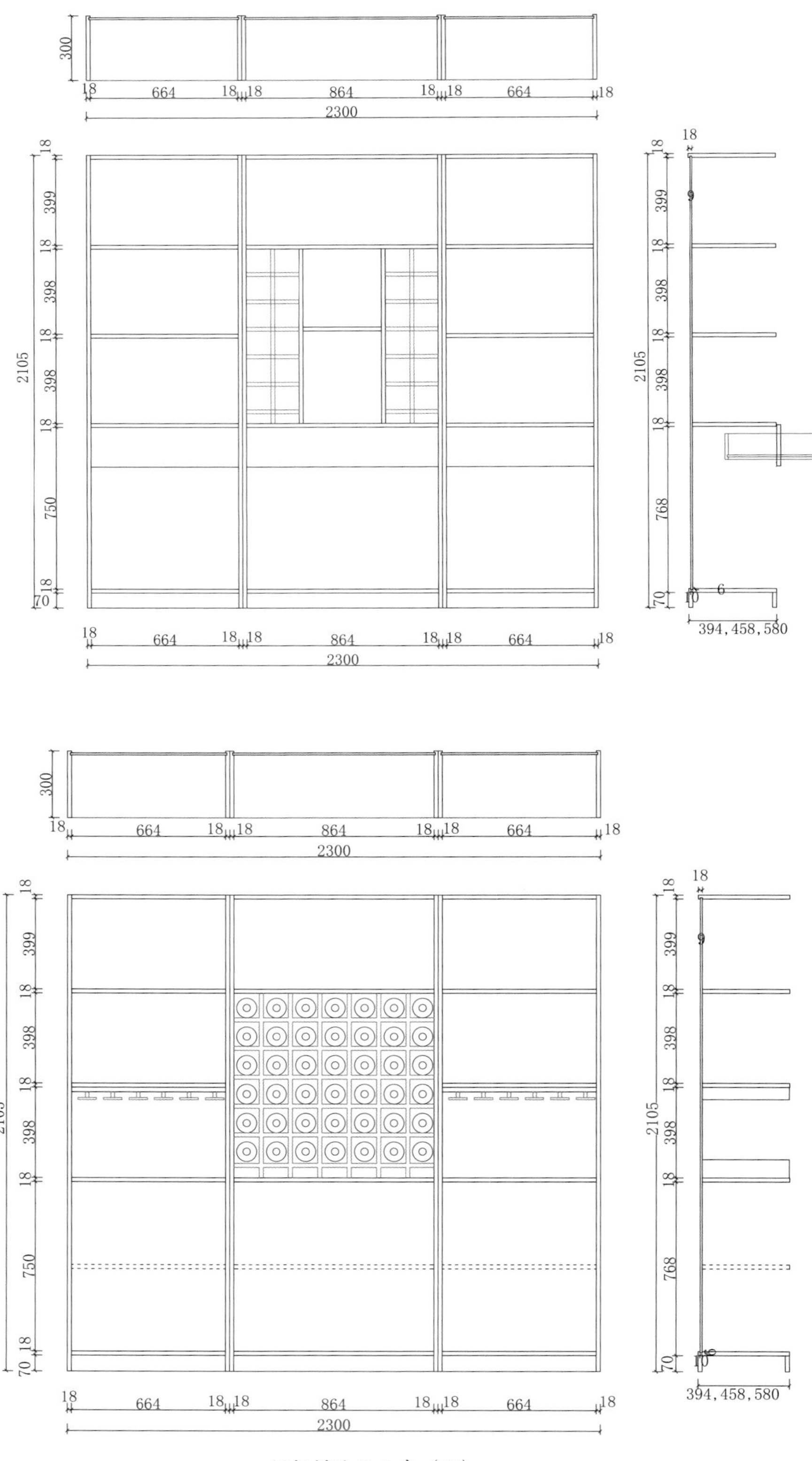
300
18
664
18
18
864
18
18
664
18
2300
2105
399
398
750
70
768
6
394,458,580

酒柜模块化示意（四）

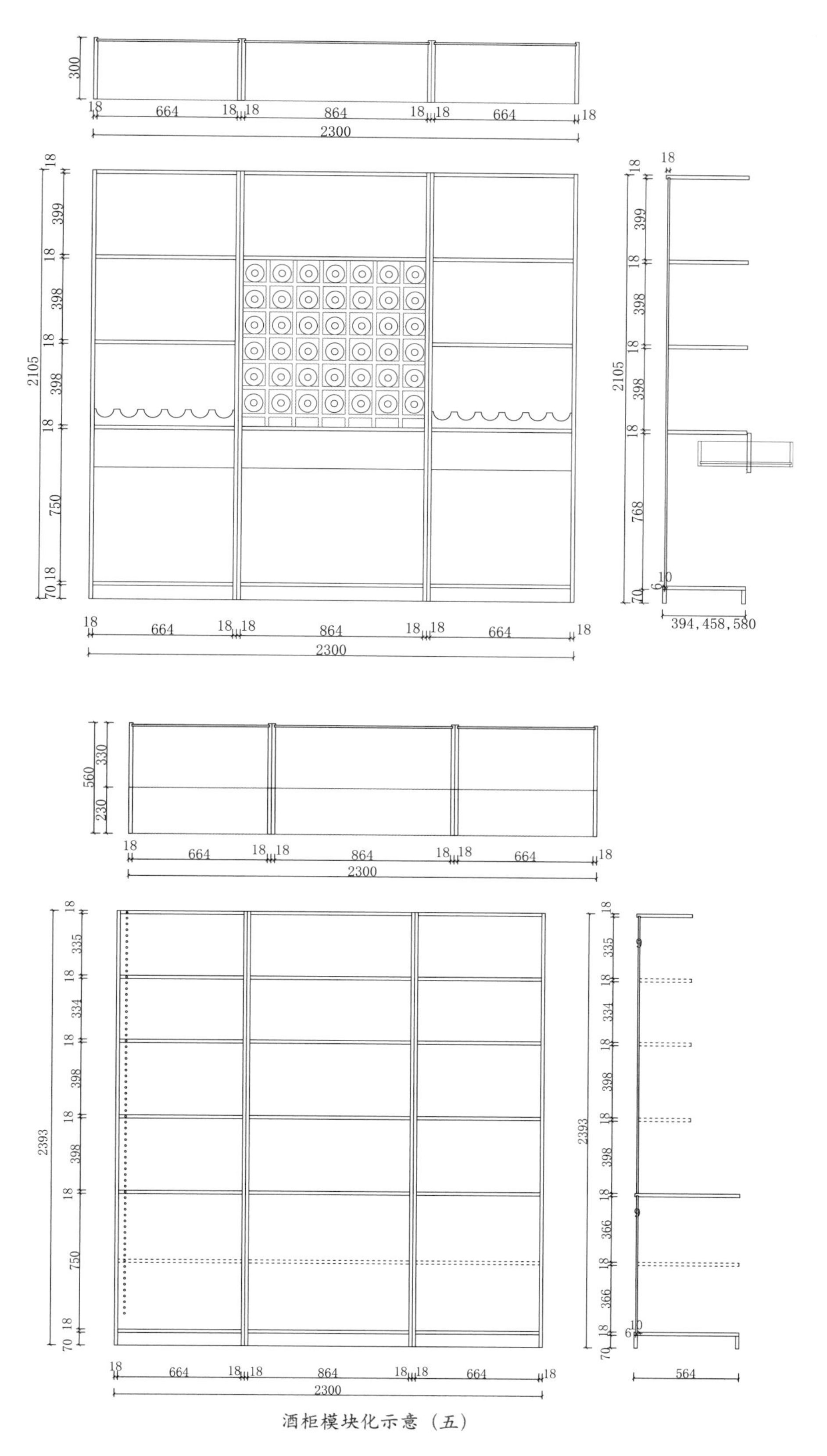
300
18
664
18
18
864
18
18
664
18
2300
2105
18
399
18
398
18
398
18
750
70
18
664
18
18
864
18
18
664
18
2300
2105
18
18
399
18
398
18
398
18
768
10
6
70
394, 458, 580
560
330
230
18
664
18
18
864
18
18
664
18
2300
2393
18
335
18
334
18
398
18
398
18
750
18
70
18
664
18
18
864
18
18
664
18
2300
2393
18
335
18
334
18
398
18
398
18
366
18
366
18
10
6
70
564

酒柜模块化示意（五）

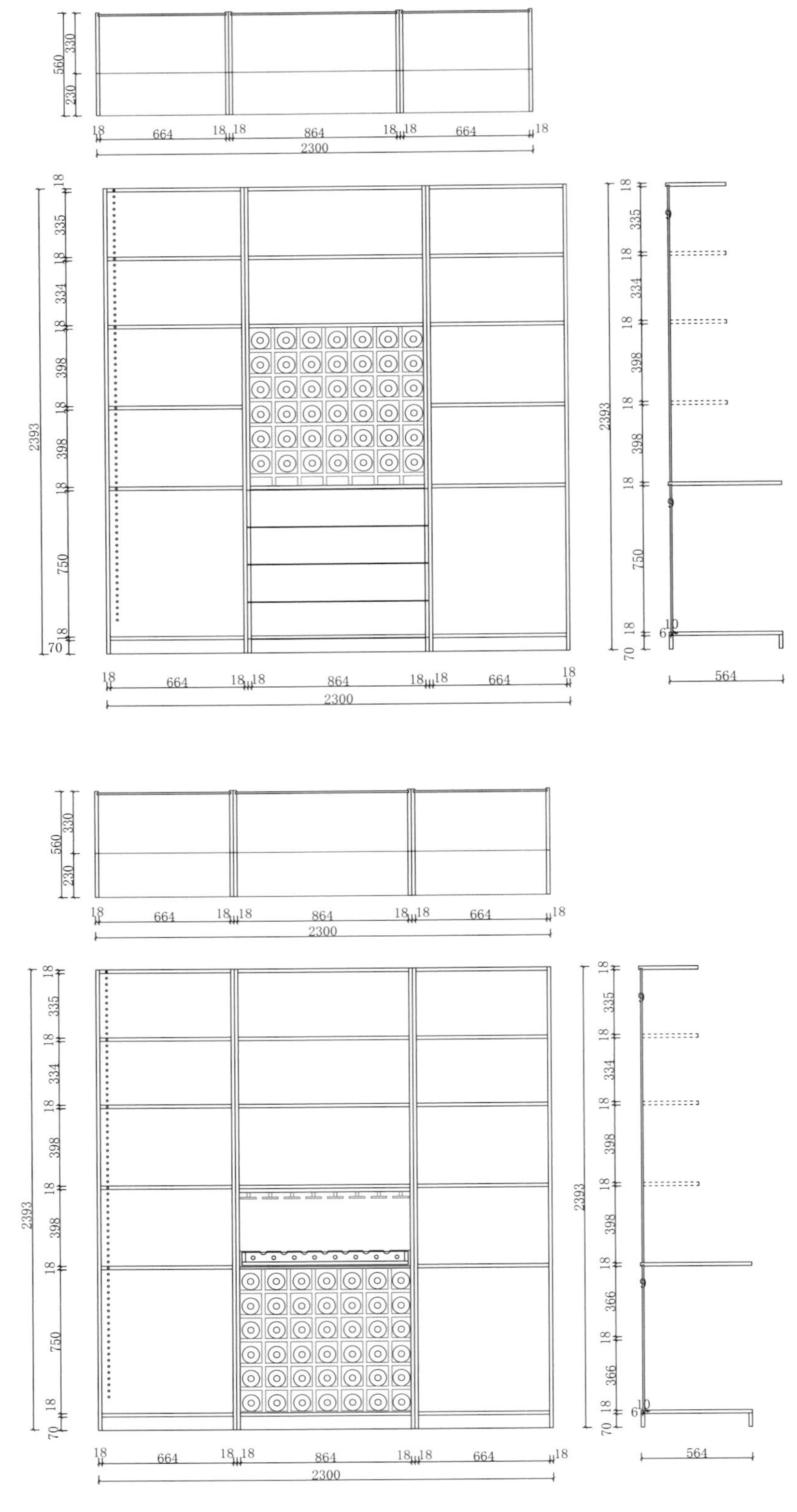

560
330
230
18
664
18
18
864
18
18
664
18
2300
2393
335
334
398
398
750
70
564
366
10
6

酒柜模块化示意（六）

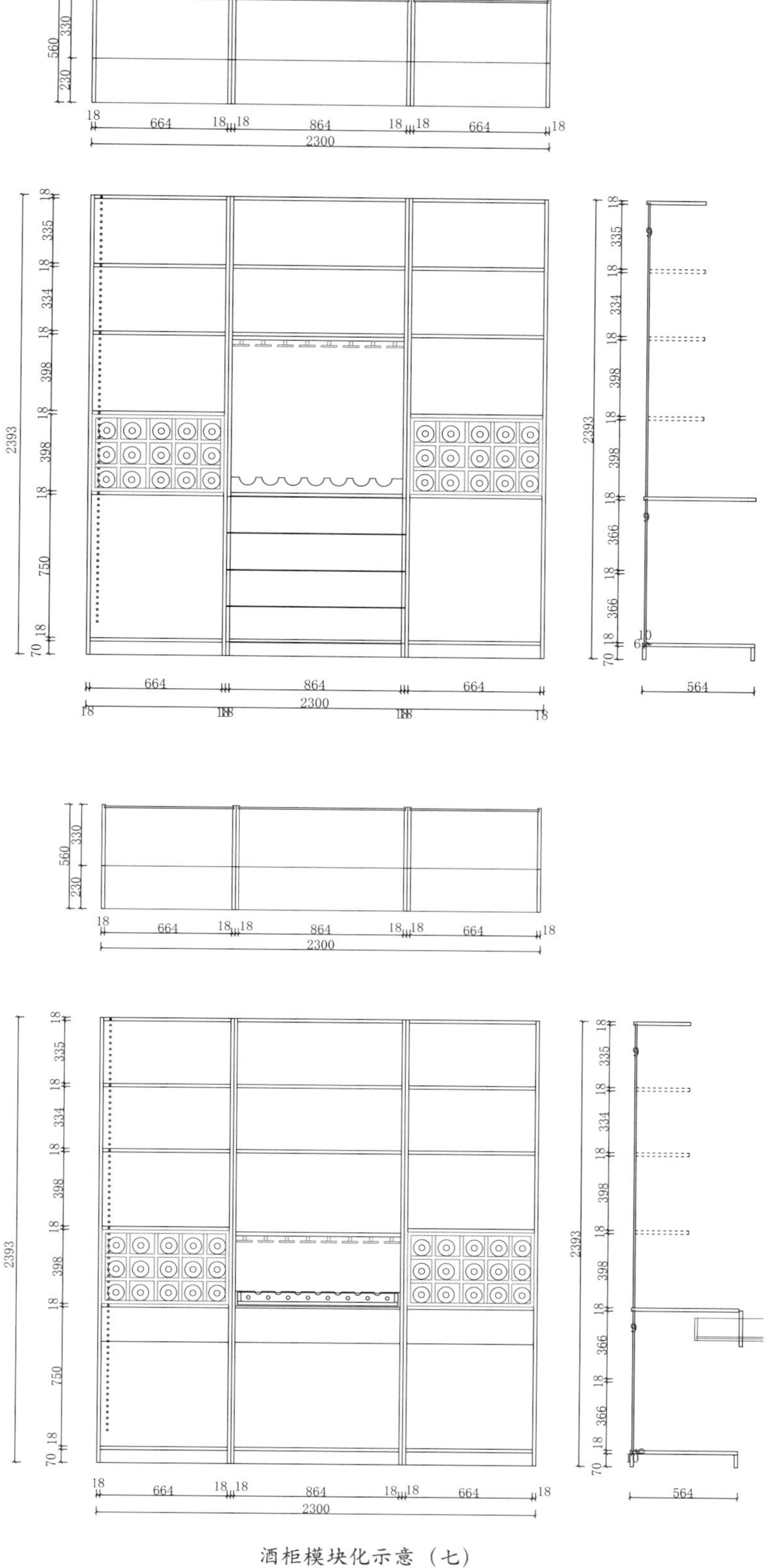

560
330
230
18
664
18
18
864
18
18
664
18
2300
2393
335
334
398
750
70
366
564

酒柜模块化示意（七）

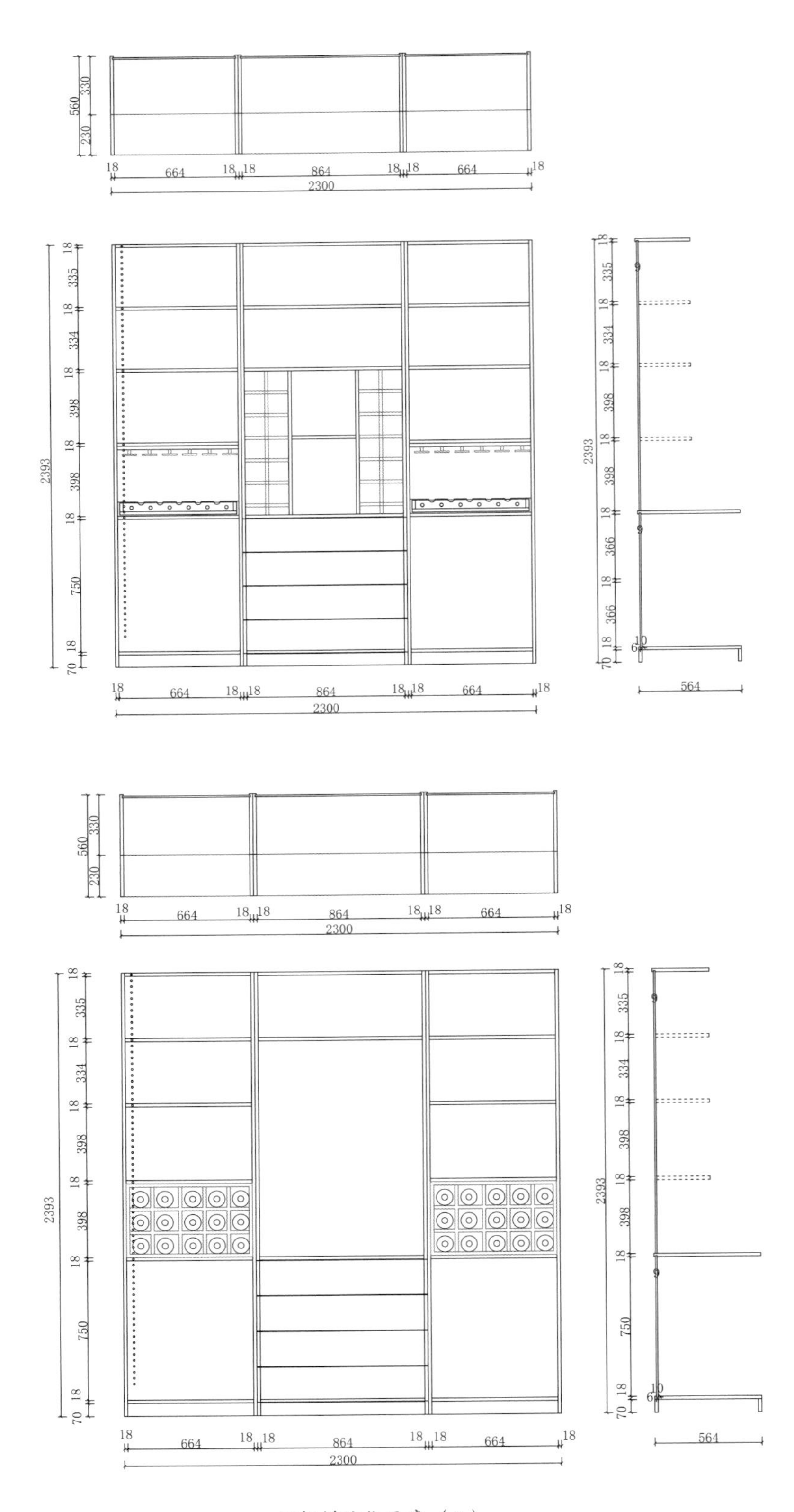

560
330
230
18
664
18
18
864
18
18
664
18
2300
2393
335
334
398
750
70
366
9
10
6
564

酒柜模块化示意（八）

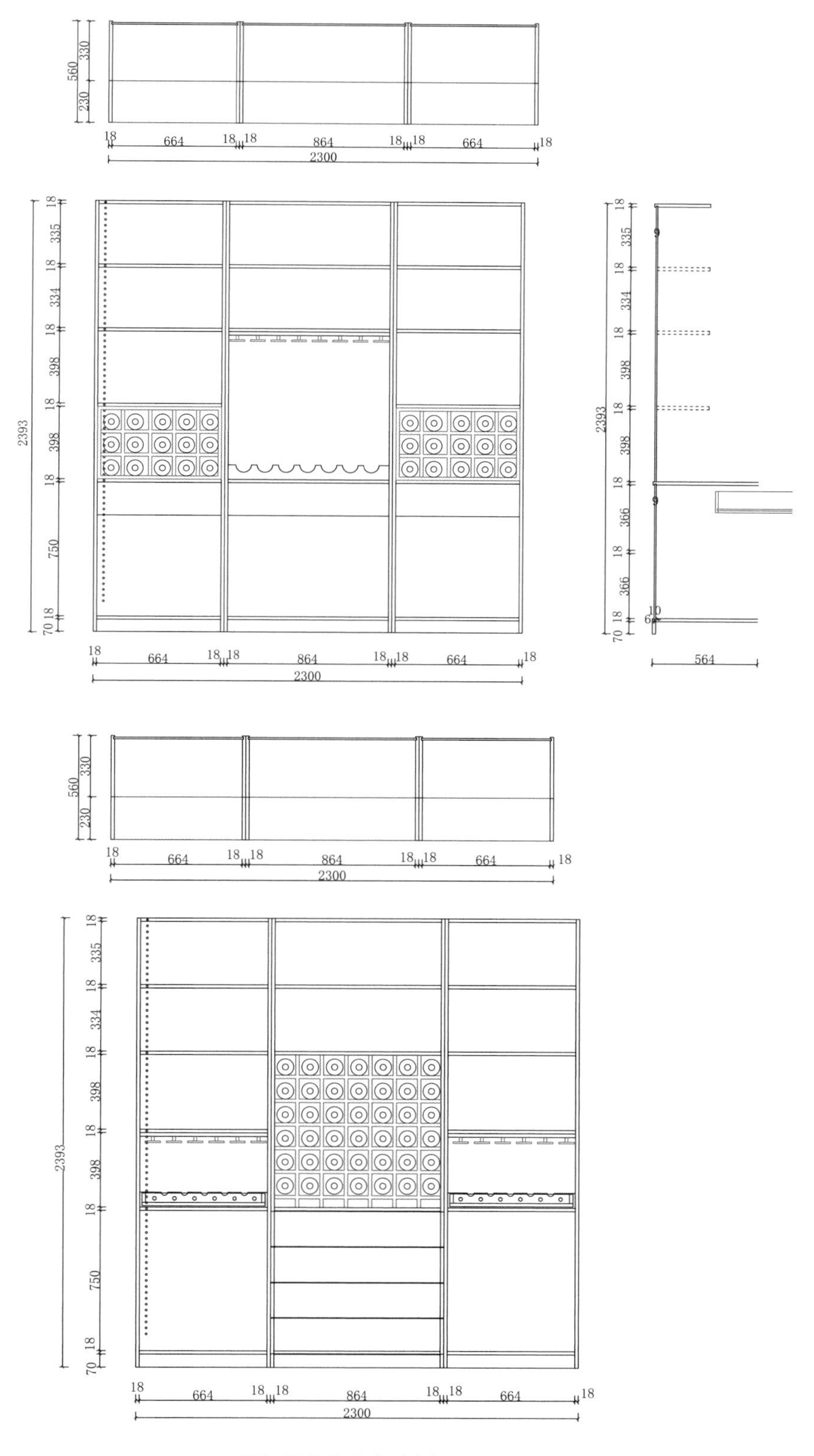
560
330
230
18
664
18
18
864
18
18
664
18
2300
2393
18
335
18
334
18
398
18
398
18
750
70 18
18
664
18
18
864
18
18
664
18
2300
2393
18
335
18
334
18
398
18
398
18
366
18
366
70 18
9
9
10
6
564
560
330
230
18
664
18
18
864
18
18
664
18
2300
2393
18
335
18
334
18
398
18
398
18
750
18
70
18
664
18
18
864
18
18
664
18
2300

酒柜模块化示意（九）

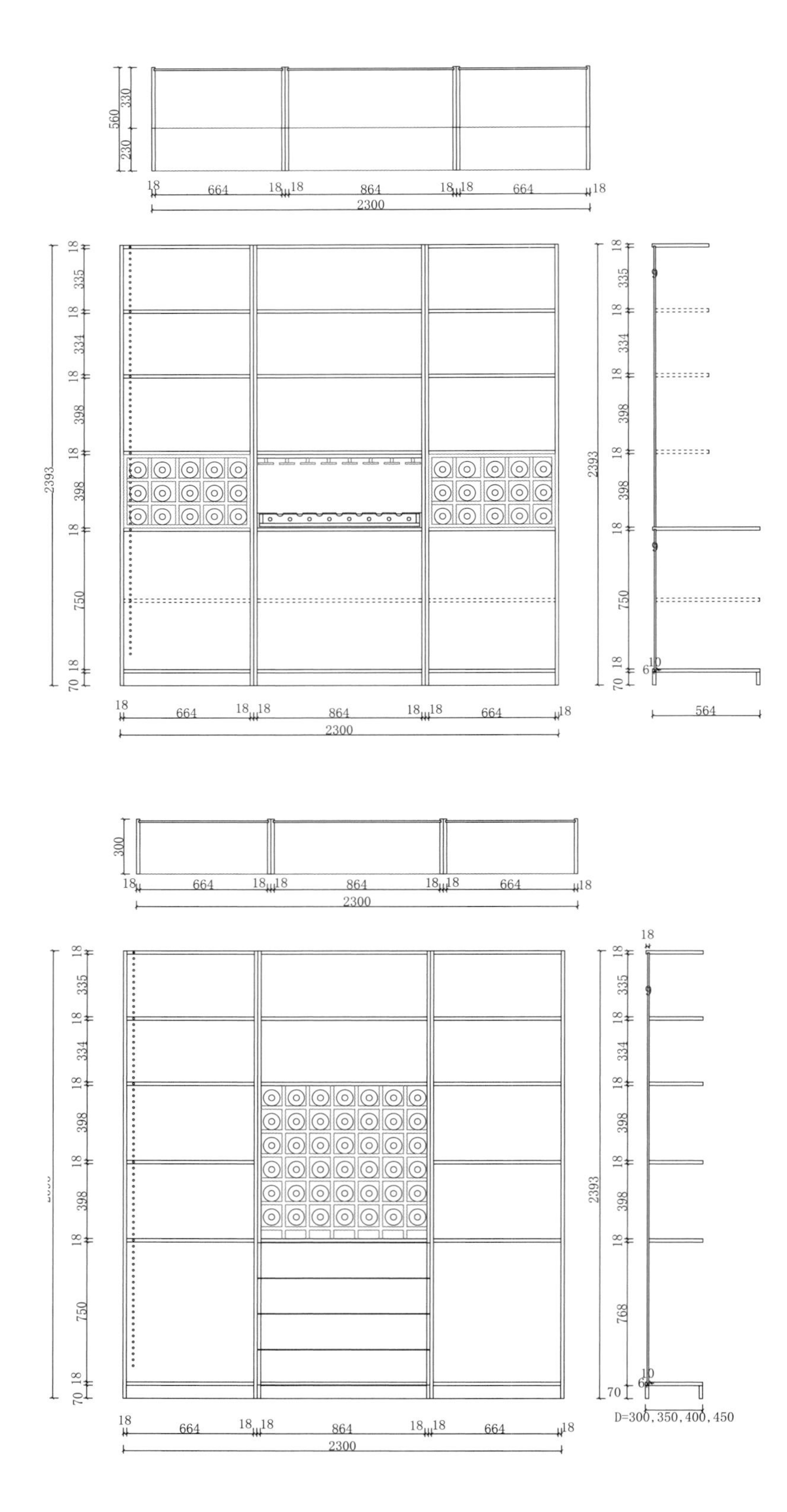

560
330
230
18
664
864
2300
2393
335
334
398
750
70
9
10
6
564
300
768
D=300,350,400,450

酒柜模块化示意（十）

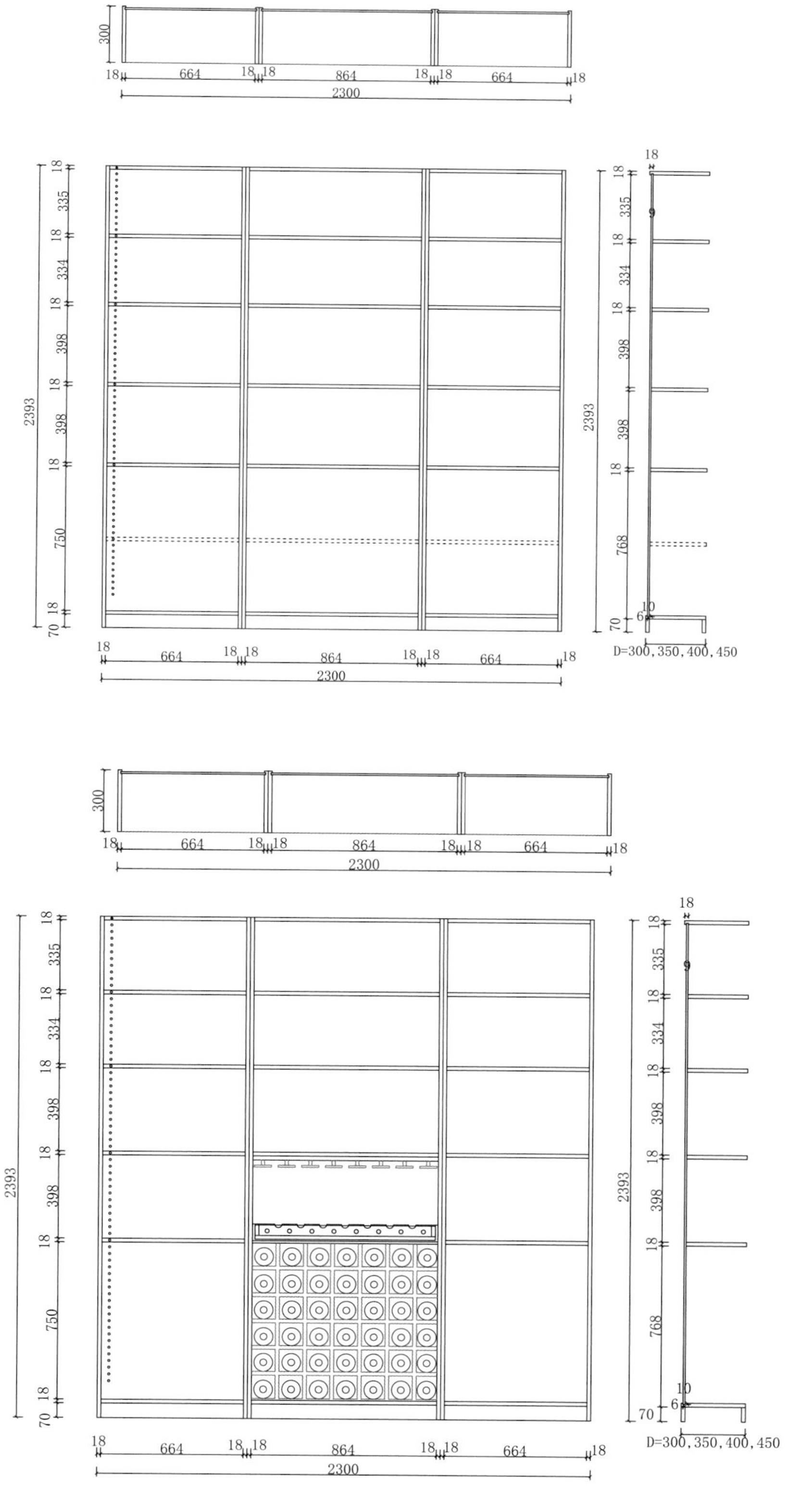
300
18
664
864
2300
2393
335
334
398
750
70
768
10
6
9
D=300,350,400,450

酒柜模块化示意（十一）

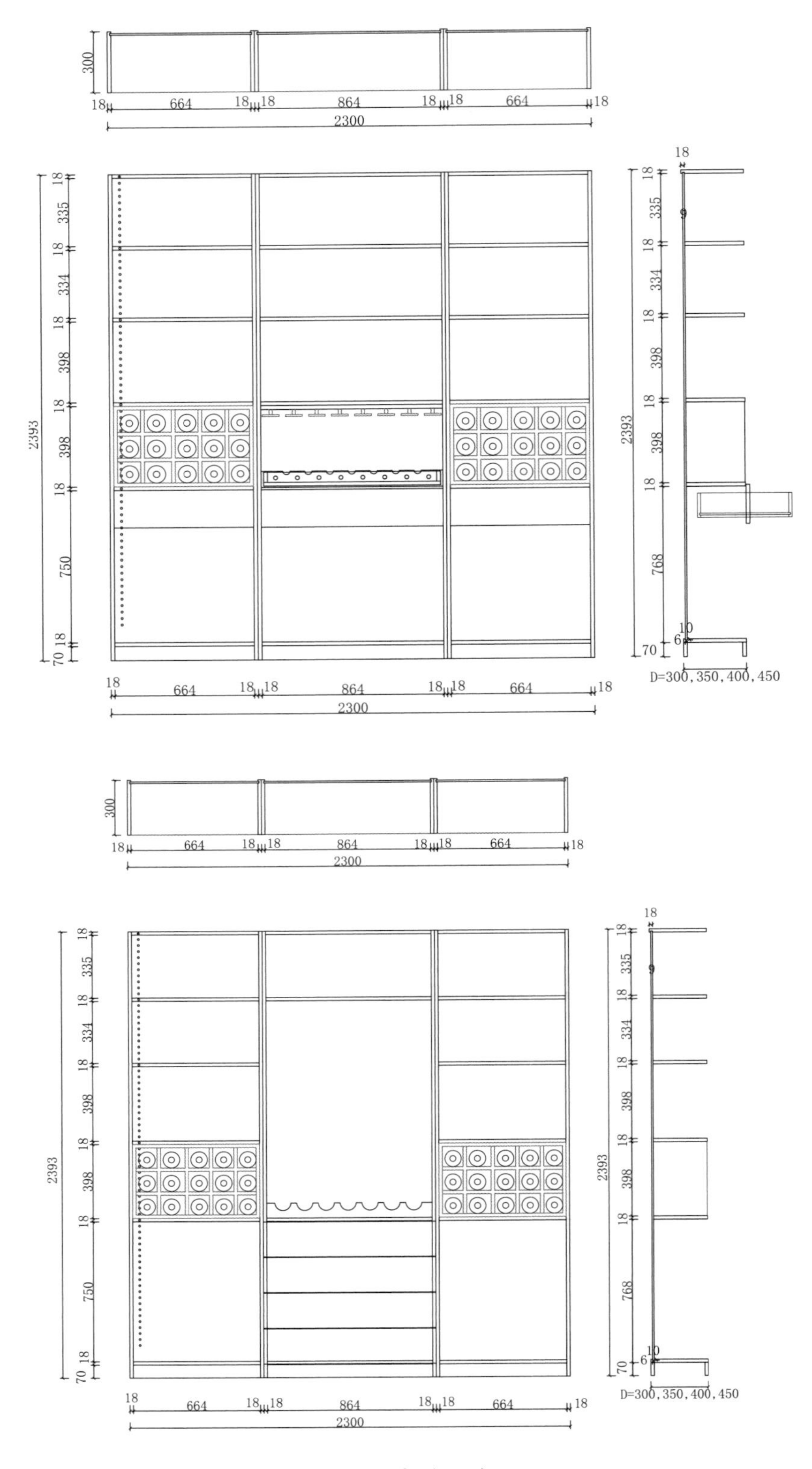
300
18 664 18 18 864 18 18 664 18
2300
18 335 18 334 18 398 18 398 18 750 18 70
2393
18 664 18 18 864 18 18 664 18
2300
18
18 335 18 334 18 398 18 398 18 768 70
9
10
6
2393
D=300,350,400,450
300
18 664 18 18 864 18 18 664 18
2300
18 335 18 334 18 398 18 398 18 750 18 70
2393
18 664 18 18 864 18 18 664 18
2300
18
18 335 18 334 18 398 18 398 18 768 70
9
10
6
2393
D=300,350,400,450

酒柜模块化示意（十二）

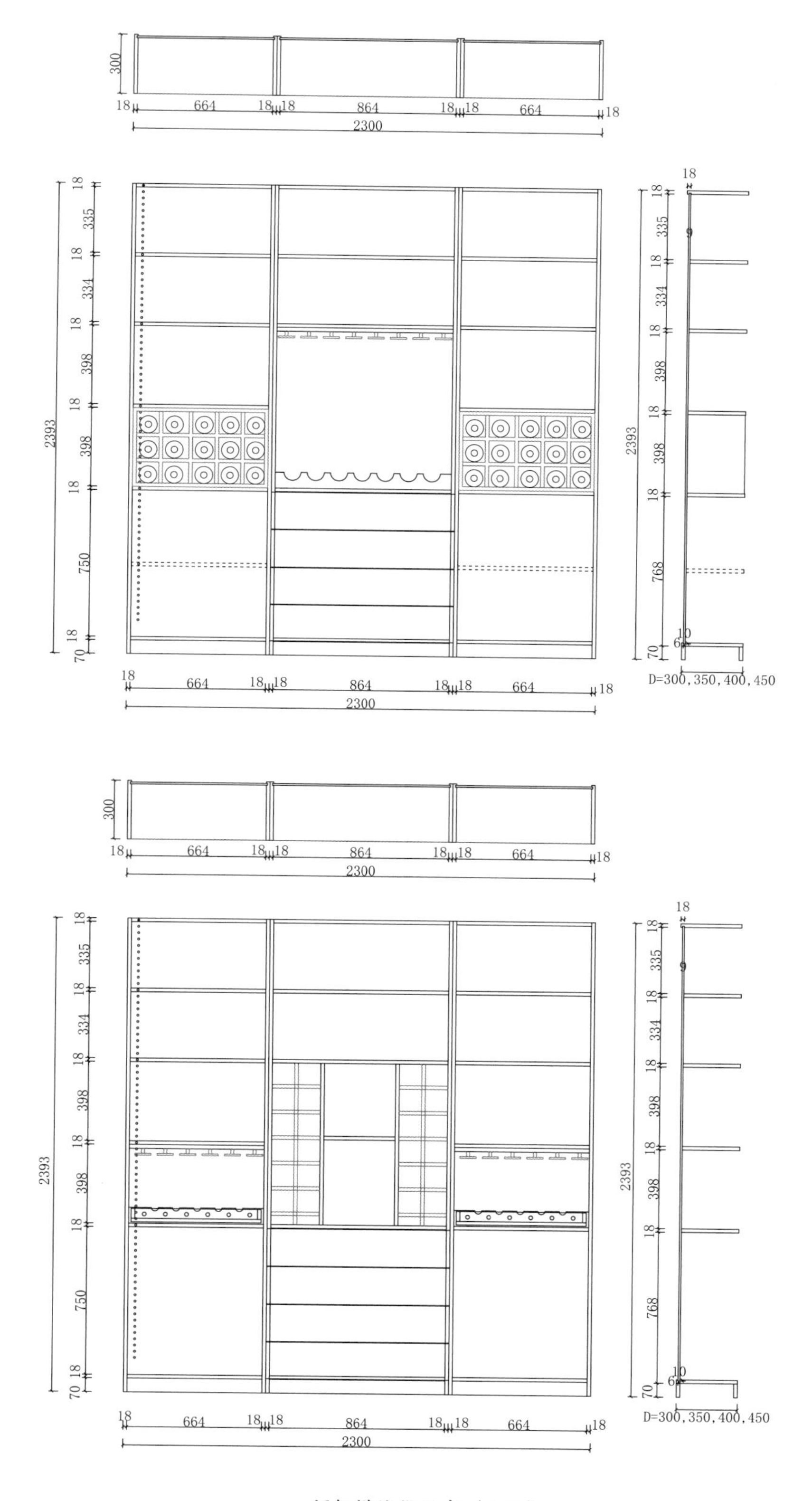
300
18
664
18
18
864
18
18
664
18
2300
2393
335
334
398
750
70
768
10
6
9
D=300,350,400,450

酒柜模块化示意（十三）

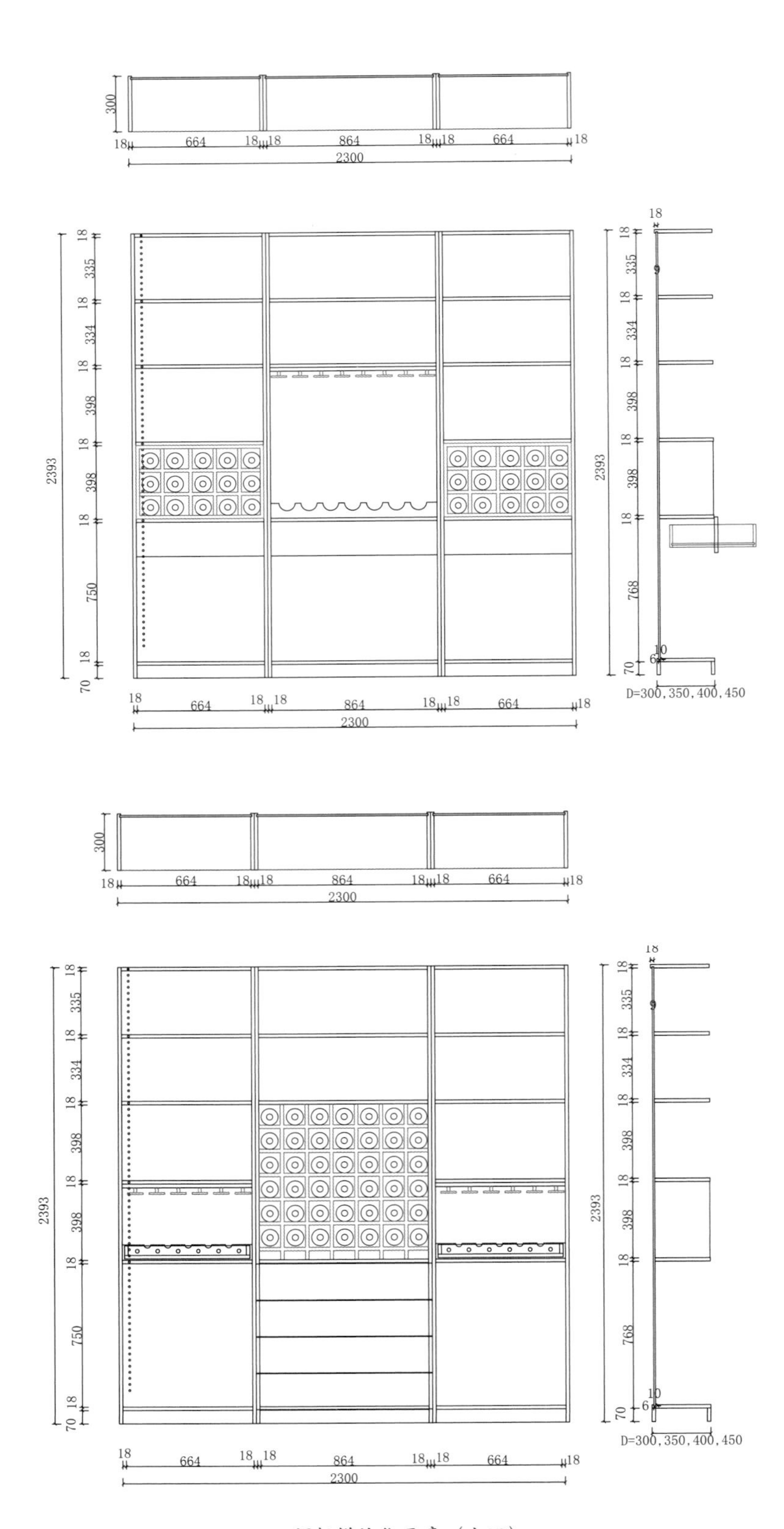
300
18 664 18 18 864 18 18 664 18
2300
2393
18 335 18 334 18 398 18 398 18 750 18 70
18 664 18 18 864 18 18 664 18
2300
18 335 18 334 18 398 18 398 18 768 70
9
10
6
D=300,350,400,450
300
18 664 18 18 864 18 18 664 18
2300
2393
18 335 18 334 18 398 18 398 18 750 18 70
18 664 18 18 864 18 18 664 18
2300
18 335 18 334 18 398 18 398 18 768 70
9
10
6
D=300,350,400,450

酒柜模块化示意（十四）

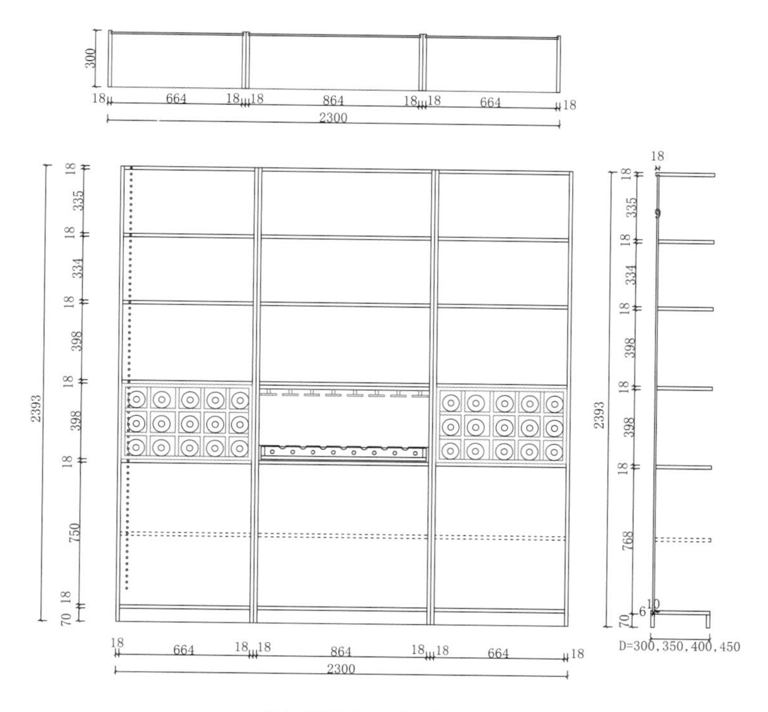

酒柜模块化示意（十五）

组合示意图

组合示意图（一）

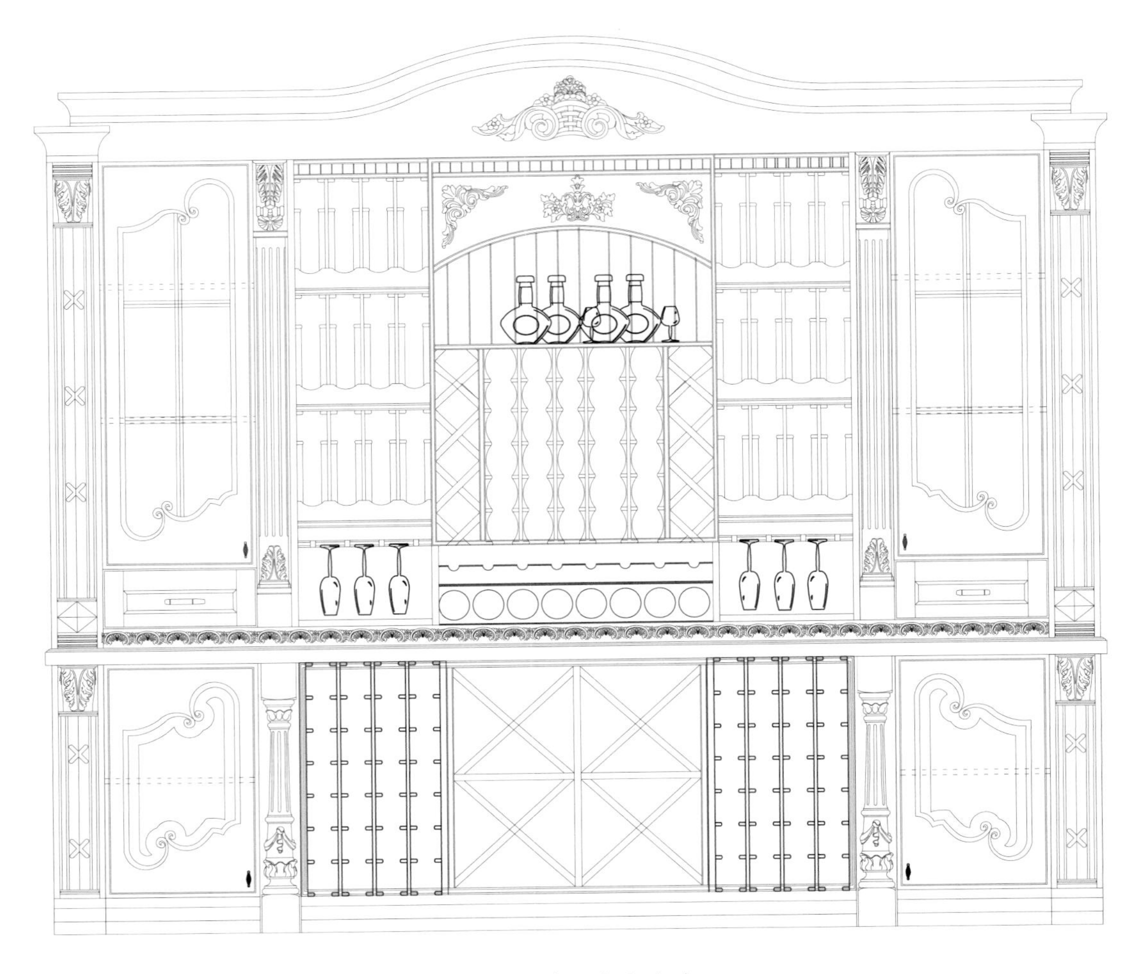

组合示意图（二）

标准柜，配以柜体、门板、罗马柱、楣板、腰线、踢脚线等，即可制成各种样式的酒柜 / 书柜。

2.9 木制装饰线条

木制线条（又称木线），由专用机械将各种木材剖析、加工而成，线条细长、木质要求较高，需用“无节木”树材。制作木线的主要树种有柚木、山毛榉（大多为红榉）、白木、水曲柳、椴木等。细细长长、宽宽窄窄的木线，一般以米论价，椴木线价格最低，其次为水曲柳、白木线条，榉木线条和柚木线条价格较高。

在家庭装修的木工操作过程中，实木线条具有三大作用：第一，装饰，也就是用加工好的线条遮掩视觉效果不好的部位。第二，保护，尤其是在贴面板的收口位置，如果不用线条加以保护，今后在使用过程中贴面板的表面很容易被擦伤，影响使用。第三，收口，木制线条用于连接处，遮挡缝隙，起到收口作用。

木制线条按功能可分为门套线、底线、腰线、收口线、冠线、前饰板和抽面。

2.9.1 门套线

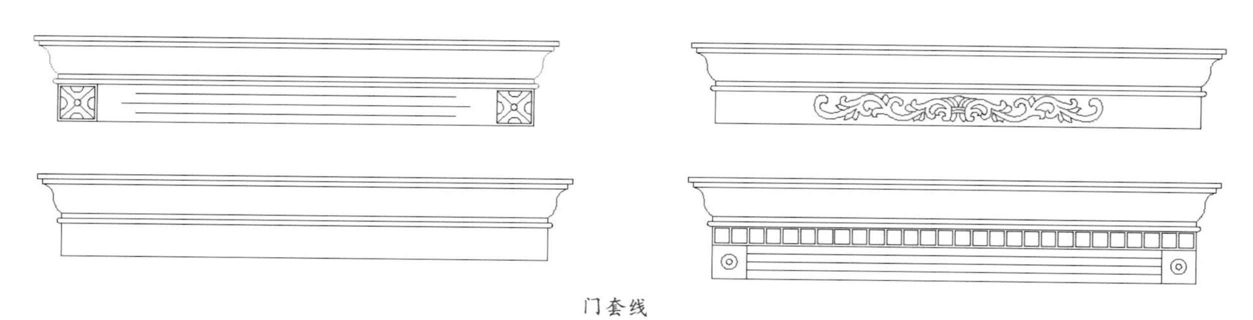

门套线

2.9.2 底线

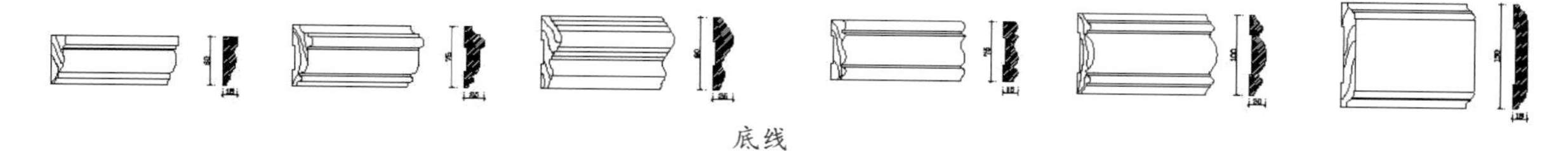

底线

2.9.3 腰线

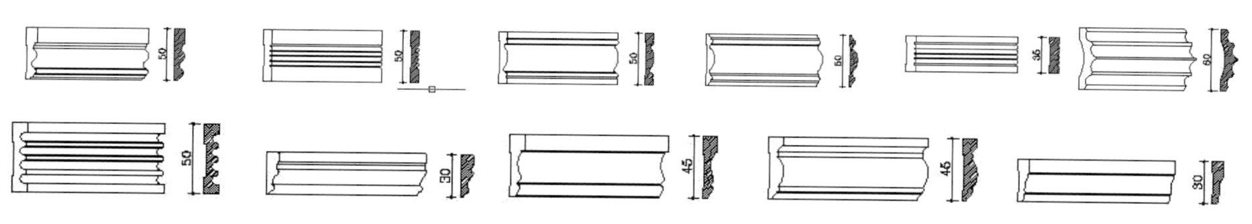

腰线

2.9.4 收口线

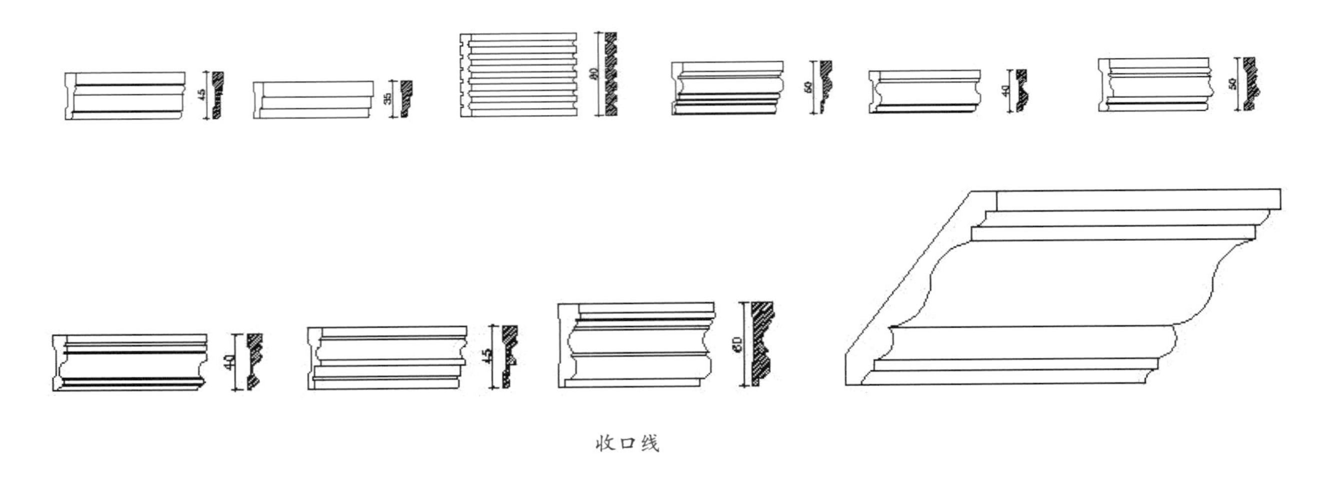

收口线

2.9.5 冠线

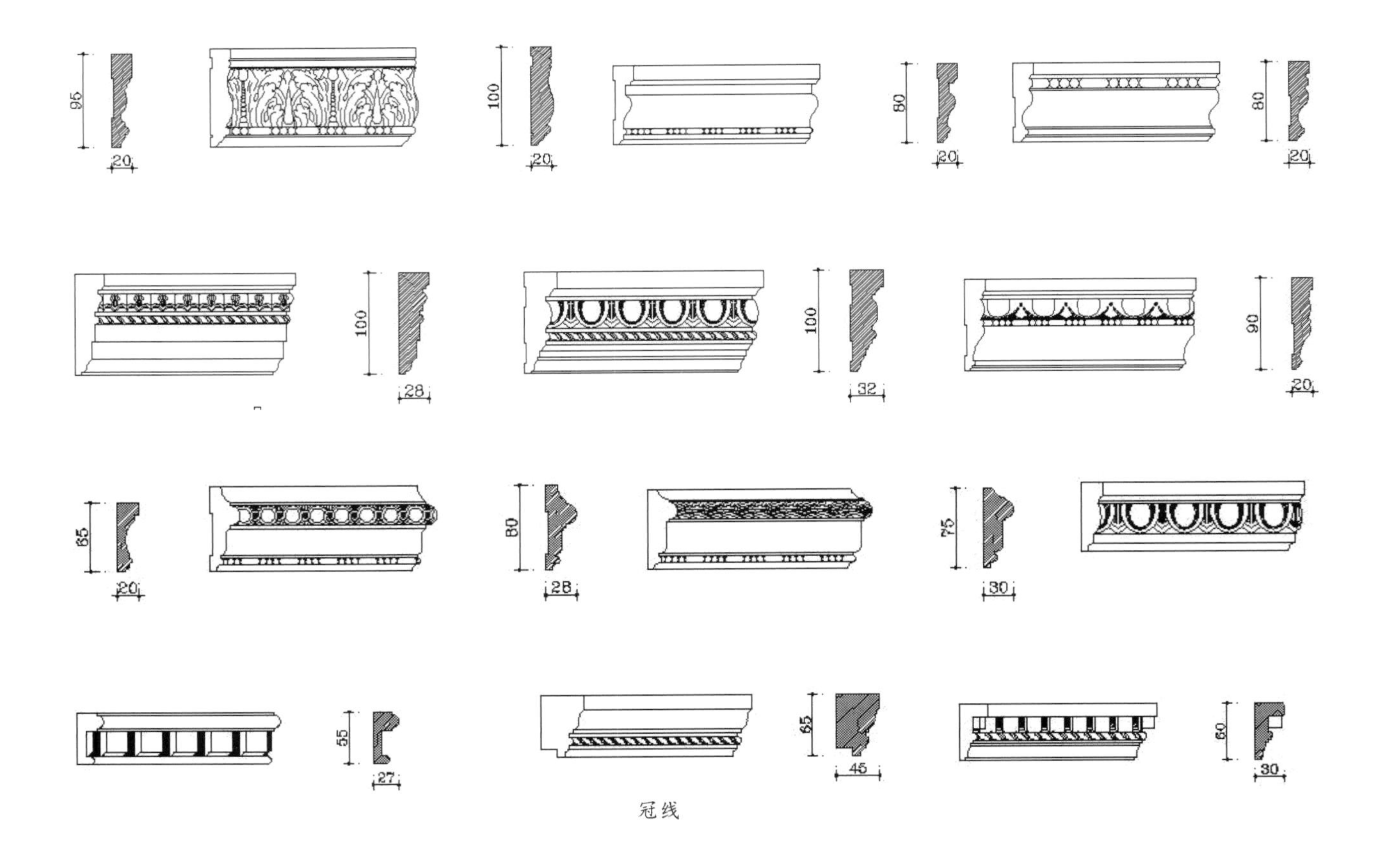

冠线

2.9.6 前饰板和抽面

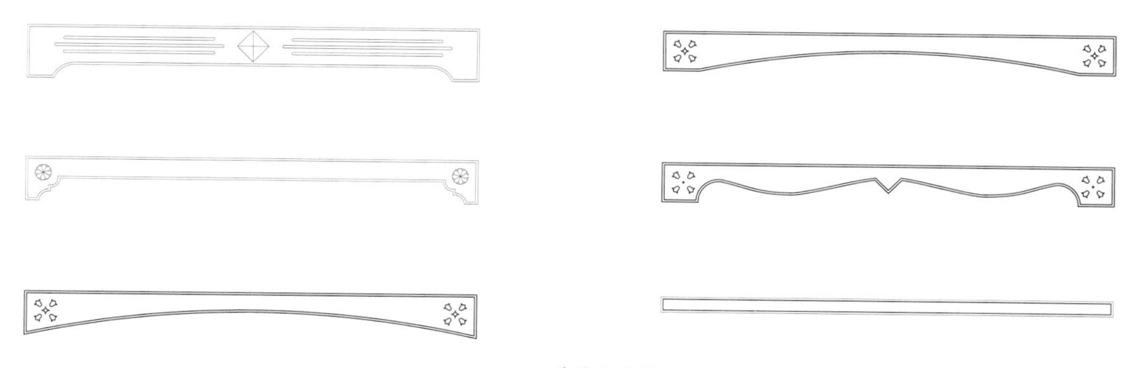

前饰板和抽面

2.10 罗马柱

2.10.1 古希腊时期柱式风格

古希腊是欧洲文化的摇篮，也是西欧建筑的开拓者，但毕竟还处在萌芽和胚胎时期。柱式风格的类型少，形制简单，结构幼稚。

古希腊的纪念性建筑在公元前 8 世纪大致形成，公元前 5 世纪已成熟，公元前 4 世纪进入形制和技术更广阔的发展时期。由于宗教在古代社会具有重要的地位，因此古代国家的神庙往往是国家建筑艺术最高成就的代表。希腊亦不例外。古希腊是个泛神论国家，人们把每个城邦、每种自然现象都认为是受神灵的支配，因此希腊人祀奉各种神灵、建造各种神庙。希腊神庙不仅是宗教活动中心，也是城邦公民社会活动和商业活动的场所，还是储存公共财富的地方。由此，神庙成为希腊神圣的圣地，围绕圣地又建起竞技场、会堂旅舍等公共建筑。

古希腊最早的神庙建筑只是有门廊的长方形建筑，供贵族居住。在他们看来，神庙是神居住的地方，而神不过是更完美的人，所以神庙也不过是更高级的人的住宅。

柱式是指一整套古典建筑立面形式生成的原则。基本原理是以柱径为一个单位，按照一定的比例原则，计算出包括柱础（base）、柱身（shaft）和柱头（capital）的整个柱子的尺寸，从而计算出包括基座（stylobate）和山花（pediment）的建筑各部分尺寸。

古希腊的建筑从公元前 7 世纪末，除屋架之外，均采用石材建造。神庙是古希腊城市最主要的大型建筑，其典型形制是围廊式。石材的力学特性是抗压不抗拉，导致其结构特点是密柱短跨，柱子、额枋和檐部的艺术处理基本上决定了神庙的外立面形式。古希腊建筑艺术的种种改良也都集中在这些构件的形式、比例和相互组合上。公元前 6 世纪，这些形式已相当稳定，有了成套定型的做法，即之后古罗马人所称的“柱式”。

古希腊建筑的三种主要柱式见下图。

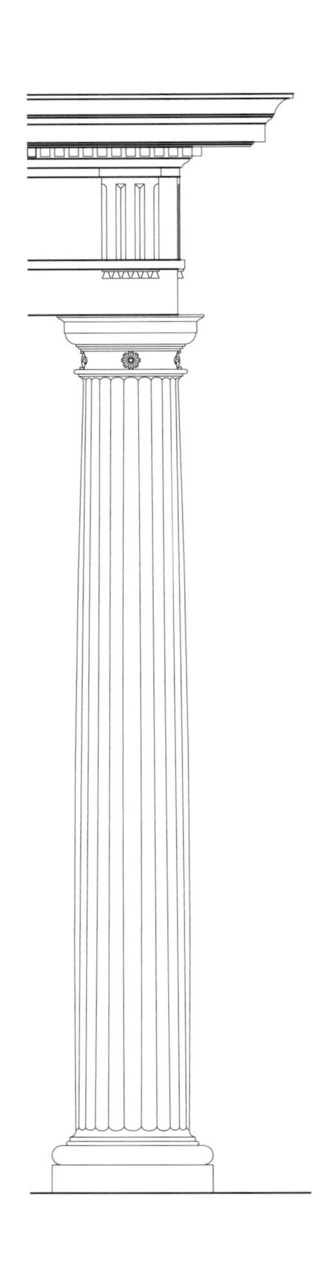

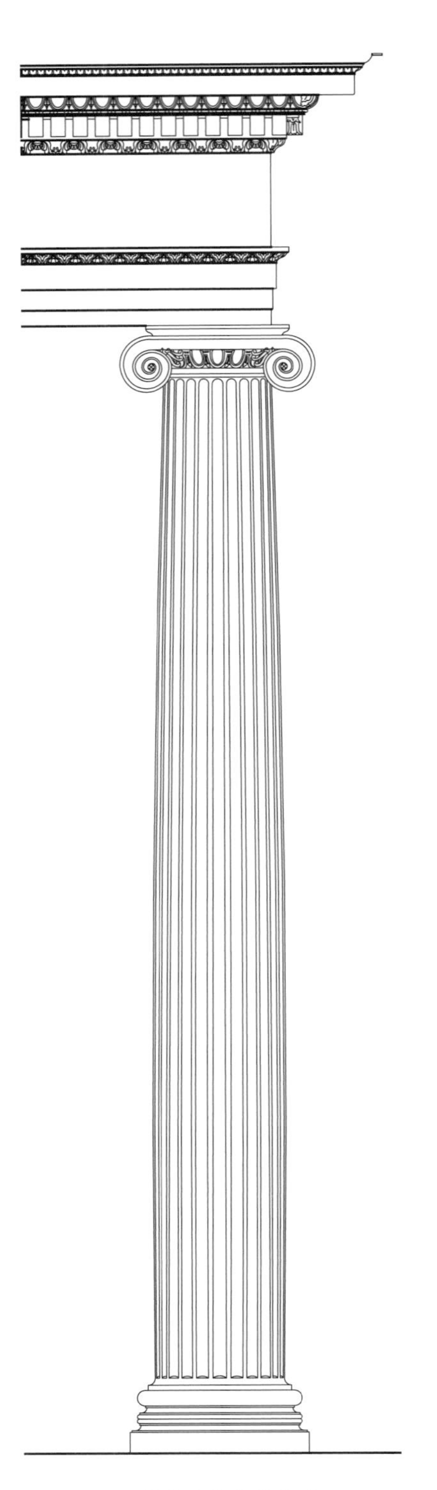

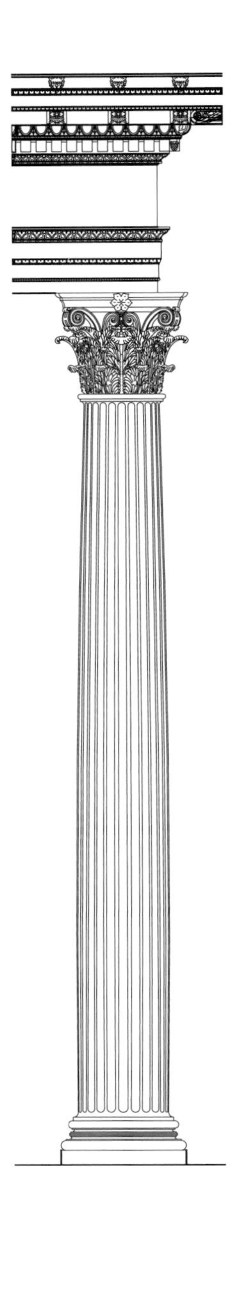

三种主要的古典柱式

1. 古希腊多立克柱式

古希腊多立克柱式（Doric Order）的特点是比较粗大雄壮，没有柱础，柱身有 20 条凹槽，柱头没有装饰，又称为男性柱。著名的雅典卫城（Athen Acropolis）的帕提农神庙（Parthenon）即采用多立克柱式。多立克柱式“柱径”与“柱高”之比为 1：6，象征着“伟岸的男神”。

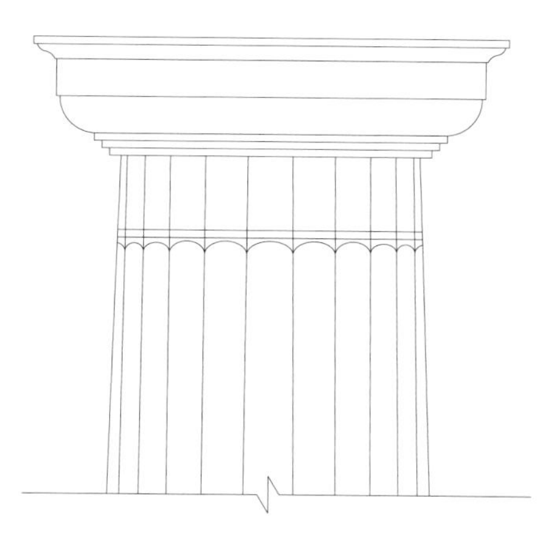

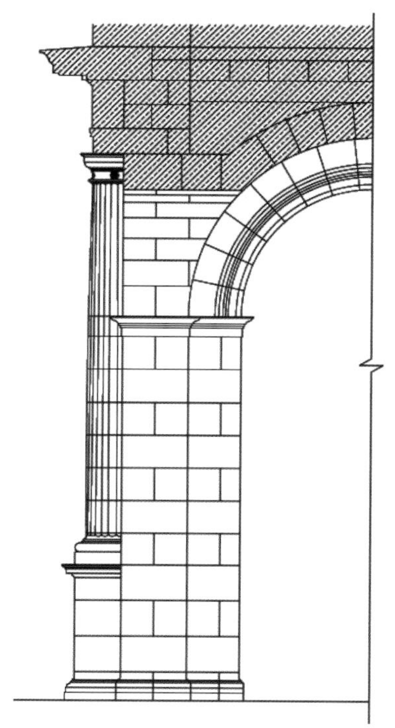

希腊多立克柱式

2．古希腊爱奥尼柱式

古希腊爱奥尼柱式（Ionic Order）的特点是比较纤细秀美，柱身有 24 条凹槽，柱头有一对向下的涡卷装饰，又称为女性柱。爱奥尼柱由于其优雅高贵的气质，广泛出现在古希腊的大量建筑中，如雅典卫城的胜利女神神庙（Temple of Athena Nike）和伊瑞克提翁神庙（Erechtheum）。柱径与柱高之比为 1 ∶ 8，象征着“智慧的女神”。

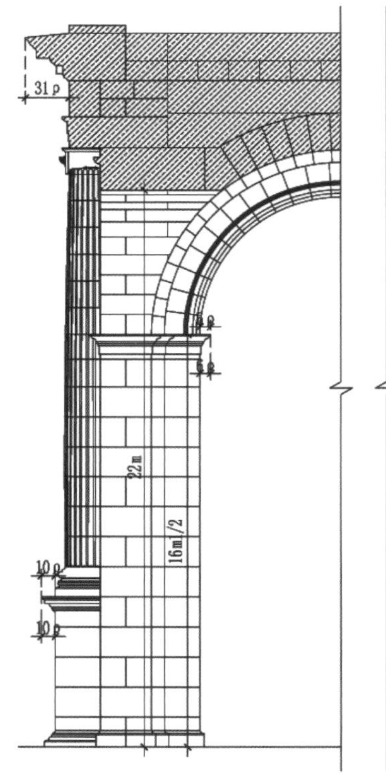

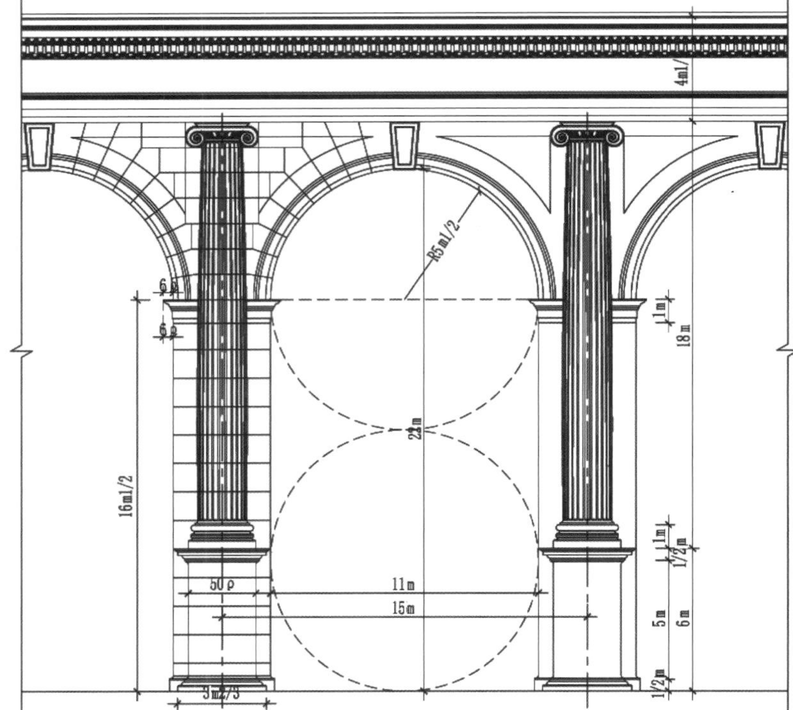

古希腊爱奥尼柱式

3．古希腊科林斯柱式

古希腊科林斯柱式(Corinthian Order)比爱奥尼柱式更为纤细，柱头是用毛莨叶(Acanthus)做装饰，形似盛满花草的花篮。相较于爱奥尼柱式，科林斯柱式的装饰性更强，但在古希腊的应用并不广泛，雅典的宙斯神庙（Temple of Zeus）采用科林斯柱式。柱径与柱高之比为 1 ：9，象征着“美妙的少女”，也寓意希望和生命力。

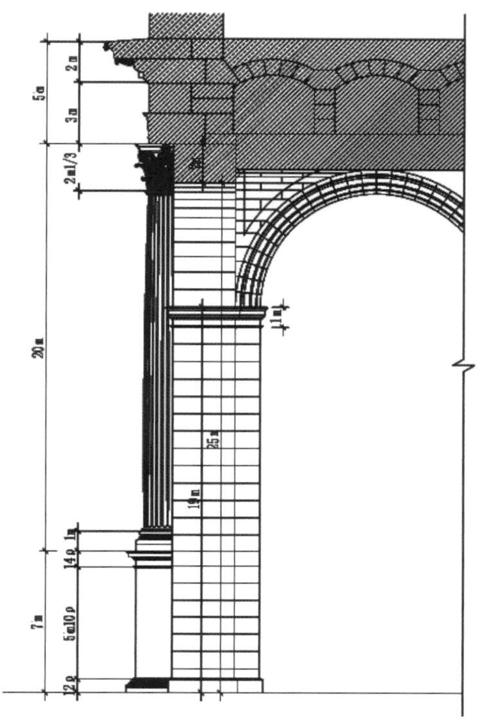

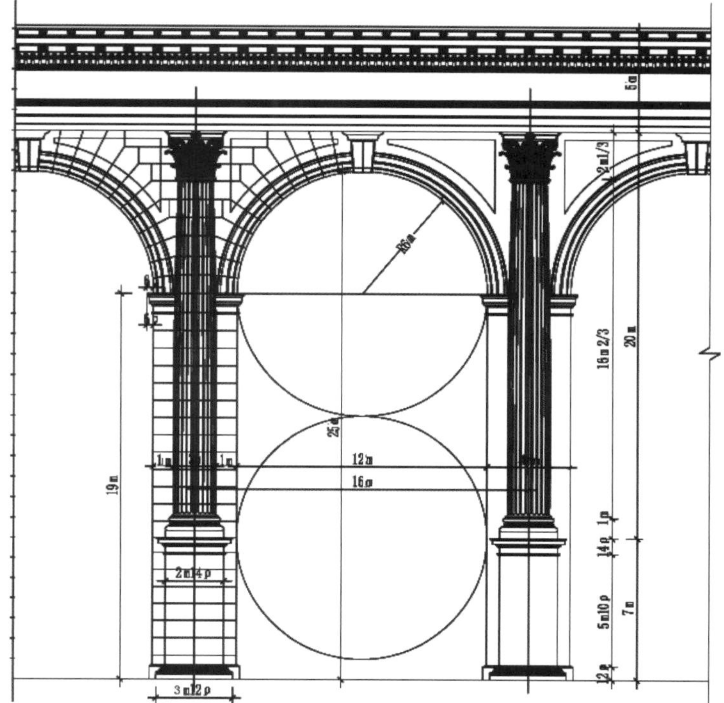

古希腊科林斯柱式

三者比较：三种柱式在建筑学里被称为建筑学母题，欧式建筑、室内所有造型、线脚全部从中发展而来，欧式建筑中的多种柱式变体也都是根据它们的变化而来。

2.10.2 古罗马时期柱式风格

到了古罗马时期，罗马人将柱式做了细化，并增加了两种柱式，分别为塔司干柱式、混合式柱式，统称 “罗马五式”，古罗马五式就是现在统称的“罗马柱”。

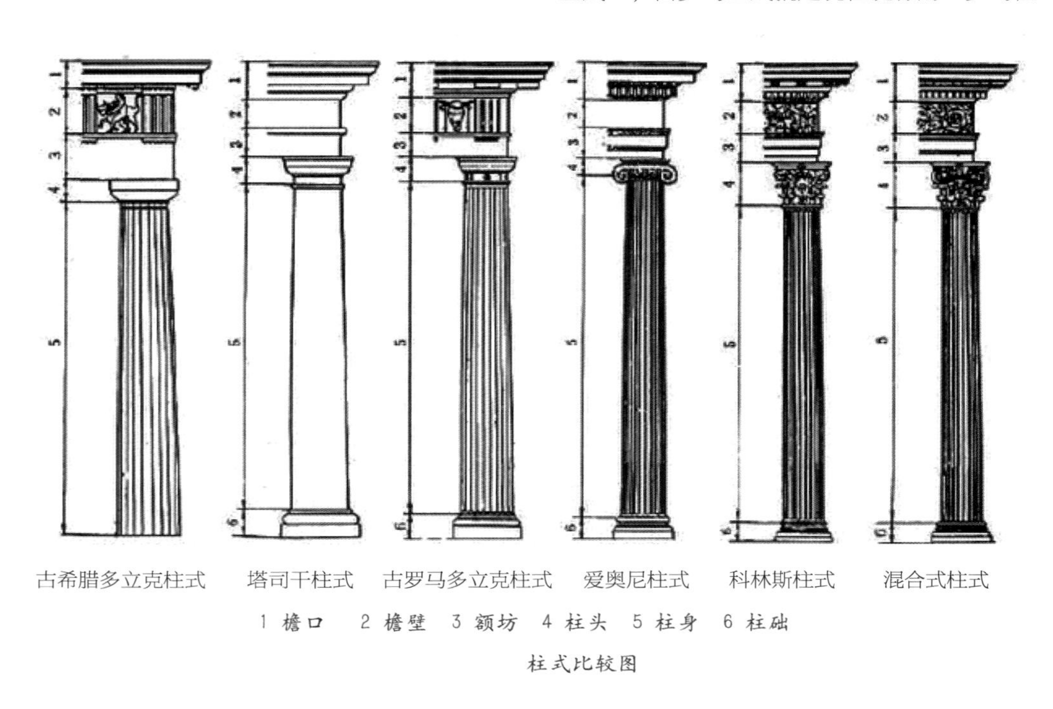

古希腊多立克柱式　塔司干柱式　古罗马多立克柱式　爱奥尼柱式　科林斯柱式　混合式柱式

1 檐口　2 檐壁　3 额坊　4 柱头　5 柱身　6 柱础

柱式比较图

古罗马五式与古希腊三式在比例、柱头等方面有细微的区别。

古希腊柱头

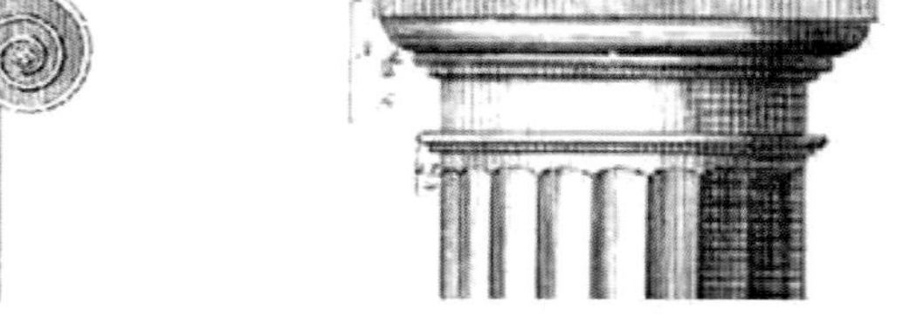

古罗马柱头

古罗马风格的细节刻画更加到位，比例更加精准，所以：古希腊为体，古罗马为用！

当代设计主要应用古罗马五种柱式的比例规制，如下所述。

1．古罗马塔司干柱式

古罗马塔司干柱式从多立克柱式演变而来。柱身没有凹槽，柱径与柱高之比为 1 ： 7，是古罗马五式中最矮的柱子，也是最简单的一款柱子。檐部与柱身之比为 1 ： 4，主要应用于单体建筑小品、门廊、监狱、牢房等。

古罗马塔司干柱式应用于独立建筑“清华园”

2．古罗马多立克柱式

古罗马多立克柱式，柱身 20 根凹槽，凹槽较浅，凹槽间成锐角，柱径与柱高之比为 1 ： 8，檐部主要装饰为“三陇板”造型，应用于建筑底层、柱廊等。

古罗马多立克柱式应用于室内空间

3．古罗马爱奥尼柱式

古罗马爱奥尼柱式，柱身 24 根凹槽，凹槽较深，柱颈与柱身之比为 1 : 9，应用母题为涡卷纹、剑盾纹、齿线等，装饰应用于独立建筑柱廊，复合建筑二层以上、神庙式柱廊等。

古罗马爱奥尼柱式应用于建筑

古罗马爱奥尼柱式应用于室内

4．古罗马科林斯柱式柱

古罗马科林斯柱式的柱身凹槽与爱奥尼柱式相同，柱颈与柱身之比为 1 : 10，是“奢华”的代名词，主要装饰母题为莨苕叶，应用于独立建筑一层柱廊，复合建筑二层以上、神庙式柱廊等。

古罗马科林斯柱式应用于建筑

古罗马科林斯柱式应用于室内

5．古罗马混合式柱式应用

古罗马混合式柱式柱颈与柱高之比为 1 ∶ 10 ~ 1 ∶ 11，融合爱奥尼柱式和科林斯柱式的特征，主要应用于独立建筑柱廊，建筑顶层等，方法与科林斯柱式相同。

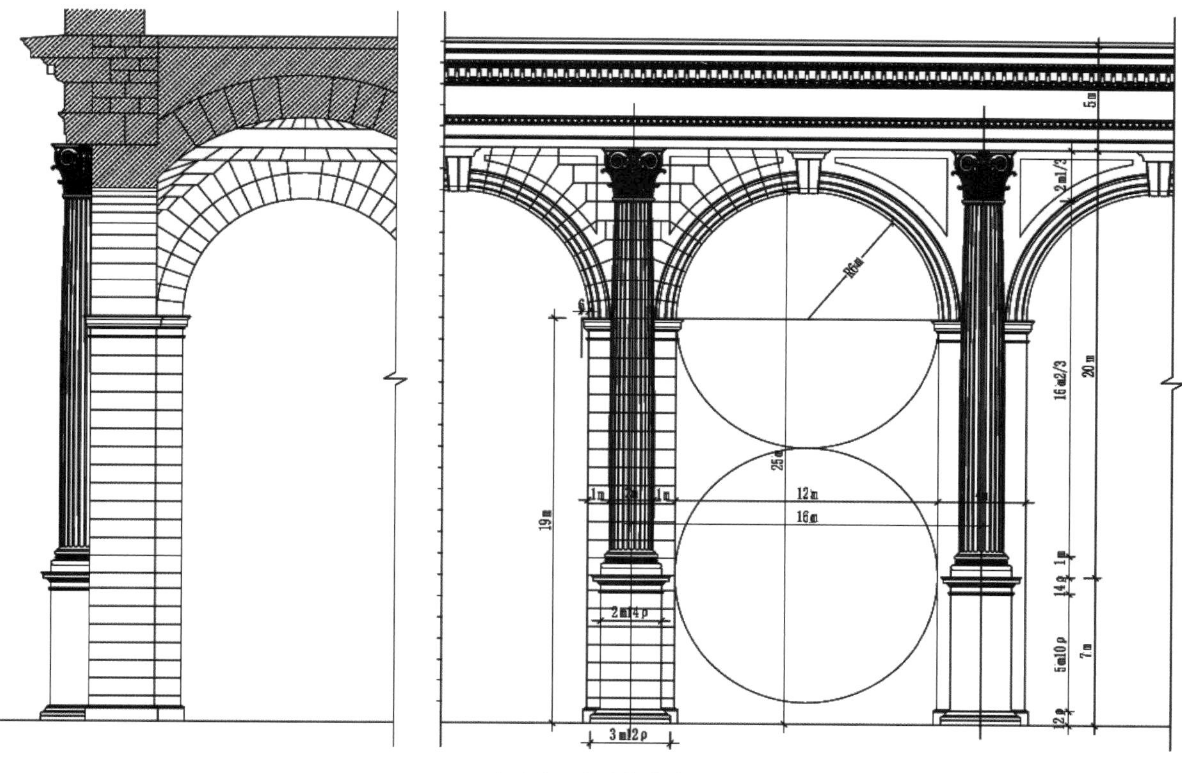

古罗马混合式柱式应用

2.10.3 六种最经典、最常见的券与柱的组合方式（券柱式组合）

欧式设计是有其规则可循的，所有设计都讲究“中心对称”，即建筑学中说的“三段式”的美学原则。掌握对称，再掌握三段式，结合柱式比例与拱券的组合关系，再去做欧式设计，就变得简单多了！

古罗马时期不只将柱式做了细化，还有一个更大的创新，即“拱券技术”。古罗马人利用火山灰与水研究出混凝土技术，将建筑速度、质量大大提升，在建筑史中被称为“拱券革命”。目前，欧式新古典风格设计大都参照“古罗马五式”的比例、柱式与拱券之间的组合关系，下面重点介绍几种最经典、最常见的券与柱的组合方式（券柱式组合）。

1．券柱式

两边是柱子，中间是拱券，拱券落在矮墙上，该起券方式叫矮墙起券。

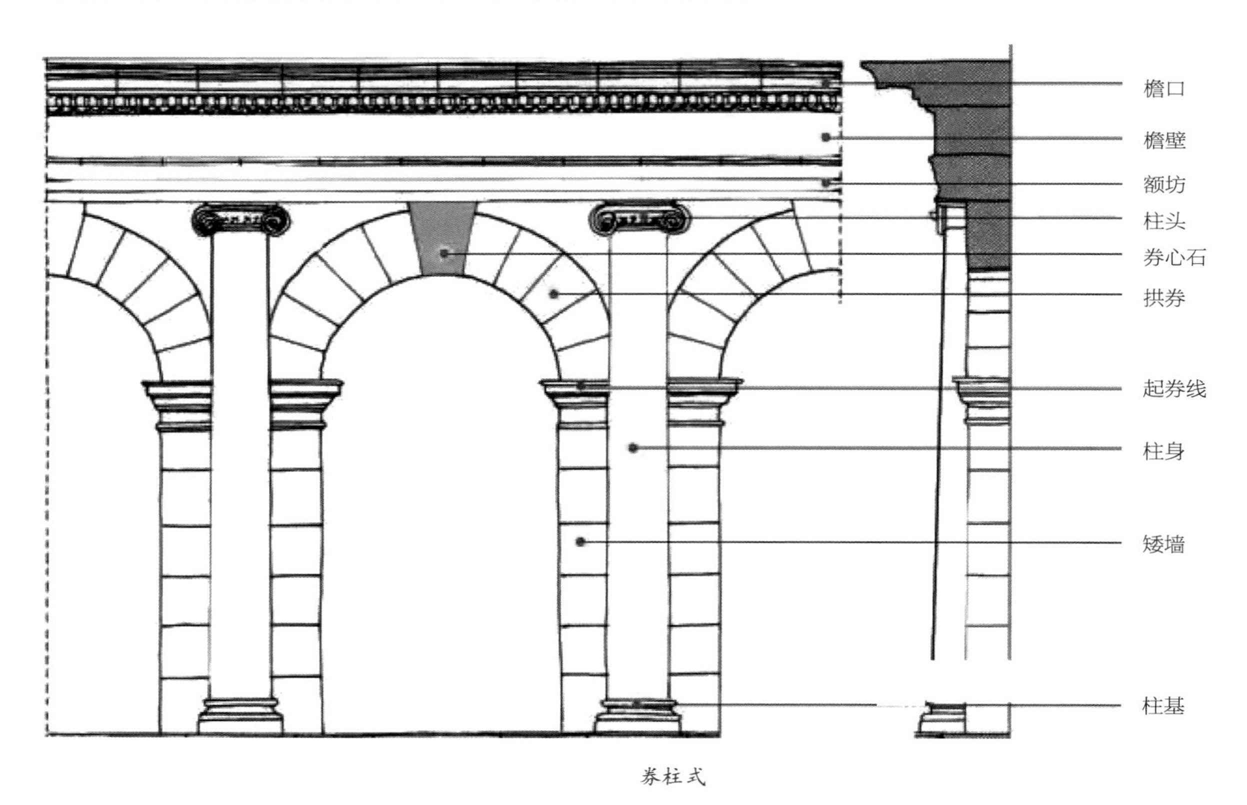

券柱式

古罗马斗兽场是最经典的券柱式组合

2．檐冠起券

在檐口顶部起券，该起券方式比较常见于教堂、入户门头等。

檐冠上起券的美式大门入口

大连东方水城某建筑的门前柱廊

3. 柱顶起券

柱顶起券是建筑中比较常见的组合方式，也属于最简单的券与柱的组合方式。

建筑门廊的柱顶起券

公共空间中的柱顶起券

大连城堡酒店室外门廊的柱顶起券

4. 落地券

拱券在两个柱子中间，直接落地，没有起券墙，在新古典风格门头设计、室外窗设计中经常见到。

落地券

5．梁托起券

如果飞券碰到墙，又没有柱子，怎么办？那么，券下起“梁托”，即飞券下面必有托，梁托在欧式设计中应用非常广泛，不仅可以托券，还可以托梁，故谓之“梁托”。

左面墙，右面柱，梁托加在墙上，拱券起在梁托上。

一梁托，起三券。

某售楼处中央大堂吊顶设计为“梁托起券”，梁托造型很有特点，上面做成尖券梁，效果非常好。

梁托起券

6．帕拉第奥式母题

此为文艺复兴晚期著名建筑大师帕拉第奥提出，学术界称其为“帕拉第奥式母题”。柱式与拱券的完美组合，被建筑界奉为经典，目前多应用于室内设计较多。帕拉第奥在意大利维琴察设计的巴西利卡，用的就是“帕拉第奥”式母题。

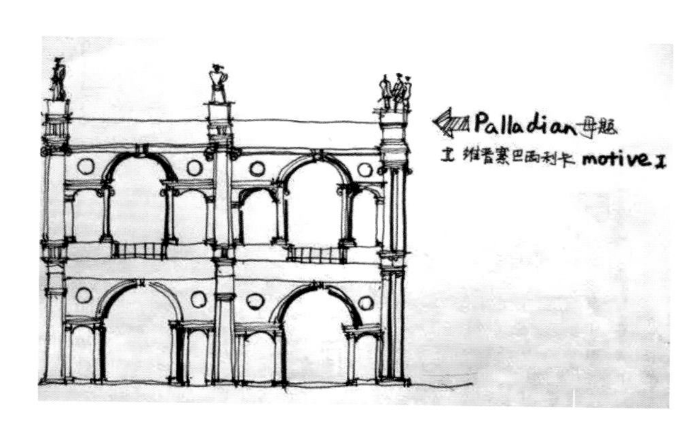

帕拉第奥式母题

标准的帕拉第奥母题应用，成为新古典风格的核心样式！在美式新古典风格“中心窗”中应用得最多。

经典即永恒。欧式设计，只要把握好柱式的比例关系，掌握拱券与柱式的组合理论，就能做出非常经典的设计。（注：以上部分内容由大连非同软装贾旭老师提供）

标准的美式新古典风格建筑，门头是爱奥尼柱式，柱顶为天鹅颈式断山花造型，墙体两侧外角做装饰，二层中心窗为帕拉第奥式窗

整体三段式对称设计，建筑中央应用科林斯巨柱式，中心门头两侧为爱奥尼柱式，檐冠起券，中心大门设计属于典型的帕拉第奥母题应用

法国凡尔赛宫礼拜堂，一层为矮墙柱起券，二层应用科林斯柱式，符合檐口、檐壁、额枋的柱式准则，整体比例为1 ∶ 10与1 ∶ 4

古罗马凯旋门，标准的三段式对称设计，属于经典的券柱式组合。中间为高券，落在起券墙之上，两边为科林斯柱式，左右对称为矮券，整体比例按照科林斯柱式的比例设计，柱顶为檐口、檐壁、额枋，比例关系标准的 1∶10 与 1∶4。虽然千年已过，但美丽依旧

2.10.4 其他柱式

罗马柱应用于整木定制中，大多以简化形式出现，但结构与形式均由经典五柱式演化而来。设计师在平时工作中应多积累柱头、柱身、柱脚的素材，并尝试正确运用，并不断推陈出新。

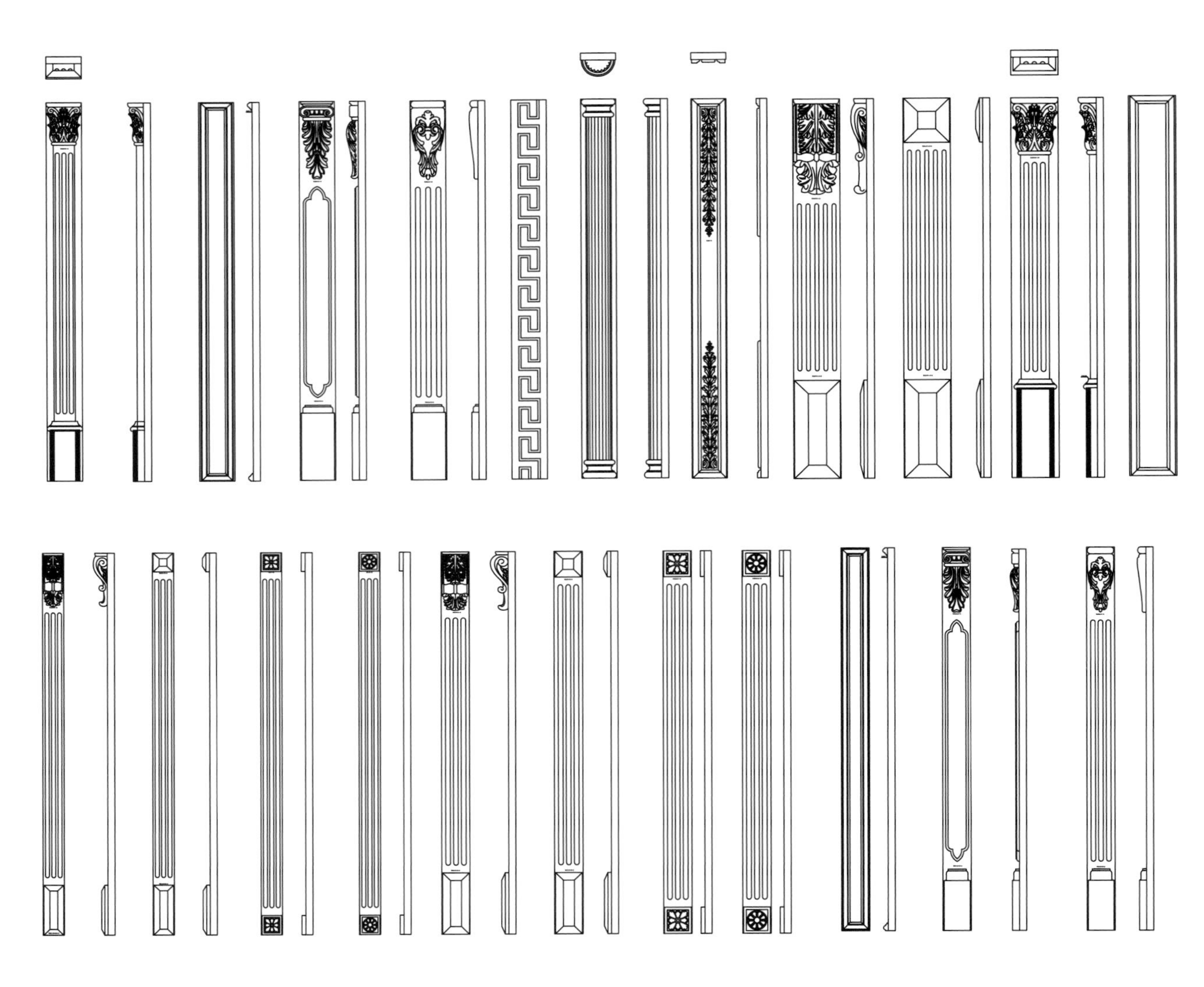

其他柱式

2.11 其他

装饰配件类：垭口套、栏杆、酒瓶配件、碗盘架、调味架、烟机罩、壁炉（暖气罩）等。

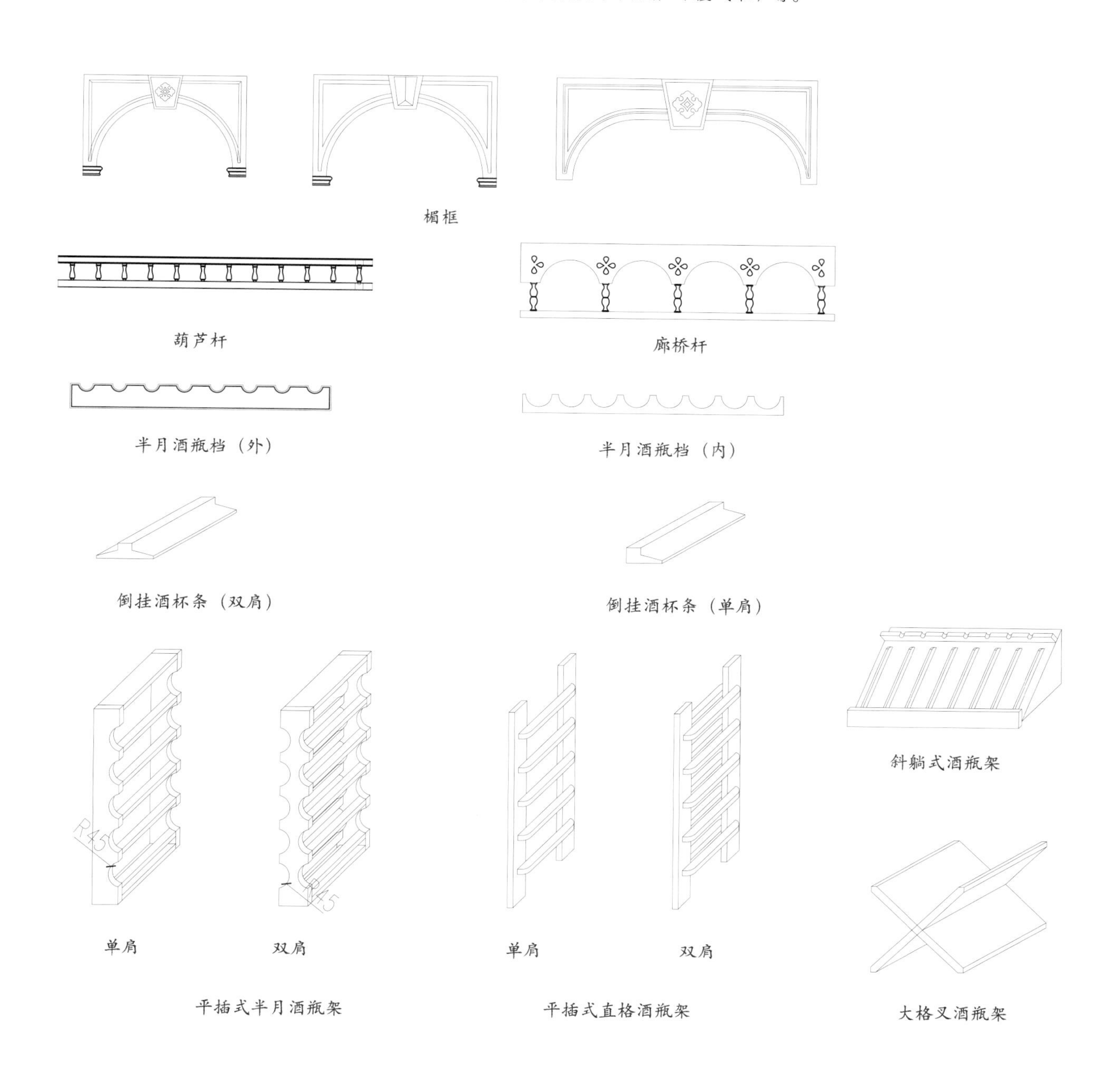

烟机灶

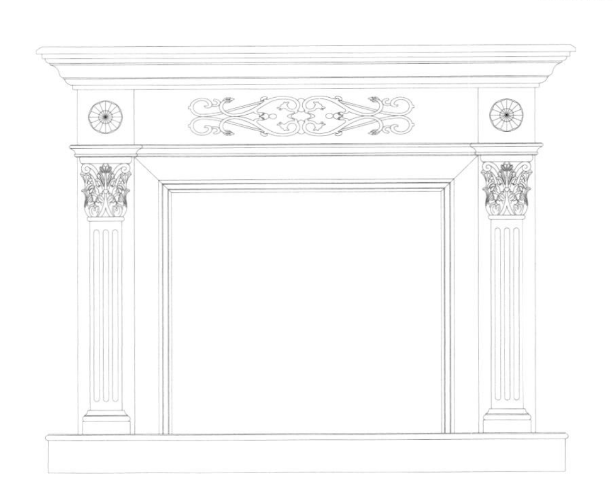

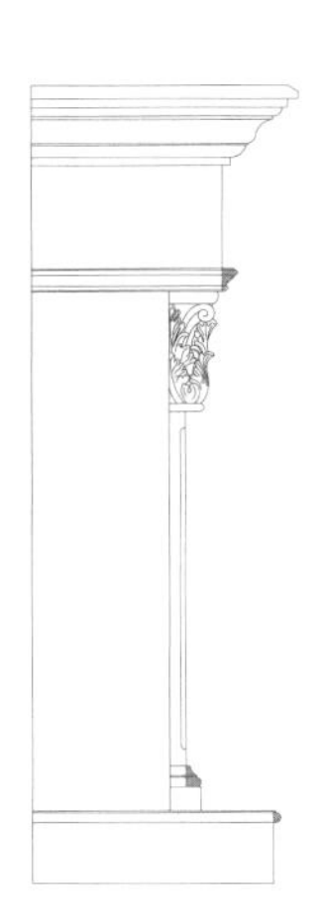

壁炉（暖气罩）示意（一）

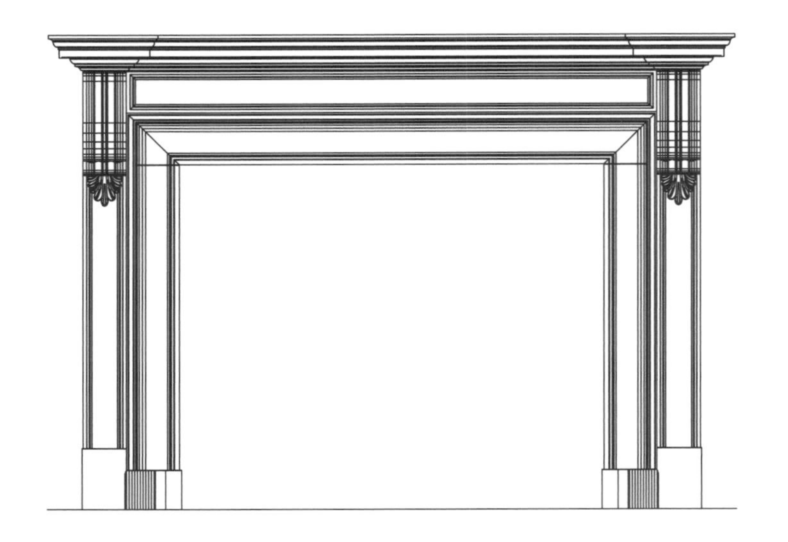

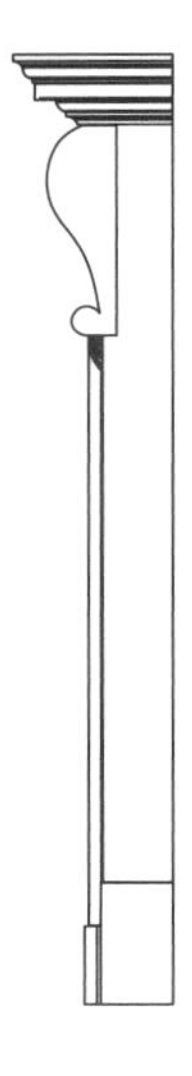

壁炉（暖气罩）示意（二）

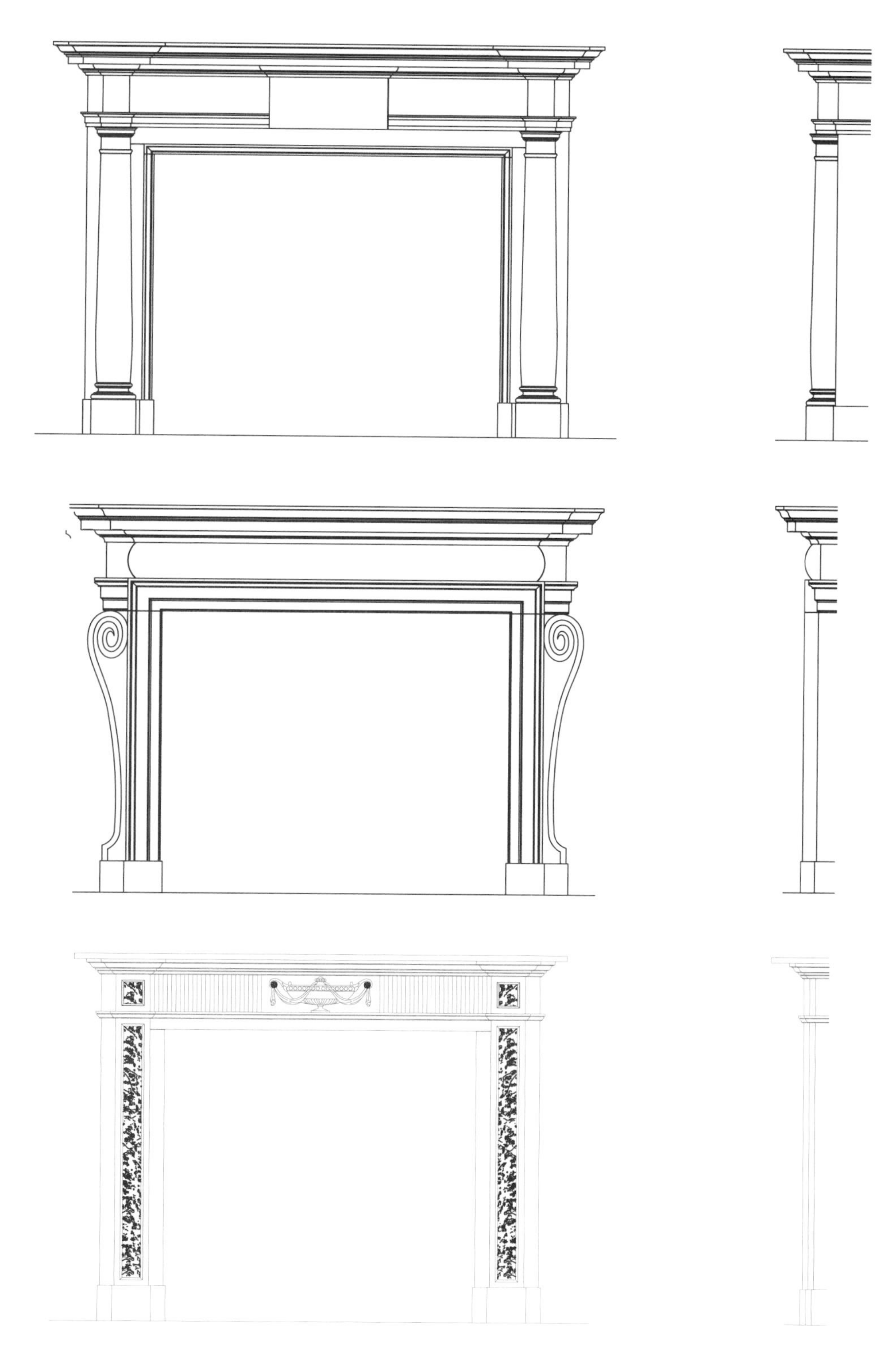

壁炉（暖气罩）示意（三）

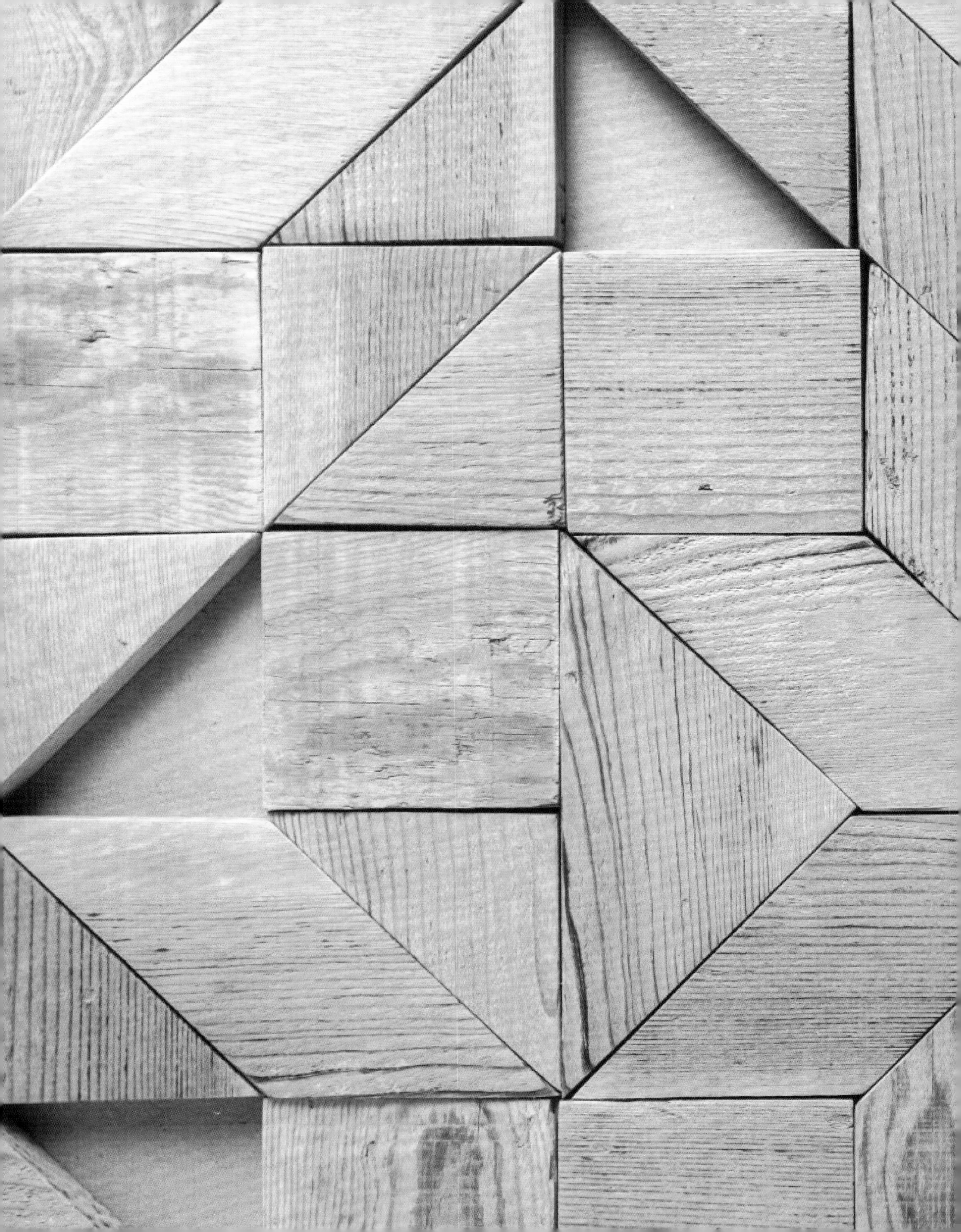

CHAPTER 3
第 3 章
设计技术
DESIGN TECHNOLOGY

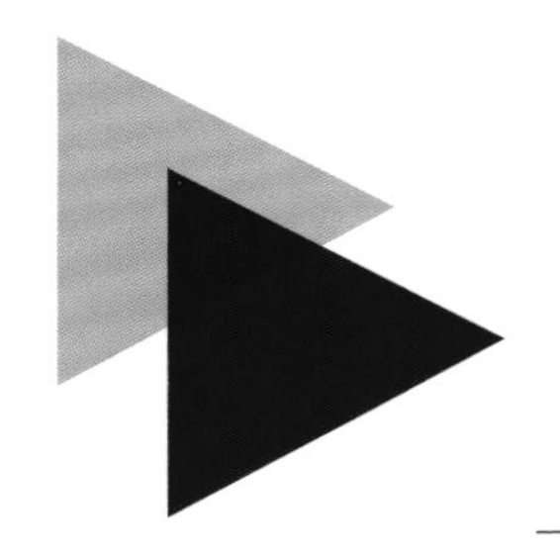

CHAPTER 3

第 3 章

设计技术

DESIGN TECHNOLOGY

3.1 全屋定制设计风格介绍

设计风格通常与当地的人文因素和自然条件密切相关，是不同的时代思潮和地区特点，通过创作构思和表现，逐渐发展成具有代表性的设计形式。

在西方，把自古埃及以来到公元 20 世纪初的这五千年的文明，称为古典时代的文明；在中国，将先秦至明清的文明称为中国古代的文明。中西方对于这一期间在时间跨度上是一致的，在设计发展的脉络上表现也较为相似。

3.1.1 目前各大流行风格的介绍

全屋定制家居中常见的风格形式有以下七种：美式风格、欧式风格、现代风格、新装饰主义风格、中式风格、新亚洲东南亚风格和地中海风格。

1. 美式风格

谈到美式风格，自然得了解美国或美国建筑的特点。美国是一个移民国家，世界各个民族后裔聚集在一起，也带来了各自的建筑风格，尤其受英国、法国、西班牙等国影响很大，融合了各种风格，从而形成了自己的风格。美国人崇尚自由，喜欢休闲、浪漫、舒适的大自然生活，而且美国人大多身材高大，体形魁梧，比较注重实用性。在这些特质的基础上，就有了美式风格！

美式风格的特点

第一，从外表涂装而言，美式风格几乎都是做旧的处理，简单的说，就是在木材表面刻意制造一些如虫眼、锯痕或其他锐器的划痕等，然后再做涂装；颜色有的接近原木色，明亮的偏樱桃色，有的接近深色，偏胡桃色。

这是美式风格最大的特点之一，也是美国人崇尚自由的体现，因为在美国人看来，家具就是用来使用的，不像艺术品，总得小心翼翼地伺候着，而这种做旧的工艺，使用起来比较随心所欲。

美式古典风格（用涂装做旧处理）

美式乡村风格（用涂装做旧处理）

第二，美式家具从体形上看，高、大、笨、重，如同美国汽车一样，非常牢固敦实，既不秀气也不小巧。例如，美式餐桌，在条件允许的情况下，有的可以坐十几个人，当然也讲究款式，但实用性永远排在第一位。

这些或许也是美国人身材高大、体形魁梧的原因！而且，大多数美国人并非一大家子住在一起，但在节假日往往全家聚会，当然也包括平时朋友之间的聚会，所以，美式家具给人高大笨拙的感觉！例如，家具的柜门很少用中式家具常用的烟斗合页或普通的合页，大多是大脚链，给人的感觉就是"即使家具坏了，五金件也绝对不会坏"。

如果就此判断美式家具完全不讲究，那就大错特错了。相反，美式家具对五金件非常讲究，如柜门的拉手可能有几百种。

敦实的餐桌

牢固的柜门大脚链

第三，美国的厨房几乎都是敞开式的，不像中国，厨房大多比较隐蔽！而且，厨房操作台比较高，中国的厨房操作台大多为 80 cm 高，而美国的则约 1 m，与美国人身材高大有关。

在美国，厨房其实是一个重要的交流场所，很多时候，全家人齐动手，遇到朋友光临，如果手艺到位，也会露上一手。所以，美国的厨房是餐厅或客厅的一部分，因为是做西餐，窗户也会配窗帘，不用担心油烟的问题！

开放式的美式厨房，大多配壁纸窗帘

第四，美式风格又可分为美式古典风格和美式乡村风格。

美式古典风格参照古罗马、古希腊风格，比较精雕细琢，有很多雕花，不过雕花不像中式的梅兰竹菊，而主要是风铃草、麦束和瓮形装饰，还有鹰形或剑以及其他动物图案等。大多采用贴花或浮雕。

现在市场上流行的美式风格，主要是美式古典风格，更好地体现了美式风格奢华大气的特色。

简约的美式古典风格

奢华的美式古典风格（墙面和顶面均为木饰面）

美式乡村风格大多比较简单、粗犷。原木色配上墙面屋顶的装饰，给人以原生态的感觉！当然，美式乡村风格也可以搭配美式古典家具，偶尔一部分，类似市场上流行的混搭，丝毫没有问题。

小结：美式乡村风格的家具在设计和材料上并没有严格的定义。它追求一种切身体验，是人们从家具上感受到的日出而作、日落而息的宁静与闲适。每件家具都透着阳光、青草、露珠的自然味道，仿佛信手拈来，毫不矫情。

美式乡村风格，不仅是家具的体现，也是装修的体现

美式风格的设计心得

对于美式风格，行内又分为大美和小美。简单的说，小美是大美的缩小版，二者在风格设计上比较类似，很多人喜欢美式风格，却不能接受美式家具的粗犷笨重，所以就有了小美的设计。

例如，大美的顶角线一般为 11 ～ 13 cm，而小美的顶角线一般为 7 ～ 9 cm；大美的踢脚线高度一般为 15 ～ 25 cm，而小美的踢脚线高度一般为 10 ～ 12 cm。

设计最终是以人为本，小美的设计也如此，在某些时候，更符合中国建筑的房高以及人们的审美标准。

谈到美式风格，有个问题无法回避，那就是美式风格和欧式风格的区别！很多时候，人们知其然，而不知其所以然。

美式风格中融合了欧式风格的很多元素，不过二者依然有很明显的区别！

重要的是，在涂装工艺上，美式风格多采用做旧的工艺，即开放漆，但欧式风格一般则不然，基本上是封闭漆！

颜色上，美式风格比较浓艳，或以樱桃原木色等为主，而欧式风格多为白色、米色，比较淡雅，基本上对白色做描金处理，体现其奢华的一面！

在雕刻的图案上也很有区别。美式风格多以风铃草、麦束和瓮形装饰，还有鹰形或剑以及其他动物图案，更多地体现美国国力的强大和农业丰收！欧式风格以卷叶草、螺旋纹、葵花纹、玫瑰花、牡丹花为主，展示欧洲贵族的生活！

欧式风格雕花（有的地方做描金处理）

张扬的美式风格雕花

在现实生活中，很多选择美式风格的客户，有在美国生活或留学的经历，喜欢自由怀旧的风格，崇尚自然舒适，讲究生活品位！

然而，归根结底，所有的设计、所有的家具最终为人服务，不能“为了设计而设计、为了风格而风格”，喜欢的就是最好的。设计师不是搬运工，而是一个大厨，把各种佐料小菜加以处理，做出一道令客户赞不绝口的美味！

总结：美式风格实际上是一种混合风格，或称殖民地风格，在同一时期融入欧洲很多种成熟的建筑风格，相互之间既融合又影响，因而以杂糅各种风格而著称（开放，不排外）。

关键词：注重实用性、品质感和细节，宽大、舒适、开放、包容，古典情怀，开拓融合。

美式风格实景

2. 欧式风格

欧式风格是一种来自欧洲的风格，主要有法式风格、意大利风格、西班牙风格、英式风格，地中海风格、北欧风格等几大流派。

欧式风格最早来源于埃及艺术。埃及的历史起源定位于公元前 2850 年左右，末代王朝君主克丽奥佩特拉（著名的埃及艳后）于公元前 30 年抵御罗马的入侵。之后，埃及文明和欧洲文明开始合源。其后，希腊艺术、罗马艺术、拜占庭艺术、罗曼艺术和哥特艺术构成了欧洲早期艺术风格，也就是中世纪艺术风格。

从文艺复兴时期开始，巴洛克艺术、洛可可风格、路易十六风格、亚当风格、督政府风格、帝国风格、王朝复辟时期风格、路易－菲利普风格和第二帝国风格构成了欧洲主要艺术风格。这个时期是欧式风格形成的主要时期。其中最著名的莫过于巴洛克和洛可可风格，其深受皇室家族的喜爱。

后来，新艺术风格和装饰派艺术风格成为新世界的主流。

欧式风格运用于整木家居中，可分为五大类：法式风格（巴洛克风格、洛可可风格、新古典风格）、英式风格、德式风格、意大利风格和西班牙风格。

法式风格

法式风格指法兰西的建筑和家具风格，主要包括巴洛克风格（路易十四风格）、洛可可风格（路易十五风格）、新古典主义风格（路易十六风格），是欧洲家具和建筑文化的顶峰。

法式风格的主要特征：布局上突出轴线的对称、恢宏的气势、豪华舒适的居住空间。奢华大气，高贵典雅。细节处理上运用法式廊柱、雕花、线条，制作工艺精细考究。建筑多采用对称造型，屋顶上多有精致的老虎窗。

① 巴洛克风格（路易十四风格）。

“巴洛克”是法式风格的主要表现形式，是 17 世纪初至 18 世纪上半叶流行于欧洲的主要艺术风格。该词来源于葡萄牙语 barroco，意思是一种不规则的珍珠。意大利语 barocco 有奇特、古怪、变形的意思，作为一种艺术形式的称谓，是 16 世纪古典主义者建立的背离文艺复兴艺术精神的一种艺术形式，16 世纪下半叶开始出现于意大利。

巴洛克风格虽然继承了文艺复兴时期确立的错觉主义再现传统，但抛弃了单纯、和谐、稳重的古典风范，追求繁复夸张、富丽堂皇、气势宏大、富于动感的艺术境界。

在绘画方面巴洛克风格的代表是佛兰德斯（佛兰德斯是西欧的一个历史地名，泛指古代尼德兰南部地区，位于西欧低地西南部、北海沿岸，包括今比利时的东佛兰德省和西佛兰德省、法国的加来海峡省、荷兰的泽兰省）画家彼得·保罗·鲁本斯，在建筑与雕刻方面的代表是意大利雕塑家乔凡尼·洛伦佐·贝尼尼。

巴洛克风格的主要特色是强调力度、变化和动感，主要运用于建筑、绘画和雕塑，突出夸张、浪漫、激情和非理性、幻觉、幻想的特征，打破均衡，平面多变，强调层次和深度，使用各色大理石、宝石、青铜、描金等装饰材料以及尺度巨大的天花板壁画，从而使空间尽显华丽、壮观。

小结：具有男性力度、动感与变化是巴洛克艺术的灵魂。

关键词：力度、变化，层次、深度，华丽、壮观，男性力量，辉煌壮丽。

始建于1568年的罗马耶稣会教堂

大卫像

巴洛克元素在家具中的运用

巴洛克元素在欧洲当代木饰面系统中的运用

巴洛克风格木饰面家具的设计特征：运动的曲线美

巴洛克风格木饰面家具的设计特征：内敛奢华的格调

巴洛克风格木饰面家具的设计特征：各种元素的集合（一）

巴洛克风格木饰面家具的设计特征：各种元素的集合（二）

巴洛克风格木饰面家具的设计特征：宗教色彩的表现力

巴洛克风格木饰面家具的设计特征：罗曼蒂克

巴洛克风格对颜色的诉求：意大利品牌埃奇奥·拜洛迪

巴洛克风格对颜色的诉求：同色系方案（一）

巴洛克风格对颜色的诉求：同色系方案（二）

巴洛克风格对颜色的诉求：补色方案

巴洛克风格对颜色的诉求：分色混搭方案（一）

巴洛克风格对颜色的诉求：分色混搭方案（二）

② 洛可可风格（路易十五风格）。

洛可可风格于 18 世纪 20 年代产生于法国，流行于法国贵族之间，在巴洛克建筑的基础上发展起来，总体特征是轻盈、华丽、精致、细腻，应用明快的色彩和纤巧的装饰，家具也非常精致而偏于烦琐，不像巴洛克风格那样色彩强烈、装饰浓艳，具有女性柔美的气质。室内装饰造型高耸纤细，避免直角和直线，频繁使用形态方向多变的 C、S 或涡券形曲线、弧线，并常用大镜面做装饰，大量运用花环、花束、弓箭及贝壳图案纹样；善用娇艳鲜嫩的颜色，如金色、象牙白、粉红、粉绿，色彩明快柔美却奢华富丽。洛可可风格反映了法国路易十五时代宫廷贵族的生活趣味，曾风靡欧洲。代表作是巴黎苏俾士府邸公主沙龙和凡尔赛宫的王后居室。

洛可可风格在室内的应用

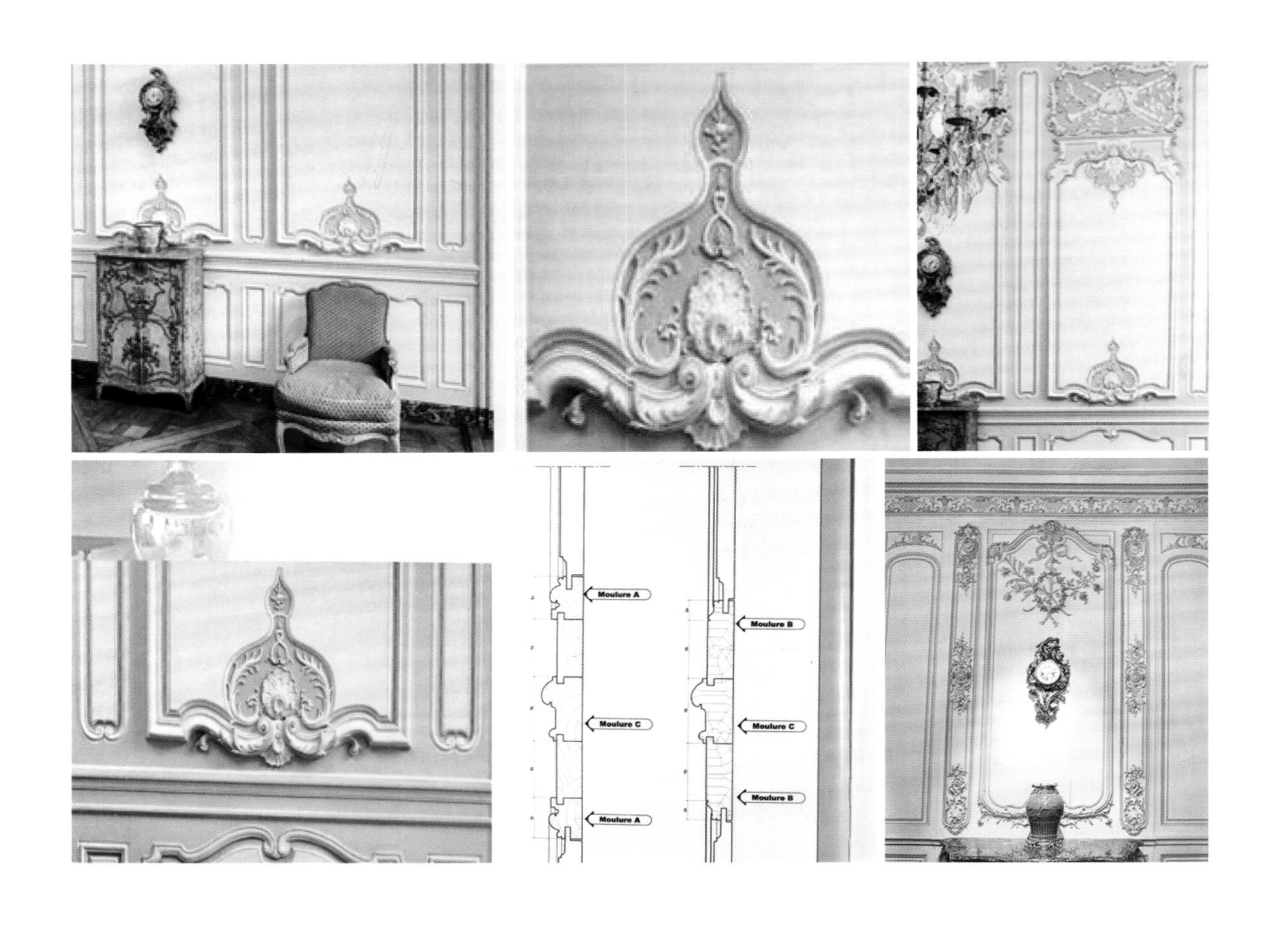

洛可可风格

蓬巴杜夫人

为蓬巴杜夫人量身打造的贵妃椅

蓬巴杜夫人，路易十五的情人，洛可可风格的缔造者，全巴黎最美的女性，时尚教母。如果巴洛克风格象征着男人、皇权、尊严，洛可可风格则象征着女人、优雅、浪漫、柔美。

关键词：轻盈、华丽、精致、细腻；女性柔美，奢华富丽。

设计中大量运用蔷薇花、天使、花草、鸟、涡券

洛可可风格

③ 新古典主义风格（路易十六风格）。

新古典主义风格实景（一）

新古典主义风格其实是经过改良的古典主义风格。欧洲文化丰富的艺术底蕴、开放创新的设计思想及其尊贵的姿容，一直以来颇受众人喜爱与追求。新古典主义风格从简单到繁杂，从整体到局部，精雕细琢，镶花刻金都给人一丝不苟的印象，一方面保留了材质、色彩的大致风格，可以很强烈地感受到传统的历史痕迹与浑厚的文化底蕴，另一方面摒弃了过于复杂的肌理和装饰，简化了线条。

新古典主义风格开始于 18 世纪 50 年代，出于对洛可可风格轻快和感伤特性的一种反抗，也有对古代罗马城考古挖掘的再现，体现了人们对古希腊、古罗马艺术的兴趣。这一风格运用曲线曲面，追求动态变化， 18 世纪 90 年代以后，变得更加单纯、朴素、庄重。

新古典主义风格以尊重传统、追求当今自然真实、复兴古代的艺术形式为宗旨，但不照抄古典主义风格，并以摒弃繁复豪奢的审美概念而区别于 16、17 世纪传统的古典主义风格。

新古典主义风格既讲究材质的变化，又强调空间的完善性和整体性。空间的造型更加精炼简洁，不再是弧形曲度繁花似锦的洛可可样式。

新古典主义风格实景（二）

新古典主义风格实景（三）

新古典主义风格实景（四）

新古典主义风格实景（五）

小结：反对烦琐的装饰，强调理性和感性的融合，色彩丰富多变，造型精炼简洁，既有传统的风骨，又有现代的风采。

关键词：继承传统精髓，推陈出新，再现当今辉煌。

英式风格

英式风格的特点是古典优雅，喜欢使用雕刻图案，亲切而有韵味。

英式家具造型典雅、精致，富有气魄，注重在极小的细节上营造出新的韵味，尽显装饰的新和美。英国古典家具美观、优雅、调和，喜欢使用饰条及雕刻的桃花心木，给人以沉稳、典雅之感。英国古典家具中常见到雕刻木质嵌花图案，一股古典韵味扑面而来。英国老家具有别于其他国家的欧式古典家具，浑厚、简洁是 18 世纪末、19 世纪初英国老家具的独特风格，历经岁月的洗礼与沉淀，留下亲切而沉静的韵味，就像一位老朋友，带给人亲切而真挚的感受。

小结： 华丽、修长、秀美，优雅斯文的绅士风度。

关键词： 理性与感性。

英式风格实景（一）

英式风格实景（二）

德式风格

去过德国的人都会有相同的感觉：整个城市建筑整齐、市容美观。

市中心一带以楼房为主，鲜有美国式的摩天大楼、古迹名胜，特别是古建筑主要分布在内城，这正是德国特有的建筑风情，即高度的规划性、精确性和特有的工业美感。

清晰的转角、相对简洁的造型、精确的比例、功能的强调以及良好的施工品质随处可见，给人的整体感觉是光洁而严谨。

不对称的平面、粗重的花岗岩、高坡的楼顶、厚实的砖石墙、窄小的窗口、半圆的拱券、轻盈剔透的飞扶壁、彩色玻璃镶嵌的修长花窗，这些都是德式风情的建筑元素。

此外，德式风格的特点还包括造型柔和，运用曲线曲面，追求动态，装饰华丽，教堂和宫殿建筑精雕细琢。

小结：严谨、求实，追求处处精细、一丝不苟、功能至上的“德国精神”。

关键词：严谨、求实、功能至上。

德式风格实景

3．现代风格

现代风格可分为现代简约风格和时尚混搭风格。

现代简约风格

现代简约风格的基本特点是简洁和实用，不仅注重居室的实用性，而且彰显出现代工业化社会生活的精致与个性，符合现代人的生活与文化品位。

以宁缺毋滥为精髓，“少即是多”，独具匠心地体现现代生活的理性、功能和本质精神。

简约不等于简单，是深思熟虑后经过创新而获得的设计和思路延展，并非简单的“堆砌”和平淡的“摆放”。简约的背后体现了一种现代设计理念：注重生活品位，注重健康时尚，注重合理节约的科学消费观。

现代家居的简约不只是空间，还表现为家居功能上的简约，如以不占面积、折叠、多功能等为主，以营造清新自然、随意轻松的居室环境，追求舒适惬意的现代生活。

强调人与大自然的有机结合，力求表现材料肌理的自然美感，将自己从繁杂中解救出来，从无端堆砌的束缚中走出来，再现专属于自己的独特气质和精致品位。

小结：生活品位，健康时尚，合理科学。

关键词：精致的个性，独特的气质。

现代简约风格实景（一）

现代简约风格实景（二）

4. 时尚混搭风格

“混搭”一词源于时装界，本意为把风格、质地、色彩差异明显的衣服搭配在一起。它打破了过去单一而纯粹的着装风格，使着装者百变而神秘。家居“混搭”最能在当今张扬个性的时代，更恰当、充分地反映一个人的个性和爱好，已逐渐成为一种流行趋势。

家居“混搭”的兴盛，可归结于人们对美的“贪婪”。完美主义者在任何一种风格里都会看到缺点，所以干脆自己创造一种风格，只有唯美的地方才会让其感到真正的舒服。于是，没有把某种风格作为家居的主角，而是让各种风格在各个角落里暗自升华。有轻有重，有主有次，不同的元素不会形成冲突，甚至破坏空间的整体感。看似漫不经心，实则出奇制胜，真正体现设计者的审美情趣和品位。

混搭最忌讳的三个要点：

一忌主调不明。一个家要呈现出的风格必须统一，不能客厅是欧式古典风格，卧室是中国清代的繁复风格，洗手间采用地中海风格的装修，三种以上的风格调和在一起，对整体的和谐是一大挑战，更何况一些风格本身就是不相容的！

二忌色彩太多。混搭的家一般比较繁复，东西比较多，家具配饰也少简洁的样式。在色彩的选择上更要小心，免得整体显乱。在考虑整体风格时需要确定一两个基本色，然后在这个基础上添加同色系的家具，配饰可选择柔和的对比色，以提升亮度，也可以选择中间色，以示内敛。

三忌配饰太杂。配饰在混搭中的使用更要遵循精当的原则。多，未必累赘；少，未必得当。虽然整体面积不是很大，但也需要确定一两种色彩、质地和花纹，如使用壁纸，那么窗帘、沙发、床品都需要考虑搭配。除非用来专门展示，否则摆件还是和主色调搭配比较保险。

5. 新装饰主义风格

新装饰主义风格有别于传统装饰主义风格的华丽感，讲究红花绿叶的搭配，着重于实用、典雅与品位，在呈现精简线条的同时，蕴含奢华感，通过异材质的搭配，体现“人性化”的装饰理念。

在传统装饰风格中，家具主要受到埃及文化与现代主义的影响，用简单的几何造型和丰富的色彩吸引消费者的目光。新装饰主义风格保留了传统家具造型的利落线条美，以复合材质的表现方式，融入更多的对“人”的尊重，而不再“张牙舞爪”。

这波新装饰主义风格的兴起也与有限的自然木料与皮革资源有关，因此，装饰偏重体现人文关怀，金属铝与铬应用广泛，搭配木质桌椅，造型上以简单的阳光放射、金字塔等几何图形为主。

新装饰主义风格实景

6．中式风格

中式风并非完全意义上的复古风，而是运用现代设计手法，把传统的结构形式通过重新解构、排列、组合，以焕然一新的元素符号呈现出来，更体现东方人的传统美学理念——留白，传统中透着现代，现代中掺杂古典，表达了现代人对清雅含蓄、端庄丰华、修身养性的东方式精神境界的追求，而静养、禅意、舒缓、超然，崇尚自然情趣和世外桃源的意境始终是东方人特有的情怀 。

中式风格实景（一）

中式风格实景（二）

中式风格实景（三）

中式风格实景（四）

古典中式风格

中式古典风格的室内设计，是在室内布置、线形、色调及家具、陈设的造型等方面吸取传统装饰“形”“神”的特征，比如，中国传统木构架建筑室内的藻井、天棚、挂落、雀替的构成和装饰，明清家具造型和款式特征。

中式古典风格常常体现地域文脉和历史延续，使室内环境凸显民族文化渊源的形象特征。中国是个多民族国家，中式古典风格实际上还包含民族风格，各民族由于地区、气候、环境、生活习惯、风俗、宗教信仰以及当地建筑材料和施工方法不同，具有独特的形式和风格，主要反映在布局、形体、外观、色彩、质感和处理手法等方面。

中式古典风格的特征是以木材为主要建材，充分发挥木材的物理性能，打造独特的木结构或穿斗式结构，讲究构架制的原则，建筑构件规格化，重视横向布局，利用庭院组织空间，用装修构件分合空间，注重环境与建筑的协调，善于营造空间氛围，运用色彩装饰手段，如彩画、雕刻、书法以及工艺美术、家具陈设等艺术手段来营造意境。

古典中式风格实景

新中式风格

新中式风格沿袭明清时期传统文化的尊贵与端庄，清雅与大气共生，含蓄与精致并存。室内多采用对称式布局，格调高雅，造型纯朴；将中式经典元素加以提炼，并与现代风格及材质兼容并蓄，既体现人们对东方精神的追求，又为家居文化注入新的气息。

新中式风格兼具传统与现代，非常适合性格沉稳、喜欢中国传统文化的家居爱好者。它的古典气息不仅是中老年人的最爱，独具的时尚品位更受到年轻人群的青睐。传统大地色系简约、不花哨，最能展现新中式风格的端庄与内敛，比如，沉稳大气的黑棕色，自然典雅的棕褐色。

新中式风格实景（一）

新中式风格实景（二）

7. 新亚洲东南亚风格

东南亚风格的家居设计以其来自热带雨林的自然之美和浓郁的民族特色风靡世界，尤其在气候与之接近的珠三角地区受到热烈追捧。东南亚风格之所以如此流行，是因为其独有的魅力和热带风情而备受人们推崇与喜爱。原汁原味，注重手工工艺，拒绝同质的乏味，在盛夏给人们带来东南亚风雅的气息。

东南亚风格是接近大自然且放松身心的一种新潮风格，给人自然质朴之感，适合喜欢安逸生活且对民族风情饰品有所收藏的客户！

新亚洲东南亚风格实景

8. 地中海风格

地中海风格指地中海周边国家的建筑及室内风格。红瓦白墙，色彩淳朴，众多的回廊、穿堂、过道，一方面增加海景欣赏点的长度，另一方面利用风道的原理增加对流，形成穿堂风，即所谓被动式的降温效果。

地中海风格的主要特点：

① 拱门与半拱门窗，白色毛墙面，常采用半穿凿或全穿凿，以增强实用性和美观性。

② 蓝与白是比较典型的地中海风格色彩搭配。黄、蓝紫和绿，土黄及红褐也是地中海风格的不同配色。

③ 空间区域的色彩搭配方式各不相同。

④ 房屋或家具的轮廓线条比较自然，形成一种独特的圆润造型。

⑤ 运用马赛克、小石子、瓷砖、贝类、玻璃片、玻璃珠等进行装饰。

⑥ 窗帘、桌巾、沙发套、灯罩等均以低彩度色调和棉织品为主，多采用小细花条纹格子图案。

⑦ 运用铁艺家具及饰品，如栏杆、植物挂蓝等。

地中海风格实景（一）

地中海风格实景（二）

地中海风格实景（三）

3.1.2 欧式风格元素在全屋定制家居中的应用

欧式风格强调以华丽的装饰、浓烈的色彩、精美的造型营造雍容华贵的装饰效果，包括哥特式、巴洛克风格、法国古典主义风格、古罗马风格、古典复兴风格、文艺复兴风格、罗曼风格、浪漫主义风格、折衷主义风格等。喷泉、罗马柱、雕塑、尖塔、八角房这些都是欧式风格的典型标志。

欧式元素主要包括六大类：门套窗套系列、花瓶柱系列、罗马柱系列、梁托装饰花系列、线条系列、壁炉系列和柜体墙板系列。

其他欧式元素有山花、角花、墙饰、涡券、托花、顶花、穹顶、灯饰、壁画，等等。

1. 门套窗套系列

门和窗的造型设计，包括各种虚实柜门，既要突出凹凸感，又要有优美的各种直线和弧线。多种造型相映成趣，风情万种。

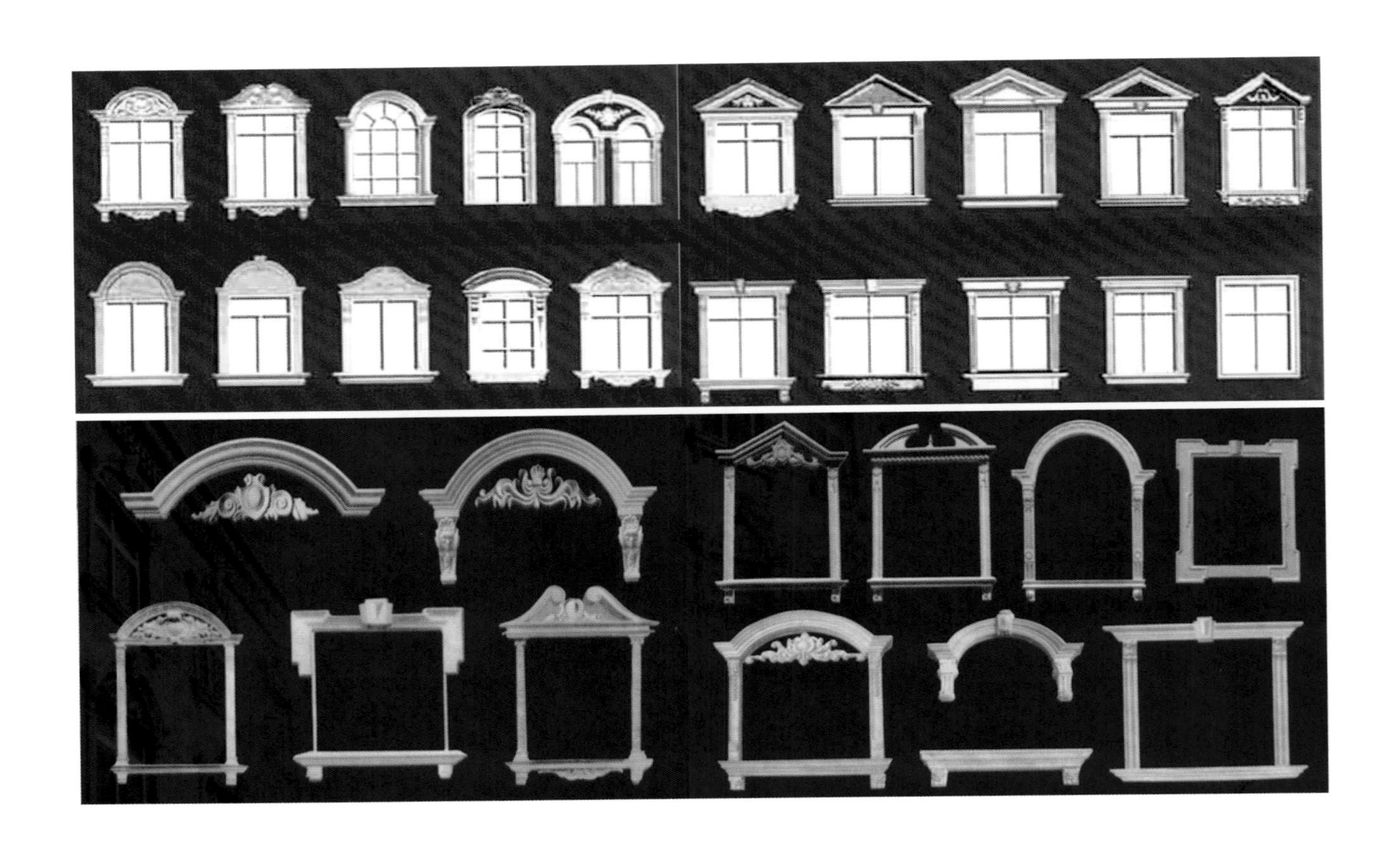

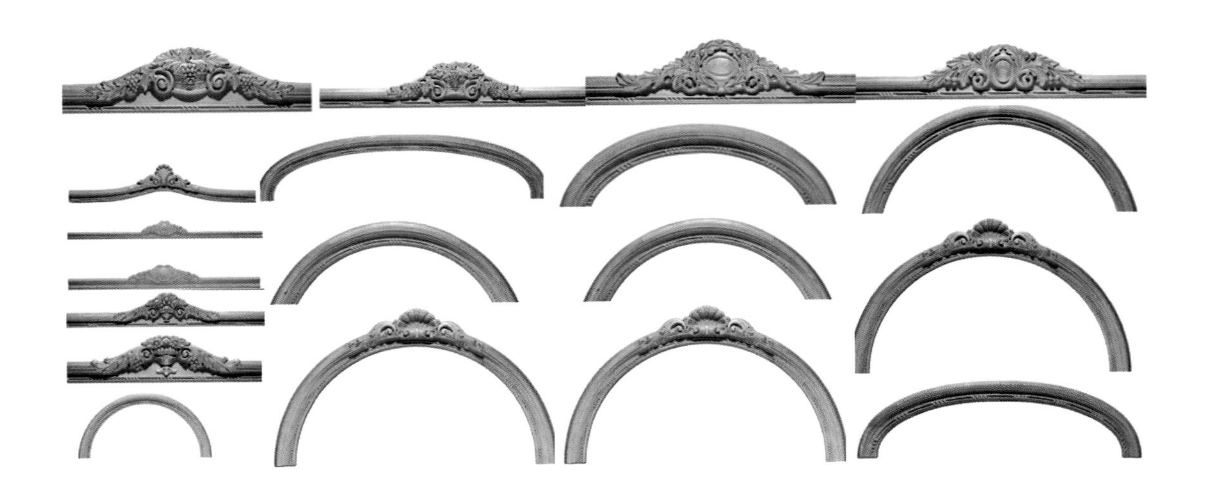

门套窗套应用

2. 花瓶柱系列

花瓶柱系列（一）

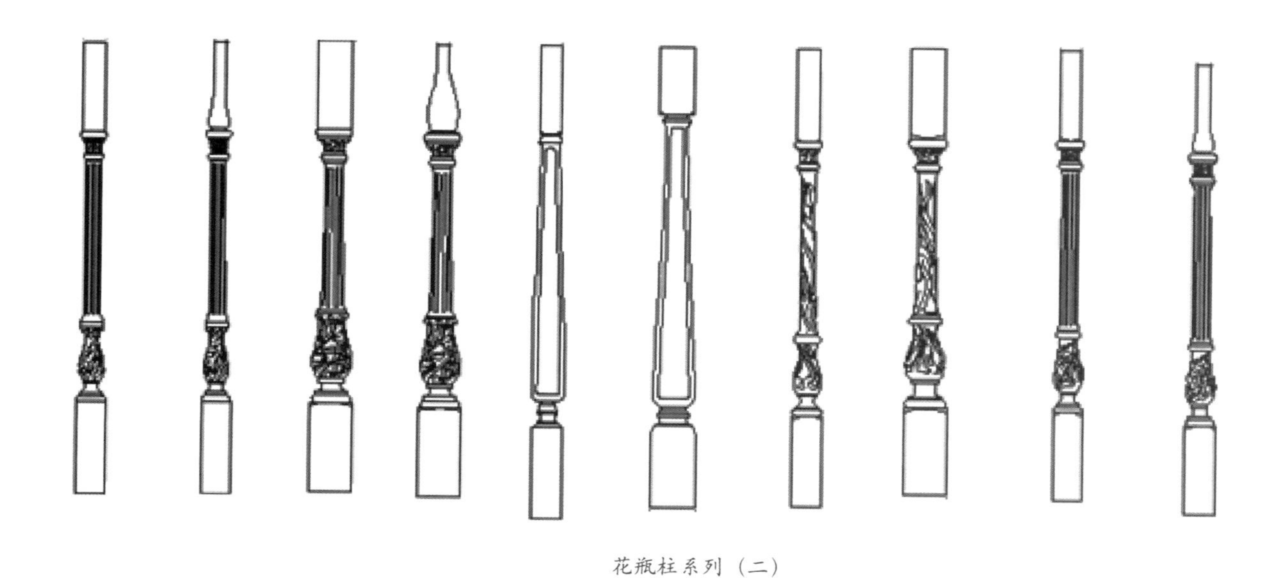

花瓶柱系列（二）

3．罗马柱系列

罗马柱系列（一）

罗马柱系列（二）

罗马柱系列（三）

4．梁托装饰花系列

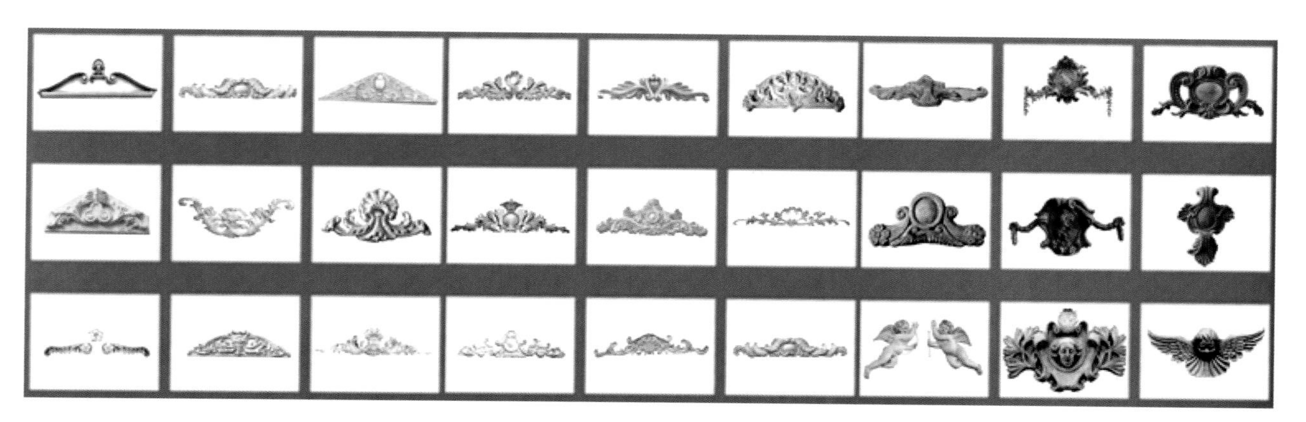

梁托装饰花系列（一）

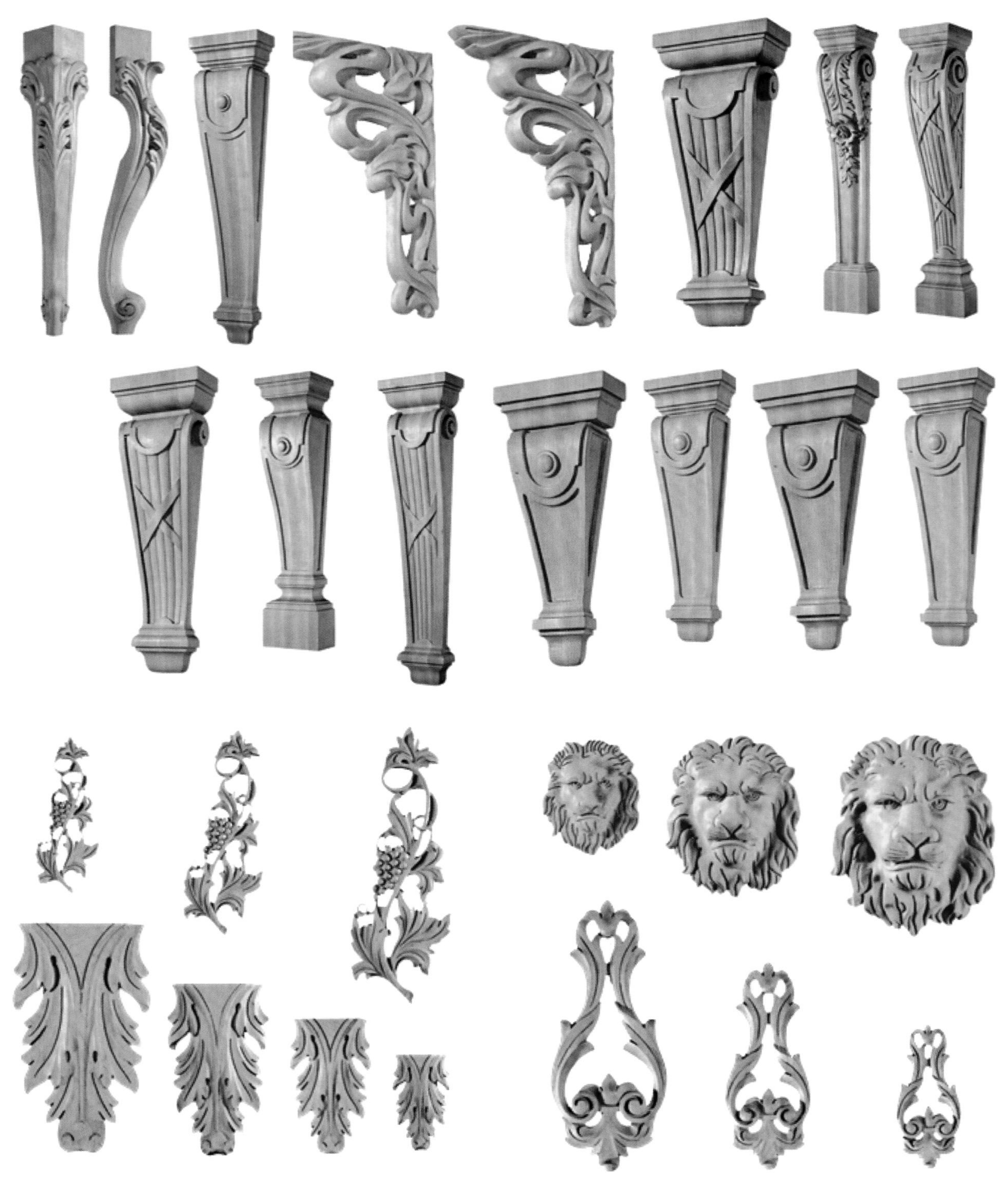

梁托装饰花系列（二）

5. 线条系列

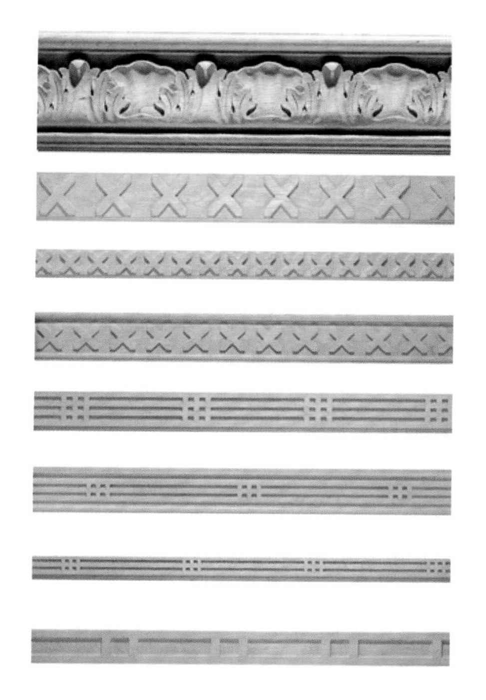

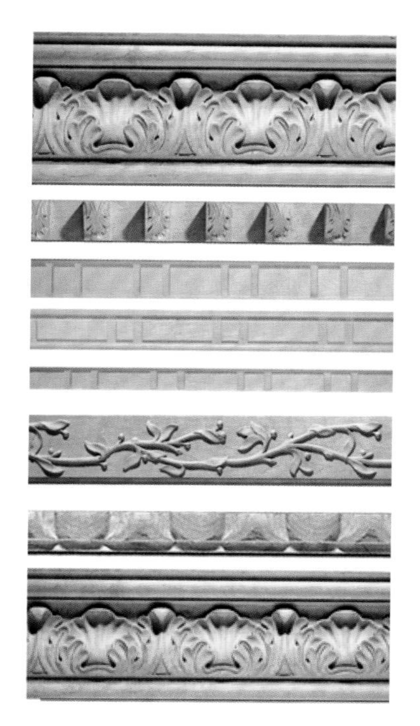

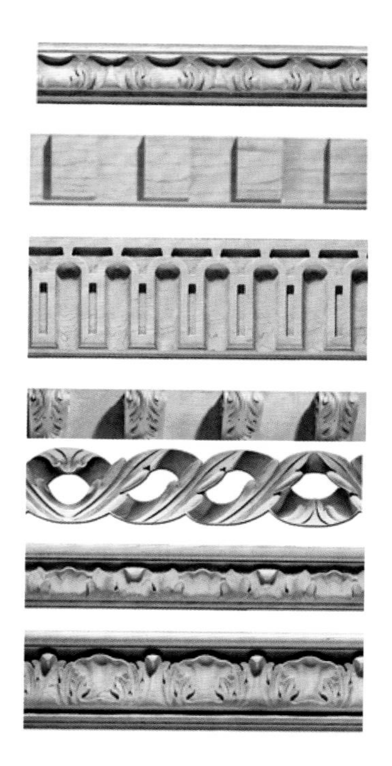

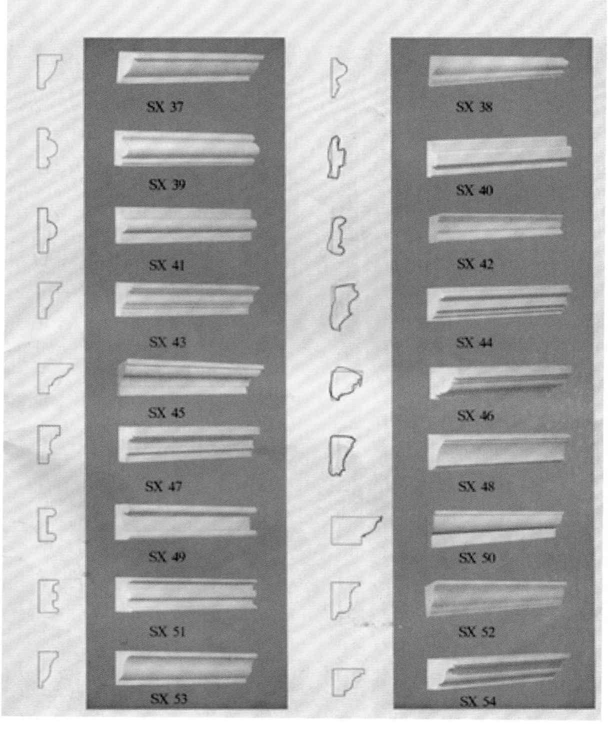
SX 37
SX 39
SX 41
SX 43
SX 45
SX 47
SX 49
SX 51
SX 53
SX 38
SX 40
SX 42
SX 44
SX 46
SX 48
SX 50
SX 52
SX 54

线条系列（一）

窗边线

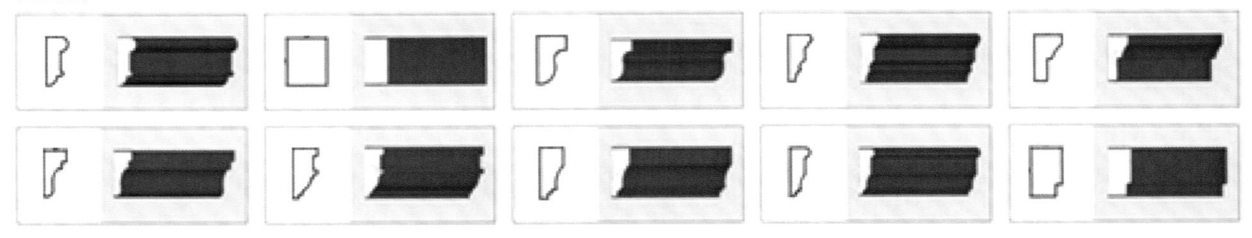

檐托

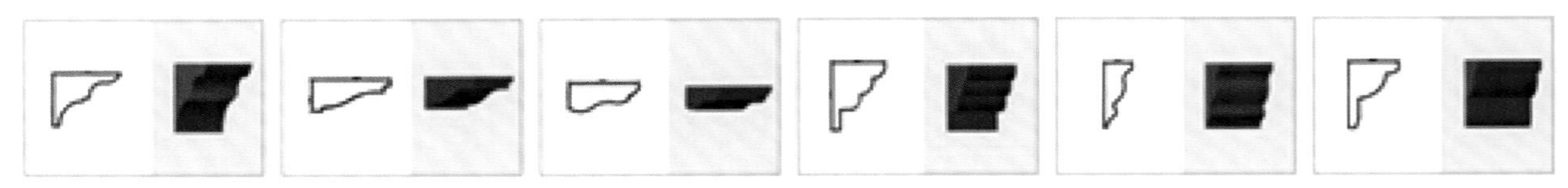

窗托

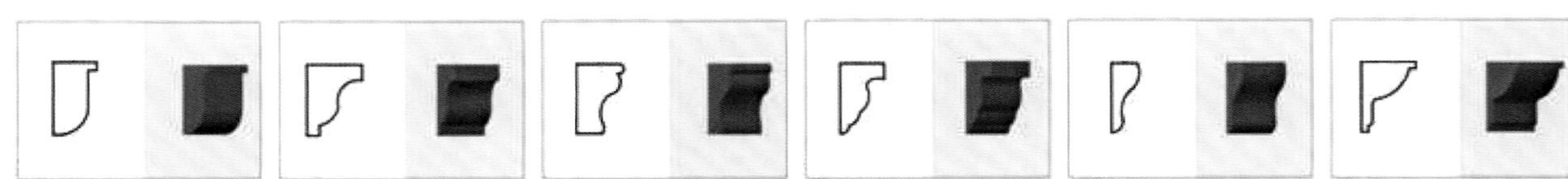

线条系列（二）

6. 壁炉系列

壁炉是西方文化的典型载体，选择欧式风格家装时，可以设计一个真的壁炉，也可以设计一个壁炉造型，辅以灯光，营造西方生活情调。

壁炉系列（一）

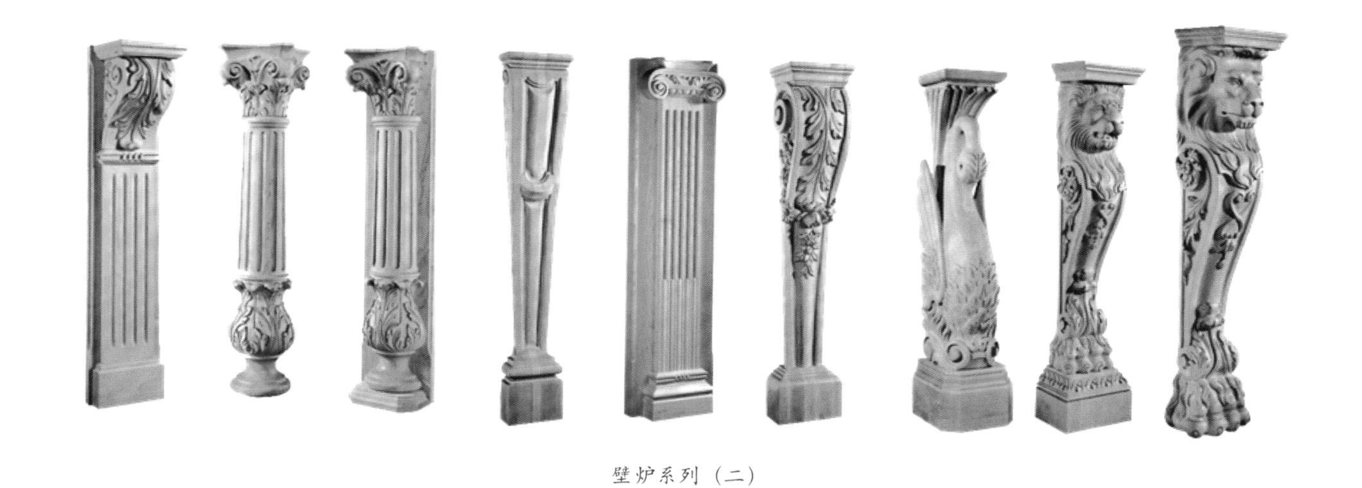

壁炉系列（二）

壁炉系列（三）

7. 柜体墙板系列

柜体墙板系列手绘图（一）

柜体墙板系列手绘图（二）

柜体墙板应用（一）

柜体墙板应用（二）

柜体墙板应用（三）

3.2 各类全屋定制空间测量

3.2.1 各类全屋定制空间测量概述

1．测量的重要性

测量是整个流程的基础和开端，即测量→设计→生产→安装→交付。

2．长度测量工具

长度测量工具指将被测长度与已知长度比较，从而得出测量结果的工具，简称测量工具。测量工具包：卷尺（5 m），绘图纸（20 张），圆珠笔黑色、红色各一支，量尺任务交接表，客户需求总表，各空间需求问卷表，绘图板，数码相机，名片，工作证，三角板（尺），测量仪（待定）。

3．长度的单位

测量任何物理量都必须先规定它的单位，而长度测量是基本的测量。要熟记下列长度的单位及换算。长度的单位有：m、cm、mm 等。

换算关系：

1 m=100 cm，1 m=1000 mm。

4．正确使用卷尺

使用卷尺时应做到“三会”。

① 会观察：用刻度尺前，要注意观察它的量程、零刻线和最小刻度值。

② 会使用：用刻度尺测量时，尺要沿着所测长度，不利用磨损的零刻线（若磨损，可以从其他刻度线量起）。读数时，视线要与尺面垂直。

③ 会读数、记录：在精确测量时，要读到最小刻度，测量结果由数字和单位组成。

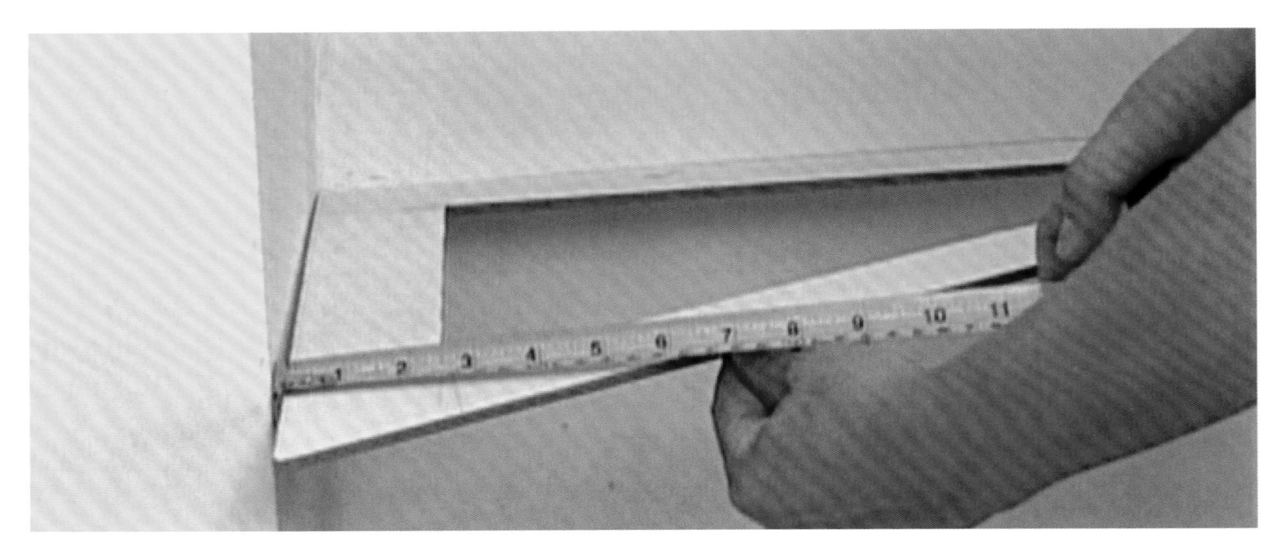

测量长度

5. 测量长度的两种方法

普通方法：利用刻度尺直接测量物体的长度。如用卷尺测柜体的长或宽。

辅助工具法：利用卷尺配合三角板测墙角度等。

6. 量尺步骤

量尺的第一步便是仔细勘查客户的厨房、卧房等，熟悉内部环境，包括柱子、门、窗、水电位、石膏线、地脚线、煤气管道、煤气表、进水、腰线去水等。只有准确测量，准确了解客户的想法，把设计构思与专业知识相结合，才会打造出更合理、更美观的橱柜、衣柜等“三房两厅”的产品！

先准备工具：卷尺、三角板、笔记本（纸）、笔（红色、蓝色各一支）、橡皮擦、靠板等。

步骤 1：与客户沟通，了解客户的想法，了解橱柜衣柜的安装位置、装修的风格、喜爱的颜色、房间类型。

步骤 2：绘制厨房或卧室等房型平立面的草图。

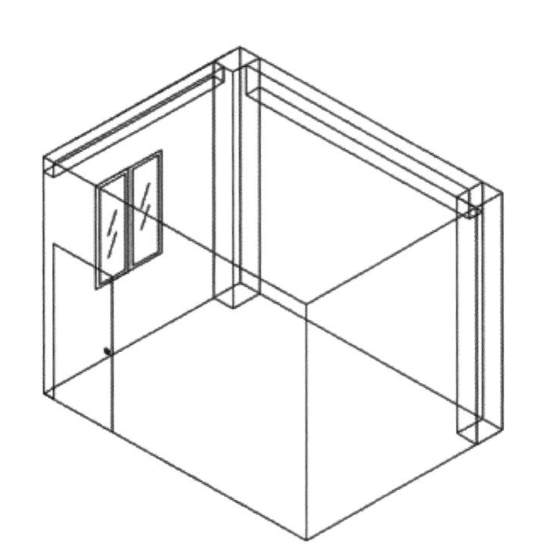

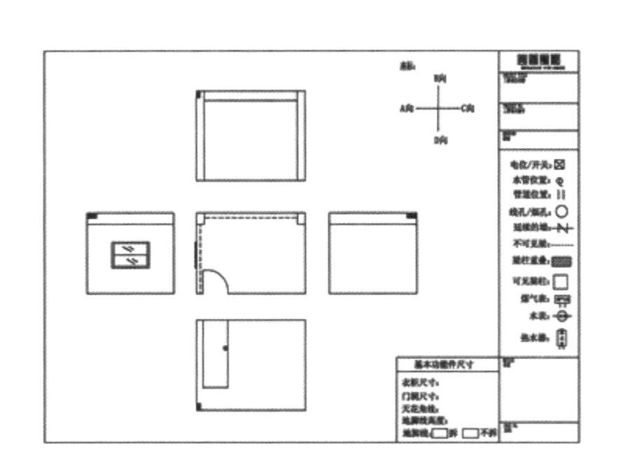

绘制平、立面草图

测量示意图（一）

步骤 3： 沿墙面的转折 a、b、c、d 等各点处测量房间各段尺寸，以 mm 为单位标示。如果是装修好的房子，需要进行多点测量，如在水平方向三个不同的高度（100 ~ 150 mm，800 ~ 900 mm，1600 ~ 1700 mm）分别测量一次，确定最后数值。

步骤 4： 测量天花板、梁柱及窗户的尺寸，并在图上标示准确尺寸。每个墙角须以墙角为基点，向外量取一个整数（如 600 mm、800 mm 等），再量出已在两面墙上选定点的对角线长度，作为计算角度的依据。

步骤 5： 测量开关、插座、给排水管、水表、煤气表、排烟管等的离墙左面或右面距离，离地面高度，以及凸出墙面距离（主要指给排水管、煤气管道、腰线等对柜体安装有影响的尺寸特别是水表、煤气表等尺寸较大的物件，要测量出外围尺寸包括管道的尺寸、最高点离地高、最低点离地高）。

步骤 6： 用数码相机把各面墙的情况以图片形式记录下来。

测量示意图（二）

步骤 7：测量各电器及五金配件的尺寸。

步骤 8：把客户的资料和信息记录在图纸上，如地址、电话、量尺日期、附近的标志性建筑、乘坐公交车的路线及方法。

步骤 9：完稿，绘制完整准确的平面图，并整理装订好。

关键词总结：观察沟通→绘制平、立面图→测量长宽高→测量水电位与障碍物→复尺。

7. 设计尺寸的调整

设计尺寸 = 测量尺寸 − 余留尺寸（安装余量）（生产尺寸）

柜身设计尺寸 = 实际测量尺寸 −（10 ～ 15 mm）

台面尺寸 = 实际测量尺寸 −（5 ～ 10 mm）

3.2.2　各类全屋定制空间测量方法

1．室内门企业测量与安装

门洞的测量

成品套装室内门在设计、制作和安装前须先对客户的门洞进行测量。测量时需要以铺完地砖或地板后的净地面为测量基准，若地面施工未完成，要预留出地面装修材料的厚度。

门洞宽度的测量：水平测量门洞左右的距离，选取五个以上的测量点进行测量，其中最小值（减门框调整余量）为门框外延尺寸；公差为 −15 ~ + 15 mm 范围内；若五个点的实测值误差大于 20 mm，则要求客户对洞口进行修整。

门洞宽度的测量

门洞高度的测量：垂直测量门洞上下距离，选取三个以上的测量点进行测量，其中最小值（减门框调整余量）为门框外延尺寸；公差为 −5 ~ + 10 mm 范围内；若三个点的实测值误差大于 10 mm，则要求客户对洞口进行修整。

门洞墙体厚度的测量：水平测量墙体厚度，选取五个以上的测量点进行测量，其中最大值为墙体厚度，如果墙面需要装修，则门洞墙体厚度需附加装修材料的厚度，公差为 0 ± 5 mm 范围内。

T 形墙体测量方法

T 型墙体假墙增加示意图

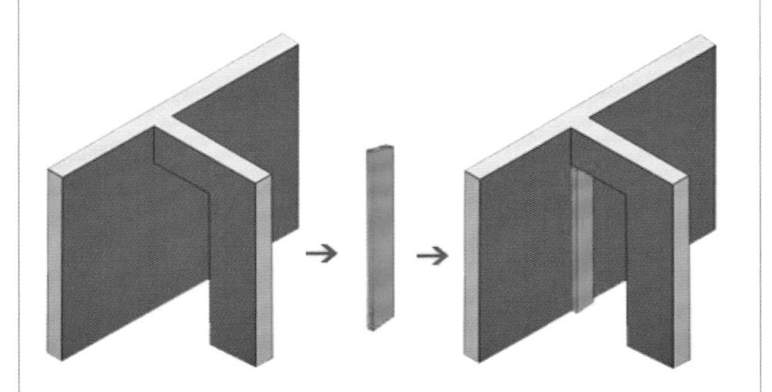

红色部分为增加的假墙墙垛，方便安装固定木门门套板

假墙厚度 3.5 ~ 4cm
宽度和另一面墙体一样宽
推荐用木板做假墙

测量门洞宽度时
预留出假墙厚度即可
高度、厚度正常测量

L 形墙体测量方法

转角墙假墙增加示意图

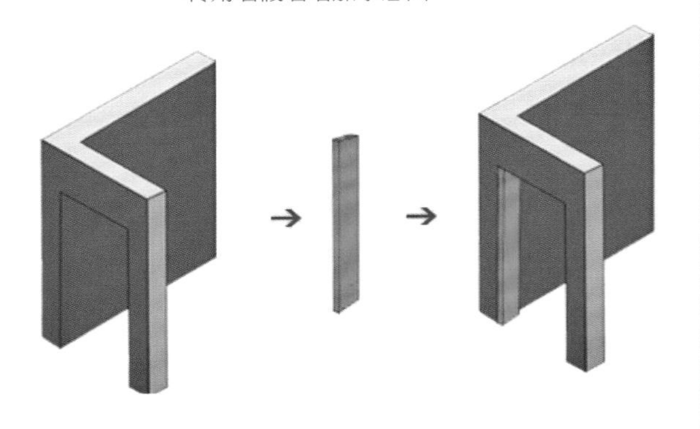

红色部分为增加的假墙墙垛，方便安装固定木门门套板

假墙厚度 3.5 ~ 4cm
宽度和另一面墙体一样宽
推荐用木板做假墙

测量门洞宽度时
预留出假墙厚度即可
高度、厚度正常测量

门套测量方法

和正常测量方法一样

双门套：两面都包边
单门套：单面包边

正常测量门洞尺寸即可

窗套测量方法

和正常测量方法一样

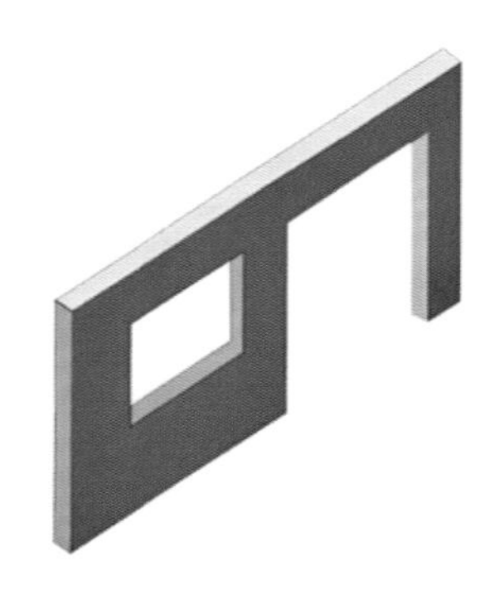

双窗套：两面都包边
单窗套：单面包边

正常测量尺寸即可

2．衣书酒柜、衣帽间测量方法

衣书酒柜及衣帽间测量相对比较简单，按照上述九个步骤基本可以完成测量。

3．楼梯测量方法

楼梯测量的三大要素：层高、梁厚、洞口尺寸。

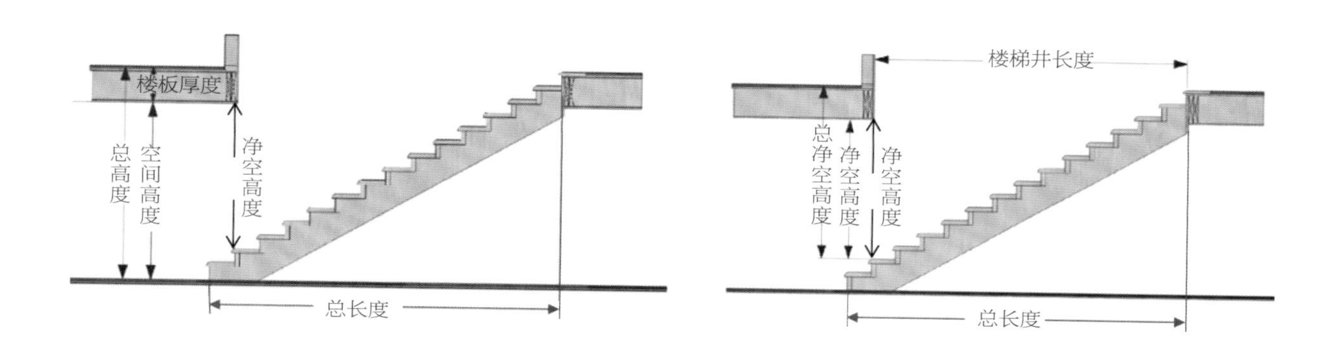

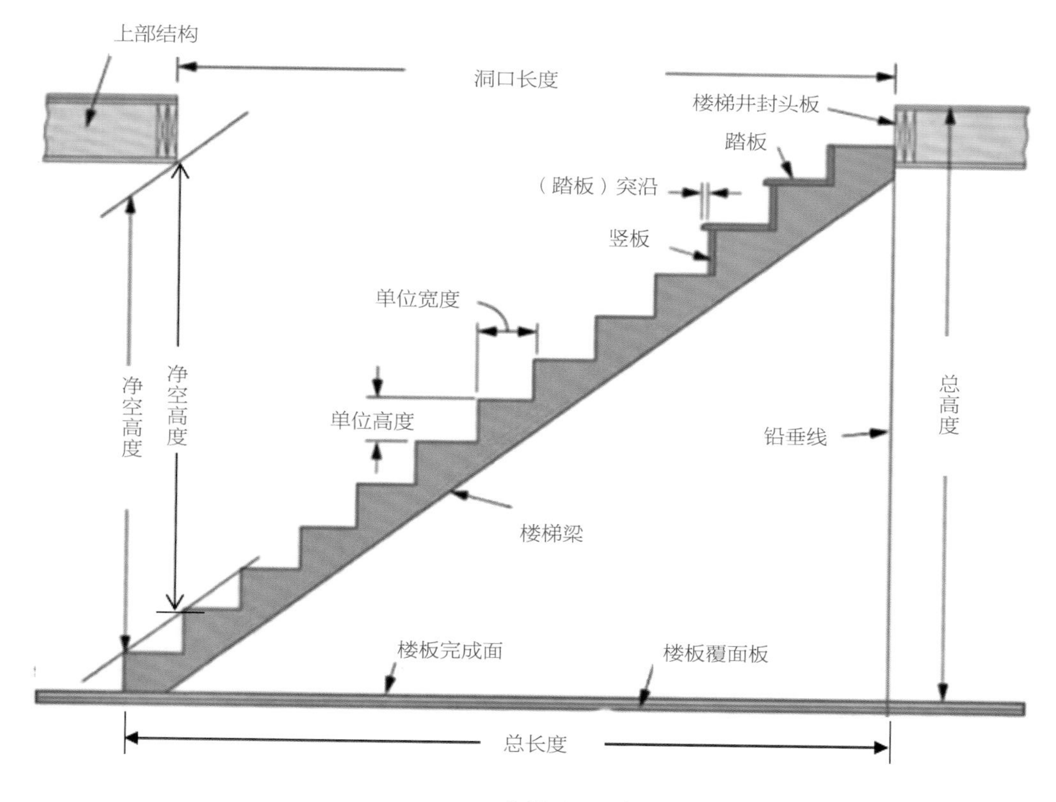

楼梯测量示意图

一般性要求

现场测量指使用某种测量仪器或测量工具对已成型楼梯的相关尺寸进行实地测绘，或对土建或装修设计方案中的楼梯位置进行实地测绘的过程。

测量工具：一般使用 5 m 钢质卷尺、直角尺、水平尺和线坠。特殊情况下，需使用红外线测距仪和数显角度仪。

测量记录纸：采用公司统一的 A4 纸（210 mm × 297 mm）。手绘草图使用中性笔，按比例绘制现场楼梯的测绘结果和尺寸标注。

测量标准

常见楼梯的测量有以下测量标准。

① 常见楼梯的测量指在建筑物的土建设计中，有室内楼梯项目，而在土建施工中未实施，在土建施工结束后，由客户在二次装修时实施的项目。

② 首先，对楼梯间的墙体结构进行目测，确定墙体是否为空心砖、水泥砌块或混凝土结构，初步确定楼梯的受力点位置。必要时用冲击钻在受力点 400 mm × 400 mm 范围内钻空取样。

③ 其次，测量楼梯间的洞口尺寸及层高。洞口尺寸一般指楼梯的步长和步宽在水平面上的投影尺寸。测量时注意洞口的角度不足 90° 时，要用角度仪测量洞口角度，洞口尺寸应选择至少两点进行测量，以减少洞口尺寸的测量误差。

④ 层高、梁高（或楼梯厚度），层高是地平面 +0.00 到二楼楼面的垂直距离，因此测量时要保持钢卷尺与地平面成 90° ，必要时用线坠辅助测量。梁高与楼梯出口有密切关系，不同结构的楼梯对梁高有不同要求。若楼梯出口无梁结构，在测量中要特别注明是楼梯厚度（通常现浇楼板厚度为 100 ～ 150 mm）。

⑤ 楼梯间墙体几何形状的测量。一般来说，土建施工过程中墙体、梁、柱、楼板都存在一定的施工误差，这是正常现象。但是，有些墙体是后砌的。初步确认楼梯的安装位置后，必须用角度仪测量墙体间的角度，为楼梯设计提供参考。

⑥ 楼梯间相关位置的测量。初步确认楼梯的位置后，对相关的墙面、地面、楼面、梁、柱、门等进行相关位置测量，如墙面上的电、水管等是否在安装楼梯时发生位置干涉。

水泥现浇结构楼梯测量有以下测量标准。

① 在楼梯方案没有确定之前，测量该楼梯的步长、步宽和步高，以备核算价格之用。测量楼梯的层高、出口梁（或楼板）的厚度，并验算楼梯的安全高度是否符合标准。

② 现场确认楼梯主体栏杆和扶手的设计方案是否符合楼梯安装的基本要求。

③ 若内装栏杆安装在原水泥结构加大理石踏步板的结构上，要求该踏步结构施工时用水平尺找平，水平误差不超过 +2 mm，大理石下面的水泥砂浆层不能有空洞，而且水泥砂浆层厚度不超过 20 mm。

④ 若内装栏杆安装在原水泥结构加装的木质踏板上，要求原水泥踏步结构重新施工时找好水平，水平误差不超过 +2 mm，表面的水泥砂浆层厚度不超过 20 mm，且完全干透。

⑤ 原水泥结构楼梯加装细木工板后，再安装木质踏步板，要求铺设细木工板时找准水平，水平误差不超过 +2 mm（此方案为特别推荐）。

⑥ 有水泥结构楼梯的步长、步宽和步高必须是在踏步结构按上述要求重新整修后的净尺寸，每个踏步的高度误差不超过 +5 mm，以保证使用者行走安全。

⑦ 外挂栏杆要求水泥结构的踏步外侧表面平整，砂浆层厚度不超过 20 mm；踏步外侧需要重新用木质板装饰的，

装饰层与原水泥结构连接。不允许用石膏板作为表面装饰层板。

⑧ 异形踏板的步长、步宽和步高以实际放样为准。

⑨ 首先对楼梯间的墙体结构进行目测，确定墙体是否为空心砖、水泥砌块或混凝土结构，初步确定楼梯的受力点位置。必要时用冲击钻在受力点 400 mm × 400 mm 范围内钻孔取样。

⑩ 测量楼梯间的洞口尺寸及层高。洞口尺寸一般指楼梯的步长和步高在水平面上的投影尺寸。测量时注意洞口的角度不足 90° 时，要用角度仪测量洞口角度，洞口尺寸应选择至少两点进行测量，以减少洞口尺寸的测量误差。

⑪ 层高、梁厚（或楼梯厚度）。层高指地平面到二楼楼面的垂直距离，因此，测量时要保持钢卷尺与地面成 90°，必要时用线锤辅助测量。梁厚遇楼梯出口有密切关系，不同结构的楼梯对梁高有不同的要求。若楼梯出口无梁结构，在测量中要特别注明是楼梯厚度（通常现浇楼板厚度为 100 ~ 150 mm）。

⑫ 楼梯间墙体几何形状的测量。一般来说，土建施工过程中墙体、梁、柱、楼板都存在一定的施工误差，这是正常现象。但是，有墙体是后砌的，初步确认楼梯的位置后，必须用角度仪测量墙体间的角度，为楼梯设计提供参考。

⑬ 楼梯间相关位置的测量。初步确认楼梯的位置后，对相关的墙面、地面、楼面、梁、柱、门等相关位置进行测量，如墙面上的电、水管等是否在安装楼梯时发生位置干涉。

钢结构楼梯测量有以下测量标准。

① 一般钢结构楼梯都要进行二次装饰，这些楼梯的测量除参照水泥结构的楼梯测量方法之外，主要是栏杆安装部位的宽度尺寸必须符合设计要求，钢结构楼梯的踏板外侧距离栏杆安装中心线不小于 50 mm。

② 一般钢结构楼梯采用角钢焊接方法制成。角钢的宽度有一定限度，因此内装栏杆时，角钢的宽度在必要时需加宽，总宽度不小于 80 mm。

③ 一般钢结构楼梯的踏板外侧多为空心结构，因此外挂栏杆时，踏步外侧必须用厚度小于 5 mm 的钢板封闭，或用宽度不小于 80 mm、厚度不小于 5 mm 的钢板沿外挂栏杆的中心线与钢结构焊接。

④ 钢结构楼梯用木制材料包敷时，首先考虑钢材的热膨胀系数与木制材料的热膨胀系数相差很大，设计时根据材料热膨胀系数和楼梯的尺寸大小预留一定的间隙，一般预留 1 ~ 2 mm，北纬 45° 以北地区预留 2 ~ 3 mm 为宜，或用 2 ~ 3 mm 厚的橡胶片在两种材料连接时做垫片之用（此方案为特别推荐）。

⑤ 钢结构楼梯的踏步板与整体结构连接时，踏步板两侧必须预留 1 ~ 2 mm 的间隙，以防止踏步板侧面与结构产生摩擦而发出响声。

4．吊顶测量方法

方法略。

5．复杂及障碍测量方法

方法略。

6．其他测量方法

如有条件，可选择效率较高，数据较精确的测量工具——测量神器。测量神器能控制测距仪测量，数据在测量神器上可以现场绘制 CAD 平面图并得出面积、周长、不含门窗的墙壁面积等，实用性强，具有优秀的人机交互功能，高效、省时、精准、易用。

7．测量常见错误锦集

量尺第一种错：量了 1530 mm，写成 1350 mm。

量尺第二种错：整数类 2300 mm 高，少量了 100 mm，量成 2200 mm 高。

量尺第三种错：不细心、不耐心导致出错，复尺时走个过场，甚至未复尺导致出错。

第一种错，新手一般都会犯，量的是对的，写的是错的；第二种错，主要是量高度，包括房间层高和房门洞高。设计师把房间层高 2900 mm 高量成 2700 mm 高，导致一个房间所有产品全部退回重做的案例不在少数。

设计师自述一：去年的一个案例，复测楼梯时，步长是 1150 mm，不小心看成 1050 mm，一整跑楼梯都少了 100 mm。如果是长了 100 mm，到现场可以切割，短了就直接作废，还好后来下单之前觉得不对劲，后来又跑工地去量了一次，果然少了 100 mm，没有造成损失。事后进行总结，如果对数据尺寸有一丝怀疑，那么不能怕麻烦，多跑一次可以减少很大的损失。

设计师自述二：错误经历或多或少肯定会有。最多的情况是自己看错，属于低级错误；最常见的是与客户沟通、对接、跟踪不到位，客户或装修方私改现场，导致现场尺寸变动。测量一般不会出错，对尺寸的把握一般在收尺上。这是个严谨的技术活，要细心，有些人天生不适合。首先，要热爱。其次，要注意技巧。比如，量一个门洞高度，要注意门洞的上面部分也量一下，再量总层高，这样求和的数据就有对比性，有问题可以及时发现。量宽度也是，量几个位置时记着量一下总宽，这样就可以减少出错率。其三，认真负责。复尺很重要，如果态度不好，晃一下就回去了。

8．设计师对测量常见错误经验总结

门洞测量

高取：左中右最低点（若门槛石未完成，需取完成面高度）。

宽取：上中下最窄点（若遇无耳朵情况，需绘图示意或标注明了）。

厚取：四周最厚点。

现场观察要领

① 门洞是否一样高，若不一样，需与客户沟通并统一高度。

② 门与门之间的距离太小，是否需要现场调整。

③ 无耳朵等情况，现场解释、现场解决。

④如做豪华门套帽头，现场是否可行（对碰问题及门洞上到吊顶的高度是否足够）。

⑤推拉门做几开合适，导轨位置是否足够。

⑥大门开向问题（不可忽视，需以绘图形式表示室内室外，有的客户会耍赖，以防万一。）

⑦子母门中子在左还是右的问题。

⑧现场水平线不能确定时，应及时与客户确定并说明影响，再进行测量。

⑨尺寸核对（勿发生把 2100 mm 记成 2000 mm 等错误）。

⑩柜门安装铰链安装位置是否够。

⑪拉手是否会挡住而打不开。

⑫现场墙体斜时，柜体预留尺寸问题和收口处理。

⑬现场必须仔细拍照并留存记录。

⑭测量数据保管好，及时沟通少烦恼，核对清晰思路明。

⑮ 在测量方面，看尺时容易看错，看少了或看多了 100 mm。一些细节上，有的尺寸可调节时不要量得刚刚好，留点余地，方便调节。

3.3 全屋定制设计的内涵

整装行业的兴起标志着产品主导市场的时代已结束，设计主导市场的时代已开启。整装是一项复杂的系统工程，不经设计深化而凭传统做门、做楼梯的单品时代的做法根本做不出精品，顾此失彼，更缺少设计感。

正因为是方兴未艾的朝阳产业，整装行业难有真正意义上的深化落地设计师，因此达不到深化落地不补单的基本要求。目前的整装深化落地设计师基本上从原先的室内设计师、家具设计师以及绘图员转变而来，缺乏临场经验和整体意识，所以在实践中出错率高达 30% 以上，对经销商和终端客户造成不利影响。确切的说，整装深化落地设计师的职责是：把室内设计师的东西以产品的形式，准确无误地呈现在生产车间（标准化）和工地现场，完美无缺地交付客户使用，这需要有丰富的实战经验。

3.4 全屋定制标准化设计流程

3.4.1 设计师的工作流程

1．初测

设计师在接到门市部要求上门测量尺寸时，应先自行了解客户的相关情况，如客户的体形（高、矮、胖、瘦）、爱好、品位，以及空间设计要求（样式、风格、色彩），等等。

实地测量时，要全面测量房子的实际结构，做好详尽记录。比如。墙体角度、层高、插座开关位置、窗户的位置、落水管的位置、水电气表的位置(在初尺稿子上体现出来)

了解房子电梯的位置大小情况，以便后期设计时考虑货物的大小，询问客户房间内结构是否还有要改动的地方。

实时实地与客户进行交流和沟通，有条件的话，可以在墙体上画出相应的家具位置，取得客户的信任和认同。

2．出初方案图

根据初测的实际情况，结合客户的情况和要求，因地制宜，因人而异，依据人体工程学的原理，结合一些美学基本知识，量身打造既满足客户要求又符合科学原理的最优化设计方案。

对于确实不能满足客户要求的，应寻求最合理的解决方案，以专业的眼光并运用丰富的实践设计经验来看待问题、处理问题和解决问题，力求尽善尽美。

房间内，按照客户的施工图纸来确定家具摆放方向、位置及大小尺寸；橱柜水盆柜等应设置在离窗最近的位置，以便采光；燃气灶和油烟机应靠近烟道，以利于油烟机排出油烟；卫浴柜尽量不处于开门的方向；衣帽间要充分考虑各种物件的储存。

注意房间内衣柜与门套线、衣柜与家具（床头柜）是否会“打架”。

3．确定方案

客户在展厅看方案时，设计师应以专业的素养和自信、大方、得体的语言详尽地阐述设计方案的理念、意图和相关细节，指出其合理性、科学性、可操作性，与客户共同协商、解决不足之处，修改并完善设计方案，让客户不留任何疑问。

客户确定方案后，设计师在出水电图时，标识和尺寸标注务必准确明晰、一目了然；向客户讲明每个插座和开关的用途，管线位置的高低；向客户强调，应严格按照所出的水电图布线和施工，并使用公司标准的水、电图框。

4．复尺

复尺时，尺寸和角度要求精确至毫米级。注意水电气表及其他露在外面的东西，确定各自的具体位置和尺寸。

注意整体墙面的垂直度，分别测量墙面上、中、下的实际长度。

详细查验各插座及管线位置是否按所给管线图施工，如有不是的地方，应向客户提出，并要求整改。

必须测量整个房间的净高，依据水平线确定高度时应预留调节空间。

注意测量门套、窗套的深度、宽度、厚度，是否里外有高度差。

确认基材的材质及厚度。

注意踢脚线材质。

5．签订确认订单合同

再次详尽地向客户阐述整套设计方案。

重点讲清楚每个细节，做了哪些改动及如何处理和解决，不让客户留任何疑问。

根据复尺情况，将要求客户自行解决的问题以及安装时和安装后不可避免的问题写入合同及图纸。

向客户说明，所出的图纸仅供参考，具体尺寸及柜体结构详见平面图和立面图。

向客户说明嵌入电器、保险柜等安装时出现的问题及解决方法。

将客户自购的电器、水盆、龙头、保险柜等的尺寸写入合同，同时写明客户自购配件到货时间。

客户图纸和合同一式两份，沟通完毕后，要求客户在图纸和合同上签字。

6．下单

图纸标注清楚客户姓名（全名），安装地址，联系方式。

柜体下单图纸平面图上的尺寸要求对应明细表上的尺寸。平面图、立面图、剖面图、节点图相对应。

根据复尺的尺寸，注意开门、拉门和转角门的开启问题，保证正常使用。

仔细检查各处接口的收口问题及安装的便捷性。

应考虑工厂生产时如何加工省料、方便和快捷，能做成标准尺寸的尽量不做非标，特殊情况除外。

详细对照合同下单，注意五金配件及电器尺寸。

将所有在生产和安装时要说明的问题及注意事项写入下单图。

原始图纸需标注出开关、插座、气管、落水管等的位置。

7．安装交底

安装工人进场安装之前，需进行安装交底，明确安装位置、步骤、注意事项等；

安装过程中出现问题时，及时与安装工人取得联系，征询客户意见，确定最合理的解决方案。

现场出现问题时，及时上门，处理并解决问题。

客户要求改动方案的，现场与客户拟定改动协议，双方确认，先付款后实施。

8．补单及收尾款

全屋定制会出现一些补件，需要迅速反应、迅速补单。

有些案子是安装后收尾款的，需要及时跟进，收全尾款。

安装结束后打扫现场卫生，拍照确认，以备后用。

3.4.2 设计师的设计流程

设计前：审核图纸，分析橱柜布局；问卷调查；平面布局分析及其功能规划——障碍分析、隐性风险分析、人体工程学设计、人文关怀设计。

测量。

平面图制图。

立面图制图。

图纸拆分、零件图制作。

出图下单。

3.4.3 定制家具工业化生产标准实施

设计绘图标准化。

产品款式规范。

使用材料规范。

制作部件工艺标准。

生产定额规范。

品质规范。

工期规范。

五金规范。

3.4.4 定制家具工业化设计八大要素

1．原创设计图审核规范化

灯位图。

吊顶图。

地平地砖拼图。

门窗位置图。

2．设计风格元素的正确应用

3．布置的合理化

层高和设计元素比例应用。

地面拼图和设计元素统一性。

成品家具的平面使用面积和定制家具合理性。

空间色系和定制家具的材料选用、油漆色彩协调性。

根据客户的生活习惯突出定制家具的功能化的应用。

木制材料在定制家具中的使用规范。

4．深化图纸规范化

立面图制图规范。

部件图制图规范。

5．工厂部件生产工艺标准规范化

6．安装简易、部件整体化

7．交接图纸规范化

绘制基础图交装修工队（即木作和基装衔接凭证）。

绘制护墙板安装图。

8．绘制全套定制家具测量图

3.5 识图、下单、拆单、图纸标注、制作表格

3.5.1 图纸细化

图纸调整之前，需具有现场最终的基础完成尺寸和现场完整照片。

检查测量图数据是否清晰。有疑问和漏洞、漏项的数据需重新复尺。

在图纸中，基础尺寸的线条采用红色粗线表现。

1. 俯视图细化

俯视图调整的注意事项

①间距尺寸和总长尺寸是否吻合(出入太大时，证明复尺时有误差)。

②墙厚或者凹墙深度尺寸是否已加墙板厚度(复尺时一般会注明是否已加墙板厚度)。

③细化出有柜体、门、门套、窗帘盒套、墙体阳角或包柱位置的产品节点图，有套线的地方需注意房间的反面套线压墙的距离，若不够，确定是否可以调整或改变套线尺寸。

吊顶图调整的注意事项

①吊顶和背景对中的关系(若不对中，有必要提醒客户)。

②风口、灯源与吊顶产品是否有冲突，或对产品安装制作有影响(若有，需要与客户协调)。

③调整好尺寸后，细化出吊顶与产品的节点图。

④图纸调整好后，必须将吊顶图镜像，变为仰视图。

2. 立面图细化

俯视图调整的注意事项

①根据调整好的俯视节点图和测量的尺寸同时进行调整。

②注意插座、开关与产品是否有冲突(如有冲突，确定是否可以现场处理，或与客户协调)。

③客户提供与产品有关系的设备尺寸是否齐全和准确，检查是否有冲突(如家具、壁灯、软包等)。

④踢脚线的颜色与地板要一致，客户需提供踢脚线的尺寸。

⑤注意复核的尺寸层高是否是完成面。

⑥墙板靠墙位置根据安装方法预留。

⑦注意背景与吊顶的关系。

⑧检查每个立面的标高、线条的规格等是否统一。

3.5.2 产品拆分

产品拆分人员必须了解生产工艺、安装工艺，以及客户对产品的特殊要求。

1. 墙板类拆分的注意事项

①拆分线采用粉色粗线表现。

②拆分时注意规格不宜过大，也不能过于琐碎。

③转角和交接位置注意相互关系和尺寸(阳角应在工厂组装好！)。

④接缝位置尽量避免外露，尽量少。

⑤编号尽量按照楼层、房间、数量为代码，如二楼卧室，编 2W-01\02。

⑥编号顺序按照同样类别集中编号，完全相同的产品编号统一，下单注明数量。

⑦编号字体需要显示突出容易识别，最好是背景覆盖，摆放位置正确。

⑧检查墙板块数有无漏编号。

2．线条类拆分的注意事项

①线条需要根据每个房间尺寸进行分解，尽量减少接缝（长度需要考虑运输和搬运上楼）。

②常规线条需要下备料（损耗或损坏）。

③小阳角线条需要在工厂进行组合。

④腰线、踢脚线与门套线的厚度关系。

⑤异形线条注意方向，尽量不拆散。

⑥不规则大雕花线条计算出对花位置。

3．木门类拆分注意事项

①特别注意墙厚是否有墙板厚度（高、宽、墙厚、门洞尺寸或外框尺寸根据厂家下单方式）。

②有墙裙的地方，门窗套线需要做反扣或者收口条。

③子母门、双开门、艺术玻璃门特别注明开启方向。

④客户对门扇或见光尺寸有特殊要求的注意换算。

⑤特别注意阴阳色的门的颜色和方向。

⑥注意帽头和线条与墙之间的距离。

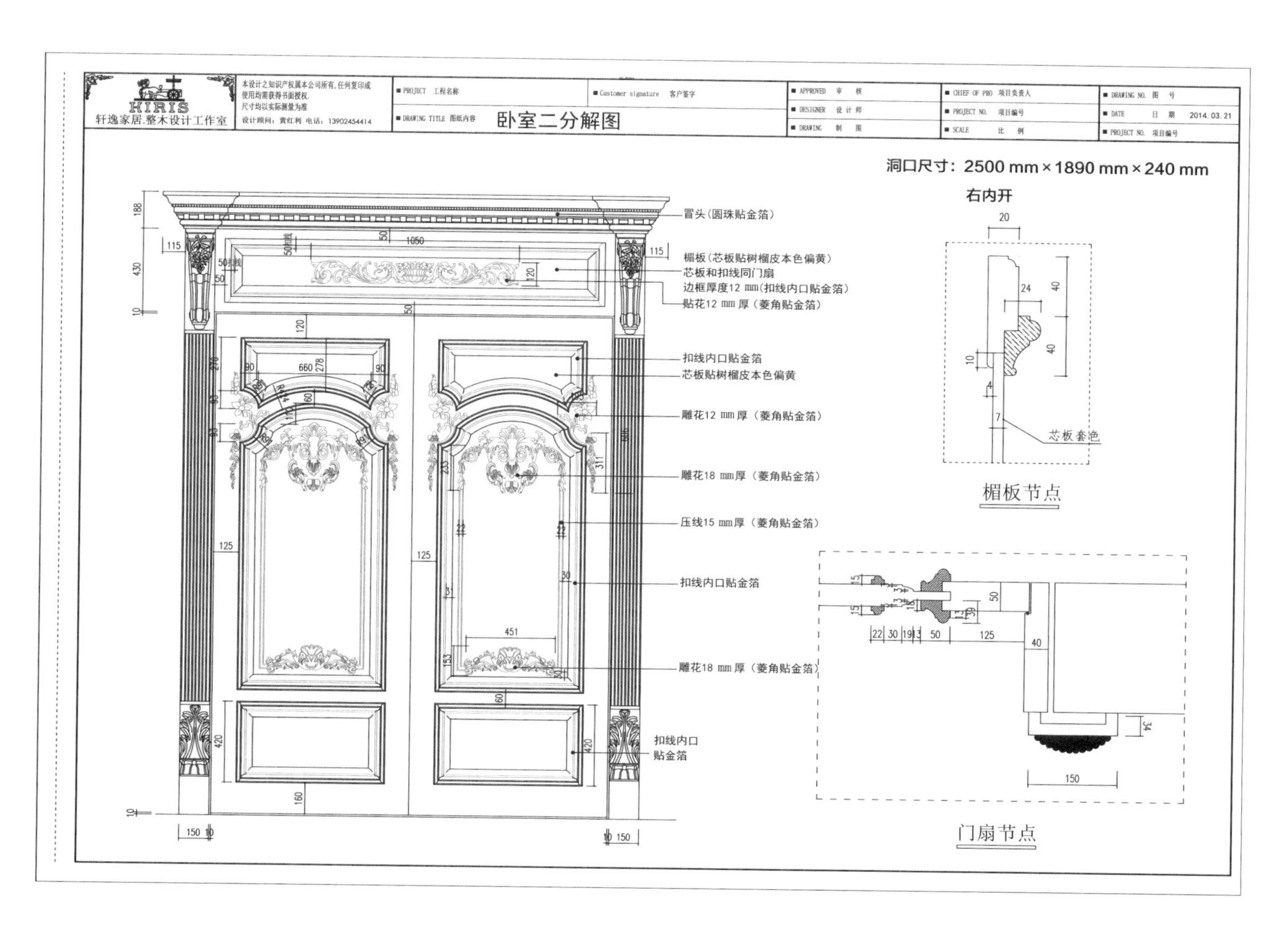

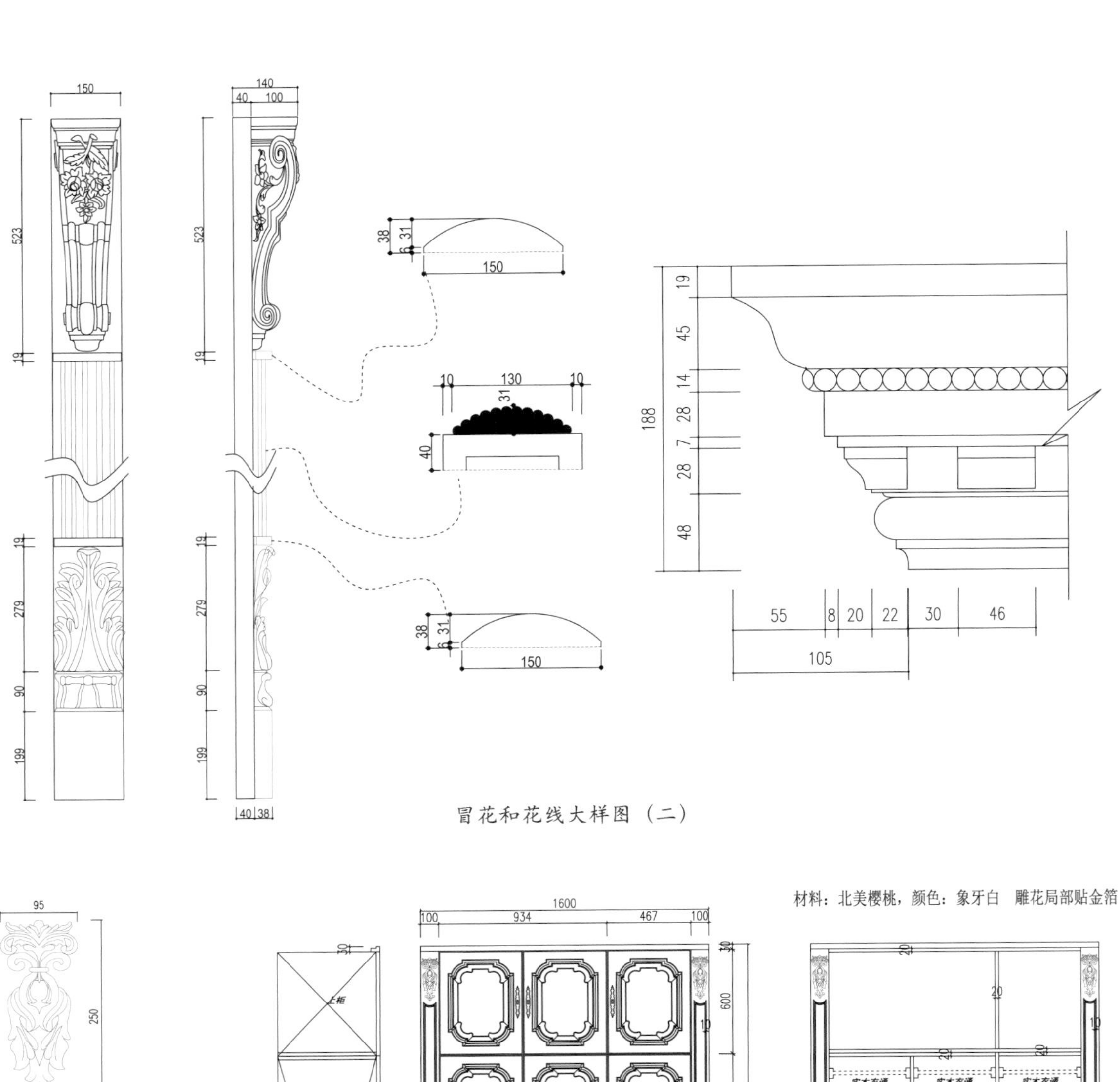

冒花和花线大样图（二）

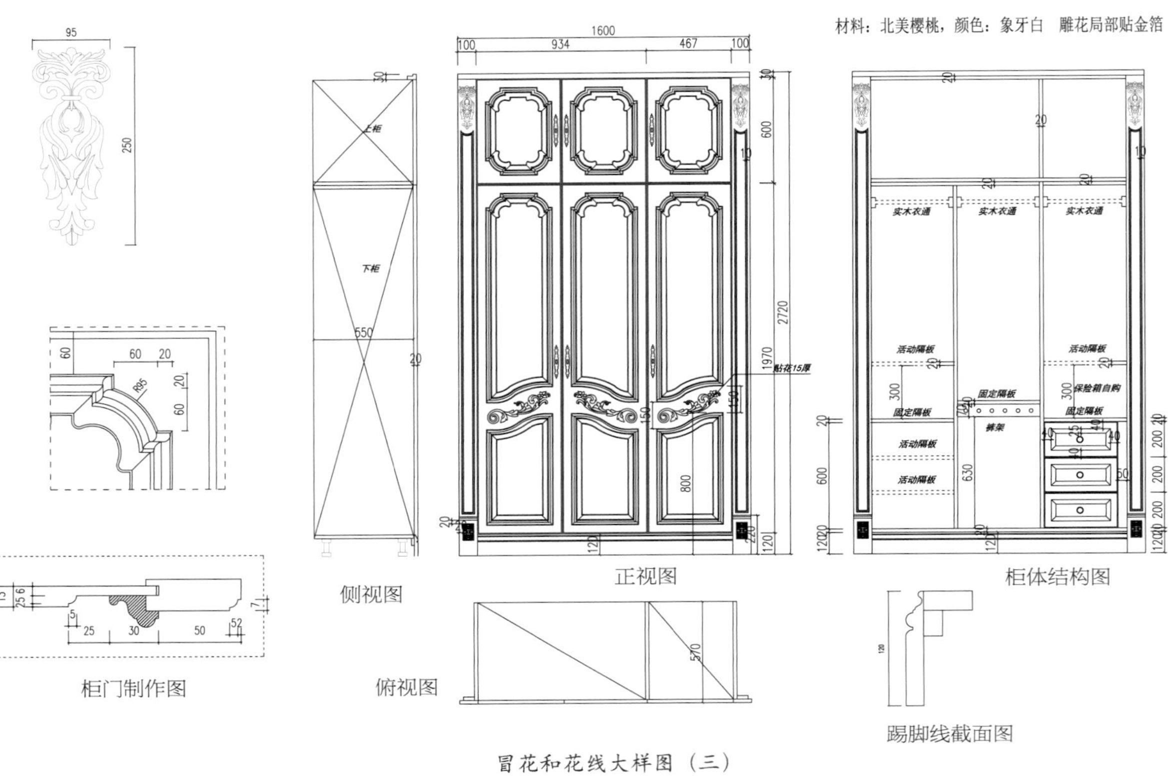

冒花和花线大样图（三）

4．柜体类拆分的注意事项

常规产品部件可用代码或文字注明，非常规产品部件需要拆分。

到顶的柜子尽量采用活动顶线拆分方法，或分上下柜，备收口线。

柜体五金设备规格尺寸是否吻合（如金属拉篮、裤架、格子抽、穿衣镜、保险柜等）。

柜体内部功能细化后需客户确认（根据客户要求进行调整）。

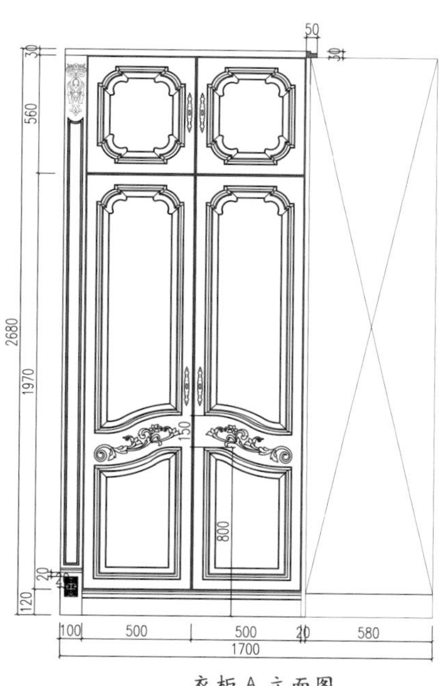

衣柜 A 立面图

柜门制作图

衣柜 A 立面柜体图

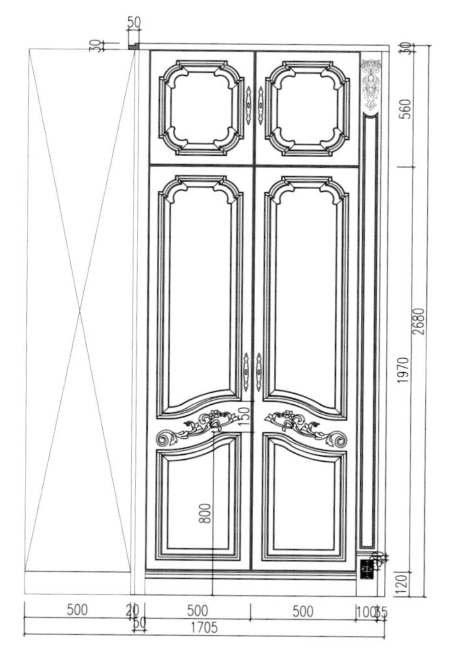

衣柜 B 立面图

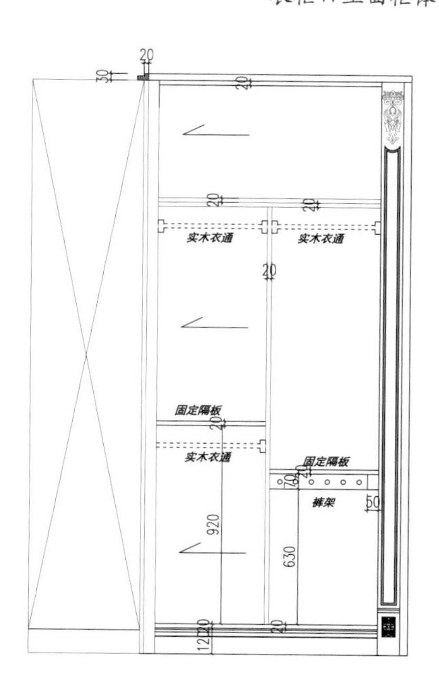

衣柜 B 立面柜体图

5. 酒柜拆分的注意事项

①了解酒柜结构——顶线、楣板、罗马柱、背板、X 酒架（活动）、插酒架（活动）、斜酒格（活动）、酒托（三节轨）、踢脚线。

②了解各部件之间的连接方式。

③根据节点拆分图纸。

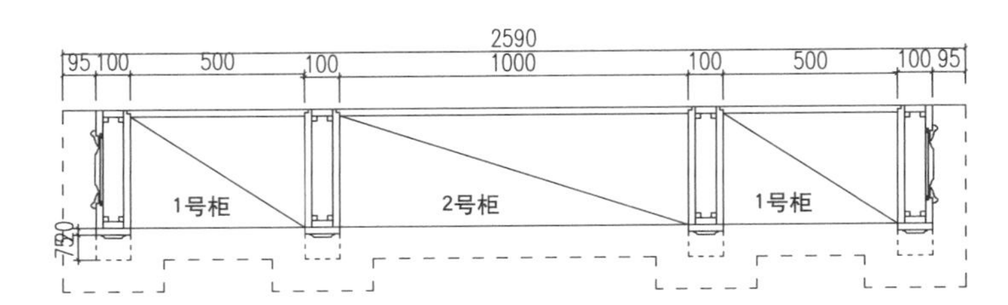

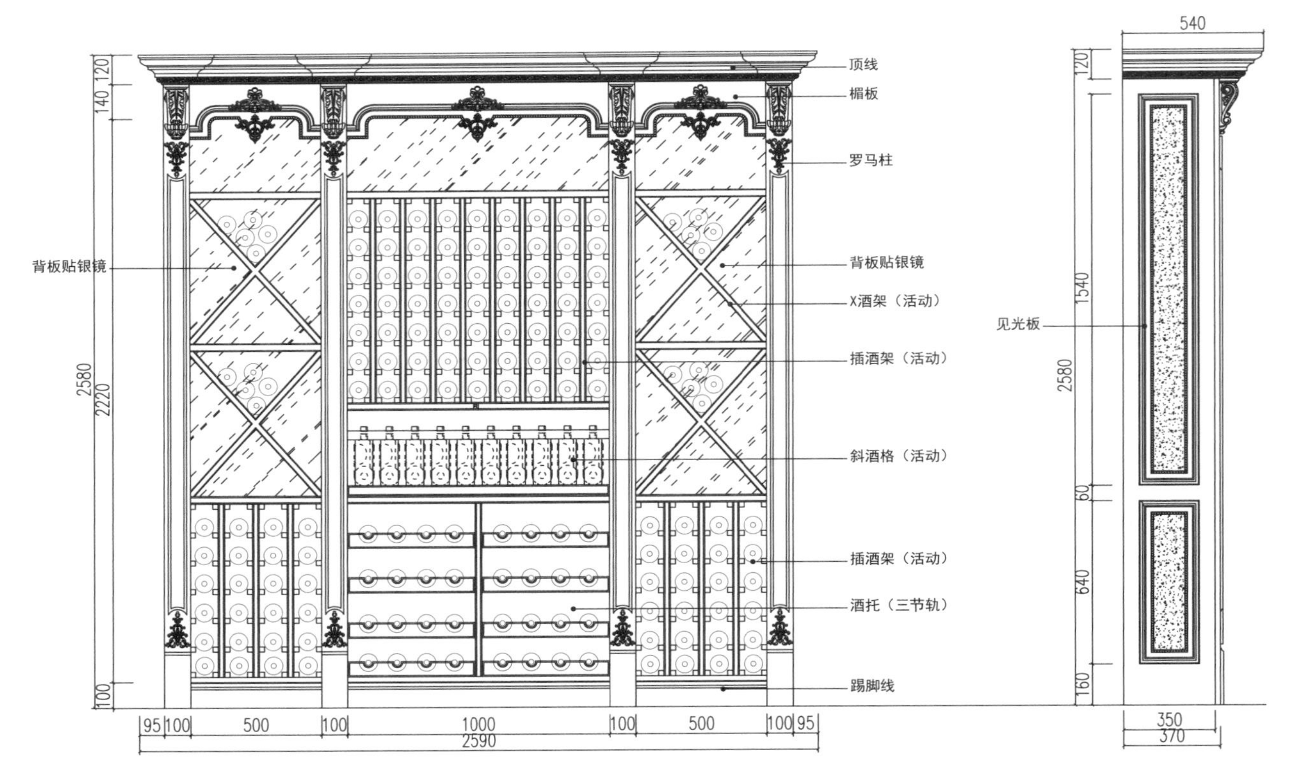

酒柜拆分图

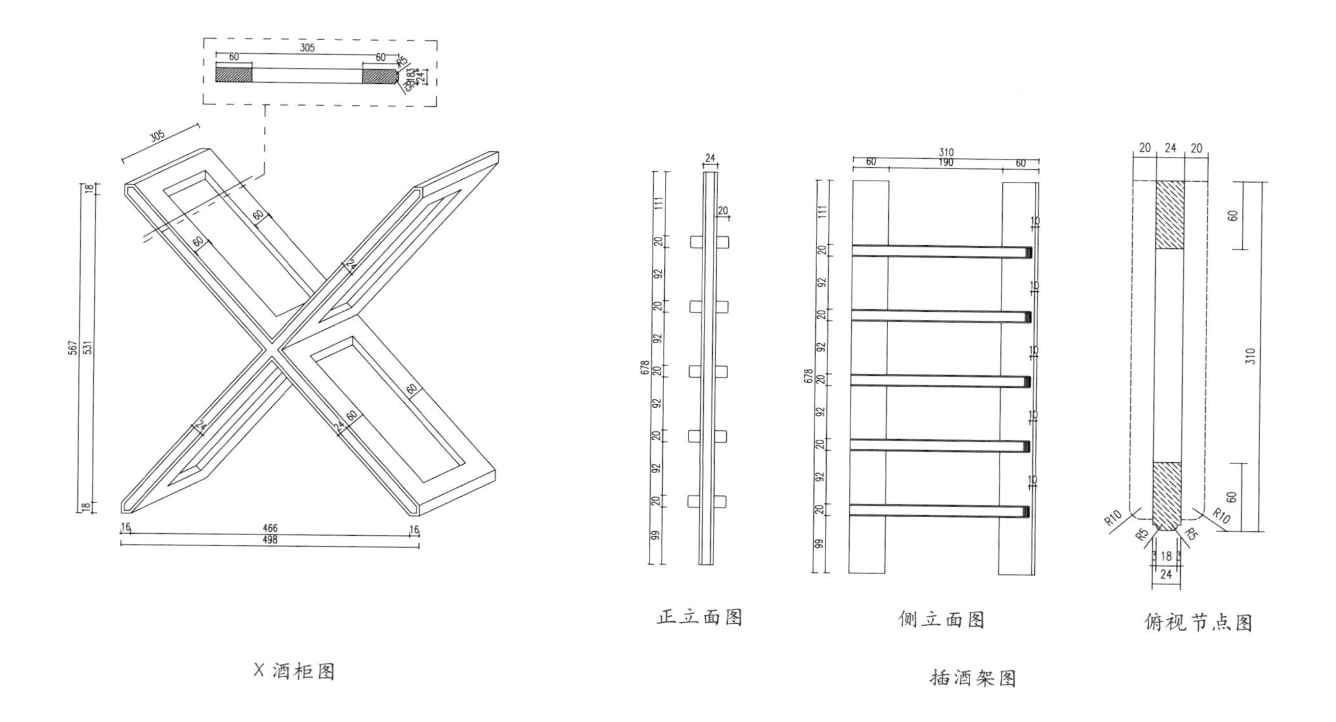
正立面图
侧立面图
俯视节点图
X 酒柜图
插酒架图

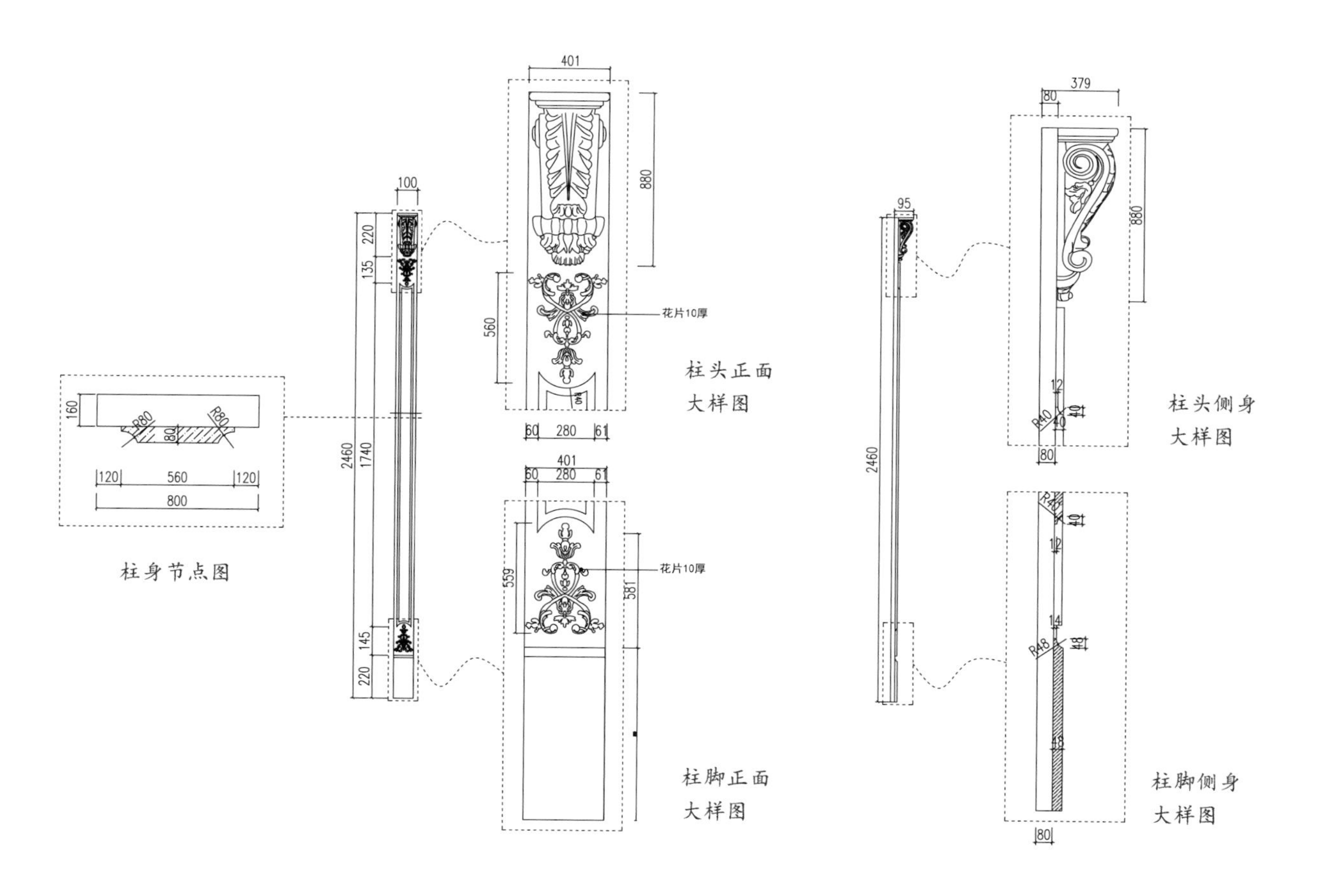
花片10厚
柱头正面
大样图
柱头侧身
大样图
柱身节点图
花片10厚
柱脚正面
大样图
柱脚侧身
大样图

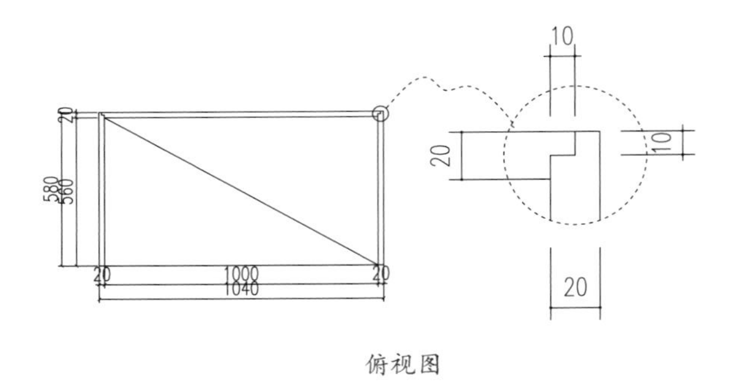

俯视图

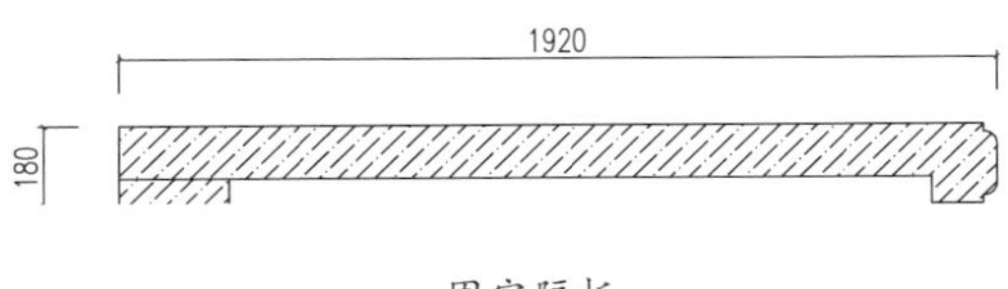

固定隔板

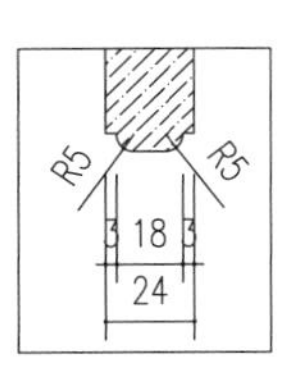

中立板前口

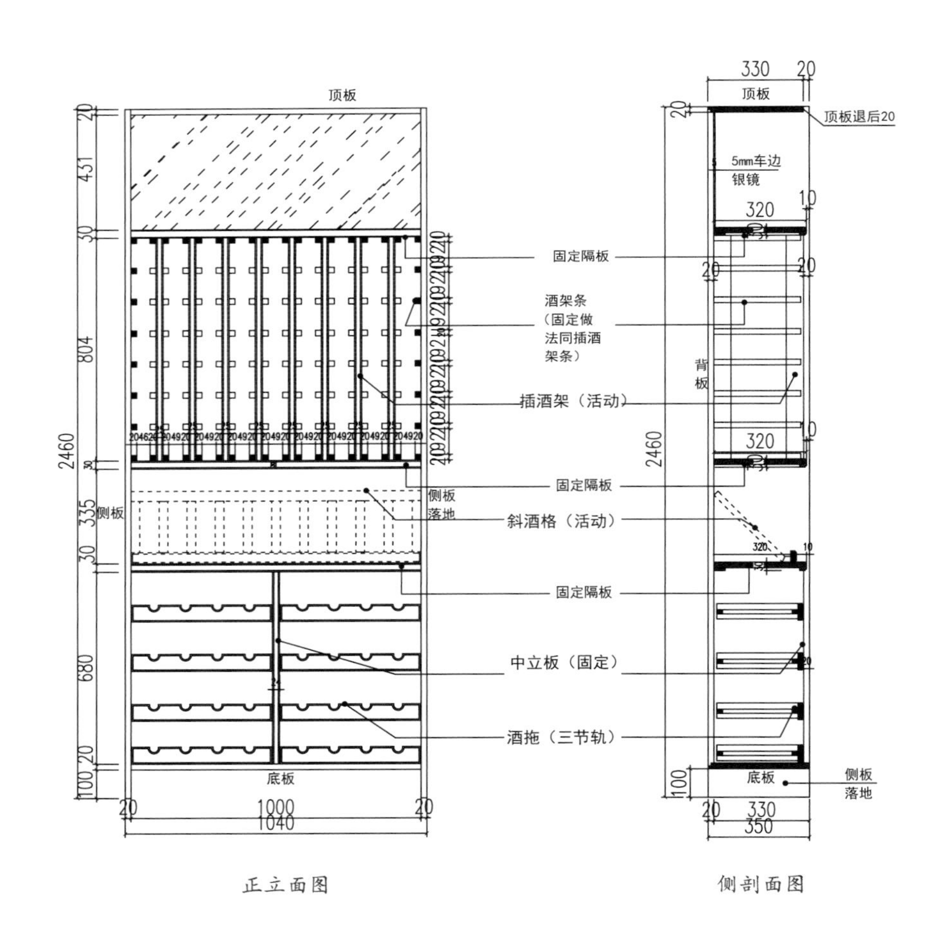

正立面图

侧剖面图

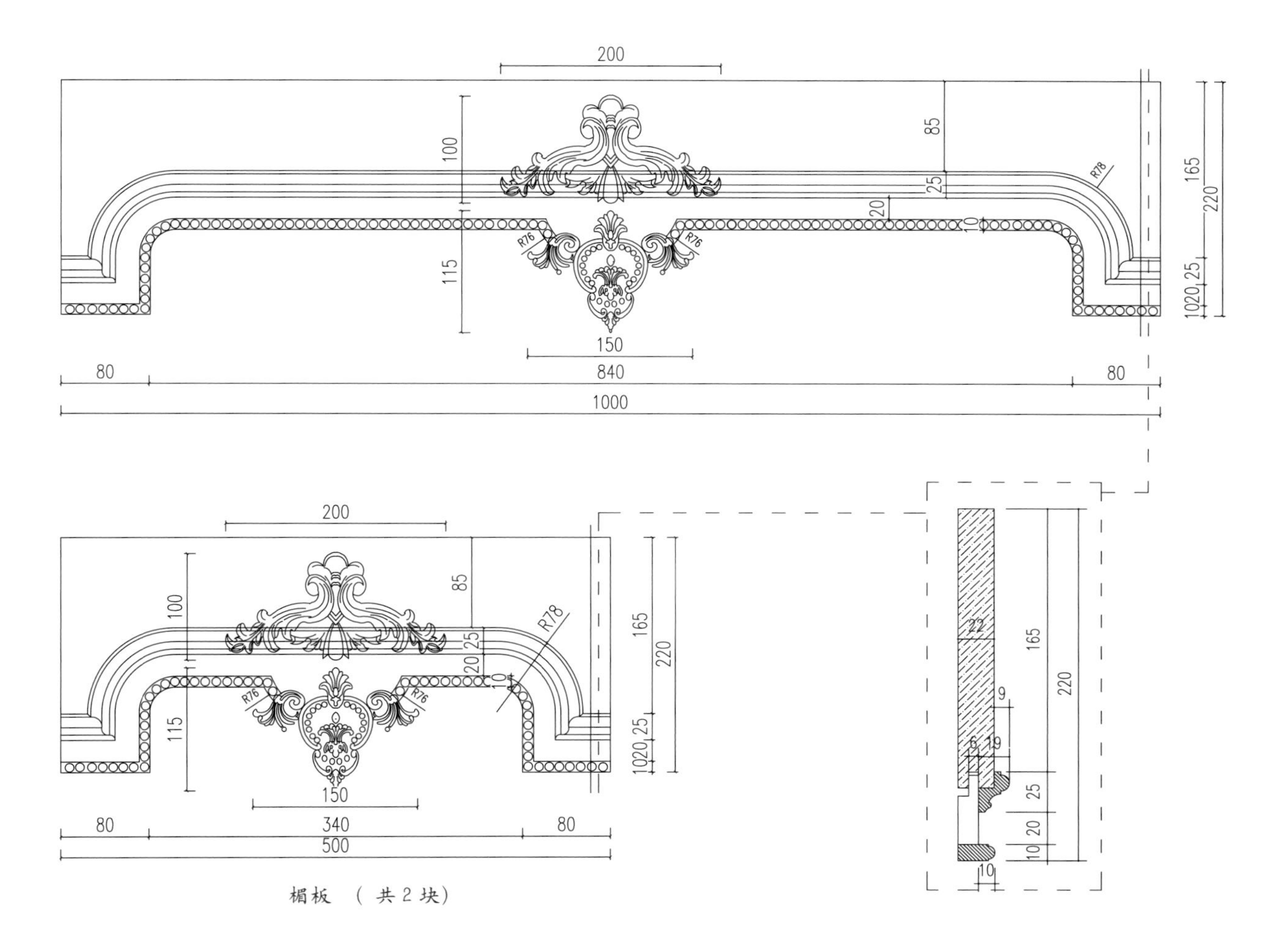
200
100
85
R78
165
220
25
20
10
R76
R76
115
1020 25
150
80
840
80
1000
200
100
85
R78
25
20
10
165
220
R76
R76
115
1020 25
150
80
340
80
500
22
165
220
9
6
19
25
20
10
10

楣板　（共 2 块）

3.5.3 出图下单的注意事项

图纸首页根据合同和客户的要求，编写总体的下单说明书。

图纸必须简洁明了，数据清晰，备注术语清晰（每张图纸不易过满或过小）。

HIRIS 轩逸家居.整木设计工作室	本设计之知识产权属本公司所有，任何复印或使用均需获得书面授权。尺寸均以实际测量为准 设计顾问：黄红利 电话：13902454414	■ PROJECT 工程名称	■ Customer signature 客户签字	■ APPROVED 审 核	■ CHIEF OF PRO 项目负责人	■ DRAWING NO. 图 号
		■ DRAWING TITLE 图纸内容 下单说明		■ DESIGNER 设 计 师	■ PROJECT NO. 项目编号	■ DATE 日 期 2014.03.21
				■ DRAWING 制 图	■ SCALE 比 例	■ PROJECT NO. 项目编号

下单说明

一、材料：北美樱桃木（碳化）

二、油漆工艺要求：
1. 油漆品牌用阿克苏（诺贝尔品牌）
2. 颜色：见色板(若非一种颜色参考图纸中备注)
3. 贴金按照图纸所示贴（金箔均为意大利进口24K金）
4. 墙板背面需要做色漆封闭（象牙白），注意编号要保留

三、木工工艺要求：
1. 所有墙板边框厚度都是20 mm厚
2. 所有墙板需芯板脱离
3. 所有雕刻均为机雕

四、工厂配置五金：
1. 柜类五金(品牌海蒂诗)
2. 柜门拉手和房门门锁、合页、门吸用奥泊品牌

五、包装运输要求
1. 包装外需要标识包装内有哪个房间哪些产品
2. 大件产品需要打木架加固，确保产品运输不会损坏
3. 运输安排整车直接送货到现场

五、安装工艺要求
1. 墙板采用免钉胶安装部分位置用少量枪钉稳固， 枪钉打在隐藏位置
2. 线条按照每个房间的长度配置 ，尽量用整根
3. 对缝保证平直，均匀
4. 安装流程按照以下顺序：天花、墙板、门、门套窗套、线条、柜子、线条类
5. 有石材结合的地方需要石材装好后墙板收口
6. 现场风口和电源需要改动位置的，需要甲方现场配合

图示（一）

图纸编号顺序应按照顺序（如先墙板类、线条类、木门类、柜体类）。

图纸下单之前必须打印出来进行审核。审核图纸字体大小和图形是否清楚，标注尺寸是否跑偏和移位，审核完成后，图纸导成 jpg 格式下厂（图片格式避免电子版有变动，但确保打印出来清晰），以电子文档为参考。

工厂下单员做完清单后，需要审核清单和图纸是否吻合（一般工厂里有专门的下单员）。

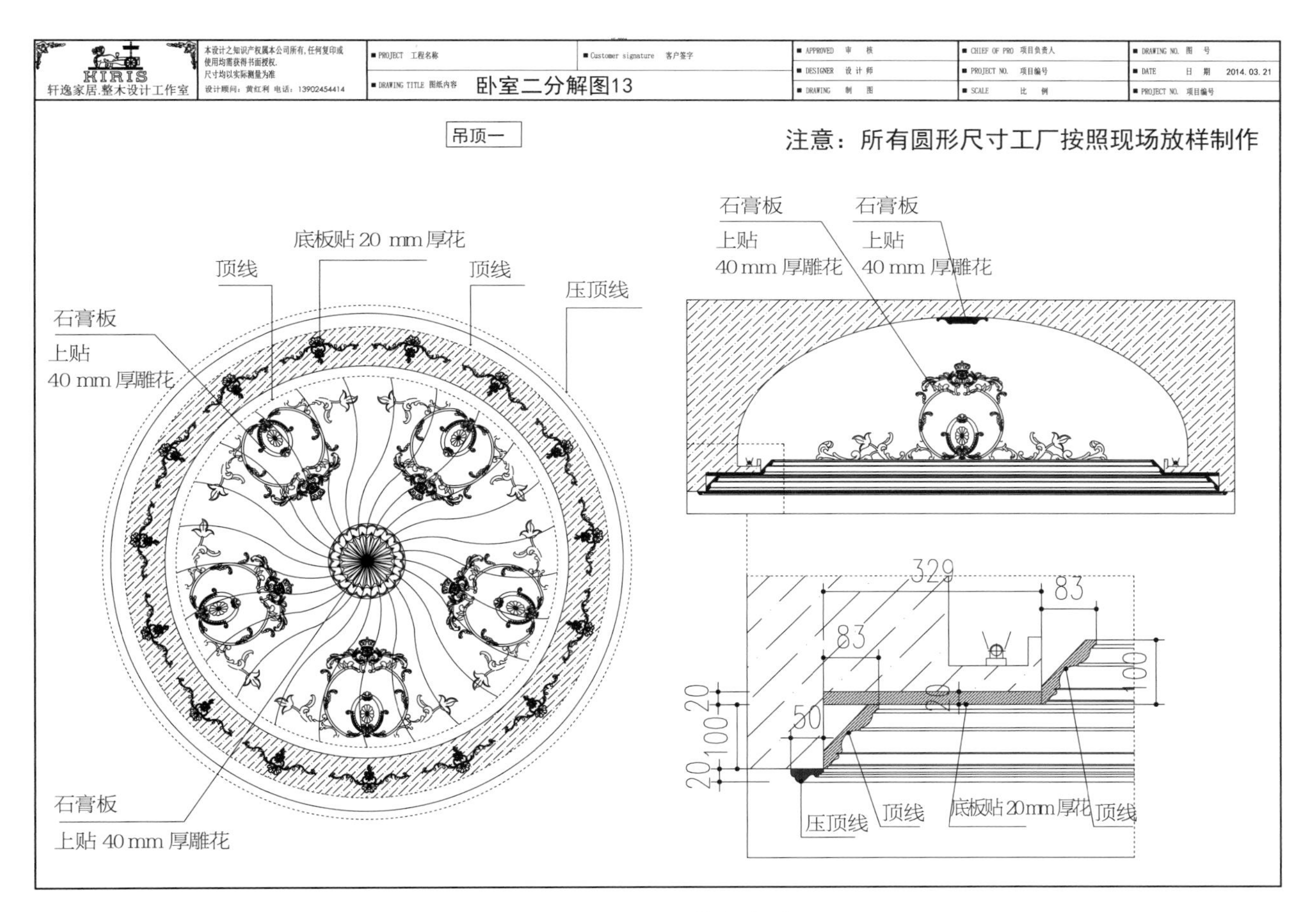

图示（二）

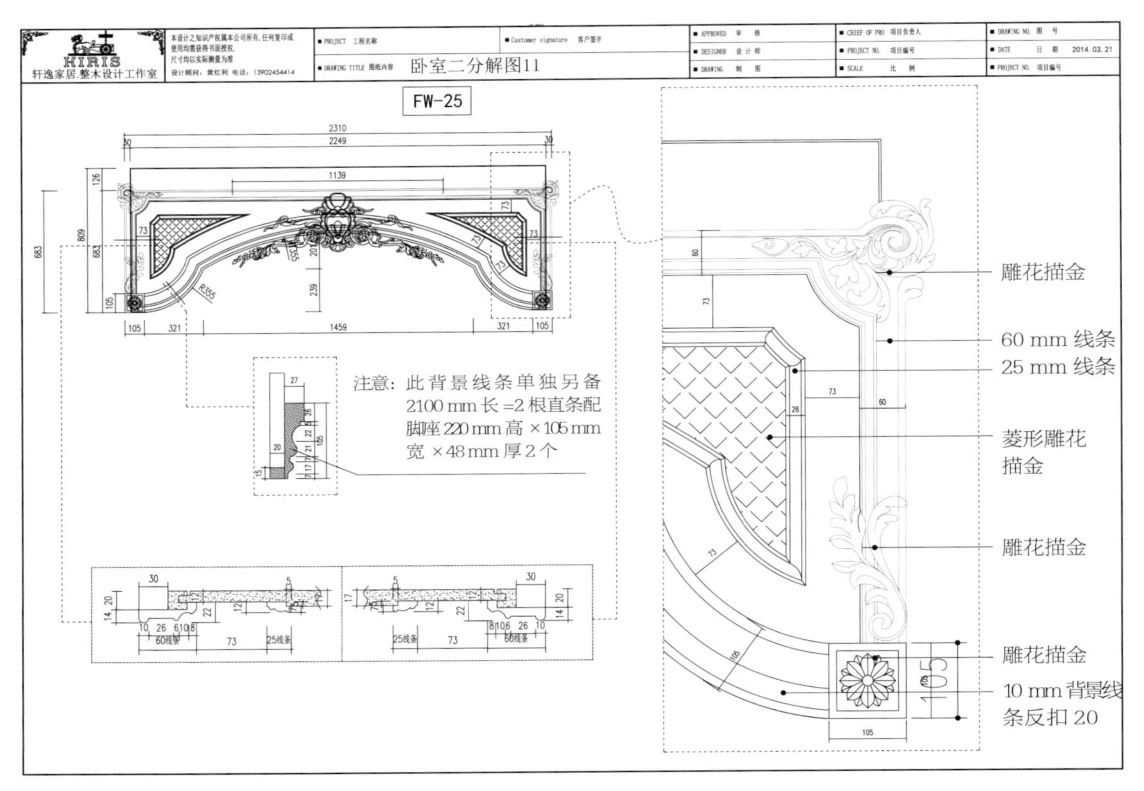
轩逸家居.整木设计工作室
本设计之知识产权属本公司所有,任何复印或使用均需获得书面授权.
尺寸均以实际测量为准
卧室二分解图11
2014. 03. 21
FW-25
注意：此背景线条单独另备
2100 mm 长 =2 根直条配
脚座 220 mm 高 ×105 mm
宽 ×48 mm 厚 2 个
雕花描金
60 mm 线条
25 mm 线条
菱形雕花
描金
雕花描金
雕花描金
10 mm 背景线
条反扣 20

图示（三）

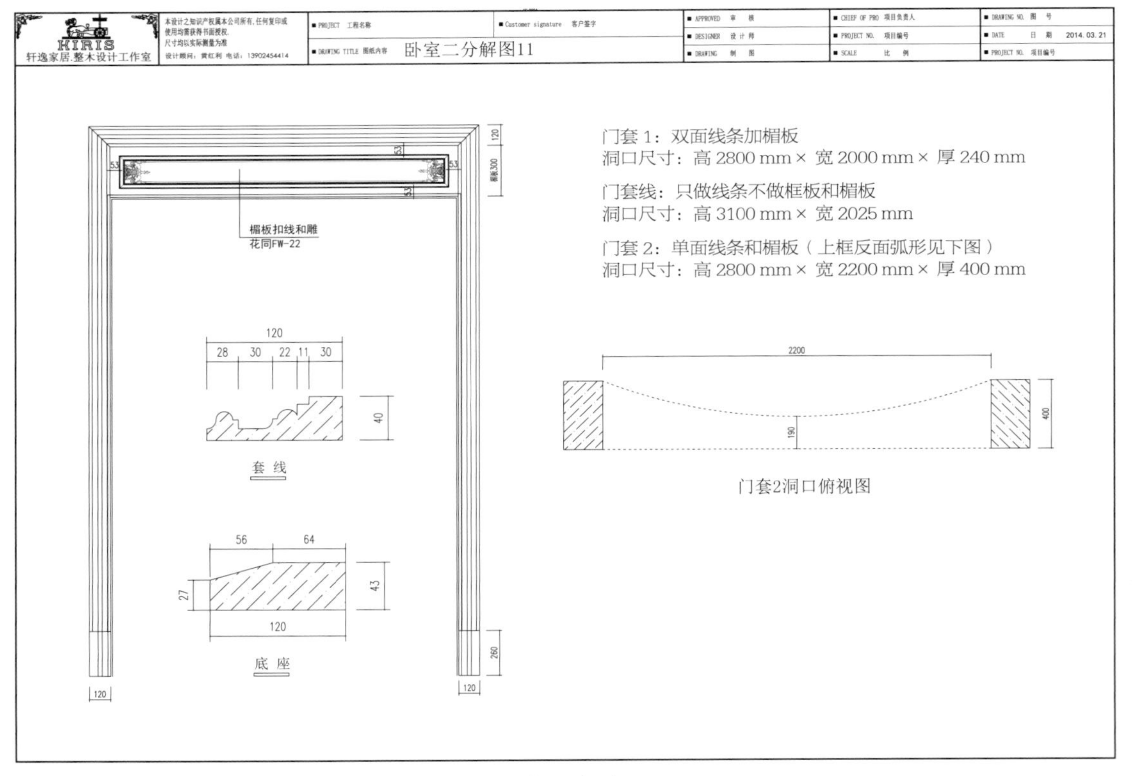
轩逸家居.整木设计工作室
本设计之知识产权属本公司所有,任何复印或使用均需获得书面授权.
尺寸均以实际测量为准
卧室二分解图11
2014. 03. 21
门套 1：双面线条加楣板
洞口尺寸：高 2800 mm × 宽 2000 mm × 厚 240 mm
门套线：只做线条不做框板和楣板
洞口尺寸：高 3100 mm × 宽 2025 mm
门套 2：单面线条和楣板（上框反面弧形见下图）
洞口尺寸：高 2800 mm × 宽 2200 mm × 厚 400 mm
楣板扣线和雕
花同FW-22
套 线
底 座
门套2洞口俯视图

图示（四）

3.5.4 下单说明示例

1．材料

北美樱桃木（碳化）。

2．油漆工艺要求

油漆品牌用阿克苏（诺贝尔品牌）。

颜色：见色板(若非一种颜色,参考图纸中备注)。

贴金按照图纸所示贴（金箔均为意大利进口24K 金）。

墙板背面需要做色漆封闭(象牙白),保留编号。

3．木工工艺要求

墙板边框厚度均为 20 mm。

所有墙板需芯板脱离。

所有雕刻均为机雕。

4．工厂配置五金

柜类五金(品牌海蒂诗)。

柜门拉手和房门门锁、合页、门吸用奥泊品牌。

5．包装运输要求

包装外需要标识包装内有哪个房间、哪些产品。

大件产品需要打木架加固，确保产品运输不会损坏。

运输时，安排整车直接送货到现场。

6．安装工艺要求

墙板采用免钉胶安装，少量枪钉稳固，枪钉打在隐藏位置。

线条按照每个房间的长度配置，尽量用整根。

对缝保证平直、均匀。

安装流程按照以下顺序：天花板、墙板、门、门套窗套、线条、柜子、线条类。

有石材结合的地方，需要石材装好后墙板收口。

现场风口和电源需要改动位置的，需要客户现场配合。

3.6 设计师规范及图纸要求、下单标准

3.6.1 设计师规范及图纸原则

1. 设计师总体规范原则

在有精装设计师配合设计的情况下，按精装方案执行，再进行方案深化，但必须结合生产工艺和安装工艺进行细化。

在有精装方案或自我设计的情况下，设计总体布局要结合视觉、感觉、比例及风格进行配比，同时避免颜色的相似性或同一视线内视觉冲击性过于强烈的色彩搭配，以免空间不协调。

在空间上要掌握整体施工顺序。

设计护墙板时，如果非精装设计师要求，尽量避免在同一视线内出现：

①颜色不同，但却是相近色系或木纹纹理。

②在同一视线内出现巨大反差。

颜色不同，但色系或木纹纹理相近

2. 设计尺寸的风险回避

固定家具、橱柜及护墙板涉及与石材或后期假墙及其他材料相交的地方，应提前与配套厂家或施工方做好尺寸预留。凡是对方先施工的，双方提前确定好预留尺寸，并签字。

在同一视线内出现巨大反差

3．与装修配合上的风险回避

高度测量：装修配合尺寸，首先确定现场的水平线高度，所有高度均按水平线高度往上测量，墙板若有踢脚线和顶线等，可调节范围大，故风险较小，设计减尺时适当控制，防止减尺过量导致影响造型和尺寸比例。家具方面要考虑安装所用的余量，以适当的装饰板或造型作为尺寸调节（如罗马柱、顶线、封条等）。宽度方面也要考虑墙面不平带来的尺寸误差，测量时要带好垂直测量工具，如铅垂或红外水平仪等，进行校准。

墙体厚度：木门及家具的洞口测量时要考虑墙面后期会有瓷砖、大理石或护墙板及其底衬导致的尺寸变化，建筑墙面测量时要考虑精装时墙面找平后的抹灰的厚度。

有的墙面还要考虑是否加保温层（主要针对客户自建或临时建筑的无保温墙体）。

4．与墙面有关的配合

在空调出风口处设计墙板时，注意空调冷凝水及温差导致变形和开裂。

在有壁挂空调、壁灯或其他装饰物的墙面上，要考虑安放位置及其与墙面造型的对称尺寸，防止且杜绝这些物品安放在非对称的地方或在造型的线条上。

沟通时，提前向客户出示索要家具、电器摆件等安放标准及尺寸标准的提示书，提前和客户沟通，使墙板尺寸与后期的家具等紧密配合。

为防止因粗心大意导致测量误差，在测量洞口时要测量多个点位，然后根据成品后的美观情况取舍尺寸。通常情况下，精装工人会对墙面不平进行找平，所以完成后尺寸有所缩小，故需特别注意。一些老式建筑或毛坯墙及建筑质量较差的墙体，表面务必做找平和垂直处理。

空测：指在施工墙体还处于未处理或未处理完毕的状况下测量下单。通常，工期紧张时使用这种方法（风险很高）。下单时，合同价格要有一定幅度的提高，作为后期的翻工费用。

空测的步骤如下所述。

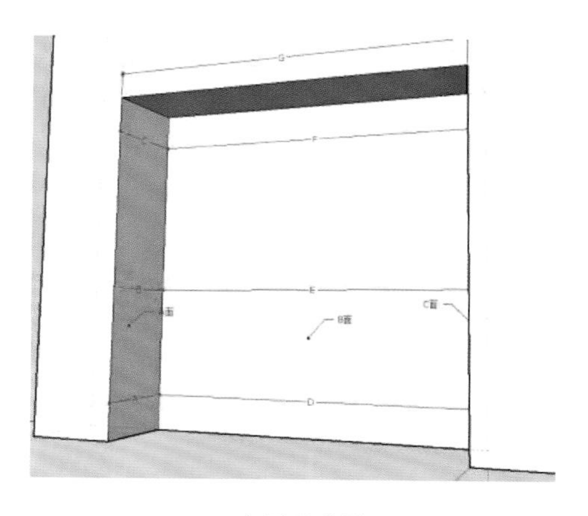

空测示意图

①对现场进行测量，配合使用红外线水平仪，取最小值，对现场还没有来得及制作出来的墙体和包柱等，要先测量再同精装人员确定位置和尺寸。

②对现场所有与测量有关系的部位进行多角度拍照。

③绘制现场建筑尺寸图。

④比较平整的墙面，经红外线校验认为其偏差小于 5 mm 的，可直接标注为做底衬，并用黄色线条及黄色斜纹填充。

⑤墙面平整度很差的，精装人员需要对墙面进行处理且给出与之对应的空间的尺寸（该尺寸必须满足精装人员的材料施工尺寸）。

⑥现场包柱、后制作的墙体及后制作的柱子等，直接给出其具体位置尺寸，且该尺寸必须是包含底衬的完成面尺寸。

将以上尺寸汇总后，给出最后实际尺寸，约精装设计师及精装负责人到现场再次审核实际尺寸，作为最后定稿（到现场需要全套图纸 2 份以上）。现场敲定的尺寸，在原图上做标注并双方留底签字，同时申明，至签字之日起多长时间内可以有小幅度尺寸调整，超出该时间发生更改的，工期相应顺延，由此导致的修改费用均由客户承担并允许。若因现场尺寸未能满足双方协定尺寸导致更改，产生的费用与工期延误均由客户承担。

空测的方案与测量如下所述。

①固定家具橱柜，标注水电位，出示调整后合理水电位。

②设计方案应考虑运输条件和现场安装条件。

③与其他材质的墙面施工应考虑双方的工艺接口和尺寸。

④通过搭接的方案，应避免因尺寸误差导致的安装问题。

⑤固定家具在设计时，两边应预留一定的调节量。高度方面要考虑组装、移动、安装等问题。

⑥测量数据：三量三唱（上中下、内中外）；顺序测量；完整标记；同步拍照，测量哪个部位，同时将该部位拍照；标准记录，尽量使用符号和数据来记录现场尺寸；平面和立面尺寸尽量使用同一张图纸进行标记，以免后期画图查看数据时发生混乱。

3.6.2 设计师下单标准文件

1. 标准单

销售人员、设计师、部门经理签字的“××产品订单下单表”原件。

LOGO

产品订单下单表

订单编号　：

客户姓名		联系电话		合同编号	
现场负责人		联系电话			
送货地址					
签订时间		生产周期		交货安装时间	
产品销售		方案设计师		公司客服电话	
图纸页数（最终方案）		清单页数		特殊说明详单	无（ ）　有（ ）____页
下单项目明细	**标准家具（ ）　定制家具（ ）　护墙板（ ）　木门及门窗套（ ）　橱柜（ ）　衣帽间（ ）　浴室柜（ ）　饰品（ ）　五金（ ）　电器（ ）　台面（ ）　样块（ ）　色块（ ）** **其他：**				
以下内容需相关部门人员签字认可后方可正式进入下单流程					
销售签字： 设计师签字：			部门经理签字： 年　月　日		
产品中心订单专员收单签字： 年　月　日			技术部工艺师收单签字： 年　月　日		
产品中心审核签字： 年　月　日			财务总监签字： 年　月　日		
技术部工艺师下单图纸交付签字：			年　月　日		
产品中心订单专员下单签字：			年　月　日		
工厂订单专员签字确认： 年　月　日			工厂负责人签字：　生产周期____天 年　月　日		
备注：					

注：下单必须一次性完成，若生产量较大且生产时间比较紧张的情况下，允许分批次下单。但是最后一批下单时间必须符合生产周期，为了避免生产过程中产生色差的问题，同一空间或区域不允许分批次下单，分批次下单必须注明原由。

客户、设计师签字的最终方案尺寸图纸（含衬底图、参考图片）原件以及 CAD 源文件。

客户、设计师签字的增减项清单原件。

下单所需所有样块、色块（包含金银箔样块、色块，软包、硬包布样）。

客户、设计师签字的电器、台面、五金、拉手、特殊五金清单原件。

领导签字的特殊类说明文件原件。

2．样块、色块

销售人员、设计师、部门经理签字的产品订单下单表原件。

设计师签字的图纸原件及 CAD 源文件（图纸需标注清楚材质、工艺、颜色、尺寸、数量以及特殊说明）。

下单所需所有样块、色块（包含金银箔样块、色块，软包、硬包布样）。

3．补单

销售人员、设计师、部门经理签字的产品订单下单表原件。

设计师签字的图纸原件及 CAD 源文件（图纸需标注清楚材质、工艺、颜色、尺寸、数量以及补货原因）。

4．调整单

销售人员、设计师、部门经理签字的产品订单下单表原件。

设计师签字的图纸及 CAD 源文件（修改部分需在原版图纸上用红色云线标注，并注明调整原因）。

注：①若有特殊情况，必须画三视图，如有需要则画 3D 图；下单图纸上不允许有与产品无交接的装饰性物品，与产品有交接关系的，必须标注清楚。

②下单必须一次性完成；若生产量较大且生产时间比较紧张的情况下，允许分批次下单，但最后一批下单时间必须符合生产周期，同时分批次下单请避免同一区域不同时间下单产生的色差问题。

③五金（如拉手、门锁、门吸等）若不能与正单一起下单的，必须在下正单的 10 个自然日内下单。

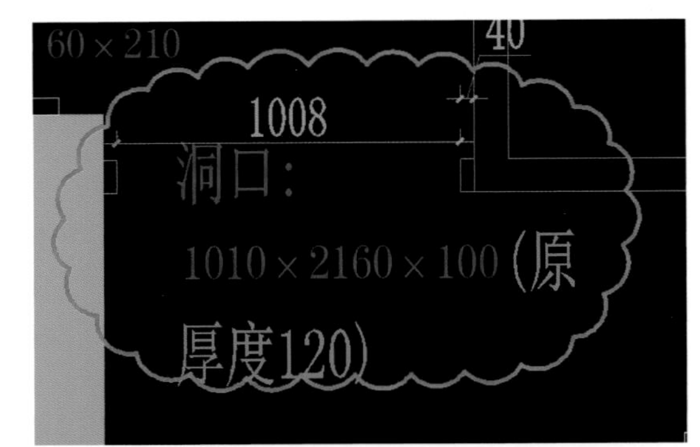

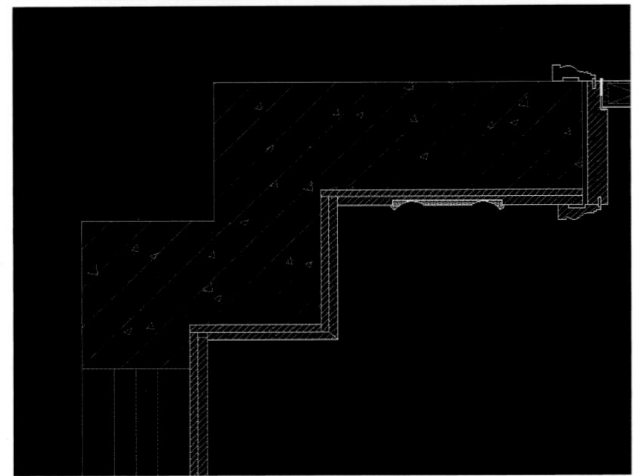

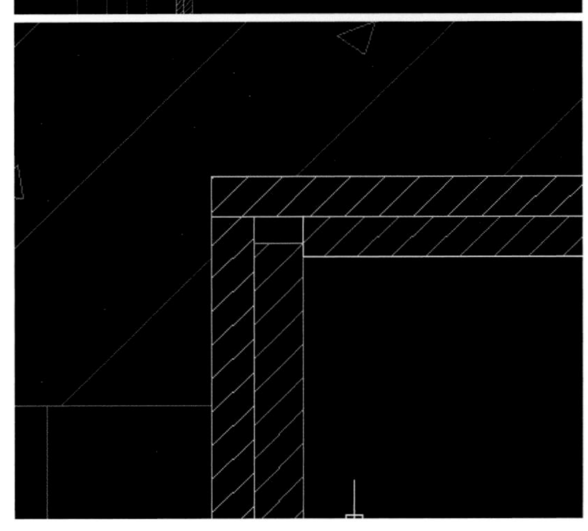

对不在本面立面图显示的部分，用灰色线条表示且不填充，但要体现出来，并能明确体现搭接的方式

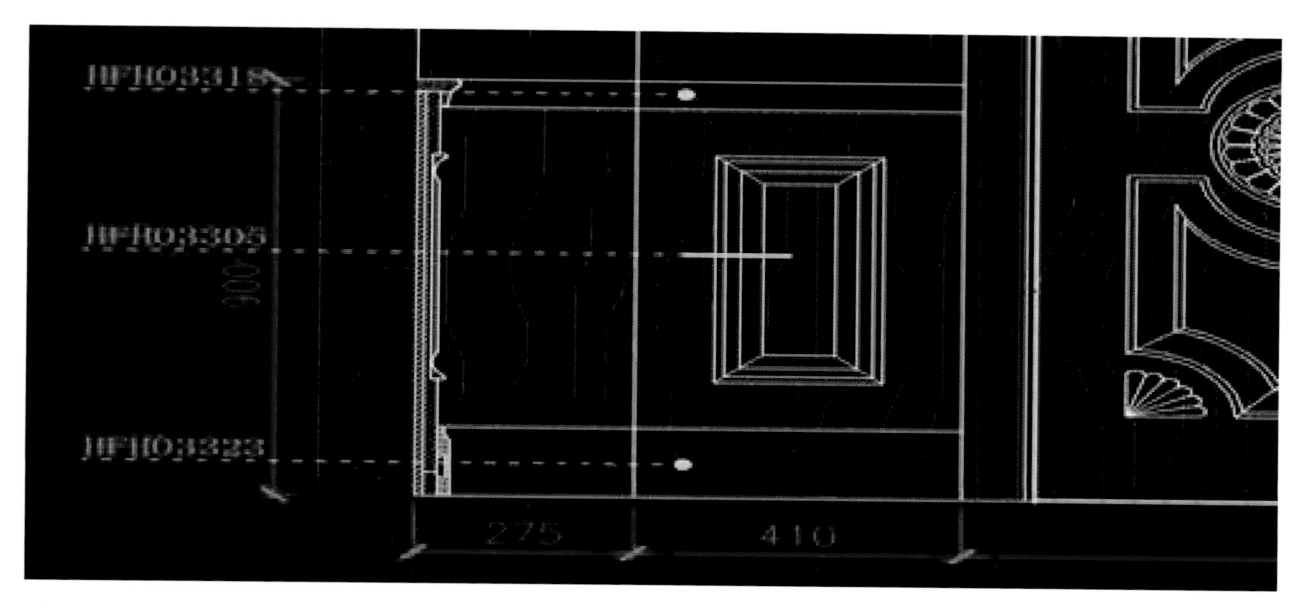

立面图：对各产品的刀形进行标注，侧面交界处进行示意

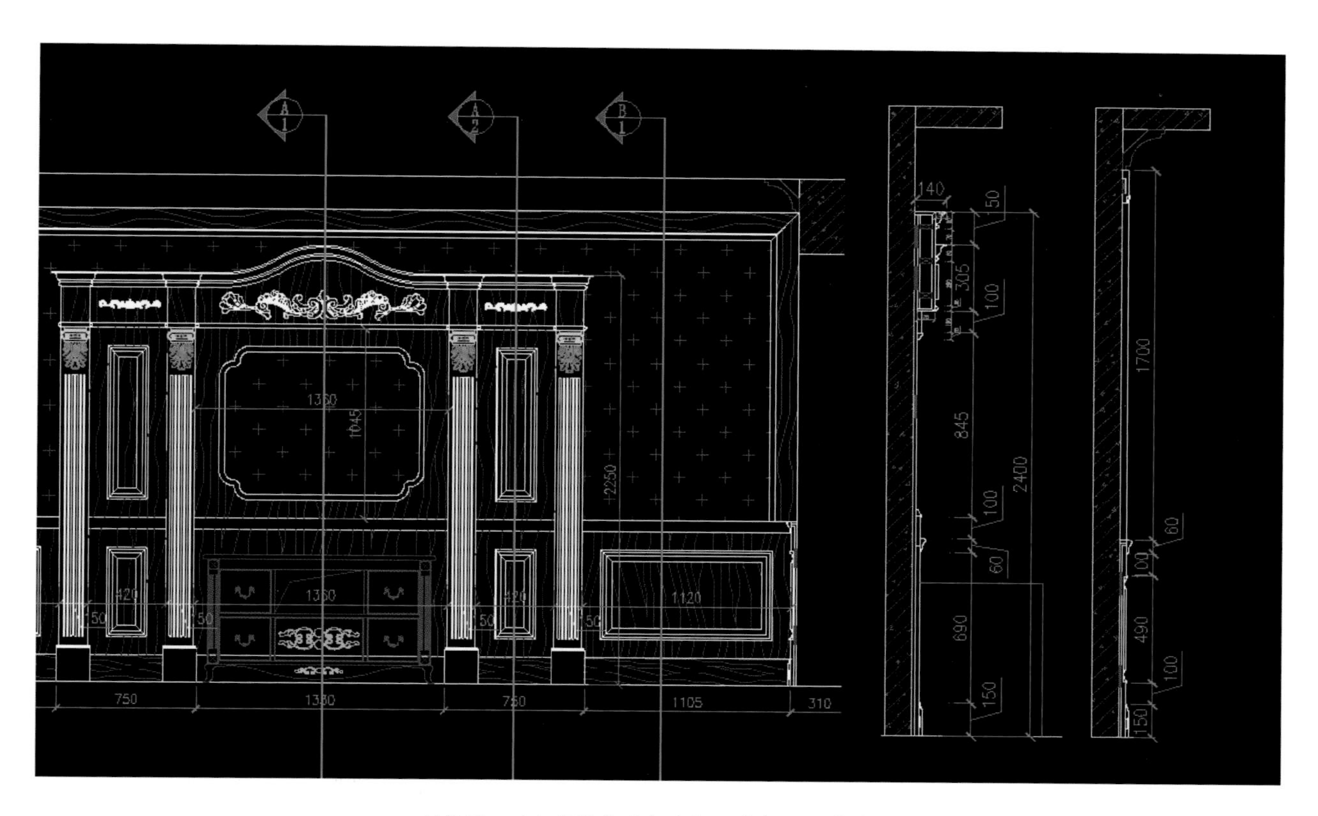

剖视图：对细部结构进行分解，有相同工艺的注明即可

如果有的结构比较复杂，可配合 3D 图进行解释。

④若外部采购的物品非公司定点标准采购而来，需注明供货方联系方式及产品名称或代号。不接受仅一张图片就下单采购的方式。

⑤图纸标准化（平面图、立面图一致），不接受手工修改的图纸。设计图纸时要根据工厂的工艺出方案，便于提高生产效率。图纸要清楚表达客户或设计的意愿。

⑥产品清单及五金品牌型号、数量及门形、色块齐全后下厂生产。特殊五金要附图。非常规材料要提前与采购沟通，提前订货，以免延误交期。

⑦墙板设计方案做好平、立面图节点、收口的对应。工厂不负责协助设计师测量。造型复杂的墙板，工厂需要复尺，由设计师通知工厂厂长，安排人员自行解决。

⑧衣帽间柜内结构要有详图（包括主视图、侧视图、俯视图），活动层板要备注，无备注则视为固定层板。

⑨设计方案要体现现场的实际高度，便于生产与安装。

⑩立面图上若有假抽、假门时需注明，标明拉篮柜柜体的具体位置。

所有订单（含补单）必须统一由公司订单信息员将设计师签字的下单图纸、清单（含衬底图、参考图片）、客户签字色板、样块一同下发定制工厂订单部。

3.7 木制品深化节点及收口处理

3.7.1 木饰面

1. 阳角木饰面

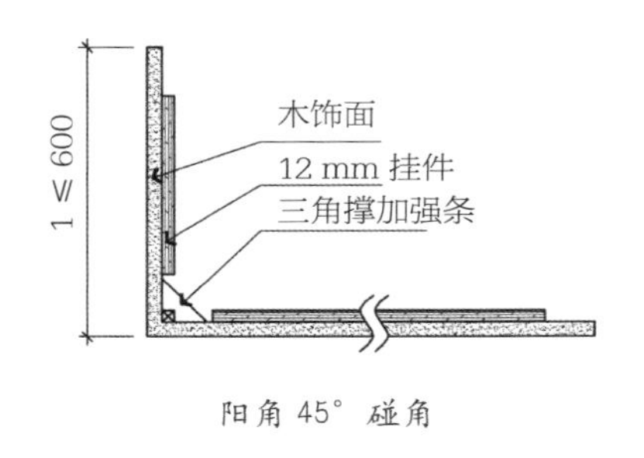

阳角 45° 碰角

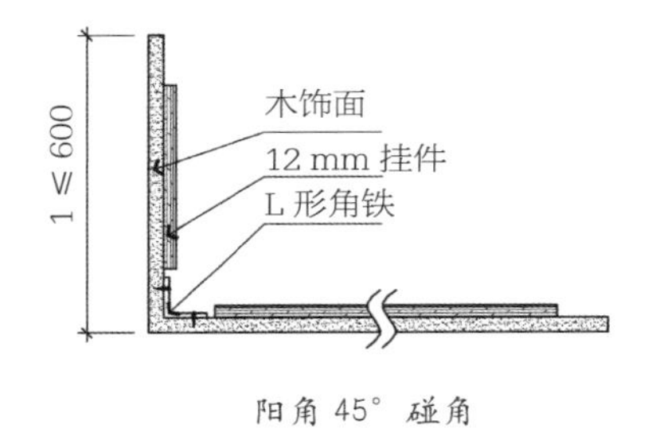

阳角 45° 碰角

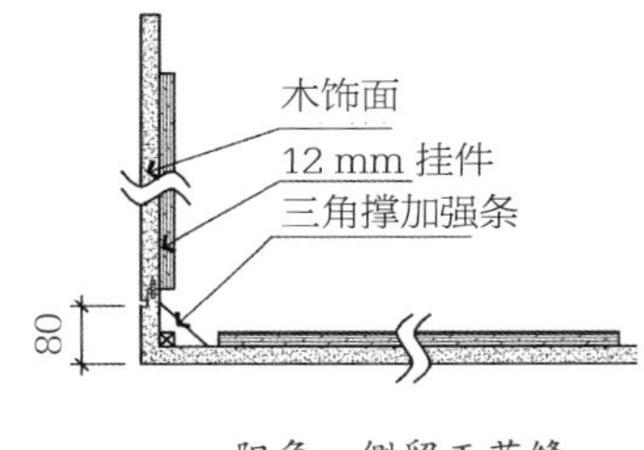

阳角一侧留工艺缝

阳角 45° 拼角

阳角一侧板幅宽度不超过 600 mm。

阳角受力点处用三角撑加强条或 L 形角铁加固。

阳角一侧留工艺缝

留工艺缝一侧尽量避开人的视线。

阳角受力点处用三角撑加强条或 L 形角铁加固。

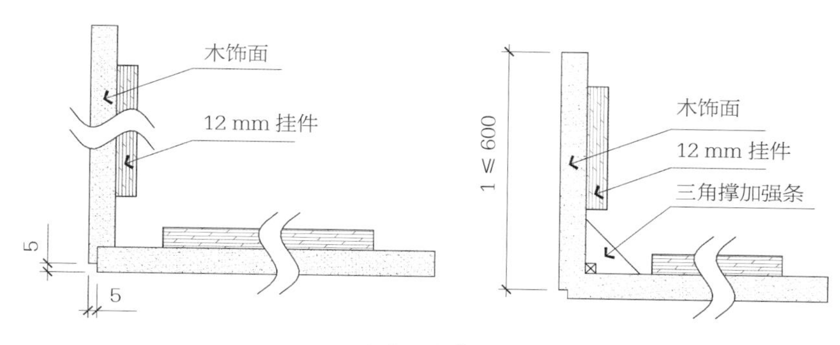

阳角一侧留工艺缝

阳角海棠角（散装）

海棠角须贴皮油漆。

阳角海棠角（固装）

阳角一侧板幅宽度不超过 600 mm。

阳角受力点处用三角撑加强条或 L 形角铁加固。

阳角木饰面（小样）

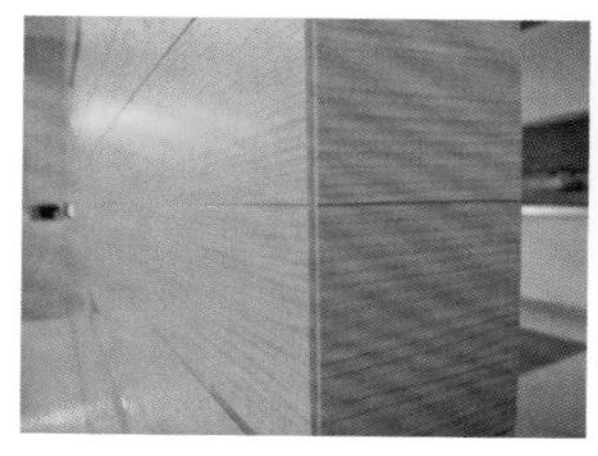
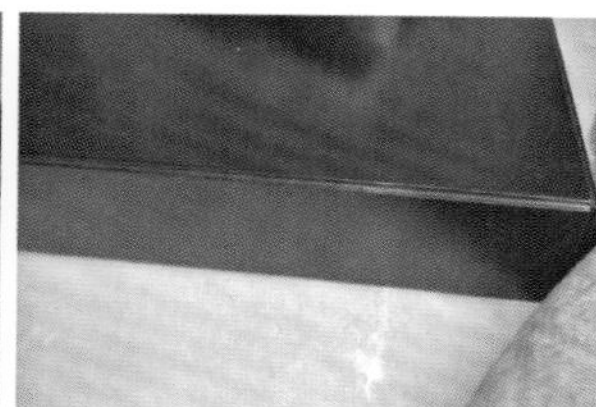

阳角木饰面（工程案例）

阳角木饰面工艺处理的注意事项

①尽量避免 45° 拼角（尤其是现场拼角），尽可能采用海棠角及侧面留缝工艺。

②阳角工艺槽尽可能避开人的正常视线范围(非主视面)。

阳角木饰面设计的注意事项

为避免阳角在施工过程中碰坏、开裂、钉眼固定，影响整体设计效果，在设计时可以考虑将阳角设计成 3 mm×3 mm 或 5 mm×5 mm 的海棠角，或阳角包金属条，甚至设计一小块整装阳角。

2．阴角木饰面

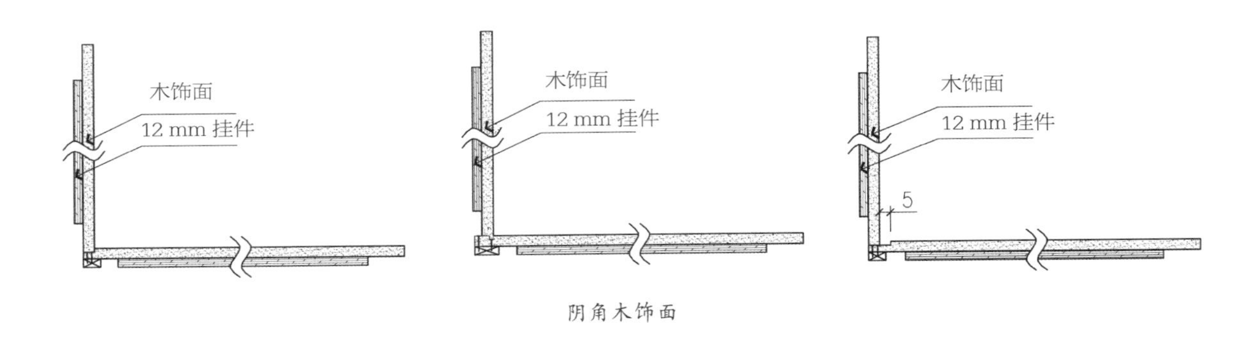

阴角木饰面

阴角交叉（限位）拼接

①拼接深度同大面工艺缝深度。

②安装时阴角处需用与挂条同厚的基层条加固（防止变形翘曲）。

阴角留工艺缝

①工艺缝内须贴皮油漆。

②阴角处工艺缝深度同大面工艺缝深度。

③安装时阴角处需用与挂条同厚的基层条加固（防止变形翘曲）。

阴角木饰面（小样）

3．阴角工艺缝空间

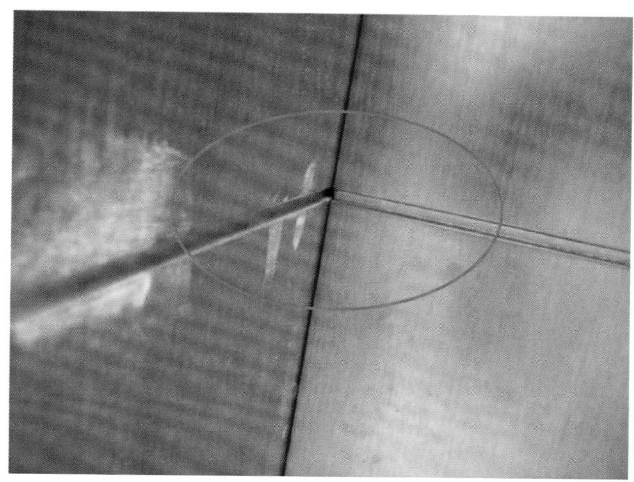
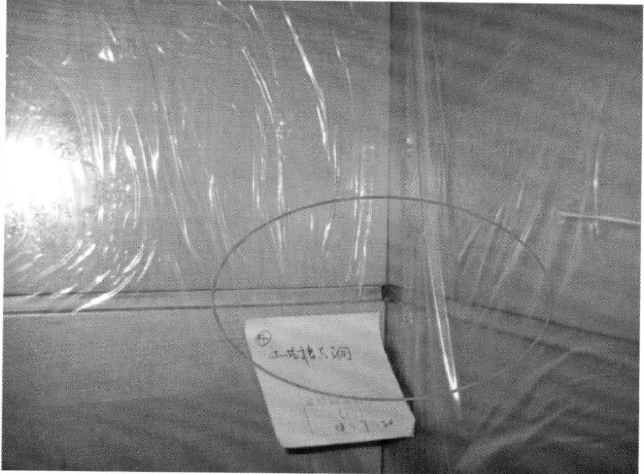

阴角工艺缝空洞

阴角不同于阳角，开裂的情况比较少见，但从项目检查的情况来看，存在新的质量问题，如阴角工艺缝空洞及阴角木饰面收缩缝问题。这两个问题既有人为因素，也有自然因素。木饰面干燥收缩在很大程度上受外界温度的变化，导致含水率不稳定，从而形成收缩缝。那么，能否从改变工艺的角度，解决这些质量通病呢？

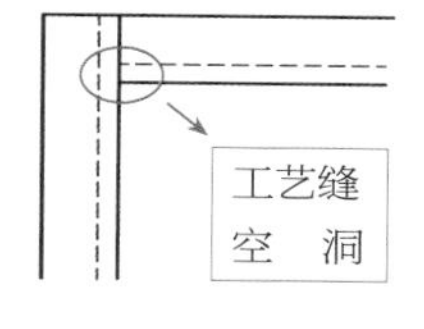

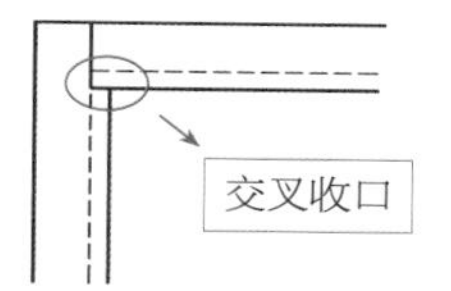

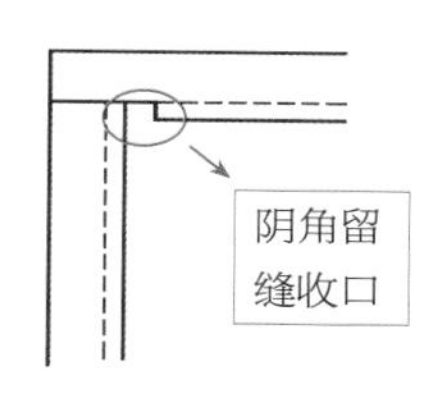

阴角工艺缝空间的改进措施

4．阴角木饰面干缩缝

阴角木饰面干缩缝

阴角木饰面工艺处理的注意事项

①注意阴角木饰面工艺缝空洞及干燥收缩缝问题。

②阴角交叉木饰面的接缝避开人的正常视线范围。

阴角木饰面设计的注意事项

与阳角一样，可设计一小块整装阴角。

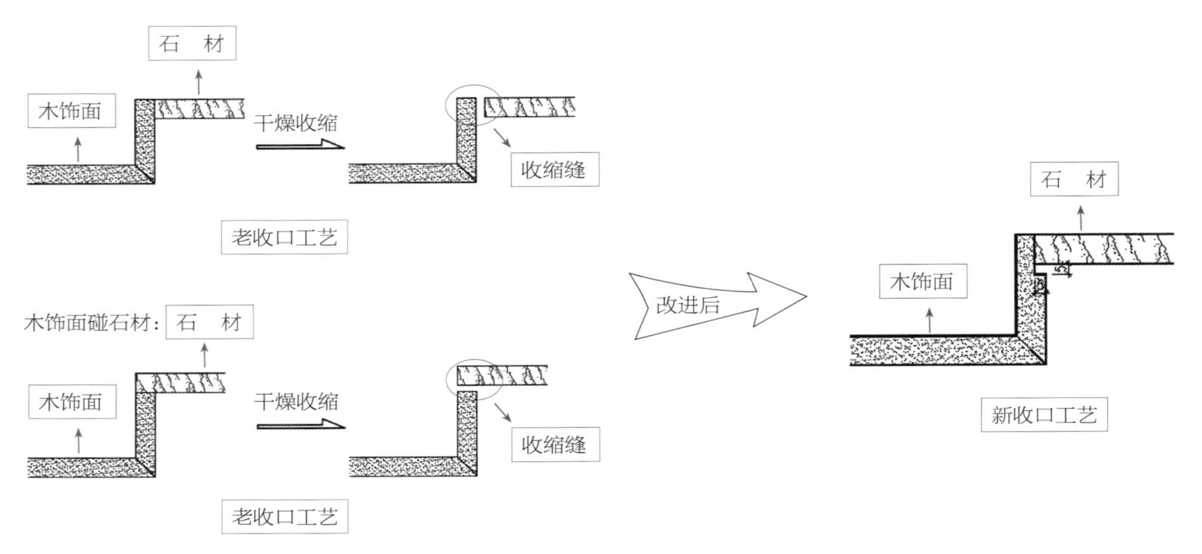

阴角木饰面收缩缝的形成原因及改进措施

5．木饰面工艺缝

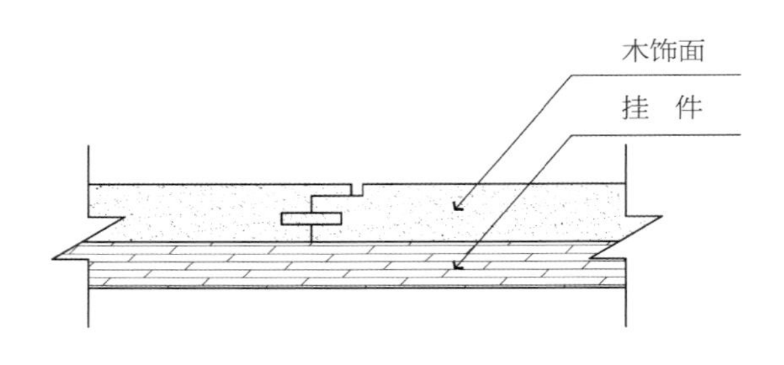

①工艺缝槽内油漆（工艺槽<5 mm，做与大面相近的色漆；工艺缝≥5mm，槽内须贴木皮做油漆）。

②注意工艺缝的跟通。

③工艺槽拼缝避开视线缝。

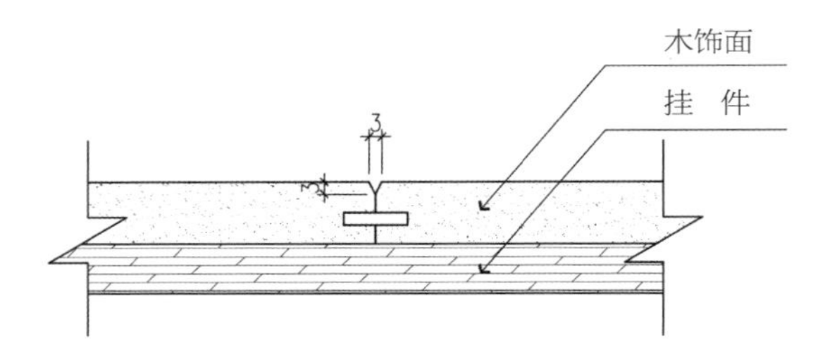

①注意工艺缝的跟通。

②注意工艺缝的力挺、连贯。

现场深化时工艺缝分割的要点及安装注意事项如下所述。

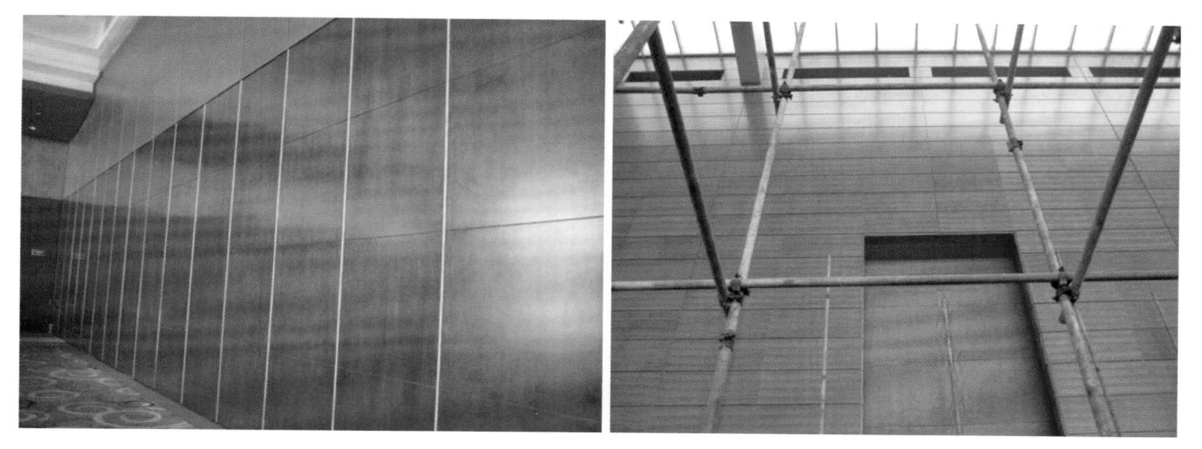

工艺缝分割尽可能保证墙面饰面均分（设计无特殊墙面饰面分割要求时）

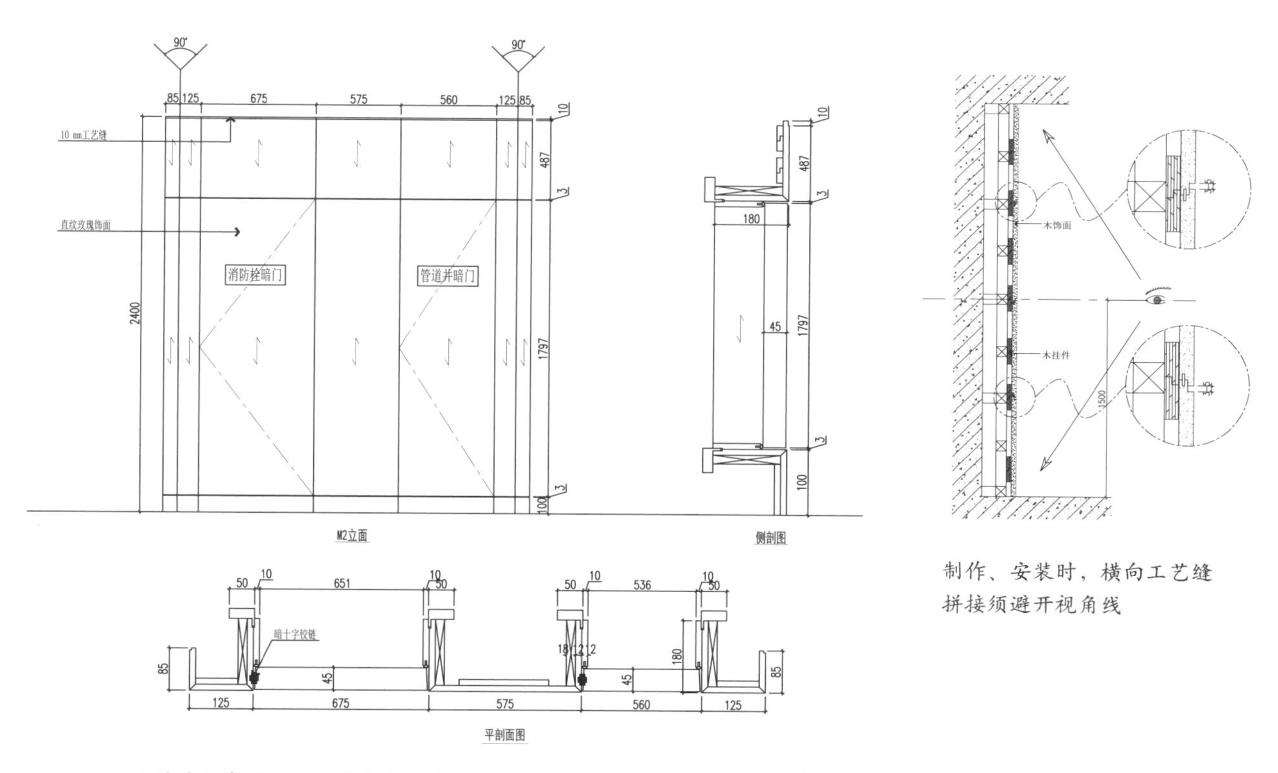

制作、安装时，横向工艺缝拼接须避开视角线

设计墙面有消防栓或管道井暗门时，立面工艺缝分割确保与门缝相通

安装时，工艺缝处背面必须有独立木挂件与基层连接，防止板件拼接端头变形翘曲。

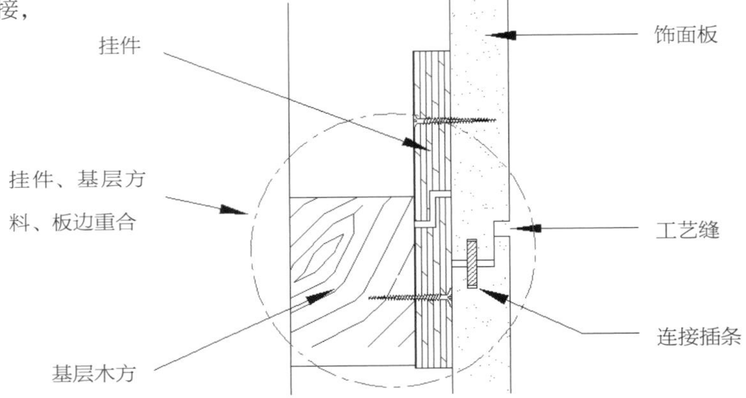

基层挂件用长 30 mm 以上的直枪钉或木螺丝固定在基层上，挂件与基层接触面涂刷适量白乳胶以增加牢固度。饰面挂件用长度为挂件厚度＋木饰面厚度 ×2/3 的直枪钉，根据档位，精确地固定在木饰面的反面，挂件与木饰面反面的接触面涂刷适量白乳胶，以增加牢固度。

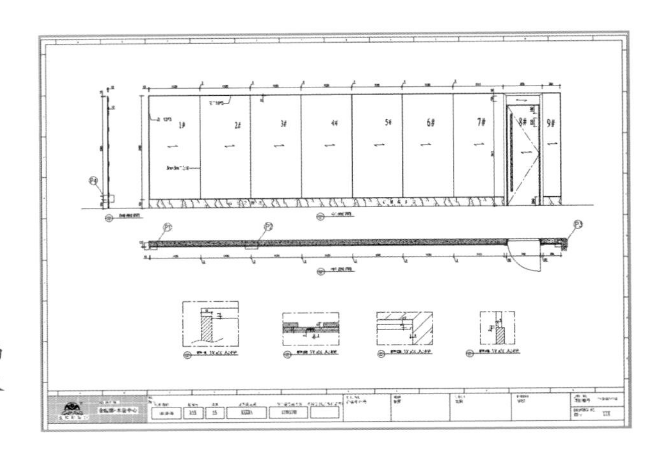

深化时，立面图纸须标明木饰面的排版序号，确保现场安装时木饰面对纹对影，避免存在色差

木饰面工艺缝结构的做法

工艺缝十字交叉处理

插条工艺缝

注意事项

①木饰面同时有横向和竖向工艺缝时禁止使用此工艺做法。

②木饰面标高超过 2440 mm 时不允许使用此工艺做法。

③木饰面只有单一向（横向或竖向）工艺缝时，允许使用此插条结构。

④此工艺适合北方及干燥地区工艺缝做法。

⑤横向工艺缝阳角处，插条须 45° 拼接安装。

⑥插条必须贴皮油漆（选皮、贴皮及油漆须与大面同步，避免油漆色差）。

6. 圆柱木饰面

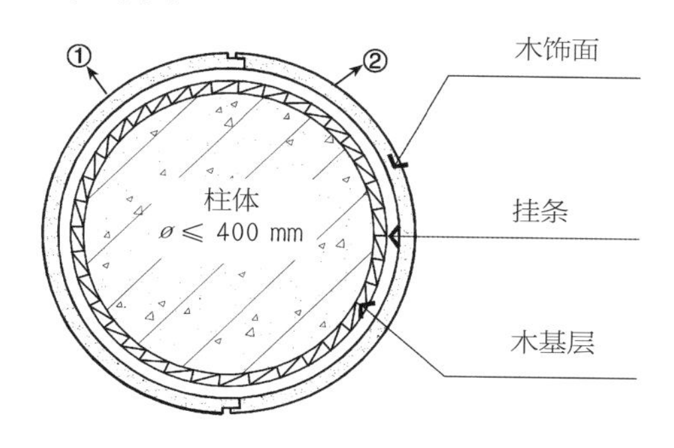

二等分圆柱木饰面（ø ≤ 400 mm）

①圆柱 ø ≤ 400 mm，二等分圆柱木饰面（按板幅宽度分割）；

②第二块木饰面收第一块木饰面（非交叉收口）。

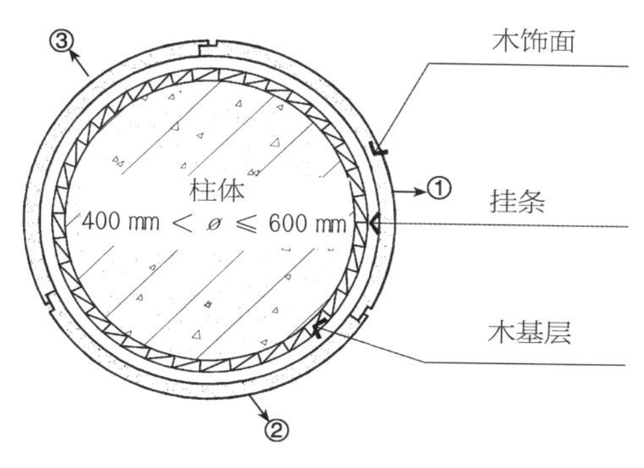

三等分圆柱木饰面（400 mm < ø ≤ 600 mm）

①圆柱 400 mm < ø ≤ 600 mm，三等分圆柱木饰面（按板幅宽度分割）；

②第三块木饰面收第一、二块木饰面（非交叉收口）；

③圆柱 ø > 600mm，采用弧长 600 ~ 800 mm 的弧形木饰面包柱。

圆柱木饰面深化、安装的注意事项如下所述。

①挂式安装圆柱木饰面时，须按木饰面板幅的大小进行分割。

②对于抢工项目，可考虑现场制作基层、贴皮、做油漆或工厂加工 3 mm 成品薄板木饰面，到现场粘贴安装（避免因模板测量错误，导致木饰面安装不上，返工，而影响项目整体施工进度）。

③基层安装法：工厂制作圆柱或弧面木饰面时，可在车间将基层固定于木饰面上（施工现场不做基层，只放完成面线），安装时直接将木基层与柱体固定（或借助角铁与基层固定）。

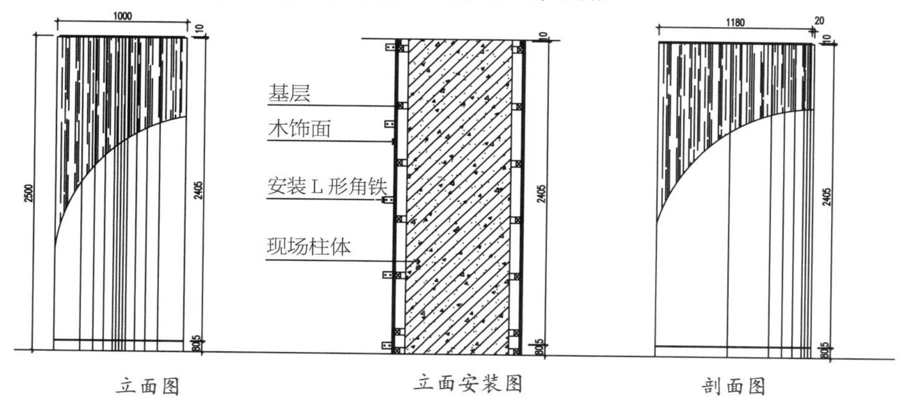

立面图　　立面安装图　　剖面图

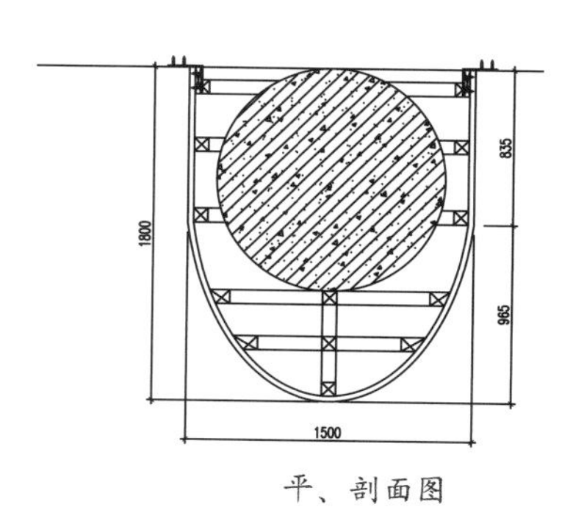

平、剖面图

7. 方柱木饰面

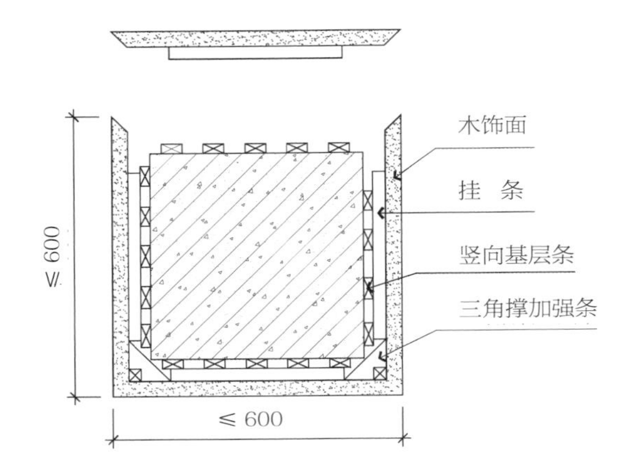

阳角45°拼角包柱

①矩形柱断面宽≤600 mm。

②后封口一侧木饰面尽可能避开主视角线。

③阳角处须用三角撑加强条加固。

④有顶角线、脚踢线的尽量分开安装。

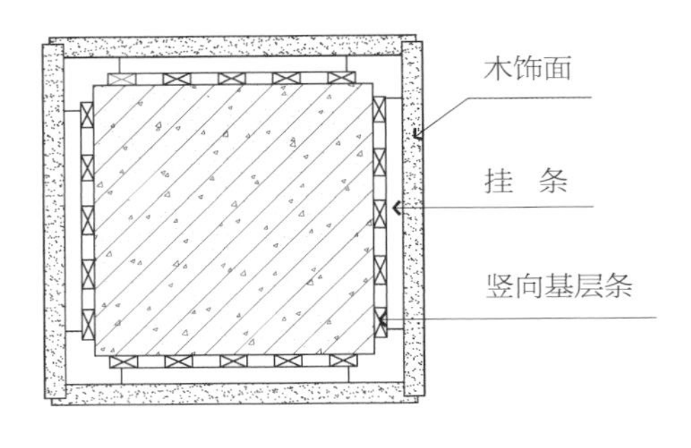

阳角海棠角

①海棠角须贴皮油漆;

②有顶角线、脚踢线的尽量分开安装。

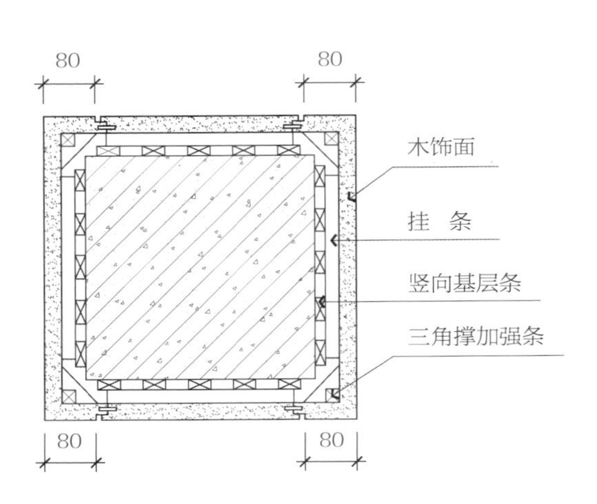

两侧对称留工艺缝

①阳角处须用三角撑加强条加固。

②工艺缝尽量避开主视线。

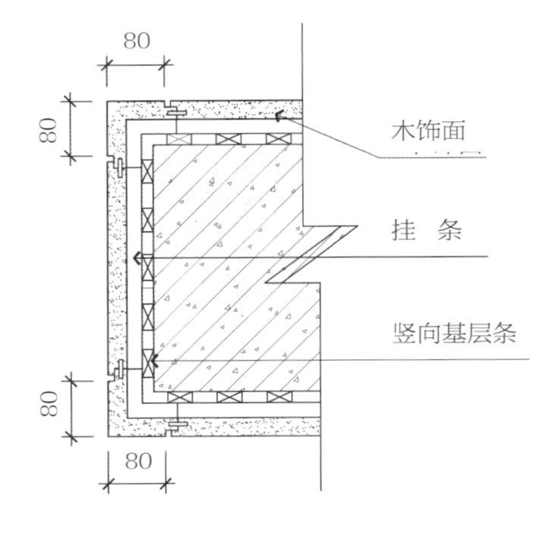

阳角对称留工艺缝

8．基层安装木饰面法

基层安装木饰面法的注意事项如下所述。

①顶角线、腰线及踢脚线必须分开安装。

②先安装大面木饰面，再安装顶角线、腰线及脚踢线。

③安装基层条须与大面木饰面固装且两端头放长；安装时，直接用木螺丝或枪钉将木饰面基层与墙面层锁死。

④适用于小柱面、椭圆柱及曲面的木饰面安装。

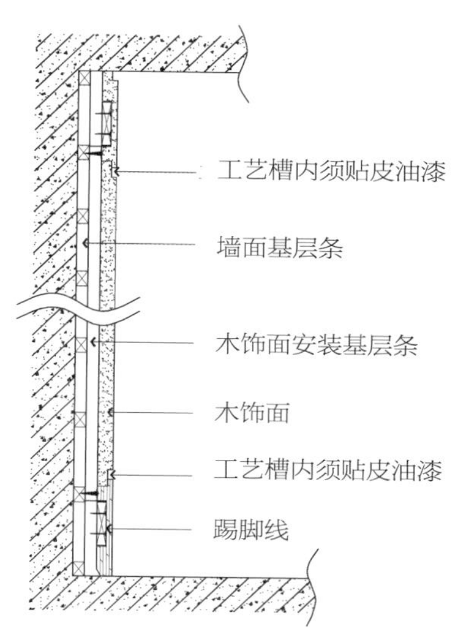

基层安装木饰面法

9．木饰面的安装原则

尽量按标准板件尺寸来分割；一个墙面或空间，尽量减少分块模块尺寸，可以适当地用调节板的方式来调节余量尺寸；如果有顶角线和脚踢线，尽量与中间的木饰面分开做，既方便运输又方便安装。

木饰面安装过程的先后原则：

先安装大面木饰面后安装小面木饰面；先安装墙面木饰面后安装门框、柱子、窗套等；先安装木饰面，后安装顶角线、腰线、踢脚线等；若木饰面中间有软硬包、镜面、玻璃、墙纸，先安装木饰面，后安装软硬包、镜面、玻璃、墙纸等。

木饰面与顶天花工艺缝收口

10．木饰面与天花板收口

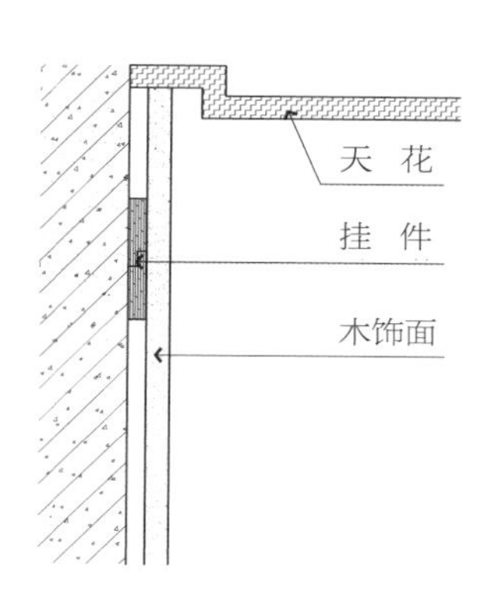

收口方案（一）

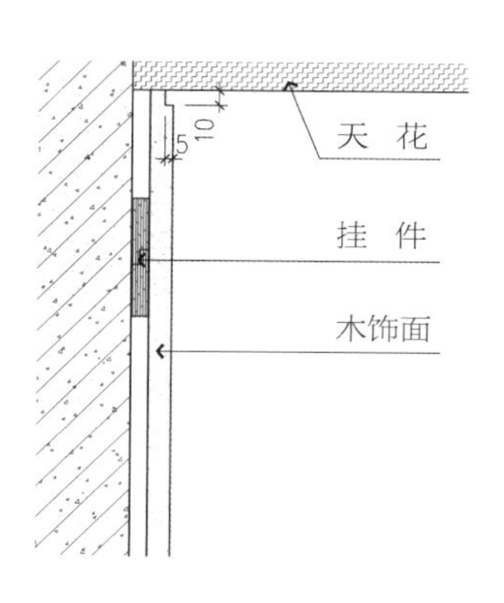

收口方案（二）

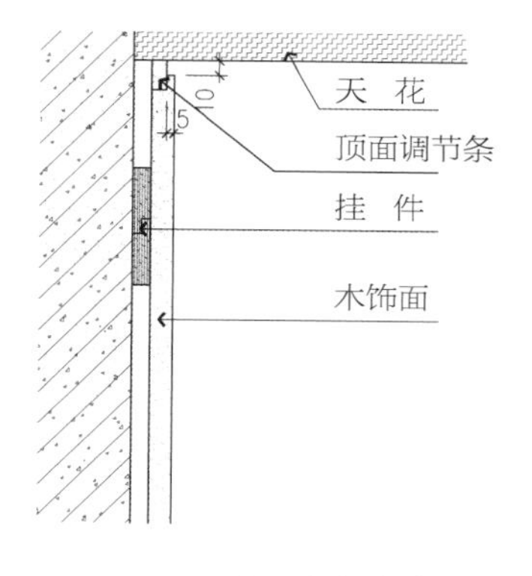

收口方案（三）

11. 木饰面与其他介质收口

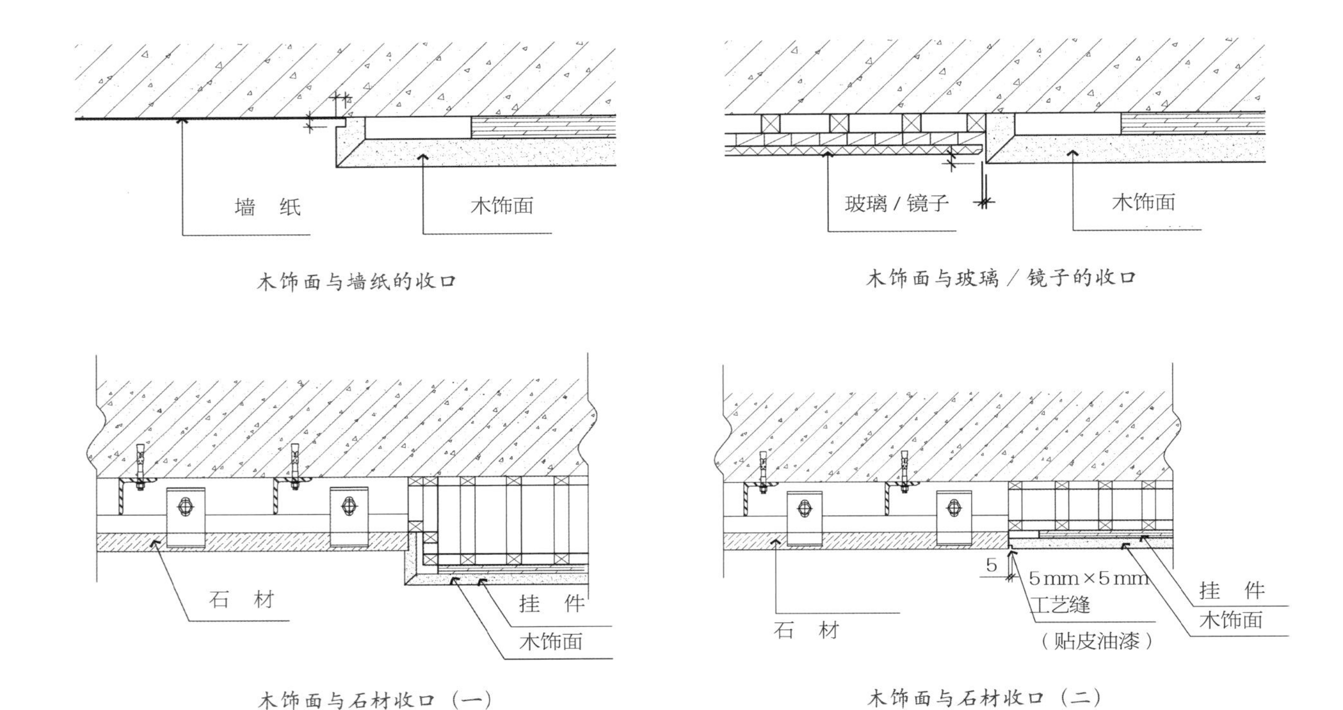

木饰面与墙纸的收口　　木饰面与玻璃 / 镜子的收口

木饰面与石材收口（一）　　木饰面与石材收口（二）

12. 木饰面挂件

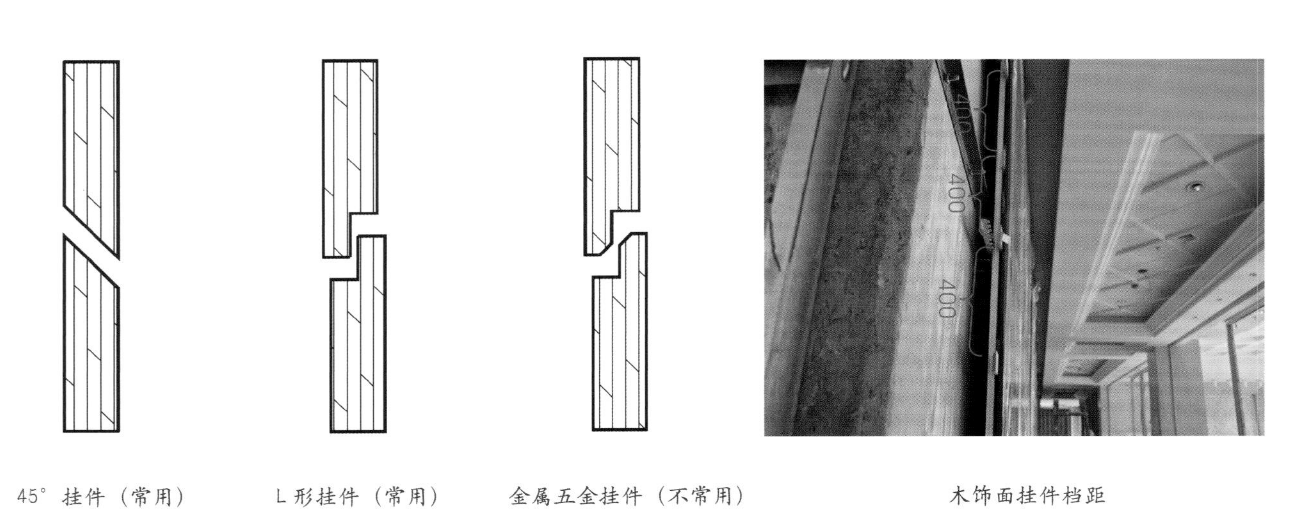

45° 挂件（常用）　L 形挂件（常用）　金属五金挂件（不常用）　木饰面挂件档距

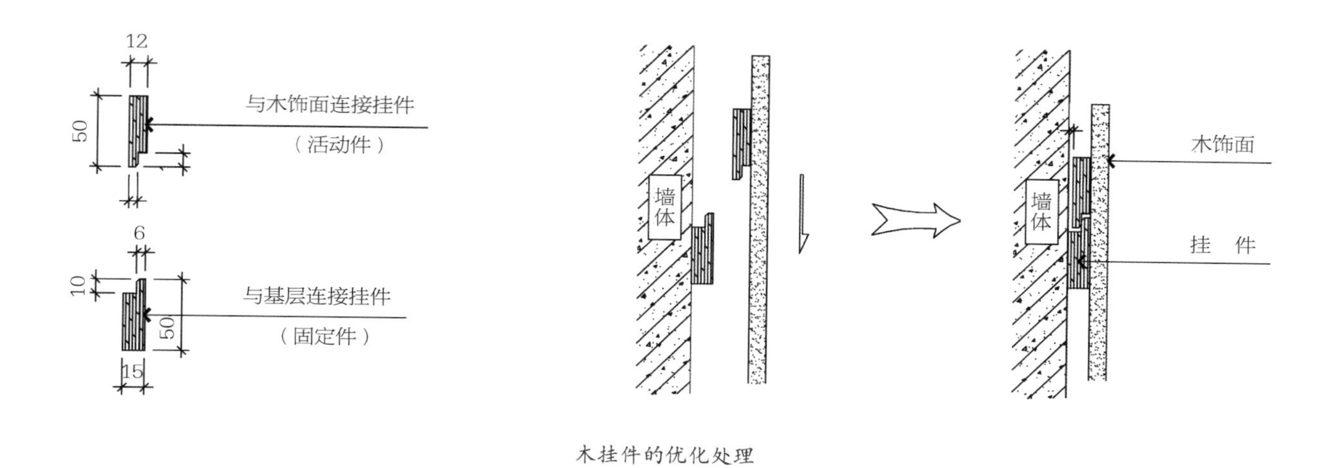

木挂件的优化处理

3.7.2 踢脚线

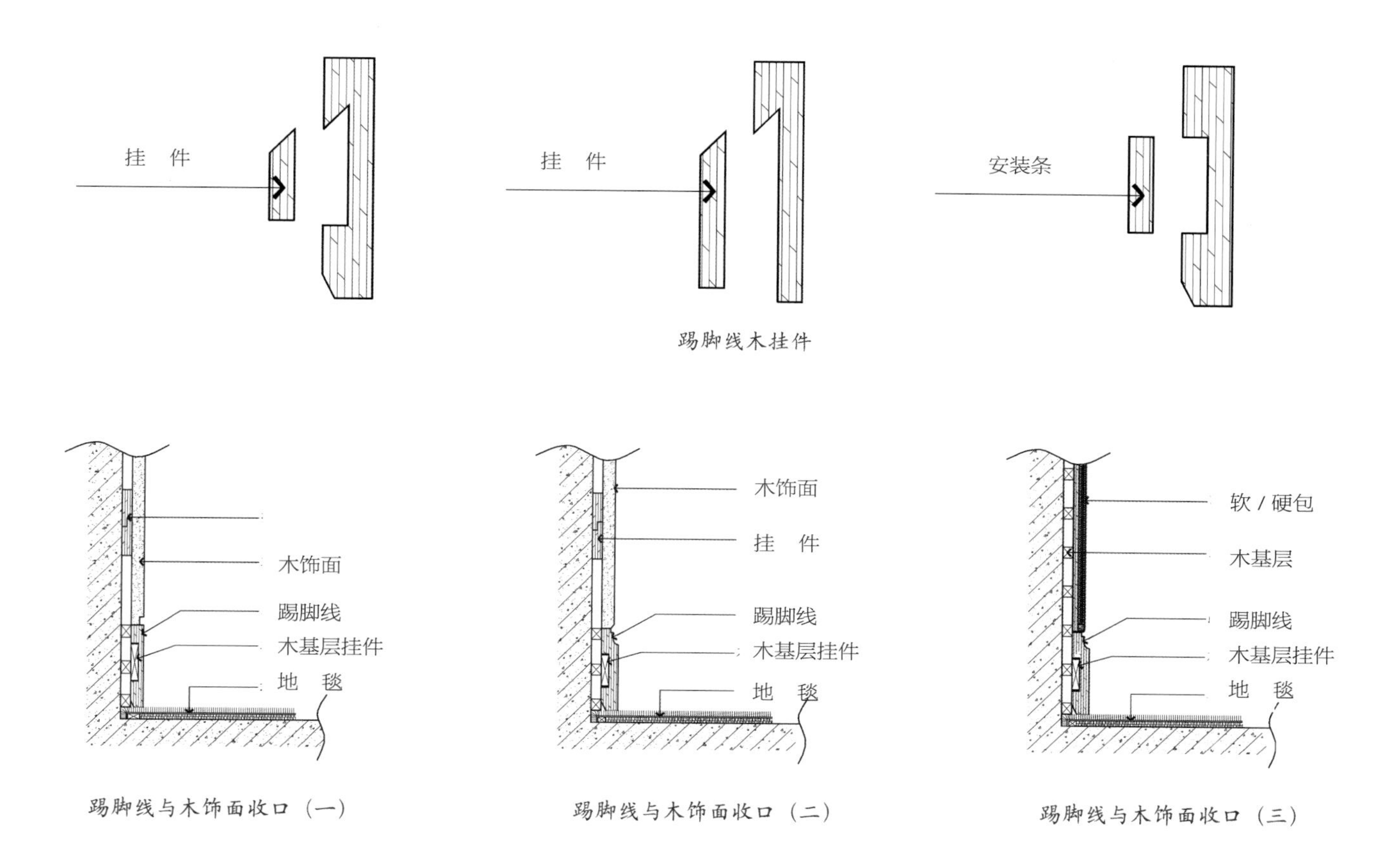

踢脚线木挂件

踢脚线与木饰面收口（一）　　踢脚线与木饰面收口（二）　　踢脚线与木饰面收口（三）

脚踢线的安装原则如下所述。

主视范围内不可出现短小尺寸拼接，不规则尺寸拼接。

如功能区域空间有布置活动家具，则拼接缝尽可能策划至活动家具后面。

脚踢线拼接尽可能跟缝，如木饰面工艺缝、石材工艺缝 、墙地砖分割缝等。

阴阳角踢脚线尽可能整装，避免后期开裂维修。

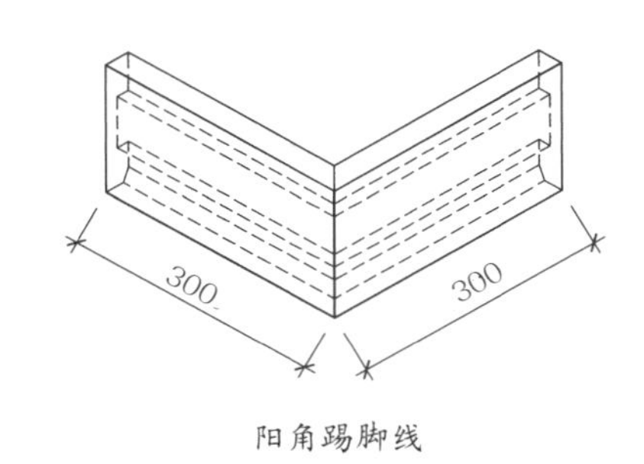

阴角踢脚线

阳角踢脚线

3.7.3 木门套

1. 木门套与各种介质的收口

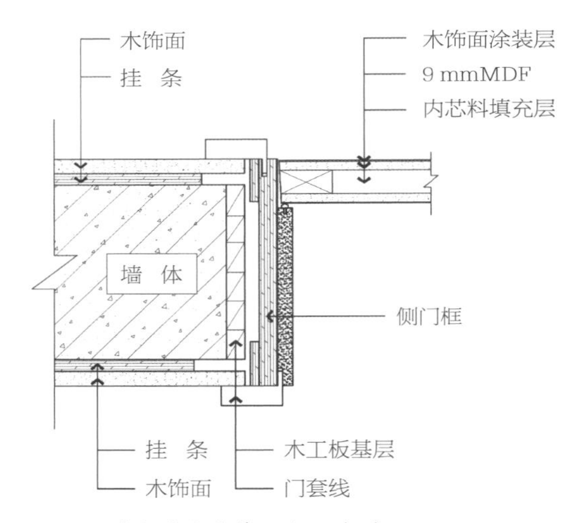

木门套与木饰面收口（一）

木门套与木饰面收口（二）

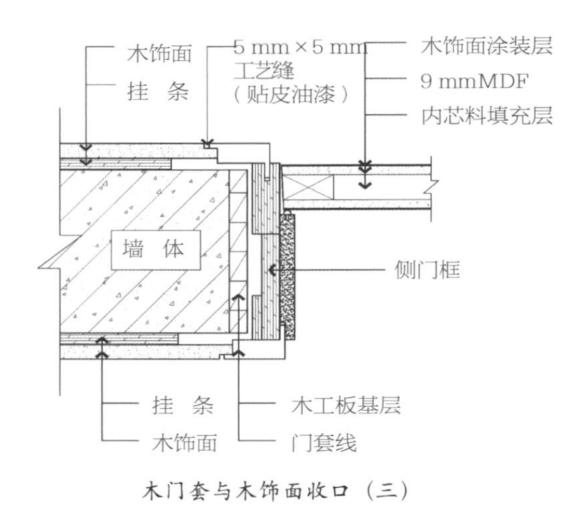

木门套与木饰面收口（三）

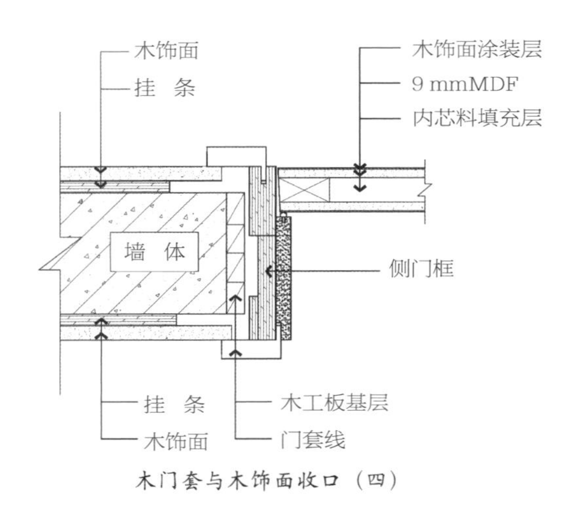

木门套与木饰面收口（四）

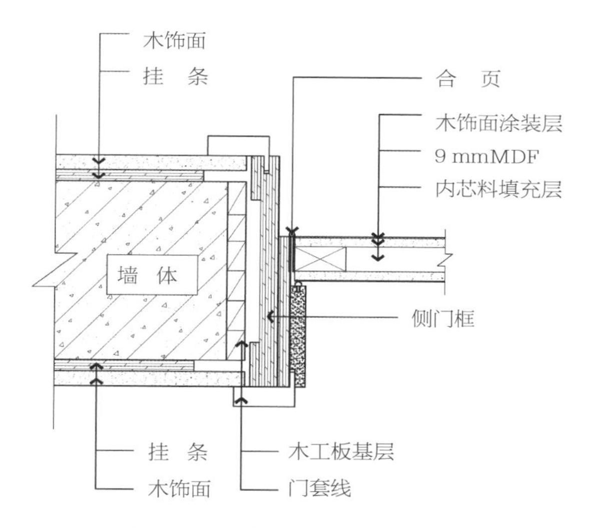

木门套与木饰面收口（五）

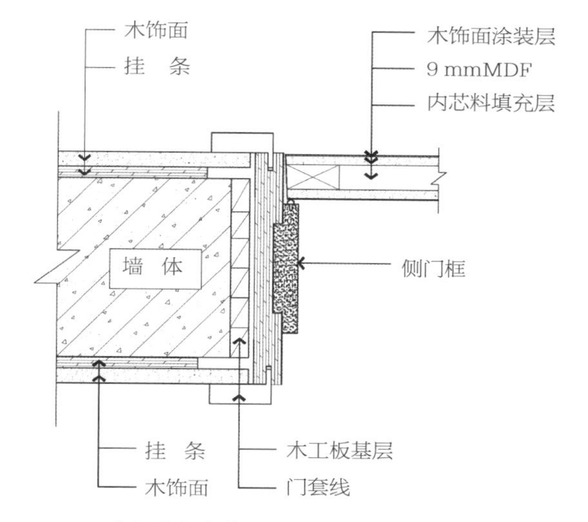

木门套与木饰面收口（六）

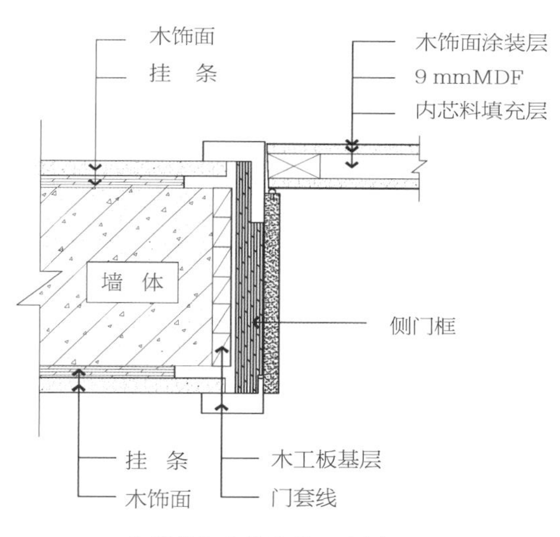

木门套与木饰面收口（七）

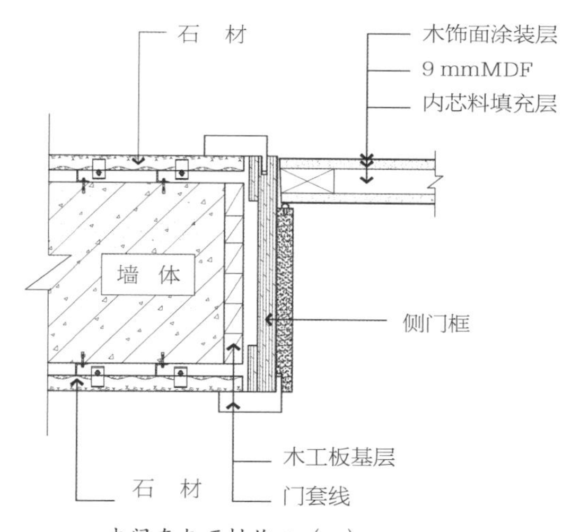

木门套与石材收口（一）

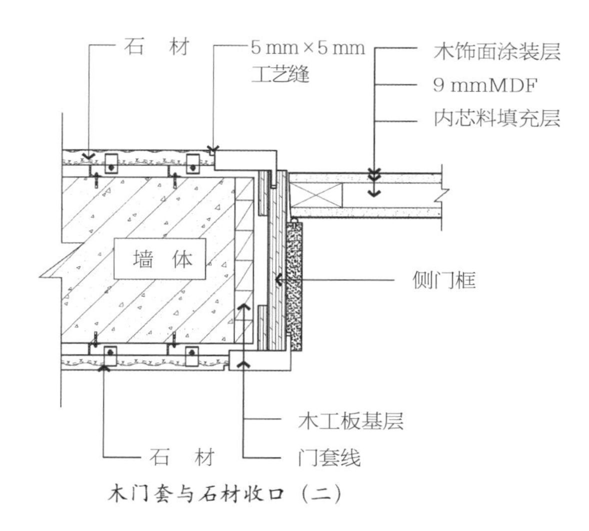

木门套与石材收口（二）

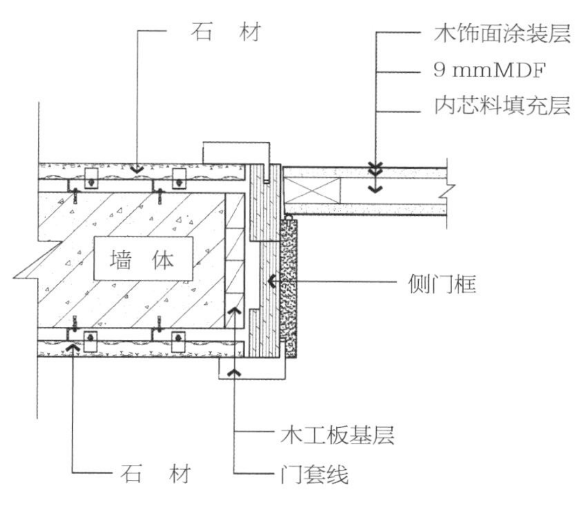

木门套与石材收口（三）

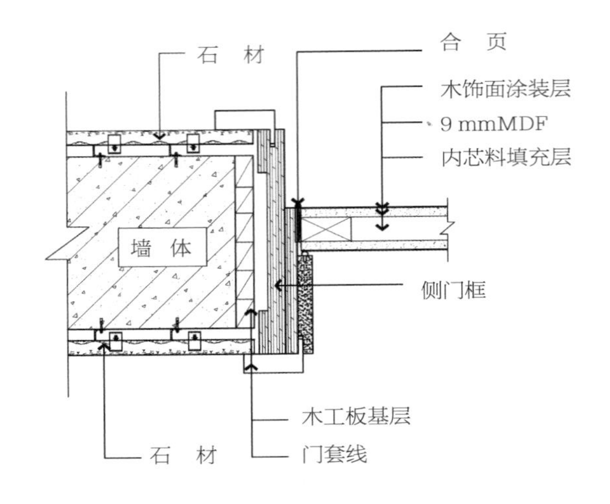

木门套与石材收口（四）

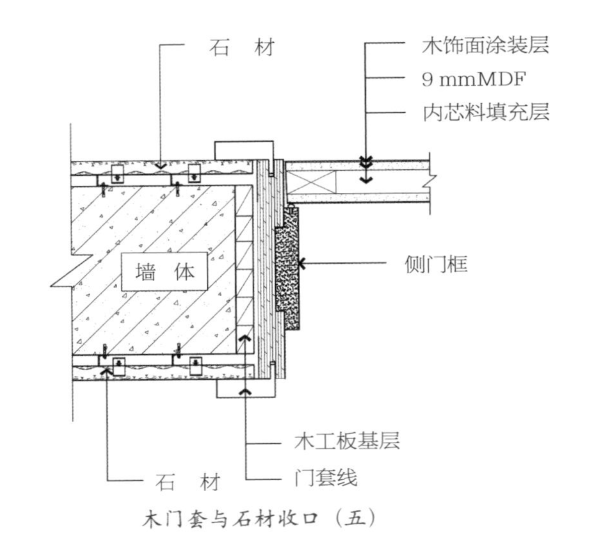

木门套与石材收口（五）

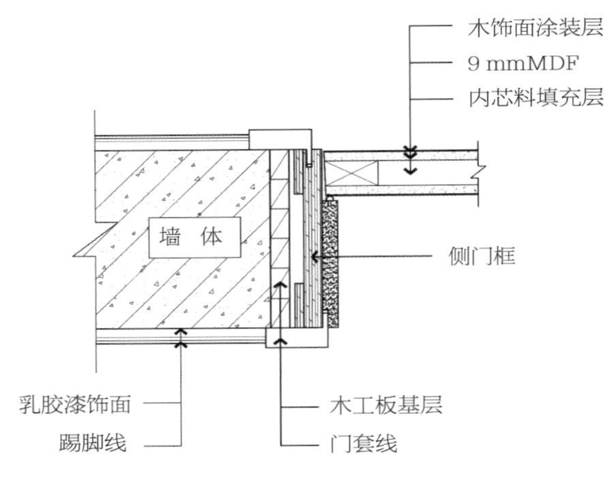

木门套与乳胶漆墙面收口

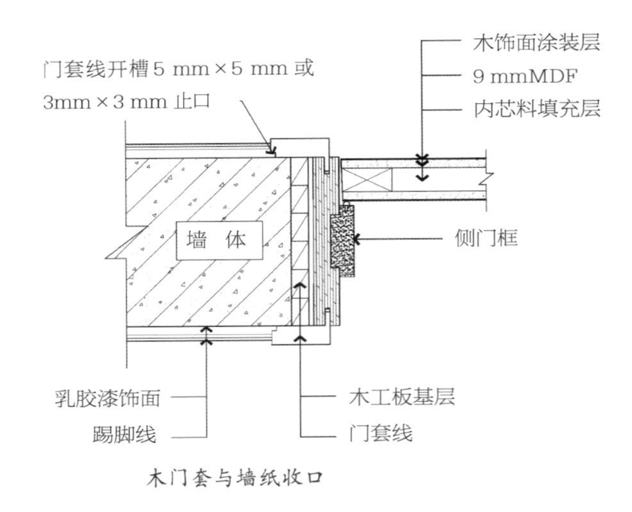

木门套与墙纸收口

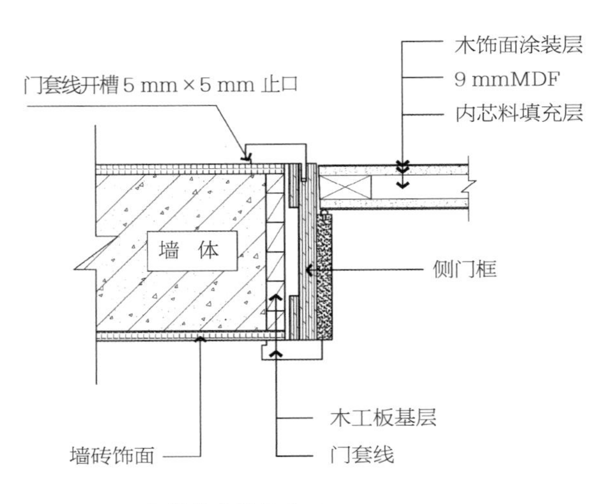

木门套与墙纸收口

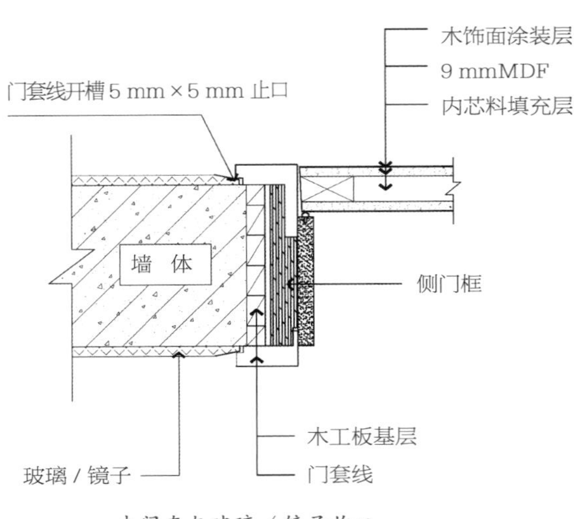

木门套与玻璃／镜子收口

2. 门套的安装方式

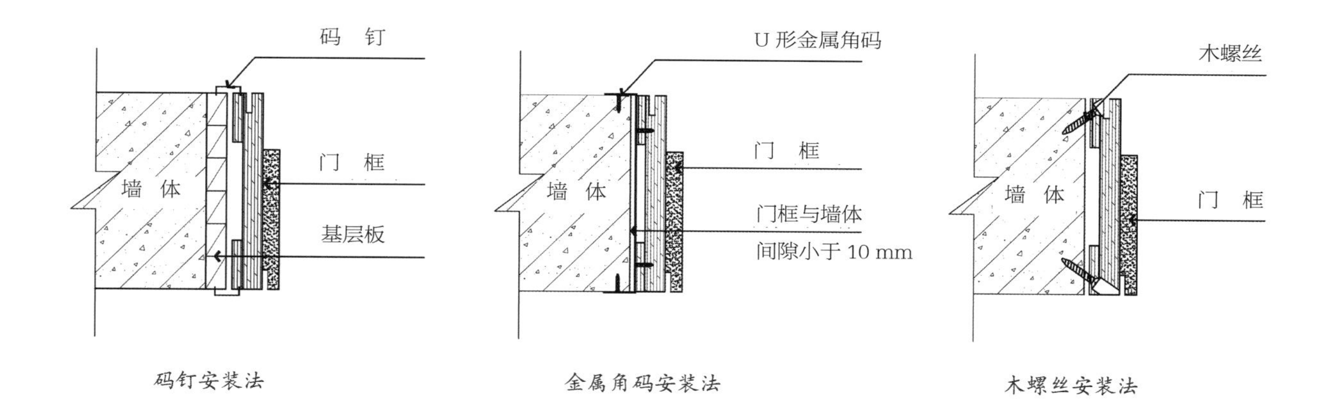

码钉安装法　　金属角码安装法　　木螺丝安装法

码钉安装法

为加强墙体与门套的握钉力，现场必须做木基层。

金属角码安装法

门框与墙体间隙 < 10 mm；门高 ≤ 2200 mm；门套每边不少于 3 个安装金属角码。

木螺丝安装法

在门线条插槽处攻入木螺丝（切不可在可见面打螺丝）；门高 ≤ 2200 mm；木螺丝数量不少于 16 个。

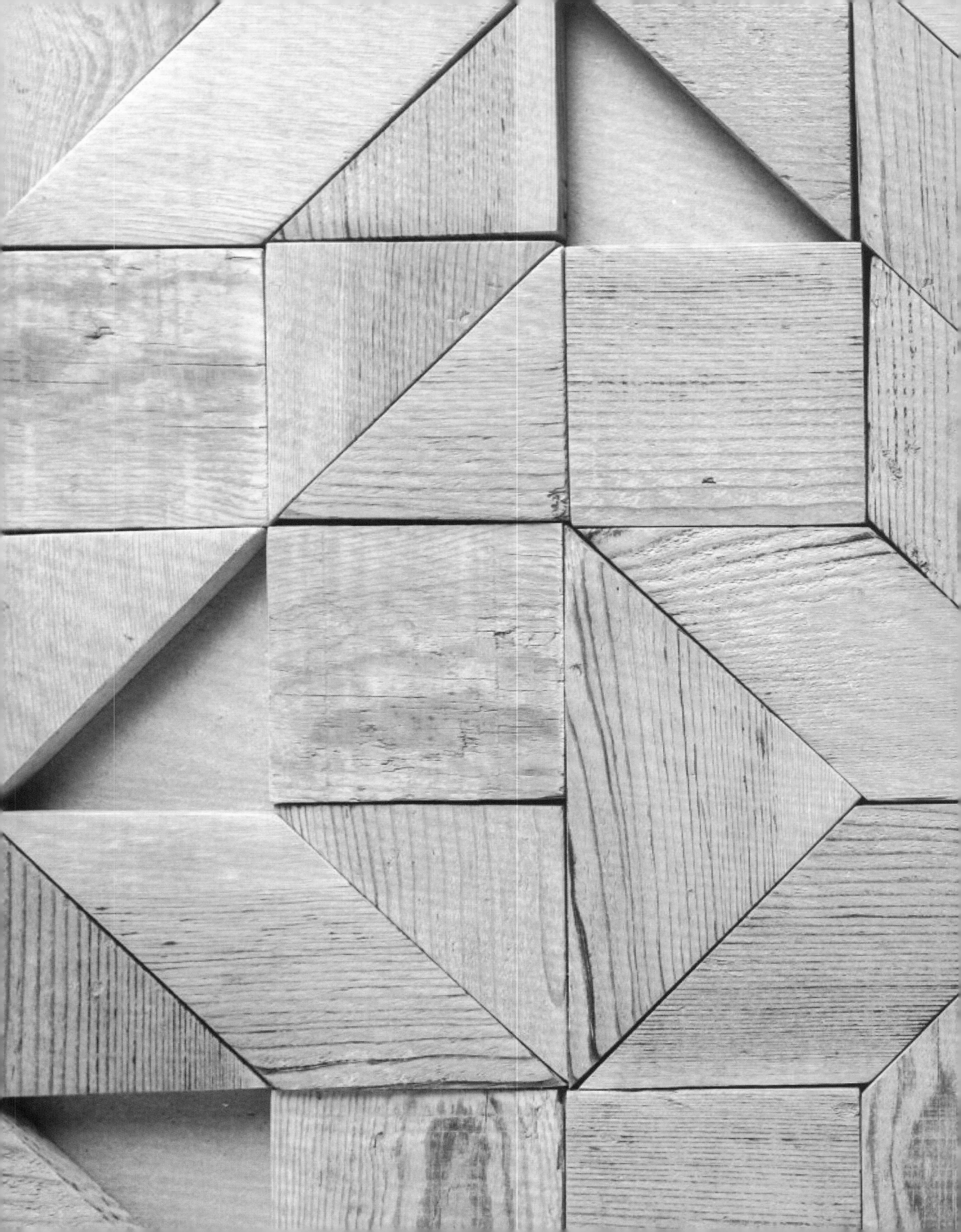

CHAPTER 4
第 4 章
产品计价
PRODUCT VALUATION

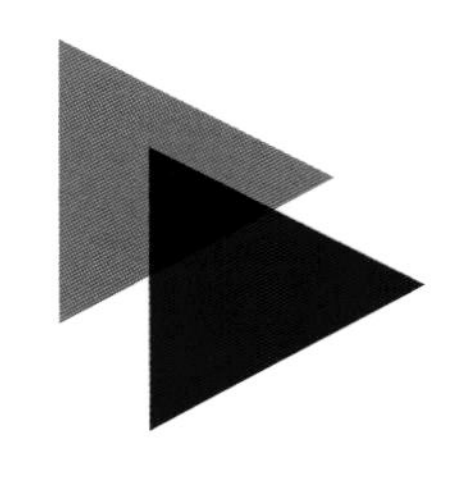

CHAPTER 4
第 4 章
产品计价
PRODUCT VALUATION

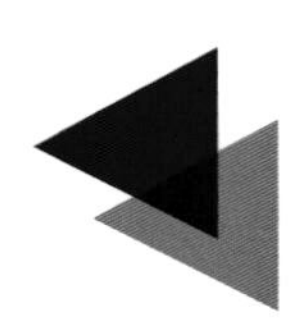

4.1 柜类产品计价方法

4.1.1 展开面积和投影面积比较

市场上常见的柜类计价方法是展开面积和投影面积。下面举一个例子，将这两种方式进行对比。在此规定衣柜的尺寸是2150 mm × 2660 mm，则两种方式的报价如下所述。

投影面积计算表

物件名称	规格 / mm			件数	面积 / m^2	单价 / 元	金额 / 元
2150 mm × 2660 mm 衣柜立面投影面积计算							
柜体	2150	2660	180	1	5.719	380	2173.2
衣通	—	—	—	3	3	10	30.0
格子抽	普通轨道			2	2	120	240.0
抽屉	普通轨道			2	2	120	240.0
移门	2150	2036	180	1	4.3774	350	1532.1
外掩门	2150	436	180	1	0.937	120	112.4
铰链拉手	—	—	—	—	12	3	36.0
总计	—	—	—	—	—	—	**4363.7**

展开面积计算表

序号	物件名称	规格 / mm			件数	面积 / ㎡	单价 / 元	金额 / 元
1	2150 mm × 2660 mm 衣柜展开面积计算							
2	顶底板 1	2150	600	180	2	2.58	120	309.6
3	侧板 1	2660	600	250	2	3.192	150	478.8
4	侧板 2	2046	600	180	3	3.069	120	368.3
5	侧板 3	400	600	180	1	0.24	120	28.8
6	层板 1	480	500	180	6	1.44	120	172.8
7	层板 2	487	500	180	1	0.244	120	29.3
8	层板 3	600	500	180	2	0.6	120	72.0
9	背板	2150	2474	90	1	5.319	120	638.3
10	上封板	2150	80	180	1	0.172	120	20.6
11	下封板	6100	80	180	1	0.488	120	58.6
12	衣通	—	—	—	3	3	10	30.0
13	格子架	普通轨道			2	2	120	240.0
14	抽屉	普通轨道			2	2	120	240.0
15	移门	2150	2036	180	1	4.3774	350	1532.1
16	外掩门	2150	436	180	1	0.937	120	112.4
17	铰链拉手	—	—	—	—	12	3	36.0
18	**总计**	—	—	—	—	—	—	**4367.6**

通过比较，不难发现，投影面积计价比展开面积计价明显简单很多，18 cm120 元的板材，在市场上处于中下水平，或是促销价格；在总价上，两种计价方式差距不大；仔细看，投影面积的计价中，柜体的报价有固定的结构，另行调整则比较麻烦，费用也少不了；所用板材的厚度，统一是 18 cm 的，但侧板、层板、底板的厚度则看不到。

4.1.2 延米计价

延米，即延长米，是用于统计或描述不规则的条状或线状工程的工程计量，如管道长度、边坡长度、挖沟长度等。延长米没有统一的标准，不同的工程和规格要分别计算，才能作为工作量和结算工程款的依据。

延米的计算方式

“延米”并非法定计量单位，而是某些工程领域计算价格时的一种长度计量习惯方式。其计量单位应使用法定计量单位“米（m）”，计量对象是被计量物的实际计价长度。延米是“延长米”的简称，说某某的计量单位是延米就是说计算长度。1 延米可能是 1 m，也可能是 10 m，也可能是 100 m，这要看定额。计量单位若是 10 m，那么 1 延米就是 10 m。同样，计量单位若是 1 m，1 延米就是 1 m。

计算举例

在橱柜行业，1 延米 = 1 m，地柜可以用延米算，吊柜也可以用延米算。在每延米范围内，结构可适当调整。比如，厨房两墙间的距离是 3 m，需做 3 m 地柜，1 m 吊柜，那么，设计师在 3 m 范围内，对橱柜进行结构设计（每户情况不同，橱柜结构也不同）。然后，1 延米地柜的价格 ×3 m，就是地柜的价格；1 延米吊柜的价格 ×1 m，就是吊柜价格。超出标准的物品，另收费。

4.1.3 展开面积计价

柜体类报价文件须包含以下内容：报价说明，柜类柜体（价格、款式、工艺），柜类门板（价格、款式、工艺），柜类饰线（价格、款式、工艺），柜类罗马柱（价格、款式、工艺），柜类前饰板（价格、款式、工艺），柜类功能配件（抽盒、抽格、裤架、平板抽面、造型抽面、镜子单元格、多宝抽等）。

参考表格参见“×× 公司衣柜报价单（展开面积）”。

4.1.4 投影面积计价

参考表格参见“×× 公司衣柜报价单（投影面积）”。

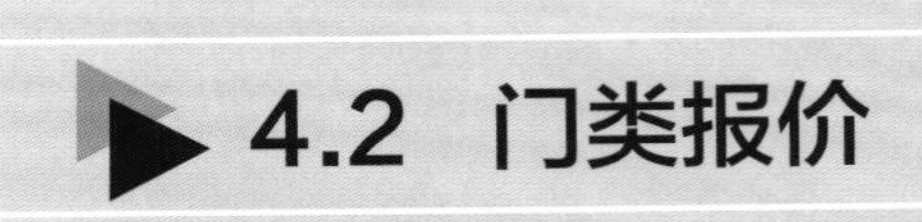

4.2 门类报价

一份完整的原木门报价书应包含以下内容：报价说明，门扇价格，门框（门套板）价格，门头价格，门套线价格，脚线价格，上亮板价格，特殊木门价格，门扇款式，推拉门款式，套线款式，窗套款式，开启方向，木门刀形，选配玻璃。

原木门门扇价格表

门扇面积为 1.98 ~ 1.2 ㎡，按扇计价。门扇标配：B 扣线，30 mm 芯板，玻璃另计。									
型号类别	标配 门扇		增值加价						
	基准数值			常量数值					
	基准价	35 芯板	A 扣线	封闭	开放	做旧	常量	描金银	贴金箔
××–001									
××–001B									
××–002									
××–002B									
……									
此报价不含特殊工艺贴金银、描金银，价格另见说明									
说明：门扇面积大于 1.98 ㎡按平方米计价；小于 1.2 ㎡内按 1.2 ㎡计价。门扇标配以外的其他配件另计									

原木门框价格表

41　28　原木

门套板 A：由组合 41 mm 厚度与 28 mm 厚度 2 块组合

墙厚度	长度 /mm 材种	1100	2200	2400	2700	3000	3600	价格 / 元
120 ~ 180 mm 门套板	美国红橡							
	美国樱桃							
	美国楸木							
	欧洲榉木							
	巴西花梨							
	缅甸柚木							
180 ~ 220 mm 门套板	美国红橡							
	美国樱桃							
	美国楸木							
	欧洲榉木							
	巴西花梨							
	缅甸柚木							
说明：								

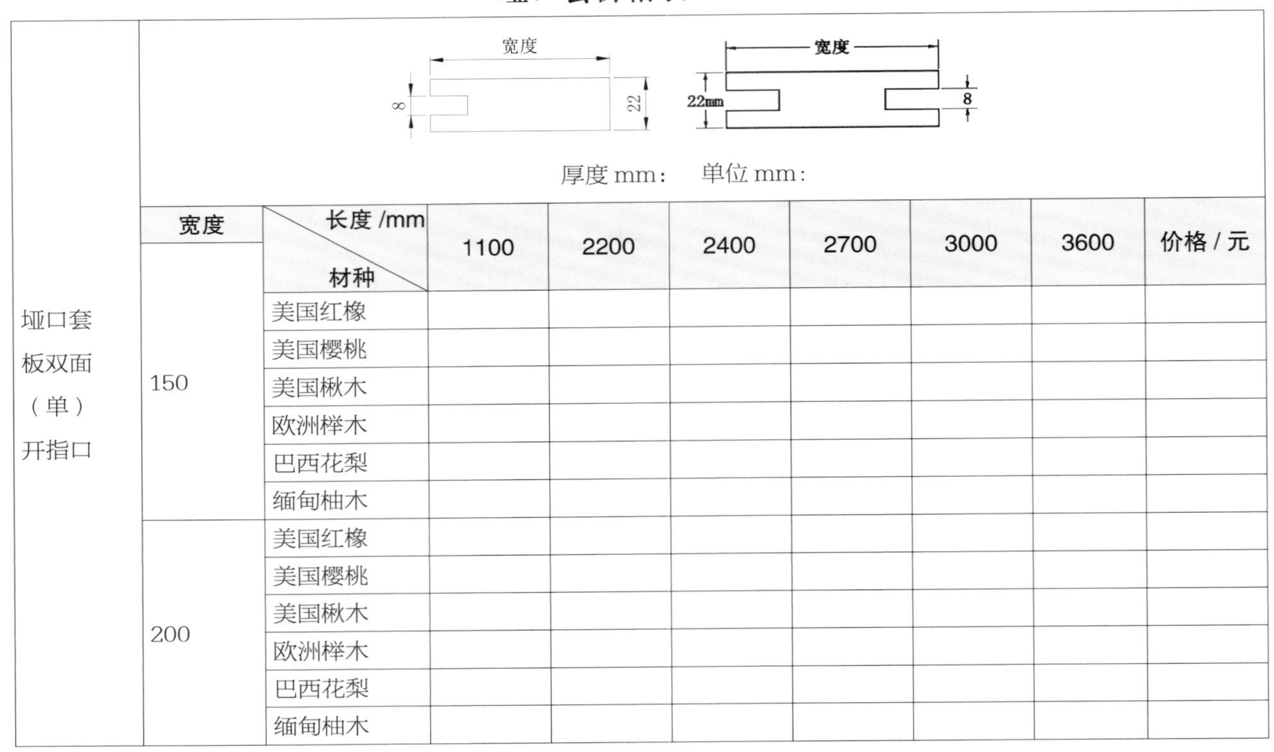

垭口套价格表

厚度 mm：　单位 mm：

	宽度	长度 /mm 材种	1100	2200	2400	2700	3000	3600	价格 / 元
垭口套板双面（单）开指口	150	美国红橡							
		美国樱桃							
		美国楸木							
		欧洲榉木							
		巴西花梨							
		缅甸柚木							
	200	美国红橡							
		美国樱桃							
		美国楸木							
		欧洲榉木							
		巴西花梨							
		缅甸柚木							

原木门门头价格表

门头按框外宽度延米长度计价，罗马柱按框外尺寸延米长计价，含雕花						
编码	材种	门头	罗马柱：80 mm 宽	罗马柱：100 mm 宽	罗马柱：120 mm 宽	
门头 A（单开）	美国红橡					
	美国樱桃					
	美国楸木					
	欧洲榉木					
	巴西花梨					
	缅甸柚木					
罗马柱	罗马柱高 = 门扇高 +24（mm）；门头长 = 门扇宽 + 罗马柱宽 ×2+172（mm）					
门头 B						
说明：						

注：① 此处只列门扇、门框、门头和垭口套的价格标示方式及款式表示方式，未列的门扇款式、推拉门款式、套线款式、窗套款式、木门刀形、选配玻璃等的表示方式和所列表格基本相似。

② 此报价文件仅作为参考，望能抛砖引玉，希望有更多更好的报价体系分享给行业人。

原木门门头款式

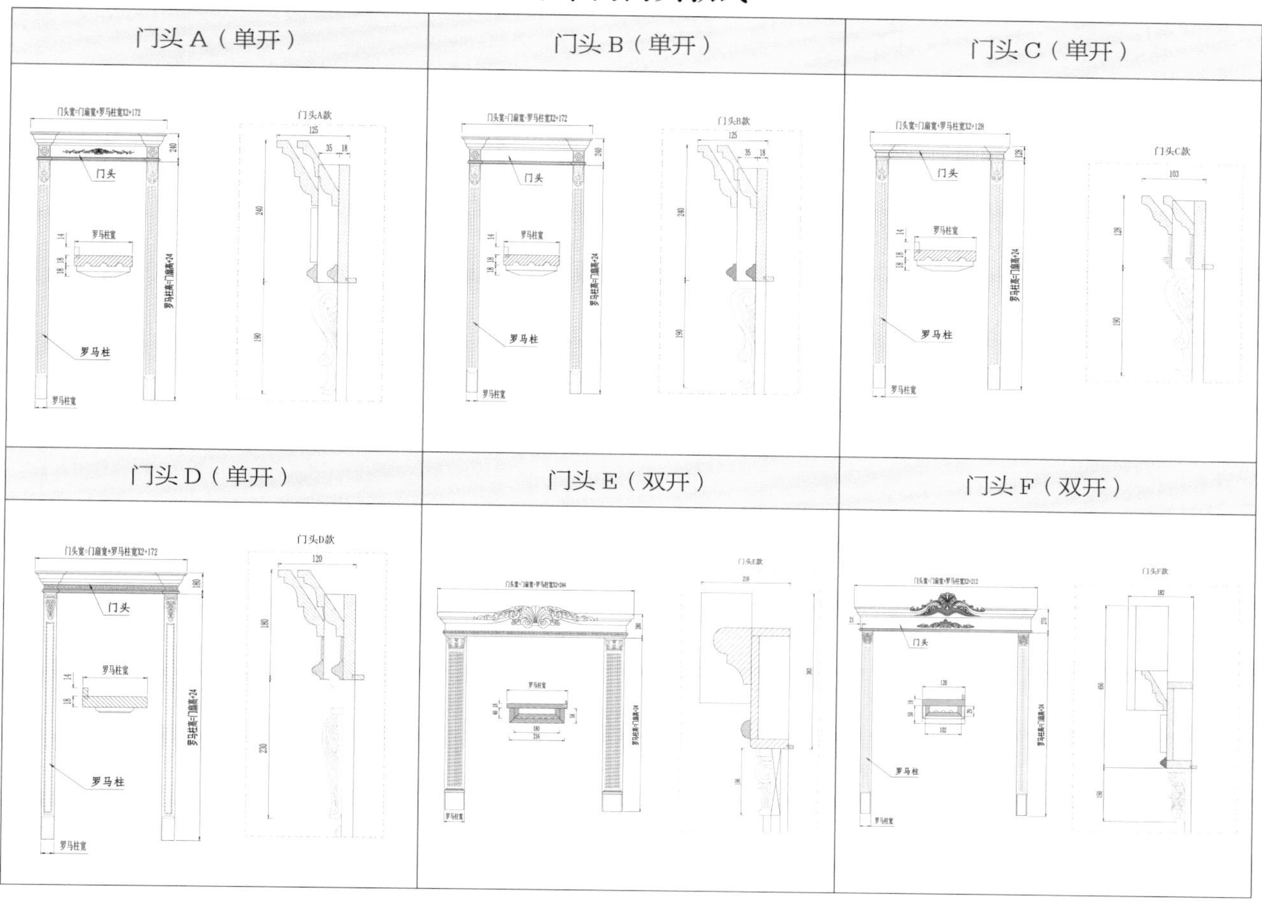

门扇开启方向示意图

单开门扇开启方向定义：人站在门扇的外面一侧，合页安装于门扇的左边时，需要左手推开门，为左推门；合页安装于门扇的右边时，需要右手推开门，为右推门。	对开门、子母门门扇开启方向定义：人站在门扇的外面一侧，合页安装于母门门扇的左边时，需要左手推开门，为左推门；合页安装于母门门扇的右边时，需要右手推开门，为右推门。

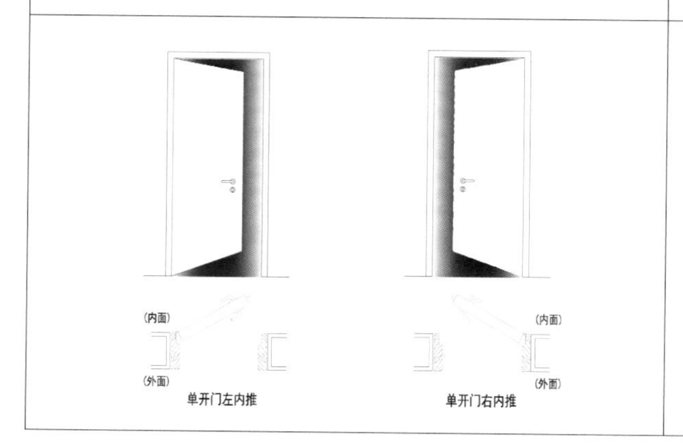

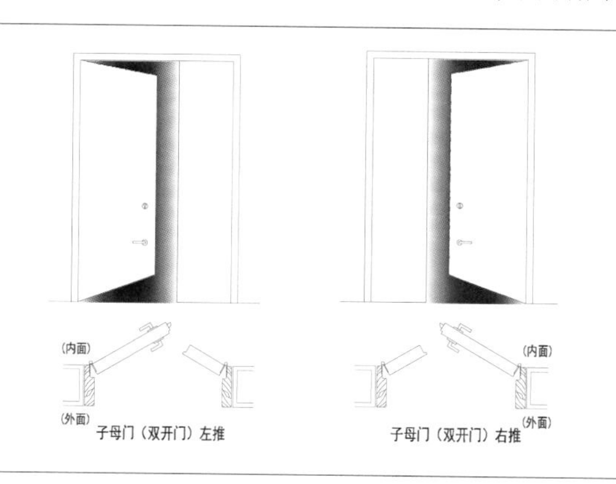

×× 有限公司

木门单价表 2015

产品型号与名称 XX-001 木门	工艺简要说明	材质	套门单价 / 元	产品型号与名称 XX-002 木门	工艺简要说明	材质	套门单价 / 元
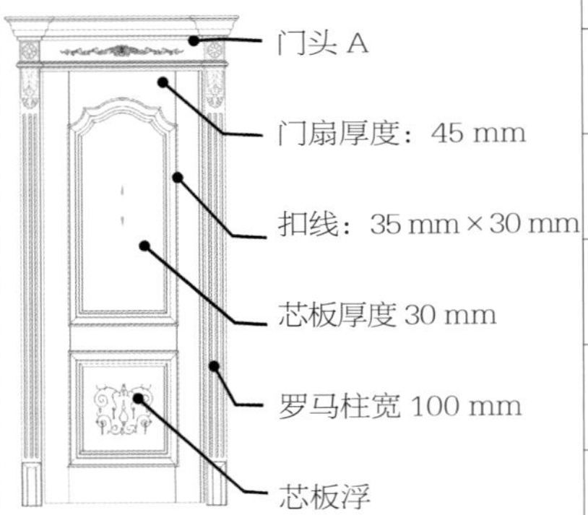 门头 A 门扇厚度：45 mm 扣线：35 mm × 30 mm 芯板厚度 30 mm 罗马柱宽 100 mm 芯板浮		美楸	¥ 1.00	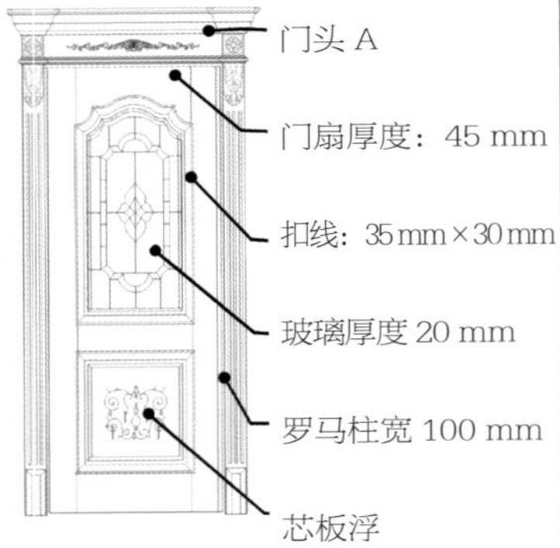 门头 A 门扇厚度：45 mm 扣线：35 mm × 30 mm 玻璃厚度 20 mm 罗马柱宽 100 mm 芯板浮		美楸	¥ 1.00
		红橡	¥ 1.00			红橡	¥ 1.00
		榉木	¥ 1.00			榉木	¥ 1.00
		樱桃木	¥ 1.00			樱桃木	¥ 1.00
		巴西花梨	¥ 1.00			巴西花梨	¥ 1.00
		柚木	¥ 1.00			柚木	¥ 1.00

产品型号与名称 XX-003 木门	工艺简要说明	材质	套门单价 / 元	产品型号与名称 XX-004 木门	工艺简要说明	材质	套门单价 / 元
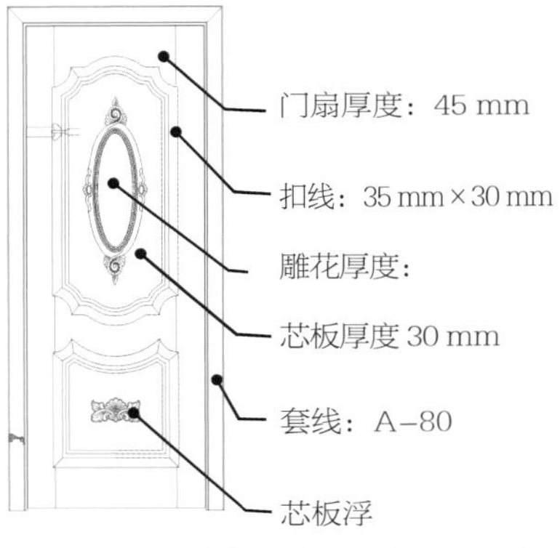 门扇厚度：45 mm 扣线：35 mm × 30 mm 雕花厚度： 芯板厚度 30 mm 套线：A–80 芯板浮		美楸	¥ 2.00	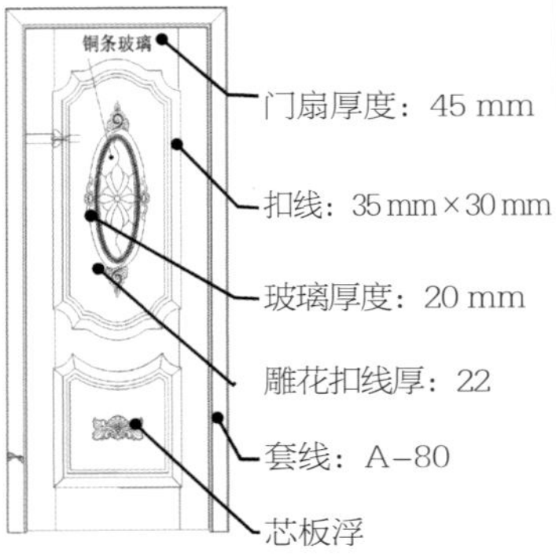 铜条玻璃 门扇厚度：45 mm 扣线：35 mm × 30 mm 玻璃厚度：20 mm 雕花扣线厚：22 套线：A–80 芯板浮		美楸	¥ 3.00
		红橡	¥ 2.00			红橡	¥ 3.00
		榉木	¥ 2.00			榉木	¥ 3.00
		樱桃木	¥ 2.00			樱桃木	¥ 3.00
		巴西花梨	¥ 2.00			巴西花梨	¥ 3.00
		柚木	¥ 2.00			柚木	¥ 3.00

×× 有限公司
木门单价表 2015

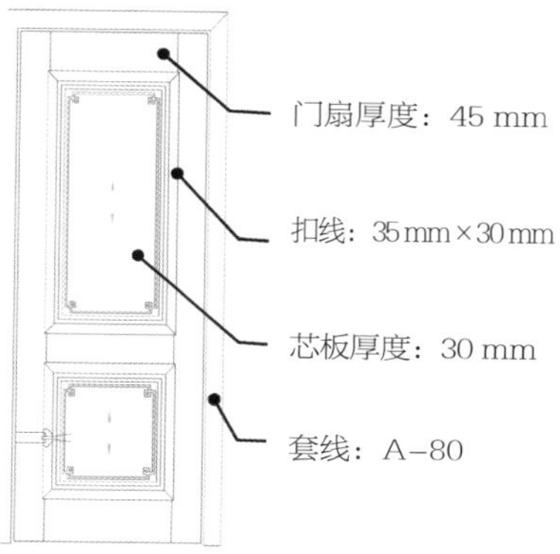

产品型号与名称 XX-003 木门	工艺简要说明	材质	套门单价 / 元	产品型号与名称 XX-004 木门	工艺简要说明	材质	套门单价 / 元
	门扇厚度：45 mm 扣线：35 mm×30 mm 芯板厚度：30 mm 套线：A-80	美楸	¥2.00		门扇厚度：45 mm 扣线：35 mm×30 mm 夹丝玻璃 厚度：12 mm 套线：A-80 芯板厚度：30 mm	美楸	¥3.00
		红橡	¥2.00			红橡	¥3.00
		榉木	¥2.00			榉木	¥3.00
		樱桃木	¥2.00			樱桃木	¥3.00
		巴西花梨	¥2.00			巴西花梨	¥3.00
		柚木	¥2.00			柚木	¥3.00

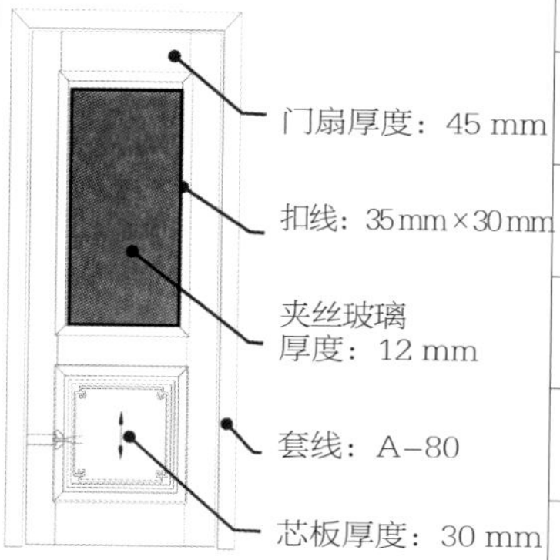

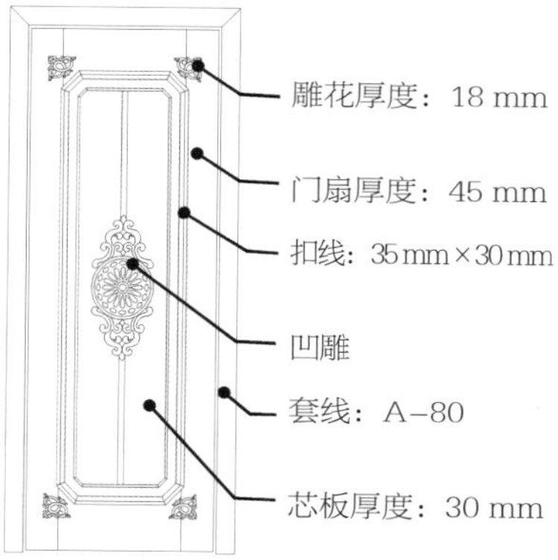

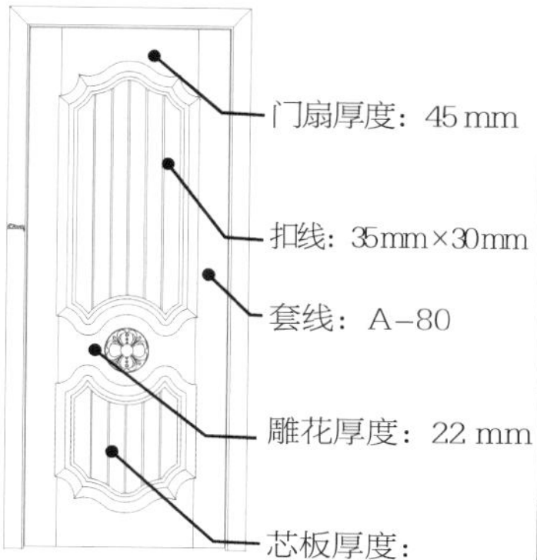

产品型号与名称 XX-005 木门	工艺简要说明	材质	套门单价 / 元	产品型号与名称 XX-006 木门	工艺简要说明	材质	套门单价 / 元
	雕花厚度：18 mm 门扇厚度：45 mm 扣线：35 mm×30 mm 凹雕 套线：A-80 芯板厚度：30 mm	美楸	¥4.00		门扇厚度：45 mm 扣线：35 mm×30 mm 套线：A-80 雕花厚度：22 mm 芯板厚度：	美楸	¥5.00
		红橡	¥4.00			红橡	¥5.00
		榉木	¥4.00			榉木	¥5.00
		樱桃木	¥4.00			樱桃木	¥5.00
		巴西花梨	¥4.00			巴西花梨	¥5.00
		柚木	¥4.00			柚木	¥5.00

注：①表格中产品型号和工艺简要说明以及材质、价格根据各企业具体情况具体对待；

②此报价文件作为参考学习，望能抛砖引玉，也希望大家能有更多更好的报价体系分析系分享给行业人。

特殊款式原木门对开大门价格表

特殊大门按套计价，含雕花（仿古油漆另加 5%）

型号	类别	材质				
		红橡	樱桃	美楸	奥古曼	巴西花梨
XXS–001	进户大门					
XXS–002	双开大门					
XXS–003	子母门					
XXS–004	双开大门					

进户大门：XXS–001 外观图

说明：

门扇：高 2250 mm 以内、宽 850 mm 以内。

装饰板：高 2260 mm 以内、宽 420 mm 以内。

墙厚：300 mm 以内。

门套板 A。一面套线 J–100。一面门头

双开大门：XXS–002 外观图

说明：

门扇：高 2250 mm 以内、宽 850 mm 以内。

墙厚：240 mm 以内。

门套板 A。一面套线 J–100。一面门头

子母门：XXS–003 外观图

说明：

门扇：高 2250 mm 以内、宽 850 mm 以内。

装饰板：高 2260 mm 以内、宽 420 mm 以内。

墙厚：300 mm 以内。

门套板 A。一面套线 J–100。一面门头

双开大门：XXS–004 外观图

说明：

门扇：高 2250 mm 以内、宽 850 mm 以内。

墙厚：240 mm 以内。

门套板 A。一面套线 J–100。一面门头

4.3 罗马柱报价

罗马柱款式及报价

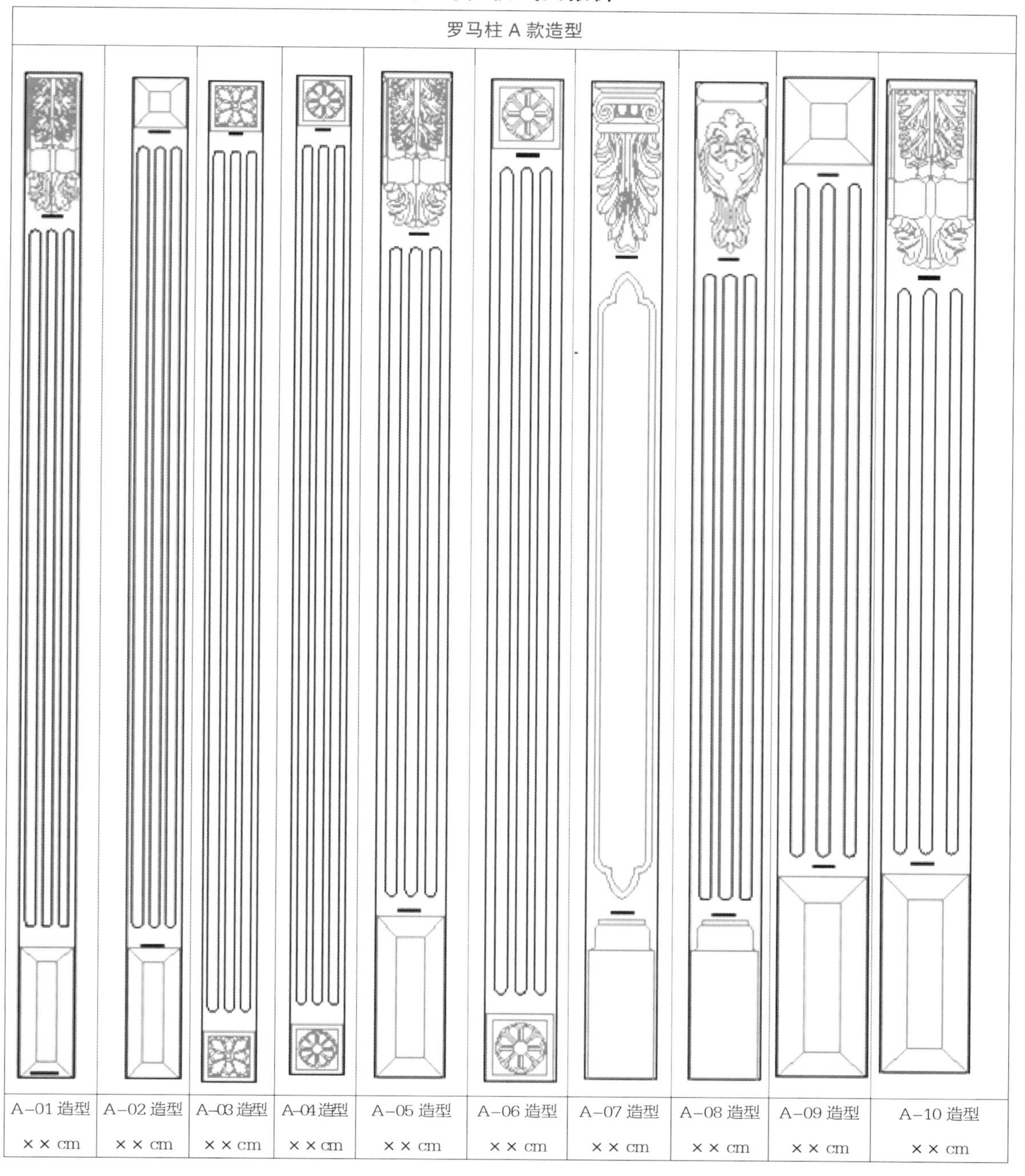

罗马柱 A 款造型									
A–01 造型	A–02 造型	A–03 造型	A–04 造型	A–05 造型	A–06 造型	A–07 造型	A–08 造型	A–09 造型	A–10 造型
×× cm	×× cm	×× cm	×× cm	×× cm	×× cm	×× cm	×× cm	×× cm	×× cm

罗马柱款式及报价

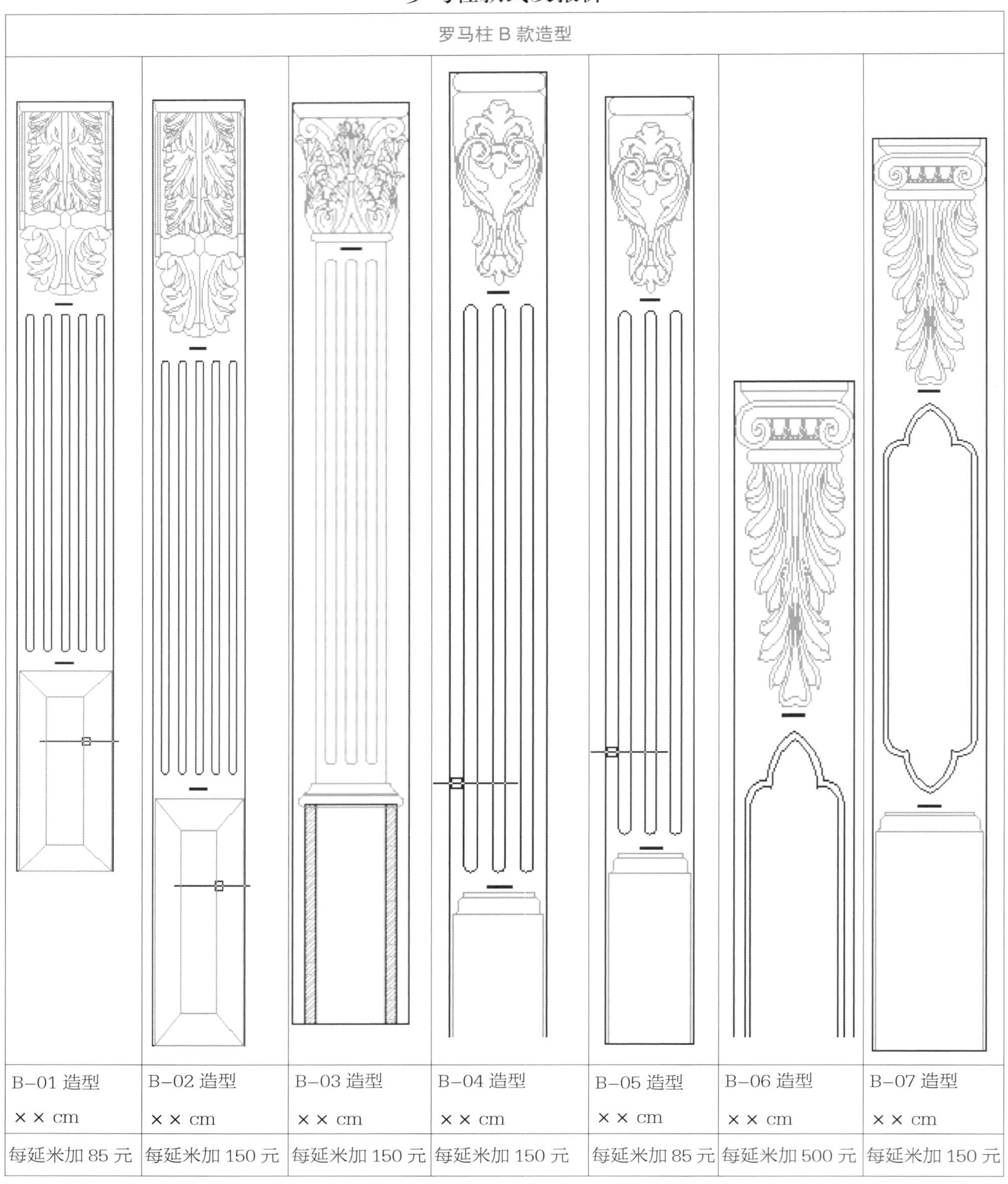

罗马柱 B 款造型						
B–01 造型 ×× cm	B–02 造型 ×× cm	B–03 造型 ×× cm	B–04 造型 ×× cm	B–05 造型 ×× cm	B–06 造型 ×× cm	B–07 造型 ×× cm
每延米加 85 元	每延米加 150 元	每延米加 150 元	每延米加 150 元	每延米加 85 元	每延米加 500 元	每延米加 150 元

4.4 吊顶类报价

×× 公司吊顶报价表

NO.	产品图片	材质	说明	单位	复合门芯	实木门芯	原木门芯	备注
		奥松板（混油）	单层高 120 mm 以内	㎡	1780.00	1781.00	1782.00	平板造型按展开面积 ×× 元 / 平方米 帽线 120 mm 高 ×× 元 / 延米 帽线 100 mm 高 ×× 元 / 延米 帽线 80 mm 高 ×× 元 / 延米 收口太阳线 30 mm 宽 ×× 元 / 延米 装饰檐线 100 mm 高按 ×× 元 / 延米 15 mm 橡胶木结构板 100 mm 高 ×× 元 / 延米
		非洲桃花芯	单层高 120 mm 以内	㎡	1781.00	1782.00	1783.00	
		非洲红胡桃	单层高 120 mm 以内	㎡	1782.00	1783.00	1784.00	
		北美樱桃木	单层高 120 mm 以内	㎡	1783.00	1784.00	1785.00	
		北美赤杨木	单层高 120 mm 以内	㎡	1784.00	1785.00	1786.00	
		美国红橡	单层高 120 mm 以内	㎡	1785.00	1786.00	1787.00	
		美国白橡木	单层高 120 mm 以内	㎡	1786.00	1787.00	1788.00	
		奥松板（混油）	双层高 220 mm 以内	㎡	1787.00	1788.00	1789.00	
		非洲桃花芯	双层高 220 mm 以内	㎡	1788.00	1789.00	1790.00	
		美国红橡	双层高 220 mm 以内	㎡	1792.00	1793.00	1794.00	
		奥松板（混油）	圆弧造型高 120 mm 以内	㎡	1794.00	1795.00	1796.00	15 mm 橡胶木结构板 120 mm 高 ×× 元 / 延米
		非洲桃花芯	圆弧造型高 120 mm 以内	㎡	1795.00	1796.00	1797.00	
		非洲红胡桃	圆弧造型高 120 mm 以内	㎡	1796.00	1797.00	1798.00	
		北美樱桃木	圆弧造型高 120 mm 以内	㎡	1797.00	1798.00	1799.00	
		北美赤杨木	圆弧造型高 120 mm 以内	㎡	1798.00	1799.00	1800.00	
		美国红橡	圆弧造型高 120 mm 以内	㎡	1799.00	1800.00	1801.00	
		美国白橡木	圆弧造型高 120 mm 以内	㎡	1800.00	1801.00	1802.00	

4.5 墙板类报价

××公司墙板报价单（展开面积）

名称 / 规格 \ 单价（元） \ 材质		橡胶木指接	美国楸木	非洲桃花芯	榉木	北美红橡	北美樱桃
墙板 / 墙裙板（无雕花）	A1–01 扣线 B1–02 扣线						
墙板 / 墙裙板（无雕花芯板）	A1–01 扣线 B1–02 扣线						
雕花	A1–01 扣线 B1–02 扣线	雕花按上述价格另加雕花面积 ×× 元 / ㎡，复杂雕花按图样报，另加加工费，线条描金 / 银另加加工费按线条条数累计延米计算 ×× 元 /m；线条贴金 / 银箔另加加工费按线条贴的条数累计延米计算 ×× 元 /m；做旧另加价 ××%；描金 / 银、贴金 / 银箔按公司定制描金 / 银、贴金 / 银箔标准；A1–01/B1–02 扣线可以做弧形					
墙板 / 墙裙板（无雕花）	A2–03 扣线 B2–02 扣线						
墙板 / 墙裙板（无雕花芯板）	A2–03 扣线 B2–02 扣线						
雕花	A2–03 扣线 B2–02 扣线	雕花按上述价格另加雕花面积 ×× 元 / ㎡，复杂雕花按图样报，另加加工费，线条描金 / 银另加加工费按线条条数累计延米计算 ×× 元 /m；线条贴金 / 银箔另加加工费按线条贴的条数累计延米计算 ×× 元 /m；做旧另加价 ××%；描金 / 银、贴金 / 银箔按公司定制描金 / 银、贴金 / 银箔标准；A2–03/B2–02 扣线可以做弧形					
墙板 / 墙裙板（无雕花）	A3–01 扣线 B3–02 扣线						
墙板 / 墙裙板（无雕花芯板）	A3–01 扣线 B3–02 扣线						
雕花	A3–01 扣线 B3–02 扣线	雕花按上述价格另加雕花面积 ×× 元 / ㎡，复杂雕花按图样报，另加加工费，线条描金 / 银另加加工费按线条条数累计延米计算 ×× 元 /m；线条贴金 / 银箔另加加工费按线条贴的条数累计延米计算 ×× 元 /m；做旧另加价 ××%；描金 / 银、贴金 / 银箔按公司定制描金 / 银、贴金 / 银箔标准；A3–01/B3–02 扣线可以做弧形					

墙板组合形式举例

×× 公司衣柜报价单（投影面积）

NO.	产品图片	型号	芯板说明	材质分类	单位	复合门芯	实木门芯	原木门芯	备注
			造型芯板	桃花芯	㎡				
			可制作原木芯板	北美樱桃木	㎡				
			—	奥松板（混油）	㎡				描金工艺每平方米加 150 元，无门芯板每平方米减 200 元，实色擦色每平方米加 150 元
			—	橡胶木（混油）	㎡				
			—	红胡桃	㎡				
			—	美国橡木	㎡				
			—	白腊木	㎡				
			平面芯板	桃花芯	㎡				
			不可制作原木芯板	北美樱桃木	㎡				
			—	奥松板（混油）	㎡				描金工艺每平方米加 150 元，无门芯板每平方米减 200 元，实色擦色每平方米加 150 元
			—	橡胶木（混油）	㎡				
			—	红胡桃	㎡				
			—	美国橡木	㎡				
			—	白腊木	㎡				

×× 公司衣柜报价单（展开面积）

材质 单价（元） 名称 / 规格（长 × 宽）		橡胶木指接	美国楸木	非洲桃花芯	榉木	北美红橡	北美樱桃	缅甸花梨
柜体板								
刀 1 门板（说明）								
刀 2 门板（说明）								
顶线 A1								
顶线 B2								
冠线 A1								
冠线 B2								
底线 A–1								
脚线 A–1								
套线 A–1								
腰线								
贴线								
收口线								

×× 公司衣柜报价单（展开面积）

续表

材质 / 单价（元） / 名称/规格（长 × 宽）		橡胶木指接	美国楸木	非洲桃花芯	榉木	北美红橡	北美樱桃	缅甸花梨
面板线								
罗马柱								
装饰柱								
前饰板								
装饰围栏								
抽盒								
格抽								
裤架								
平板抽面								
造型抽面								
镜面单元格								
多宝抽								
其他								

注：展开面积计价比较复杂，柜体所有组成部分必须用单独的表格分开计价，并配有详细的计价说明和工艺说明。此表由于版面有限，把所有种类放到一起，请自行拆开计价。此表仅供参考学习。

×× 公司衣柜报价单（投影面积）

NO.	产品图片	名称	门板材质	柜体板材质	单位	复合门芯	实木门芯	原木门芯	备注
		衣柜报价（投影面积）	奥松板（混油）	实木多层板（免漆）	㎡				
			奥松板（混油）	实木多层板	㎡				
			奥松板（混油）	实木橡胶木	㎡				
			非洲桃花芯	实木多层板（免漆）	㎡				
			非洲桃花芯	实木多层板	㎡				
			非洲桃花芯	实木橡胶木	㎡				
			非洲红胡桃	实木多层板（免漆）	㎡				芯板雕刻每平方米加××元
			非洲红胡桃	实木多层板	㎡				芯板局部雕刻每平方米加××元
			非洲红胡桃	实木橡胶木	㎡				门型压花××元/㎡
			北美樱桃木	实木多层板（免漆）	㎡				门板描金工艺××元/㎡
			北美樱桃木	实木多层板	㎡				门板擦金工艺××元/㎡
			北美樱桃木	实木橡胶木	㎡				
			北美赤杨木	实木多层板（免漆）	㎡				装饰边框××元/延米（45 mm 以内）
			北美赤杨木	实木多层板	㎡				装饰楣板××元/延米，镂空花××元/延米
			北美赤杨木	实木橡胶木	㎡				
			美国红橡	实木多层板（免漆）	㎡				楣板尺寸 100 mm 以内
			美国红橡	实木多层板	㎡				
			美国红橡	实木橡胶木	㎡				
			美国白橡木	实木多层板（免漆）	㎡				
			美国白橡木	实木多层板	㎡				

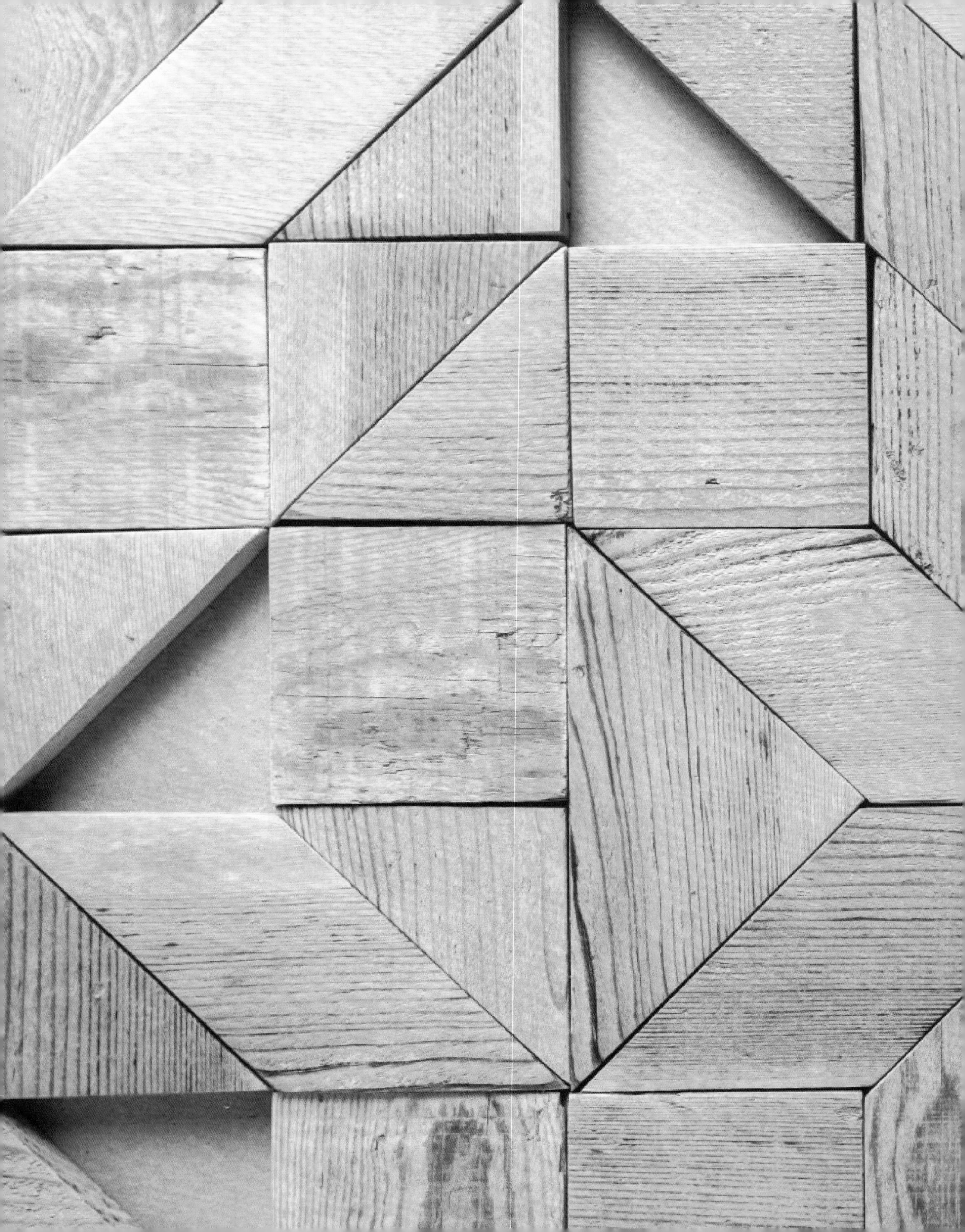

CHAPTER 5
第 5 章
安装
INSTALLATION

CHAPTER 5
第 5 章

安装
INSTALLATION

5.1 全屋定制木作系统安装工艺

5.1.1 售前设计生产与售后施工安装同等重要

定制家居木作系统是一种半成品，有着特殊的销售流程，签单只是整个流程的第一步。从接受订单到完成安装施工，中间环节较多，涉及木门、橱柜、衣柜、楼梯等多种产品，并且要求各种产品整体协调一致。因此，从产品的设计、生产到施工、安装，每个环节都不可或缺，尤其是施工安装，是获得消费者对该产品认可的重要环节。

售前服务是针对消费者的需求所进行的个性化设计过程。如果企业售前服务做得很到位，那么终端经销商的售后服务成本则随之降低。对企业来说，良好的售后服务是树立品牌、传播企业形象的重要途径；对经销商来说，售后服务比售前服务更重要，良好的售后服务能带来好口碑，产生更直接的经济效益。然而，目前的门窗行业，厂商往往将售前与售后服务分开，花大量精力承接订单，却忽视签单后的售后服务工作，结果，消费者对售后服务投诉不断，客户大量流失，销售成本不断增加，导致恶性循环。

其实，定制家居售前主要为迎合消费者对家装的需求，也就是设计生产环节，而售后则是满足这一需求的实施过程，二者不可分割。因此，实木定制家居要求厂商必须兼顾售前、售后两种服务。

5.1.2 木作系统安装工程质量验收

1．安装现场验收的重要性

例如，定制柜类产品的品质七分在于安装。产品的安装通过安装工来实施完成，因此，安装工的工作品质和服务质量直接影响到产品的品质和客户满意度。标准的安装流程和安装规范不仅可以体现安装队伍的专业性，还可以树立品牌柜类产品在消费者心目中的地位，同时使消费者坚信自己的购买选择。

2．安装工程质量验收流程及标准

货物拆包（以橱柜为例）

分类摆放物品，柜体组装区、货物摆放区、配件摆放区、工具摆放区等。

利用现场可用材料（纸箱、泡沫等），做好保护措施。

检查所拆物品品质是否完好。特别注意易磨损、易划伤物品。

柜体组装（以橱柜为例）

所有侧板安装上三合一，并确保安装到位。

按图纸组装柜体，保证柜体的方正，大角的对角线误差 ±1 mm，平整度公差在 2 mm 之内。

安装好可调节脚，注意转角柜、柜体宽度较大及外露柜可调节脚的安装，地脚数量为每柜 4 个，大于或等于 800 mm 的要在中间加 2 个。

特别注意，当柜体组装起还没安装背板时，柜体还很不稳固，翻转时注意方法，以免造成柜体破损。

清洁卫生要求

务必将柜体内及轨道、表面上的木屑、粉尘用毛刷清扫干净。

将无用系统孔全部用系统孔塞堵上，吊柜及抽屉箱体的防尘角安装到位。

门板表面贴膜揭除，门板、台面表面粉尘清理干净；再次检查、调试所有门板及配件。

包装箱码放整齐。地面铺垫的包装箱、泡沫板及锯下的废料、残渣等必须清理干净，不得堆放在现场。

安装完毕，经客户验收合格后，向客户发放售后服务保修卡，填好相关信息及要求，并双方签字；以便商家（厂家）备份留档。

5.2 推荐的连接结构五金件

Mod–eez® 弹簧钢简易安装配件是目前市场上最坚固且安装最简易的待装散件配件。

Mod–eez® 配件可提供一个完全隐蔽的“灵活接头”。安装 Mod–eez® 配件时，唯一需要的工具是一把橡胶锤。

Mod–eez® 系统的设计可满足以下三个要求：

①使面板连接牢固，并且保证在规格发生变化时材料或结构不会导致连接点断裂或松动。

②以牢固而简单的组装手段实现上述目标，尤其是无需专门的安装工具。

③最终使连接的固定接口完全隐蔽。

Mod–eez® 固定系统实现了上述所有目标，因为两个组接件使用了独特的弹簧钢斜角“卡簧”和一个凸缘“肩螺丝”。

在保证连接牢固且灵活的同时，弹簧钢可大大增加肩螺丝上凸缘防拉出的阻力。组装时，只需将肩螺丝沿卡簧斜面滑动。待卡簧归入卡位后，系统便组装完毕，而且所有连接件都会痕迹全无！

Mod–eez® 装配件为全世界各地的家具制造商所广泛使用，易装配，不显露。很多用户不愿意看到将家具组装在一起的接配件，而家具制造商想在自己制造的家具上用最可靠的接配件，因此很多美国家具制造商都特别指明要 MOD–EEZ® 装配件。

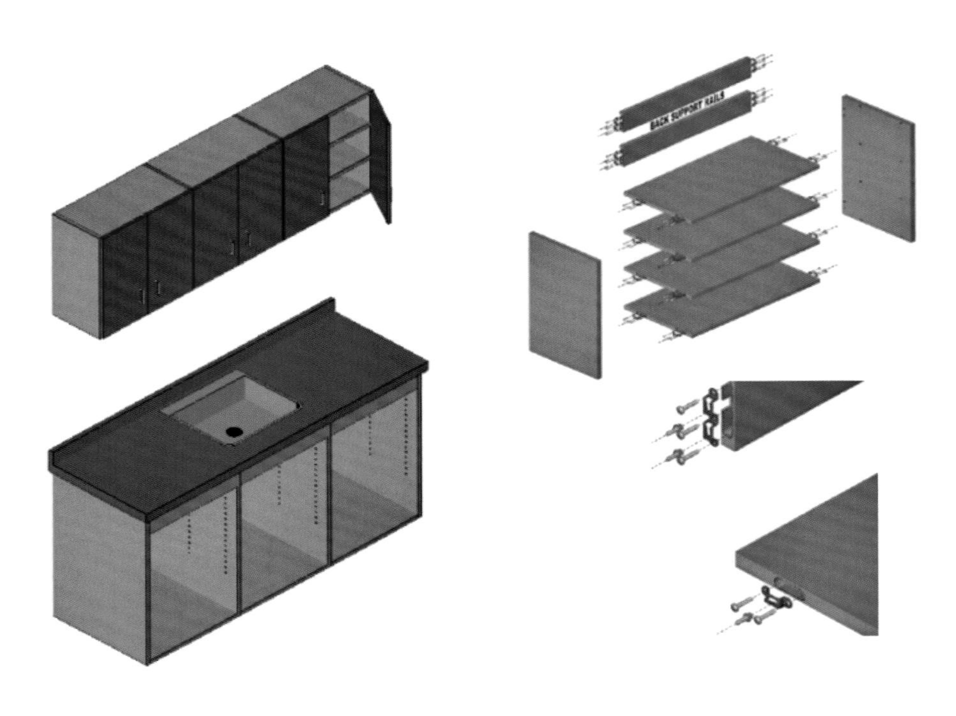

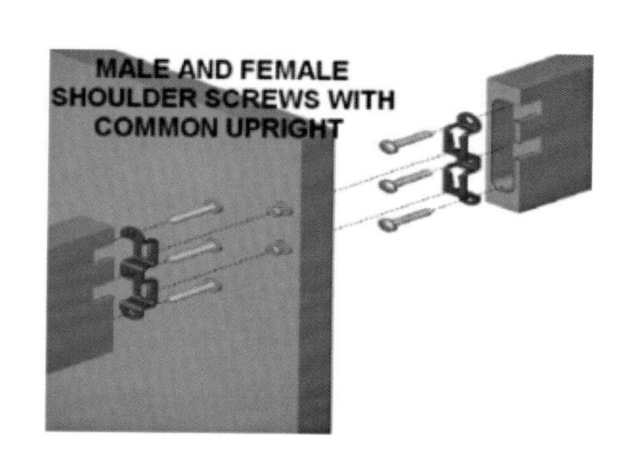

相邻柜体之间的连接

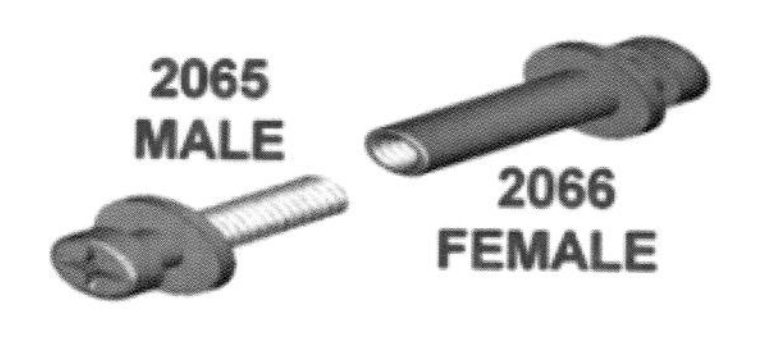

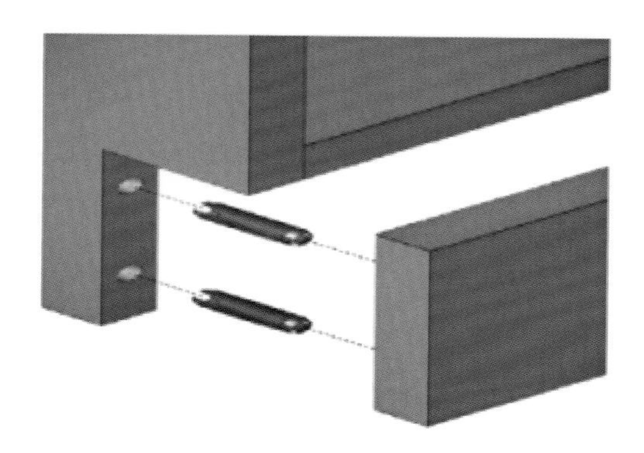

踢脚板、罗马柱的连接

橱柜的全套连接解决方案

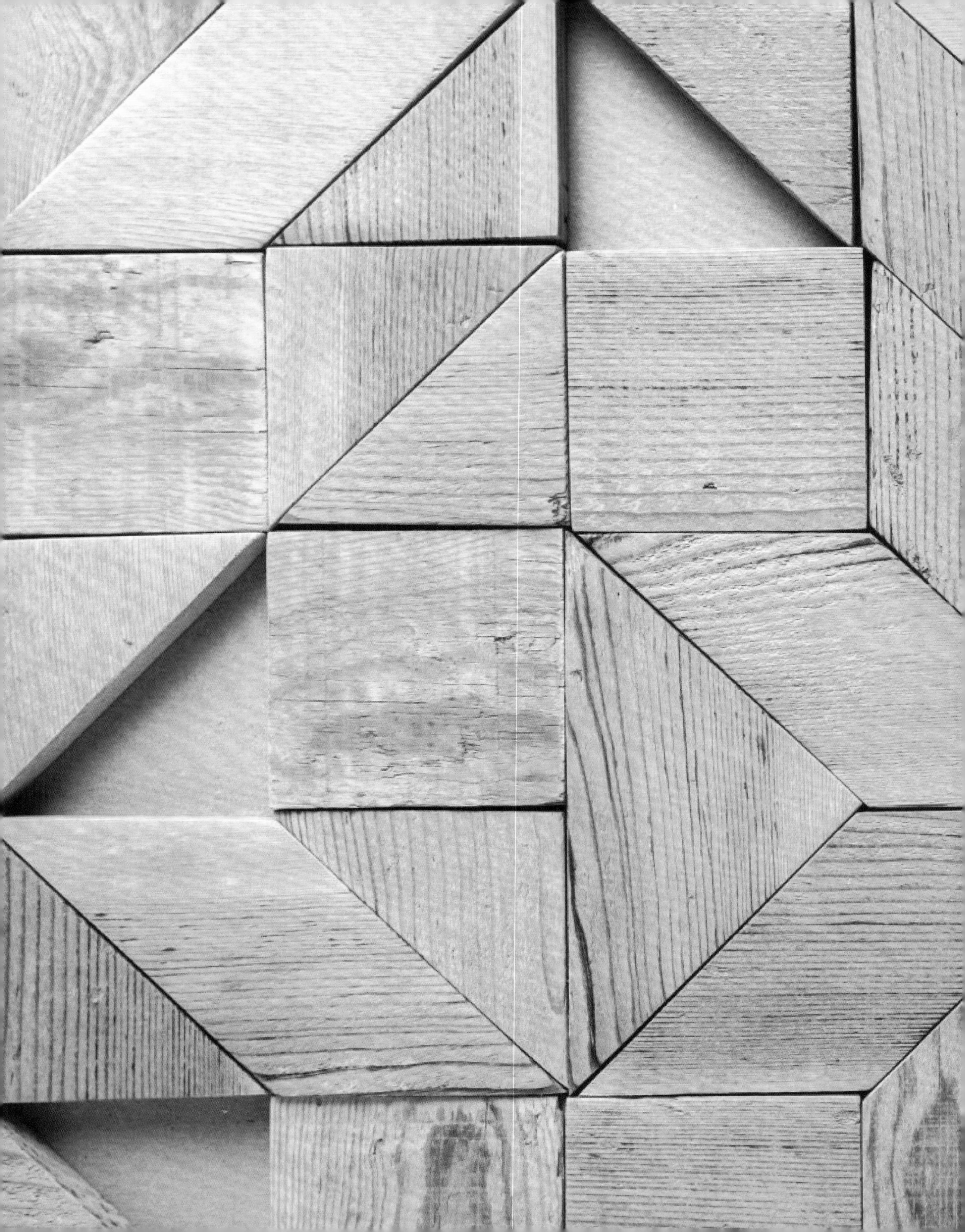

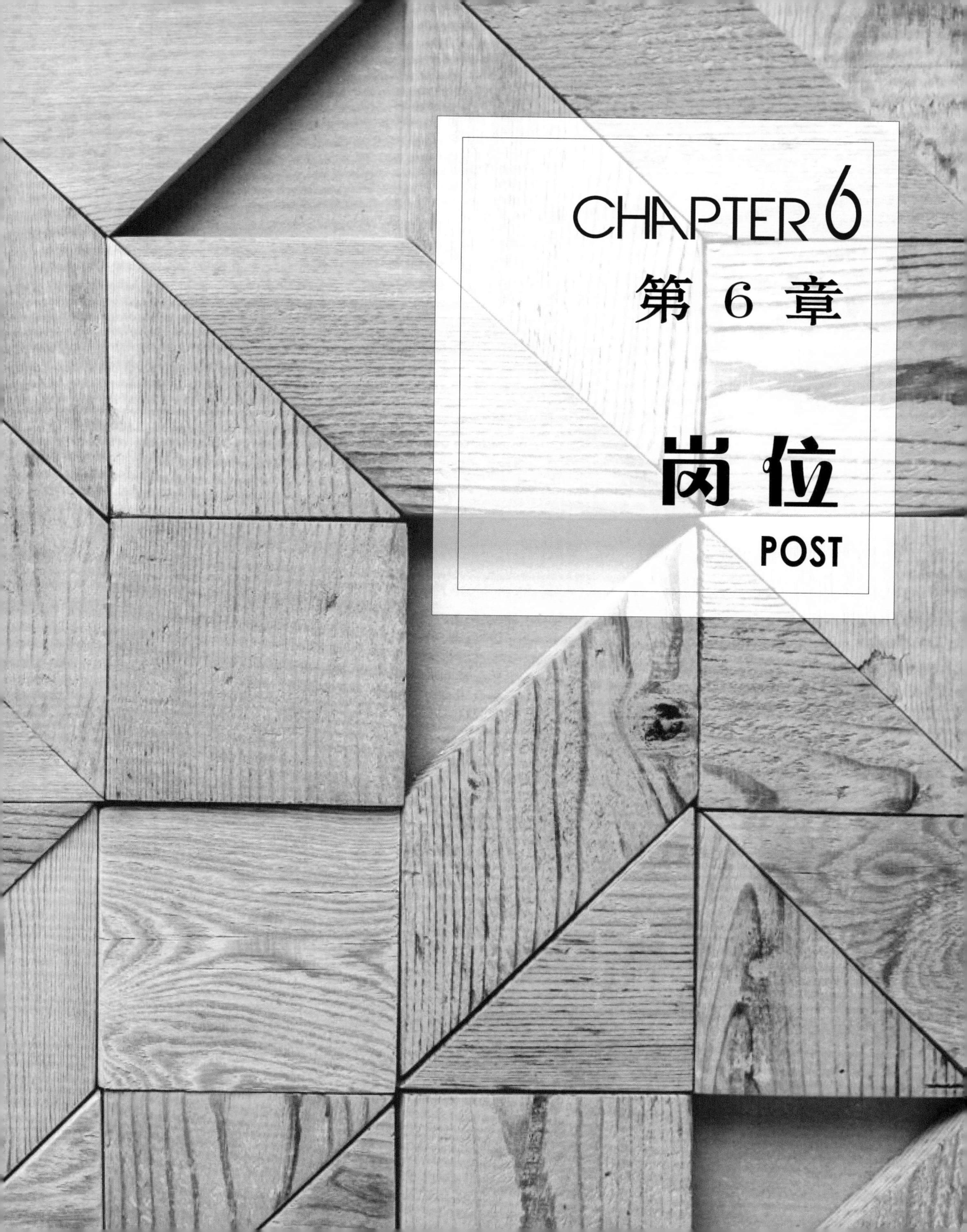

CHAPTER 6
第 6 章
岗位
POST

CHAPTER 6

第 6 章

岗位

POST

6.1 岗位架构说明

6.1.1 设计总监岗位职责

岗位名称	设计总监	岗位编号	
所在部门	设计部	岗位定编	
直接上级	总经理	所辖人员	
直接下级	无	编订时间	

工作职责：

在总经理的领导下，全面负责公司设计部的各项技术和管理工作。

①制定部门相关制度并监督执行；

②负责部门员工绩效考核；

③制定部门工作目标及计划（周、月、季、年）；

④负责订单的分配工作，合理优化组内人员工作分配；

⑤负责对部门员工进行定期技能培训；

⑥熟练制图相关软件，可独立设计大型家具方案；

⑦严格遵守公司各项规章制度；

⑧完成上级交办的其他工作

知识技能	①定制类木作设计满 5 年以上； ②全权参与过工地施工达 3 年以上或 20 个以上完整工地施工工作； ③对产品结构和生产工艺有深入的了解； ④熟练使用 CAD 软件； ⑤熟练使用 OFFICE 软件		
拟定人		日期	
总经理审批		日期	

6.1.2 木作设计师岗位职责

岗位名称	木作设计师	岗位编号	
所在部门	设计部	岗位定编	
直接上级	总经理	所辖人员	
直接下级	无	编订时间	
工作职责： ①控制厂家的绘图时间、绘图标准、图纸质量； ②通过培训，提高主创、助理等设计师的木作专业水平； ③深化主创木作图纸，使之符合公司全案设计图纸要求； ④协助主创、客户经理及厂家完成客户方案洽谈，并负责合同签订； ⑤监督、参与厂家现场复尺，协调各工种的搭接技术方案； ⑥厂家图纸审核，对不符合要求的进行整改，使之达到公司图纸标准； ⑦配合工程中心对定制类产品的质量问题认定及责任判断			
禁忌： ①若数据不准确，则严禁使用，必须核实； ②工期不够时，严禁盲目向客户承诺； ③客户不签字认可并付款严禁下单			

知识技能	①定制类木作设计满 3 年以上； ②全权参与过工地施工达 1 年以上或 10 个以上完整工地施工工作； ③对产品结构和生产工艺有深入的了解； ④熟练使用 CAD 软件； ⑤熟练使用 OFFICE 软件		
拟定人		日期	
总经理审批		日期	

6.1.3 报价员岗位职责

岗位名称	报价员	岗位编号	
所在部门		岗位定编	
直接上级		所辖人员	
直接下级	无	编订时间	
工作职责： ①负责公司订单，准确、及时地报价； ②报价以标准固定格式并存档、登记； ③核对订单价格的准确性； ④严格遵守公司各项规章制度； ⑤完成上级交办的其他工作			
拟定人		日期	
总经理审批		日期	

6.2 岗位流程图——木作专业操作流程图

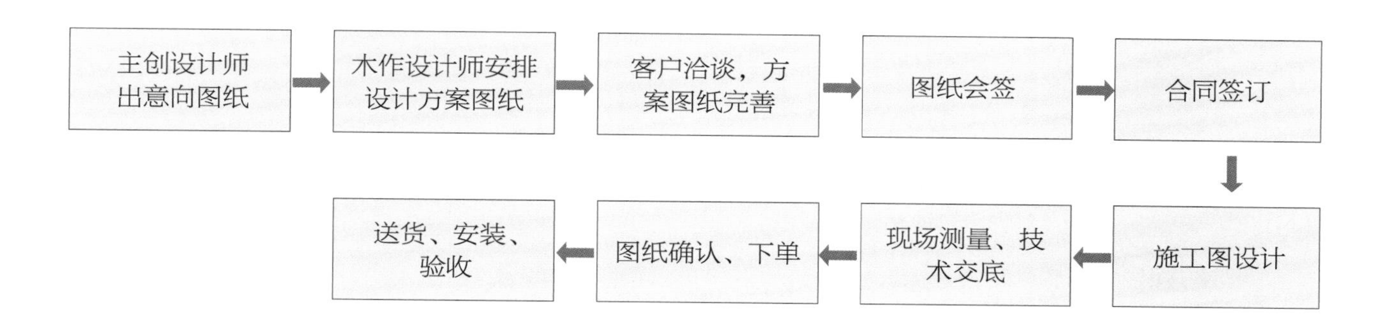

6.3 项目各阶段主要工作及标准

6.3.1 初步设计阶段

1. 主要工作

填写“初步设计流程表”。

协助主创设计师进行设计，提供技术咨询支持。

对主创设计师定制类产品设计不合理之处做说明，并提出解决办法。

初步筛选厂家，配合主创收集主创所需的定制产品资料。

2. 目的

提前了解主创设计师的设计思路，找到符合设计方案的产品。

3. 技巧

面对面沟通，直接采用现有资料引导方式，主动掌握主创思路。

尽量在已有的资源范围内提供可行性和把握性更强的资料。

4. 往来条件

提供的资料、图片必须符合主创的要求。

通过公司资源为主创设计师提供木作色样。

6.3.2 深化设计阶段

1. 主要工作

填写“深化设计阶段流程表”，不同的品类分别填写。

绘制或安排相应厂家绘制产品图纸（图纸为方案图，要求图纸内容丰富，体现关联配饰效果）。

参与客户洽谈。

2. 目的

让客户了解到我们的专业性，过滤市场低端对手，提高客户对公司的认可度、信任度。签订产品合同。

3. 技巧

周密的设计方案。图纸规范、美观、实用。

4. 其他相关工作

木作价格概算。

提供主创要求的材料样品。

5. 往来要求

木作：对建筑冲突与不合理之处及时提出修改建议。

木作：木作专员确认木作图纸时间点，根据实际复杂程度做调整，以每天5幅图计算，根据实际复杂程度做调整，最长10天；

木作：配套的实际彩色照片；

木作：根据客户或主创需求，木作专员安排木作样品，确定提供时间点；

木作：根据客户或主创需求，安排木作打样，确定提供时间点；

打样时间：造型和颜色普通的，10天；雕花、贴金箔或套色等工艺复杂的，推荐15天，最长20天，以下所提打样时间均按此标准计算。

6.3.3 施工图设计阶段

1. 主要工作

①填写“施工图设计阶段流程表”。

②签订相关产品合同。

③确定产品设计方案。

④安排产品厂家现场勘查，初步测量。

⑤绘出全部图纸。

2. 目的

控制各工种的技术搭接方案，防止发生后续问题。

图纸必须以能指导配合木作的现场施工所需要的技术及数据等方案为原则。

3. 技巧

实现三方会谈，掌握关键数据并签字，并强调数据发生变化必须及时通知。

4. 往来要求

木作：各工种搭接方案节点。

木作：木作专员确认木作图纸时间点，基本时间2～3天，最长不得超过5天。

木作：全部木作材料样品，并签字确认。

木作：实现三方会谈（相关材料厂家设计师、施工工长、主创设计师），确认各搭接口的精确数据；

木作：木作详细的报价；

木作：合同签订，订单下单。

6.3.4 校对会签阶段

1. 主要工作

填写各品类会签表。

参与校对，提供技术咨询和支持，记录问题，提出解决办法，及时调整图纸。

督促定制类产品厂家确认产品会签内容，监督相关责任人签字。

2. 目的

最终确认定制类产品的所有制作施工方案。

3. 技巧

不便在书面上直观表达的内容，用图例表达。

6.3.5 实施阶段

1. 主要工作

填写“实施阶段流程表”。

与厂家一同到现场复测。

进行技术交底，分析实际施工是否达到设计效果。

及时进行材料与方案变更。

进行技术性的安装指导。

协助验收，核实工程量，确认最终造价。

下达生产任务。

2. 目的

在合同约定的工期内，合格交付。

3. 技巧

现场交底要按楼层、按房间、按顺序依次交底。

精确测量，测量时尽量由两人进行，防止发生尺寸误差。

现场实施与图纸有冲突时，现场洽谈解决方案。

4. 往来要求

木作：五金、配件、配饰的型号、尺寸、生产配合工艺等详细说明及打样图。

木作：确认各工种搭接方案节点。

木作：审核木作报价。

木作：确认木作图纸时间点，以每天 8 幅图计算，最长 15 天完成下单任务。

木作：木作材料选择定位。

木作：施工技术交底，确认施工现场与木作的配合方案，彻底完成木作与施工的配合方案。

木作：及时与施工负责人交流，取得进场时间点，确保与客户承诺的时间，及时跟进木作生产进度，确认木作进场时间的可执行情况。

5. 其他工作

参加项目会。

在厂家进场施工时，根据现场需要，到现场参与安装前期的指导工作，如：施工前进场标准、协调货物的堆放地方、房间的确认、监督厂家产品质量等。

在施工过程中，有针对性地对工地进行检查，即对重点客户、技术上有一定难度的客户、比较有影响的客户、比较苛刻的客户、工程量比较大的客户等，合理安排时间，到现场指导，并进行技术上交底。监督厂家按最高要求施工。

施工现场出现技术性错误、施工出现问题而需要重新决定方案、进行责任认定，且出现纠纷时，木作设计师需第一时间到场进行协助解决。

现场问题判定时，配合施工负责人填写好相应表单，技术性比较强的，由木作设计师填写，并确定厂家及责任人解决问题的具体举措和时间限定。

对有配合要求的工地，协助施工负责人对木作进行验收。

木作的最后工程量核实验证，并对价格做最终认定。

经常收集各种资料，并进行归类。

定期进行市场调研，收集设计问题、设计创新、新产品、新生产工艺、创新施工工艺、优秀施工管理及方法，掌握产品市场最新动态。

提前做好预案，提前安排工作。

经常督促厂家，了解厂家各阶段工作进度情况。

经常与主创、厂家人员沟通，了解问题，了解矛盾，了解需求，采取相应的举措。

及时将厂家配合情况及执行力情况反馈给产品管理部。

及时回复相关人员提出的需要本岗位处理的问题。

6.4 木作设计相关技术要求和注意事项

6.4.1 木门、护墙板类技术要求和注意事项

门洞口位置、尺寸确保左右两边的相关材料施工的便利性，如踢脚线的安装，帽头的完整性。

门套、窗套等在同一视线同一区域，对同一高度的洞口，要保证套线上口高度一致。

门套和踢脚线、腰线等搭接口，不得有断面外露。

设计窗套时，要防止套板影响窗户扇开启。

L 形分布木门要注意避免两扇门开启时发生碰撞。

大规格护墙板要明确注明拼接口。

避免半路收口的腰线和踢脚线。

护墙板造型、点位点灯应与家具电器等实际物件尺寸相配套，确保布局美观。

护墙板各搭接口和收口部位，都要做节点图，确保设计合理。

异形部分、非共性部分要做剖视图。

墙垛边的柜子，要防止门套线等其他材料阻挡柜门开启。

注意瓷砖腰线位置与台面后挡水的高度配合尺寸。

6.4.2 橱柜、浴室柜类技术要求和注意事项

橱柜水盆和灶台之间的人体移动距离不超过 1500 mm，冰箱 + 水盆 + 灶台三边距离之和≤ 5600 mm。

灶台的中心距离侧面墙体或高柜等尺寸 > 400 mm。

灶台与油烟机的距离确保油烟机的最大抽烟能力，且不与人体发生碰撞。

油烟机的排烟管道要提前设计好路径，做好遮挡设计，需要提前预埋管道的提前预埋。

提前做好水电点位排布图。

水盆放置窗台下，注意内开窗户不能与水龙头发生碰撞。

水盆、灶台、料理台区域光线不好时要设计补充光源。

吊地柜内光线不好的，要设计柜内补光灯。

橱柜墙面砖、地面砖布局与橱柜走向有关的，要注意尺寸的把握。

6.4.3 固定家具类技术要求和注意事项

衣柜及衣帽间要设置长衣区、短衣区、叠放区、书包区、小件整理区、首饰区、佩戴效果区，根据家具区域的不同，使用功能不同，分别选择其使用功能。

老人房挂衣区高度设置为 1800 mm 以下，或设计配件辅助功能，方便老人进行操作。

老人房和儿童房的衣柜可以设计叠放区域。

设计儿童家具时要注意以下几点。

①防窒息：封闭的柜体连续空间 > 0.03 m³ 且内部尺寸均≥ 1.5 m 的柜体，即一个封闭空间可以容纳一个儿童进入时，须具备一定的通风透气功能。

②防夹手：家具的孔与间隙应控制在 <6 mm 或者≥ 12 mm 的范围内。

③防碎玻璃：除在离地面高度或儿童站立面高度 1600 mm 以上的区域外，不能使用玻璃部件。

④防碰撞：产品不应有危险突出物，如果存在危险突出物，则应加上保护罩，以对可能与皮肤接触的面积加以保护。

设计家具帽线时不得发生以下情况。

①与装修不规则部分对接。

②断面发生外露现象。

③与木门等其他材料发生冲突。

罗马柱落地造型直接与踢脚线对撞，要设计成柱脚的形式。

跨度较大的家具，以及层板承重量大的，要设计防变形方案。

内嵌式家具要做尺寸误差调整方案。

6.4.4 楼梯设计标准要求

高度：室内楼梯从踏步前缘线起到扶手面的高度≥ 900mm；若扶手有水平段，长度≥ 500 mm，且高度≥ 1050 mm。

立柱间距：立柱之间距离最大宽度尺寸≤ 110 mm。

内踏板深度（d）：常规踏板深度在 220 ~ 270 mm 之间，扇形转角距扶手 250 mm 处的深度尺寸≥ 220 mm。

踏步高度（h）：高度≤ 200 mm。

深度与高度关系满足：2h+d=600–620 mm。

楼梯间宽度：

①单边临空的楼梯间宽度≥ 750 mm。

②两边有墙的楼梯间宽度≥ 900 mm，且其中一边应有扶手。

休息平台：

①过高的楼梯，在台阶数 15 ~ 18 步左右设置休息平台。

②转角处平台深度≥楼梯宽度。

楼梯坡度：以 20° ~ 45° 为宜，30° 左右较为通用。

消除锐角：楼梯整个部位设计中都不得有锐角。

踏步收口：踏步临空处向外和向后突出楼梯基础 30 mm 左右。

6.5 设计师所必备的素质和修养

整木定制设计师是把艺术和商业结合在一起的人。一个成熟的设计师必须有艺术师的素养、工程师的严谨态度、旅行家的丰富阅历和人生经验、经营者的经营理念、财务专家的成本意识。从另一个角度讲，一个设计作品是设计师专业知识、人生阅历、文化艺术涵养、道德品质等诸方面的综合体现。因此，要做一名好的整木定制设计师必须有以下几大基本素质。

6.5.1 良好的道德修养和人格魅力

设计师应注意个人修养，善于自我克制，做事诚恳认真，建立良好的声誉，随时纠正自己的过失，做到言出有信，诚实无欺。设计师要考虑公司的利益、个人的利益、客户的利益，这三者之间相互依存。用花言巧语极力向客户推销高档产品、在价格上做手脚的做法并不可取，对公司声誉的损害也是不可估量的。

设计师应该把客户的东西当成自己的东西去设计、去对待，在功能、美观、价格等方面，站在客户的角度考虑问题，如实回答客户提出的问题，如实介绍不同档次产品的优势和不足。根据客户的意图，做出客户满意的方案，以赢得客户的信任和尊重。

6.5.2 较高的专业知识和较好的沟通能力

熟练掌握 CAD 软件。

了解整木定制所用的原材料的性能特点；知道整木定制的结构和构成，了解相关五金配件的特点；了解房间的常用灯具，等等。

了解各类定制产品的制造工艺。

了解各类定制产品的安装程序。

了解装修程序。包括装修材料、吊顶、瓷砖，等等。

涉猎一些消费心理学的知识，知道客户心里想什么。

有一定的美学修养，尤其要掌握一些色彩知识。

涉猎一些光学知识，了解色彩的关系，至少了解房间要用何种的光源。

涉猎平面构成和立体构成的知识。比如，在三面是墙的空间内，能否设置一个柜子，墙上有梁有柱时该如何处理等。

6.5.3 设计时应综合考虑的因素

是否符合工厂的工艺要求，车间能否加工。

是否满足客户的需求。

安装是否方便。

6.5.4 善于协调几方面的关系

1. 与导购员的关系

设计师通过导购员及时、全面地掌握客户信息，了解对客户的许诺，做到心里有数。设计师应和导购员留在展厅，以帮助导购员销售，回答客户提出的具体问题，还可直接获取客户信息。

2．与车间人员的关系

多与车间人员沟通，了解衣柜的制作工艺和程序。遇到有特殊要求的衣柜，即使在图上标明了要求，也有必要和车间人员核实。

3．与安装工的关系

与安装工搞好关系，尊重他们。在安装测量衣柜时，最好到现场帮助安装工搬物品、递工具，既加深感情又了解产品的结构和安装程序，对以后的设计很有帮助。

6.5.5 设计主导思想。

最大限度地为公司控制好价格体系。

设计实用、美观，尽可能为客户节约开支。

所设计的产品，制作标准，安装方便。

6.5.6 测量工作程序。

接单。接单时向展员询问客户的基本信息，包括地址、姓名、联系电话、选购意向、经济实力、性格特点。

接单后，尽快与客户联系，确定初测时间，核实客户的地址及房间的装修进度。

提前一刻钟到现场，万一迟到，事先电话告知并道歉。若客户迟到，不能表现出烦躁。如果上一个客户耽误了下一个客户，先与下一个客户联系，另定时间。约见客户时，要精神饱满，衣着整洁，语言文明，彬彬有礼。

认真测量，清晰记录每个数据。大活小活一样热情对待。拒绝小单会让公司声誉受影响，还可能失去回头客。

初测后三天内给客户发初步设计图纸，发图纸时电话告知客户，给客户报价时留有余地。

复测，确定变量，调整方案，然后签合同。非标柜及特殊要求要在图上注明。

签合同。签合同以前，应了解客户对总价的预算。若超出总价预算 10% 之内，客户可以接受，太多则很难接受。设计师要把握好分寸。

正确对待失误。定制产品一家一户，户型各不相同，客户、设计师、车间、运输、安装，任何一个环节的疏忽都会造成现场不能正常安装。若出现问题，应与客户协商修改方案，尽快解决。

6.5.7 总结

对所经营的整木定制的所有配件、材料、公司等了如指掌。

对整木定制的安装了如指掌。

了解客户的要求及意向。

及时、合理地设计空间。

详尽地向客户说明设计方案，并使其接受。

及时、合理地处理设计失误及安装失误等失误。

及时、合理地处理各种售后纠纷。

确保设计方案与客户家居的整体色彩相协调。

了解所有定制产品的计价等，使设计既美观又节省成本，并让客户满意。

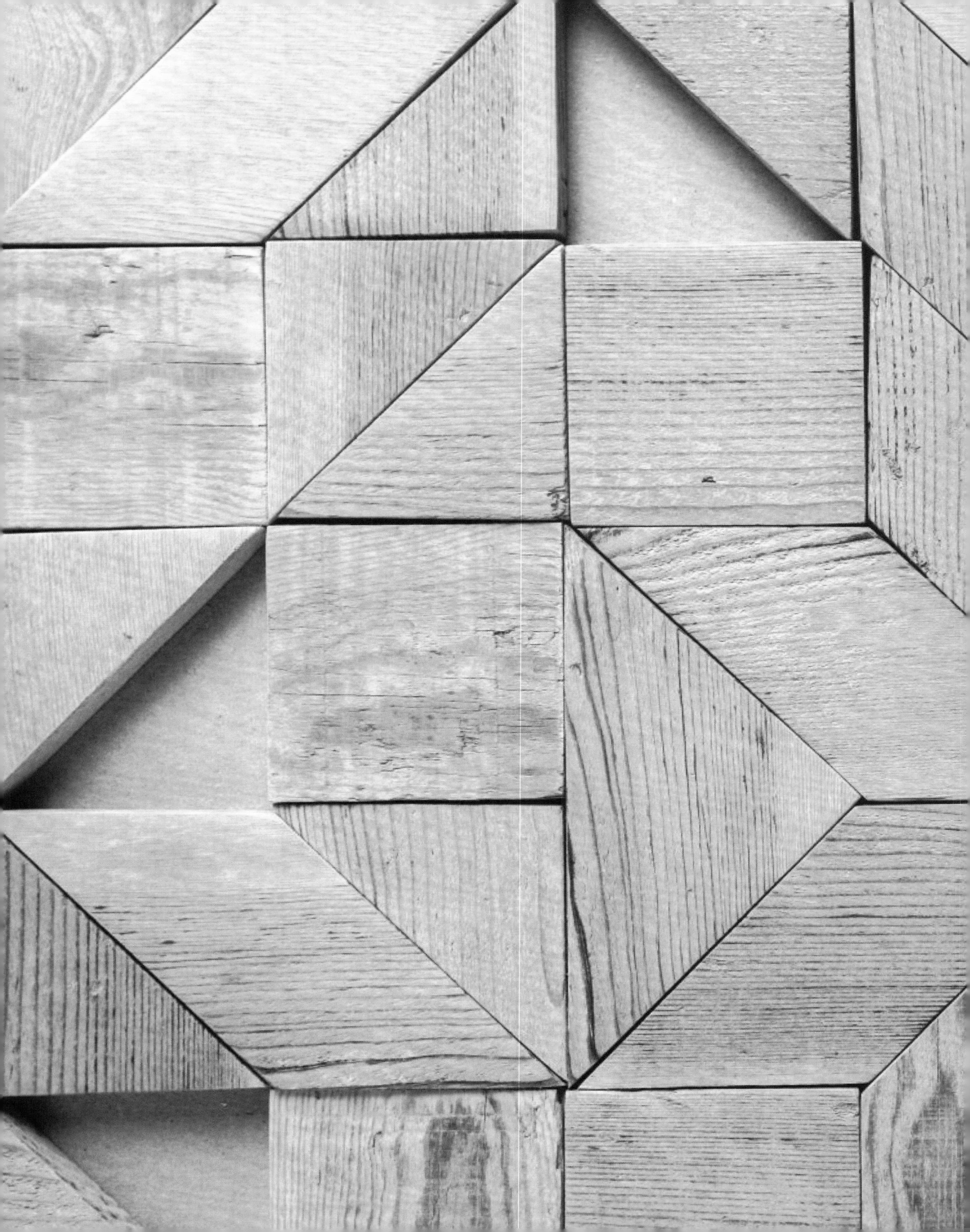

CHAPTER 7
第 7 章
营销
MARKETING

CHAPTER 7
第 7 章
营销
MARKETING

7.1 定制家居的销售订单流程和设计师的工作流程

7.1.1 定制家居的销售订单流程及注意事项

店面接单流程：准备工作→接待客户→客户资料登记、跟踪→根据顾客所选产品做初步设计报价下定金→上门初次测量→图纸设计→确定方案出图→签订合同收下单款→木工基材交底→做好基材→上门复尺→下单→约定安装时间→上门安装→售后处理。

准备工作：检查样品，并保证其处于良好状态，打扫卫生，保持样品、卖场清洁，将艺术品摆放归位。拥有良好的精神状态，保持精力充沛，保持仪容整洁、端庄，仪态大方。

接待客户：当有客户上门时，主动帮客户开门，微笑含胸问候：您好：几位好，欢迎光临XX定制家居专卖店；里面请，可以慢慢看，有什么我可以帮助您的？（务必迎上去为客户开门，这是和客户拉近距离、表示欢迎最友好的方式）

客户资料登记：进店客户、渠道客户的收集、登记、分析。记清楚客户进店日期、姓名、电话、地址及购买意向。店长将每个客户做详尽分析后按最佳方案进行客户跟踪。

根据客户提供的施工图，帮助客户做大概预算，尽量收取定金（需填写预约单）。

上门初次量尺时，最好与客户在现场沟通，例如，厨房内所需布置的电器、水电煤气的走向，衣柜的开门是否影响家具摆放、客户大概所需的最佳方案及家具的尺寸。

三个工作日内设计出初案图纸，向客户讲解如何选择方案，确定方案后帮客户绘制装修基材布置图纸、厨房水电图等。

修改方案，与客户详细解释报价及填写配置明细表，签订合同，收取下单款（与客户签订合同需图纸、报价单、配置明细表、订货合同、收款收据）。

客户装修基材做好后，再次上门复尺，注意插座及水电位的布置、家具的摆放有无误差，再次确认尺寸（复尺单）是否准确无误。

将下单图纸及配置明细表传真到工厂，下单生产，等待出货。

7.1.2 设计师的工作流程

设计师和客户沟通，获取施工图纸，并了解客户的生活方式和想法。

带客户参观样品展厅，考察产品工艺和生产制作流程，交流家居配置风格需求，根据会谈详细记录分析，与客户约定初步配套方案的面谈时间。

确定工艺和配套方案，签订合同，交付定金。

上门初步量尺，确定家具尺寸摆放位置。

多方位度量，精准测算家具尺寸占地面积及摆放布局，包括家具在内的窗帘、灯具、布艺、地毯、装饰画、装饰摆件等实物的选择，以及整体空间明度、流向视觉变化、色彩搭配、材质肌理搭配。

根据现场实际结果，现场绘制图纸设计图。

和客户沟通初步设计方案。

与客户面谈，进行方案磋商，调整方案并使客户满意，交付生产部门下单生产。

生产中保持与客户沟通面料、颜色等，家具完工时邀请客户检查等。

生产完工后预约送货安装时间，进行家具试装、包装、送货及上门安装。

付清余款。

定期客户回访。

7.2 销售人员的基本素质和技巧

7.2.1 销售人员的基本素质

一流的态度（包括责任、自信、勤奋、思考）。

一流的产品知识。

一流的销售技巧。

一流的市场触觉。

一流的个人修养。

7.2.2 十招大单销售技巧

第一招 销售准备

心态的准备。

仪表的准备。

材料的准备。

第二招 调动情绪，调动一切

忧虑时，想到最坏情况。

烦恼时，知道安慰自我。

沮丧时，可以引吭高歌。

拒绝时，鼓起重来勇气。

成功时，共同分享。

第三招 建立信赖感

共鸣：共鸣点越多，与对方的信赖感越容易达成。

节奏：与消费者动作节奏和语速越接近，信赖感越容易建立。

第四招 找到客户的问题所在

信赖感建立起来后，双方都感到很舒服。这时，通过提问来找到客户的问题所在，也就是客户想解决什么问题。

怎样才能找到客户的问题所在呢？大量提问，了解客户到底想通过这次购买行为解决什么问题。一个优秀的销售人员会用 80% 的时间提问，只用 20% 的时间讲解产品和回答问题。

第五招 提出解决方案并塑造产品价值

实际上，这时已经可以决定向客户推销哪一类商品了。解决方案应具有很强的针对性，客户认为是为他量身定制的，共同讨论方案的可行性，而放弃之前的戒备心。

在这个过程中，不失时机地塑造产品价值，把品牌背景、企业文化、所获奖项毫不吝惜地告诉客户，专业知识有了用武之地，客户也会更加倾向于采纳相应的建议。

第六招 做竞品分析

在信赖感没有建立时，客户很反感销售人员做竞品分析。

当双方建立了信赖感且销售人员提出解决方案时，客户渴望了解一些竞争品牌的缺点，希望销售人员做竞品分析。

这时，不但要分析竞品，而且要向他指明，“我们的产品好在哪儿，对方不好在哪儿”（但务必客观，不能是恶意的攻击）。

这时的分析有两个作用：一方面为客户的最终购买提供足够的依据；另一方面客户购买商品之后有可能与他人进行交流：“我买的东西太好了，你买的怎么样？”。销售人员要为客户提供充足的论据，与他人辩论，证明自己的选择是最明智的。

第七招 解除疑虑，帮助客户下决心

很容易判断客户是否进入这个状态。客户说：“回去跟我爱人商量；我觉得这个价格还是有点高；现在我身上正好没带钱……”。这时，销售人员要一步一步地追问，直到找到真正的抗拒点为止。

抗拒点找准了，解决办法自然就有了。

第八招 成交，踢好临门一脚

成交阶段，使用催促性、限制性的提问，这是铁定的规律，否则，流程要从头来一遍。

成交阶段是帮助客户下决心的时候，但此时，很多销售人员不敢催促客户成交。销售人员可以使用催促性、封闭式的提问，促使客户决定交易。否则，有可能前功尽弃。

第九招 做好售后服务

人们通常认为，售后服务就是打打电话，上门维修。其实，这些只是售后服务中很小、很被动的一部分。真正的售后服务是客户购买商品或服务之后，卖方对其提供延续性服务，也就是在客户使用商品的过程中，为其提供咨询服务，成为客户的顾问，解决客户在商品使用过程中的问题。由此，才能建立一个真正的客群关系。

第十招 要求客户转介绍

分享是人的本能。一旦客户确实认可产品和服务，他是很愿意分享的。

客户通过转介绍而获得满足感。他积极地转介绍，而且不图回报，以满足其心理需求。有的营销人员不好意思说“帮我们把产品介绍给您的亲朋好友吧”，这个机会可能就丢失了。

转介绍的力量非常大，销售人员要充分利用。当一个客户转介绍成功的时候，销售行为才算最终完成，因为这满足了客户的终极需求。

7.2.3 销售谈判中容易犯的十个错误

①仓促上阵。

②说多听少（要根据客户的性格而定）。

③直接反对。

④被“纸老虎”吓倒。

⑤聪明反被聪明误。

⑥情绪化。

⑦急躁、缺乏耐心。

⑧过早暴露目标。

⑨把真人当蜡像。

⑩完美主义（放弃一些东西才能得到）。

7.2.4 关怀客户的“十八般武器”（仅做举例说明，不穷尽）

①谈客户感兴趣的话题。

②抓客户的爱好，投其所好。

③关心客户的工作或生意。

④关心客户的家庭。

⑤记住客户的生日。

⑥适量适时地发问候、祝福短信。

⑦帮助客户出点子。

⑧帮助客户卖东西。

⑨常拜访客户。

⑩帮助客户做些与工作或生意无关的事。

⑪关心客户的子女。

⑫帮助客户的子女。

⑬记住客户家庭人的生日和相关重要的日子。

⑭最热最冷、下雨下雪的时候去拜访客户。

⑮与客户的家人保持良好的关系。

⑯拜访客户常带礼物，每次都不一样。

⑰尽最大努力满足客户需求。

⑱及时做好客户的售后服务。

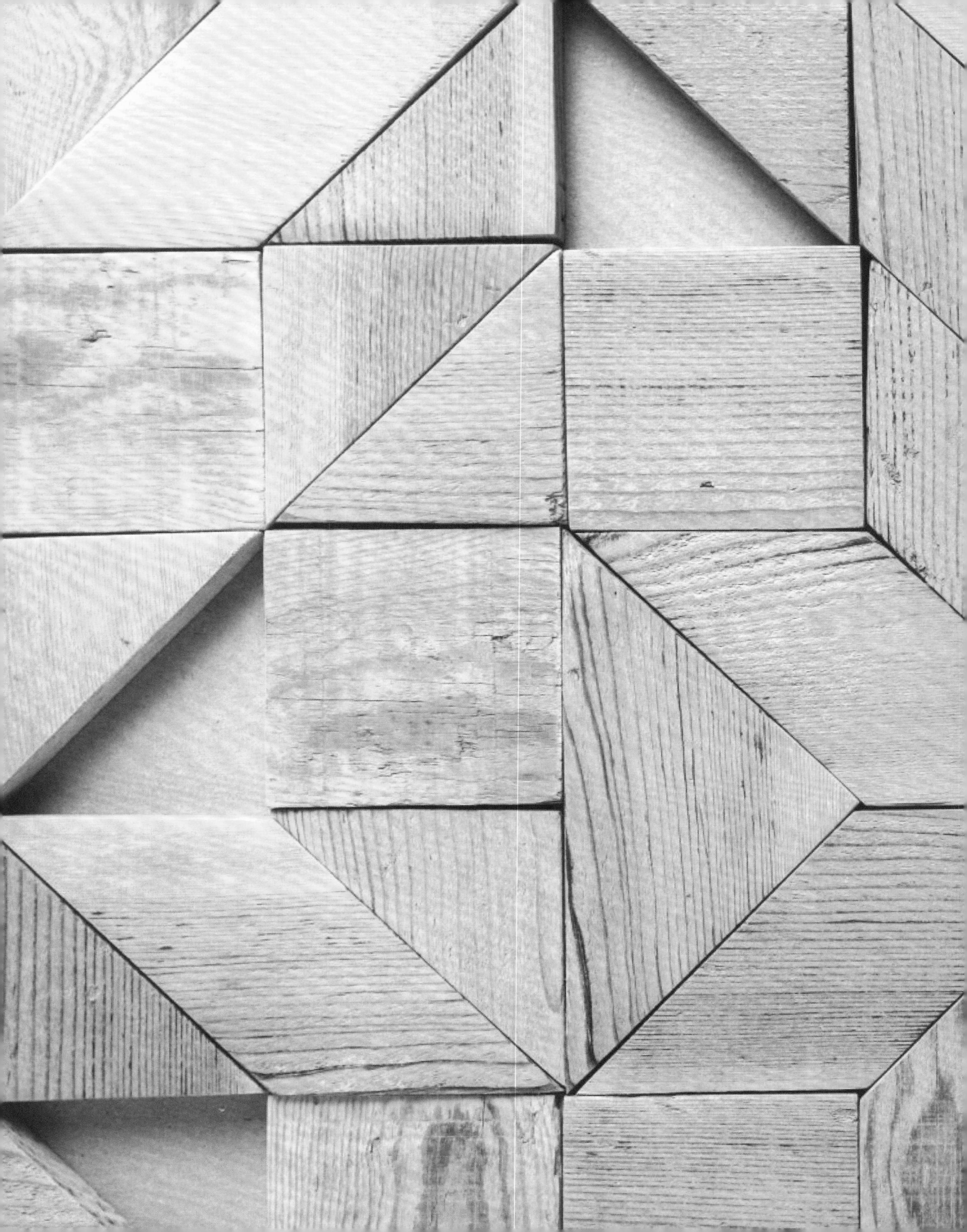

CHAPTER 8
第 8 章

材料
MATERIALS

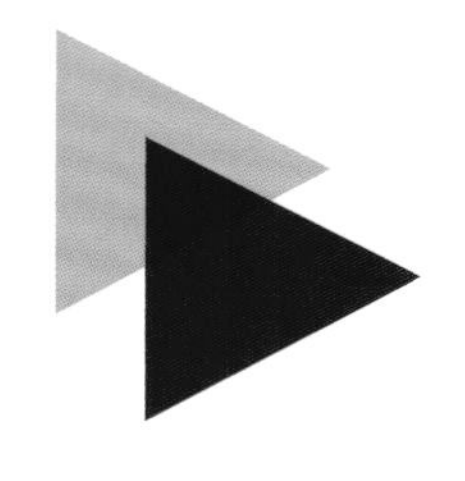

CHAPTER 8
第 8 章
材料
MATERIALS

8.1 木材及木材在全屋定制家居中的应用

8.1.1 常用木材分析

1. 美国樱桃木

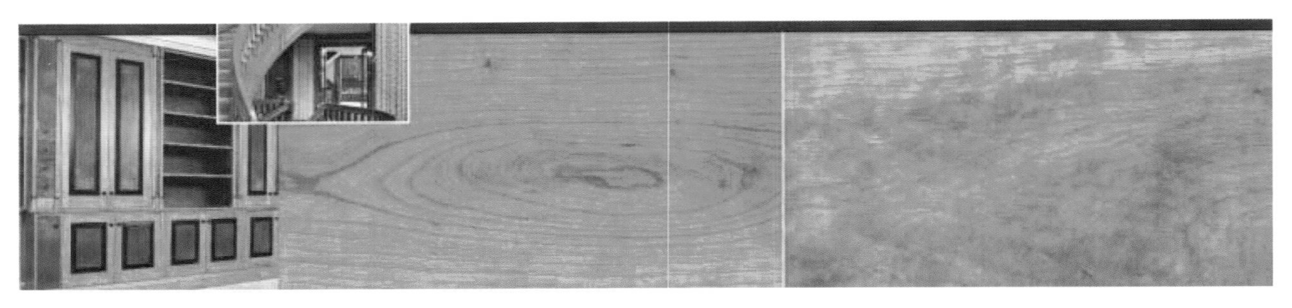

美国樱桃木

其他名称：美洲黑樱。

分布地区：美国东部各个地区，主要商业林分布于宾夕法尼亚州、弗吉尼亚州、西弗吉尼亚州及纽约州。

概况：心材颜色由艳红色至棕红色，日晒后颜色变深。相反，白木质呈奶白色；具有细致均匀的直纹，纹理平滑，天生含有棕色树心斑点和细小的树胶窝。

加工性能：易于机械加工，钉子及胶水固定性能良好，砂磨、染色及抛光后产生极佳的平滑表面。干燥比较快速，干燥时收缩量颇大，但烘干后尺寸稳定。

物理性能：密度中等，具有良好的木材弯曲性能、较低的刚性、中等的强度及抗震动能力。

耐用性：属心材具抗腐力木材。白木质受常见家具甲虫蛀食，心材具中等的抗防腐处理剂渗透力。

供应地：美国（地区性供应）。

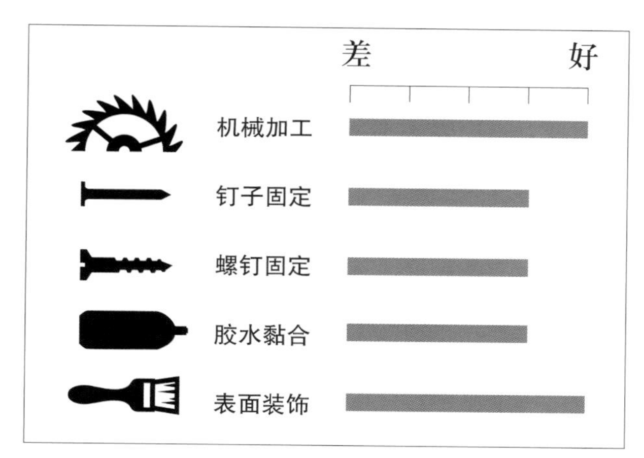

加工性能示意图

出口：所有规格及级别的板材及薄木片均有出售。

主要用途：家具及箱柜制品、高级细木工制品、橱柜、模制品、镶板、地板、门、船舶内部装饰、乐器、车制品及雕刻品。

2. 美国软枫木

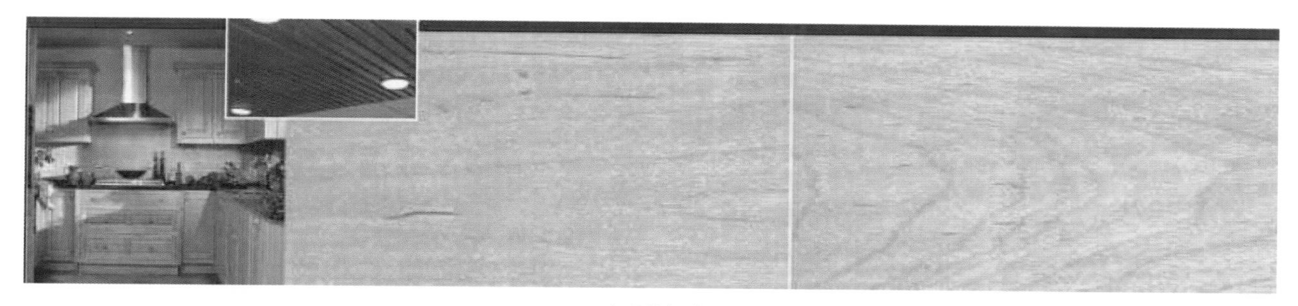
美国软枫木

其他名称：红花槭、银槭。

分布地区：美国东部各地区，西岸数目较少（大叶枫）。

概况：绝大部分的性质与硬枫极为相似。虽然软枫分布广泛，但其木材颜色随不同产地而变化较大。一般来说，白木质呈灰白色，有时带有较深颜色的木髓斑点。心材颜色自浅棕红色至深棕红色。通常为直木纹。出售时一般未经颜色分选。

加工性能：机械加工性能良好，染色及抛光后可获得极佳的表面，胶黏、螺钉及钉子固定性能令人满意。干燥缓慢，老化率极低，性能变化小。

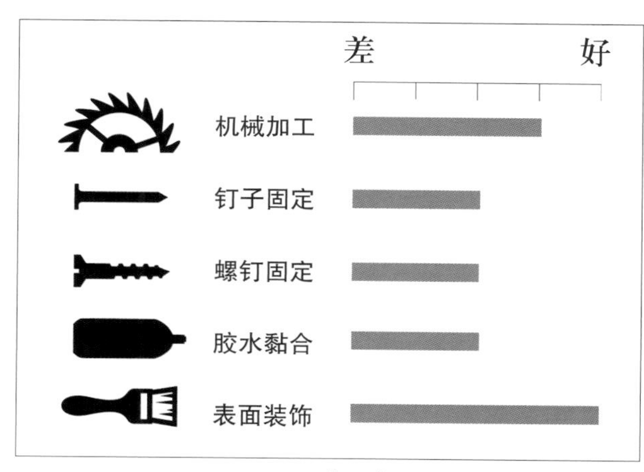

加工性能示意图

物理性能：硬度比硬枫少约 25%，具有中等抗弯曲及断裂强度，刚性及抗震强度低，具有良好的抗蒸汽弯曲性能。

没有抵抗腐蚀及昆虫侵蚀能力。心材具有中等的抗防腐处理剂渗透力，但白木质可渗透防腐处理剂。

供应地：美国（板材及薄木片供应充足）。

出口：随着需求量增加，供应情况不断改善。

主要用途：家具、镶板、室内细木工制品、厨柜、模制品、门、乐器及车削制品。软枫经常用来替代硬枫，或经染色模仿其他木材（如樱桃木）。物理性质及加工性能亦使其可作为榉木的代用品。

3．美国硬枫木

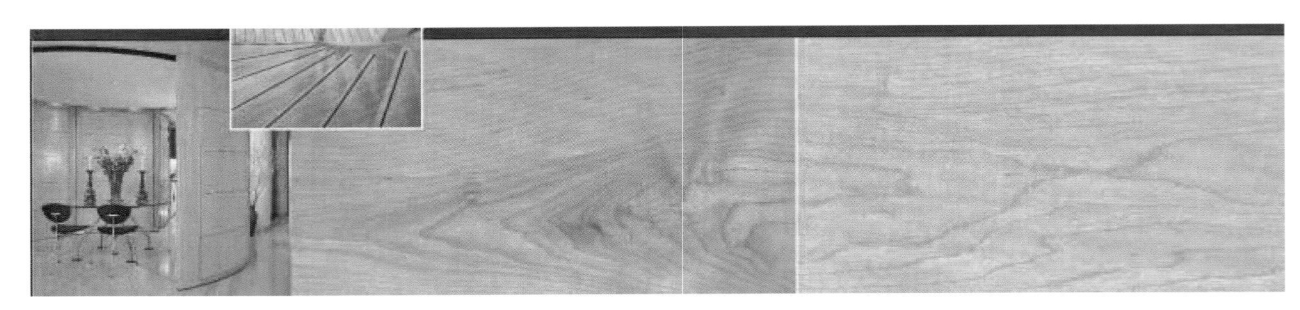

美国硬枫木

其他名称：糖槭木、黑糖槭。

分布地区：美国东部。主要分布于中亚特兰大州及莱克州。它是一种耐寒树，喜欢较寒冷的气候。

概况：白木质呈奶白色，带棕红色调，心材为浅棕红色至深棕红色。深棕红色心材的数量明显随生长地区而变化。白木质和心材均可能含有木髓斑点。具有密集精细的纹理，通常为直木纹，但亦会出现弯曲状、弓背状和鸟眼形木纹。

加工性能：干燥缓慢，收缩率大，因此易出现性能变化。上钉子及螺钉时，建议先钻孔。小心处理，可用机械良好加工，车削性能良好，胶水固定效果令人满意，经砂磨和抛光可获得优异的表面。

物理性能：质坚硬，沉重，具有良好的强度性能，具有特别高的抗摩擦及抗磨损强度，亦具有良好的抗蒸汽弯曲性能。

属略有或没有心材抗腐力木材，白木质易受家具甲虫蛀食。心材具有抗防腐处理剂渗透力，白木质可渗透防腐处理剂。

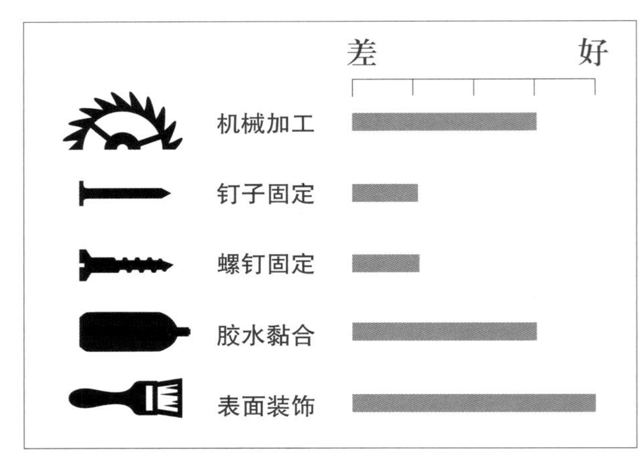

加工性能示意图

供应地：美国（到处有售）。

出口：板材及薄木片到处有售。较优质的级别木材为白色（心材）选材级，但货源可能有限。商业数量的图形枫木（鸟眼、曲线及弓背形图案）通常仅有薄木片产品供应。

主要用途：地板、家具、镶板、厨柜、工作台面、桌面、室内细木工制品、楼梯、栏、模制品和门。

4. 美国白橡木

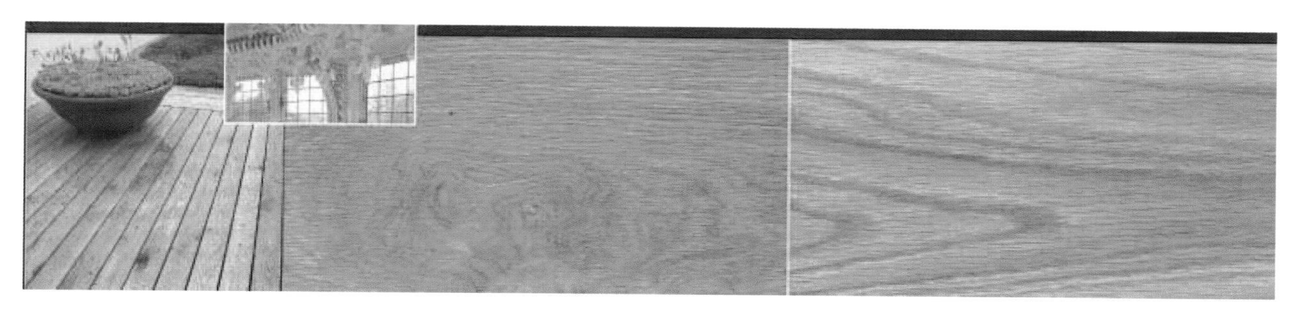

美国白橡木

其他名称：北方白橡木、南方白橡木。

分布地区：美国东部各地区广泛分布。有很多品种，其中大约有八种是商用树木。

概况：白橡木的颜色和外观与欧洲橡木相似。白木质为浅颜色，心材为浅棕色至深褐色。白橡木绝大部分为直纹，纹理中等至粗糙，木髓射线比红橡木长，因此具有较多的图形。

加工性能：机械加工性能良好；虽然建议先行钻孔，但钉子及螺钉固定性能良好；黏合性能会有变化，但染色及抛光后可获得良好的表面。干燥缓慢。需要小心，以避免出现裂纹。干燥时收缩率大，性能易变化。

物理性能：坚硬沉重，抗弯曲强度中等，刚性差，抗蒸汽弯曲性能极佳。南方白橡生长速度较快，具有宽阔的年轮，且木质较硬及较重。

心材具有抗腐蚀能力，防腐处理剂极难渗透，白木质具有中等的抗防腐处理剂渗透能力。

供应地：美国（容易获得，但供应量没有红橡木大）。

出口：各种质量及规格的板材及薄木片供应均极充足，是美国最重要的阔叶木出口产品。

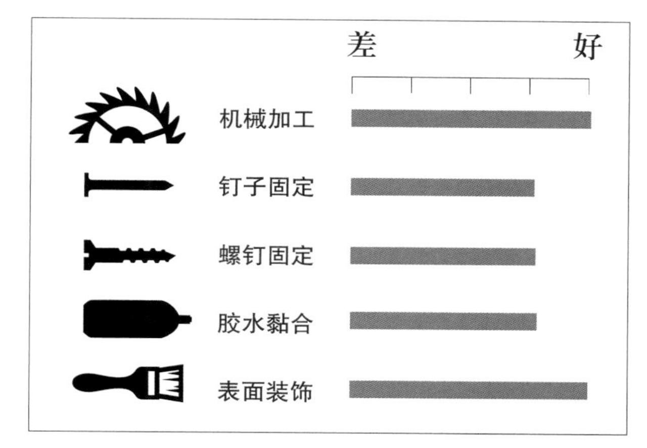

加工性能示意图

主要用途：建筑材料、家具、地板、室内建筑结构、室外细木工制品、模制品、门、厨柜、镶板、枕木、木桥、制酒桶用木条、棺材及吊桶。

白橡木的颜色、纹理、特征及性质会随产地而变化，因此建议用户和订货人与供应商密切配合，以保证订购的木材满足特定的需求。北方白橡木与南方白橡木可能分开出售。

5. 美国红橡木

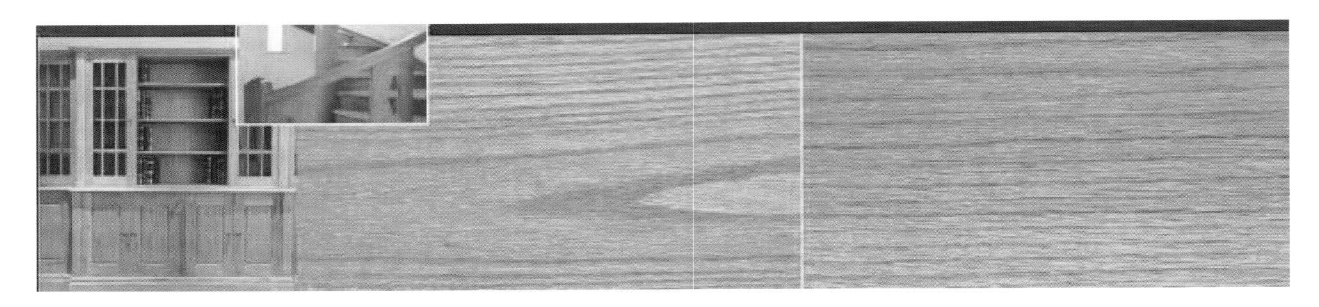

美国红橡木

其他名称：北方红橡木、南方红橡木。

分布地区：美国东部各地区广泛分布。

概况：品种数目最多的树木。数目比白橡树更多。有很多品种，其中大约有八种是商用树木。

白木质为白色至浅棕色，心材粉红棕色。外观通常与白橡木相似，但因木髓射线较细，可见图形较少。绝大部分为直纹，纹理粗糙。因秋天树叶变红而得其名称。

加工性能：机械加工性能良好；虽然建议先行钻孔，但钉子及螺钉固定性能良好；染色及抛光后可获得良好的表面；干燥缓慢且易开裂及翘曲；收缩率大，性能易变化。

物理性能：坚硬沉重，具有中等抗弯曲强度及刚性，断裂强度高，具有极好的抗蒸汽弯曲性能。南方红橡生长比北方红橡迅速，且木质较硬及较重。

耐用性：心材略无抗腐蚀能力，防腐剂处理难度中等。

供应地：美国（大量供应，是最广泛使用的木材品种）。

出口：板材及薄木片供应充足，但数量不及白橡木。通常按产地分类，并分别以北方红橡及南方红橡出售。

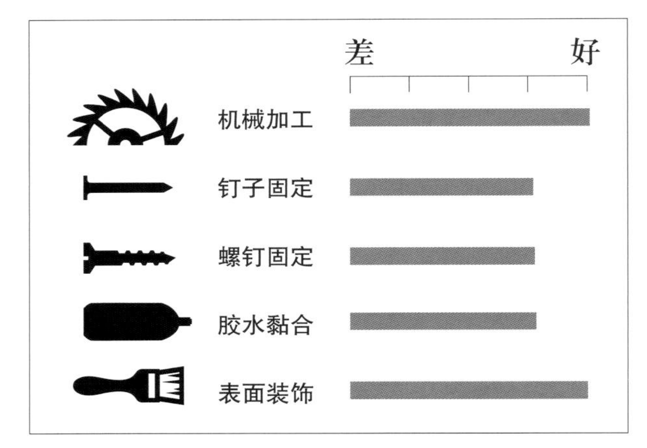

加工性能示意图

主要用途：建筑材料、家具、地板、室内建筑结构、室内细木工制品及花边、门、厨柜、镶板、棺材及吊桶。不适宜用作紧密配合材料。颜色、纹理、特征及性质会随产地而变化，因此建议用户和订货人与供应商密切配合，以保证订购的木材适合特定的需求。

6．美国白杨木

美国白杨木

分布地区：美国各地，商用林位于美国东北部。

概况：白木质为白色，掺入浅棕色的心材，白木质与心材之间颜色相差不大。木材纹理精细均匀，直木纹。

加工性能：钻钉时不易开裂，易于机械加工，切割表面略有绒毛模糊不清，车削、镗及砂磨性能良好。可吸收油漆及染料，产生良好的饰面，但表面模糊的部位需要护理。收缩率低至中，尺寸稳定性良好。是一种真正的白杨木，特性及性质与杨木及欧洲白杨类似。

物理性能：重量轻、质地软，具有较低的抗弯曲强度及刚性和中等的抗震。

耐用性：没有心材抗腐力，对防腐处理剂具有极大的抗渗透力。

供应地：美国（供应有限，厚材稀少）。

出口：因市场需求量小，出口量有限。

主要用途：家具部件（抽屉侧边）、门、模制部件、画框、室内细木工制品、玩具、厨具、火柴（美国），重要的专业用途包括桑拿浴室板条（因其传热性能差）及筷子。

7．美国鹅掌楸木

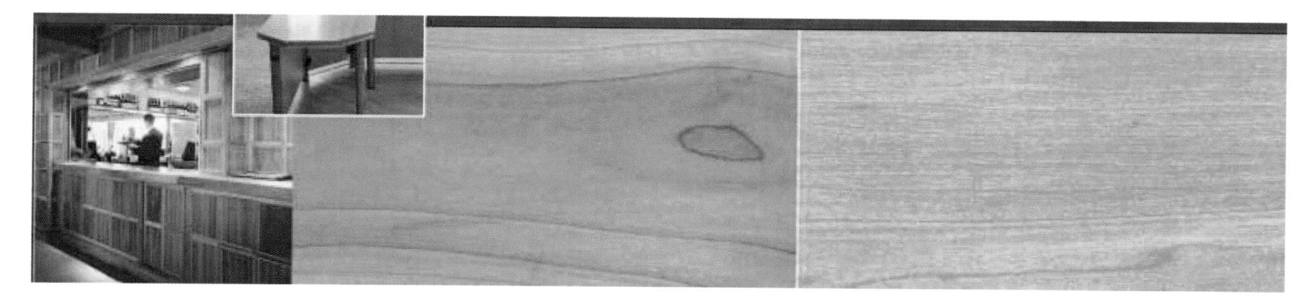

美国鹅掌楸木

其他名称：（美国）黄杨、卡纳利白木。

分布地区：美国东部各地区广泛分布。

概况：白木质为奶白色，可能有条纹，心材为淡黄棕色至橄榄绿色。心材的绿色见光后变暗并转变为褐色。纹理密度中等，直木纹。白木质层的大小及其某些物理特性将随产地而变化。具有很多理想的特性，有多种多样的重要用途。形状像欧洲杨木（European apoplar），因此亦称为（美国）黄杨。

加工性能：是一种通用木材，易于机械加工、刨平、车削、胶黏及钻孔加工。易于干燥，性能变化微小，上钉子时不易开裂。保持漆油、瓷漆及染色剂的能力非常突出。

物理性能：密度适中，抗弯强度、抗震强度、刚性及抗压缩强度均比较低，抗蒸汽弯曲能力中等。

耐用性：无抗腐蚀能力，心材具有中等的抗防腐处理剂渗透能力，白木质则可渗透防腐剂。

供应地：美国（供应极为广泛、充足）。

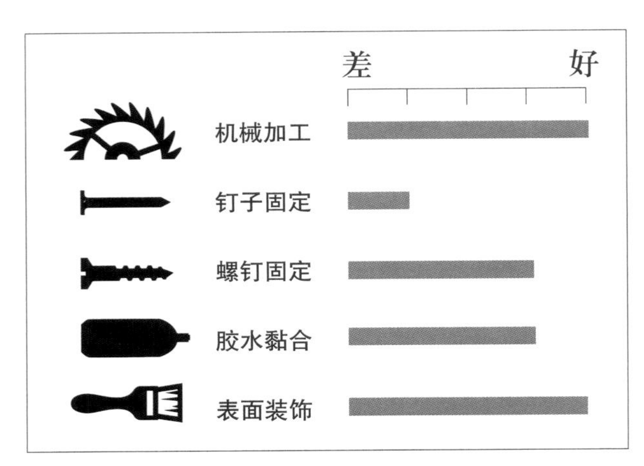

加工性能示意图

出口：全系列标准厚度及规格木材均广泛供应。

主要用途：轻质结构物、家具、室内细木工制品、厨柜、门、镶板、模制品、边端胶接镶板、胶合板（美国）、车制品及雕刻品。

8. 美国黑胡桃木

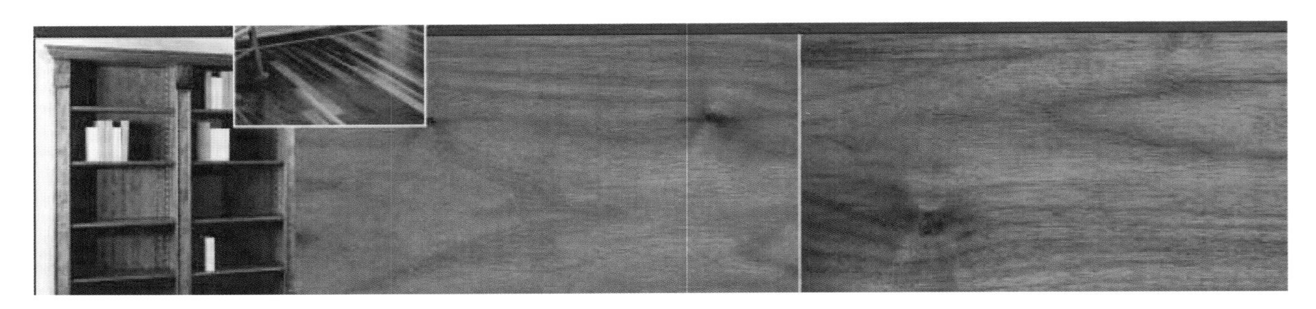
美国黑胡桃木

其他名称：美洲胡桃木。

分布地区：美国东部各地区，但主要商用林区位于中部各州，是美国少数人工栽种和自然再生的树种。

概况：白木质为奶白色，心材则为浅棕至棕黑色，偶有带紫色的出裂纹及较深色条纹。供应的核桃木，可先经蒸汽处理，使白木质变色再出售，亦可未经蒸汽处理出售。通常为直木纹，亦会带有波纹状或曲线形木纹，产生具有吸引力并起到装饰作用的图形。

加工性能：易于用手工工具和机械加工，钉子、螺钉和胶水固定性能良好，具有良好的油漆及染料保持能力，抛光后可获得极佳的表面。干燥缓慢，需要小心护理，以避免发生烘干老化。具有良好的尺寸稳定性。

物理性能：是一种中等密度的坚韧硬木材，抗弯强度和断裂强度适中，刚性低，蒸汽弯曲性能良好。

耐用性：心材抗腐蚀能力极强的木材，即使处于容易腐蚀的环境，亦是一种最耐用的木材。白木质会受生粉柱甲虫侵蚀。

供应地：美国（供应量适中，有地域限制）。

出口：板材及薄木片供应情况合理。

主要用途：家具、箱柜制造、室内建筑结构、高级细木工制品、门、地板及镶板。与浅色木材并用，以产生对比效果。

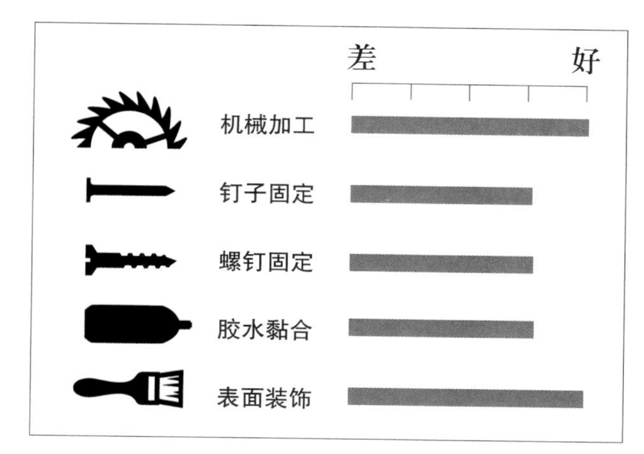

加工性能示意图

9. 美国核桃木和山核桃木

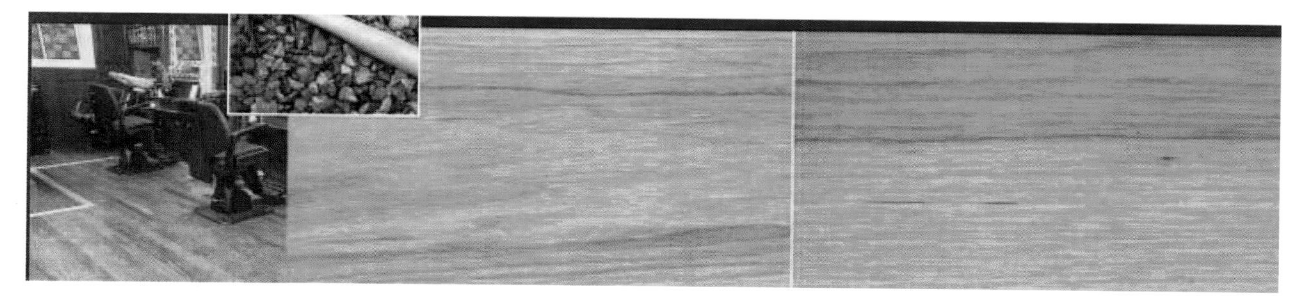

美国核桃木和山核桃木

分布地区：美国东部，主要商用林区分布于中部及南部各州。

概况：东部硬木林的一种重要树种。植物学上，分为两类：真核桃树和山核桃树（可结果实）。两类树木的木材实质相同，通常合在一起出售。白木质为白色，带棕色色调，心材为浅白至棕红色。白木质和心材均纹理粗糙，木纹通常为直纹，但会波动或不规则。

加工性能：难以进行机械加工和胶黏处理，用手工工具极难加工，因此需要小心处理。钉子及螺钉保持性能良好，

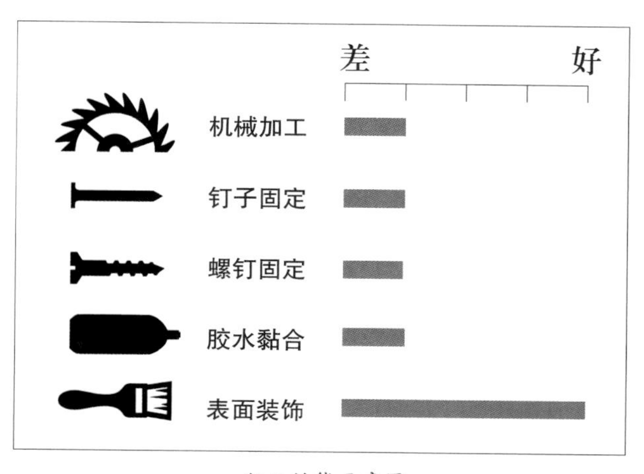

加工性能示意图

但易开裂，因此建议预先钻孔。经砂磨和抛光可获得良好的表面。不易干燥，且收缩率大。

物理性能：密度和强度随其生长速度而变，真核桃木的价值通常比山核桃木高。以良好的强度及抗震性能闻名，并具有极佳的抗蒸汽弯曲性能。属无心材抗腐力木材，白木质易受生粉柱甲虫蛀食。这种木材为耐受防腐处理类木材。

供应地：美国（容易获得，按颜色挑选作为红核桃木或白核桃木出售的产品数量较为有限）。

出口：因需求量少而货源有限，专业进口商仅有薄材供应。

主要用途：工具手柄、家具、箱柜、地板、木梯、榫钉及体育用品。

10. 金丝柚木

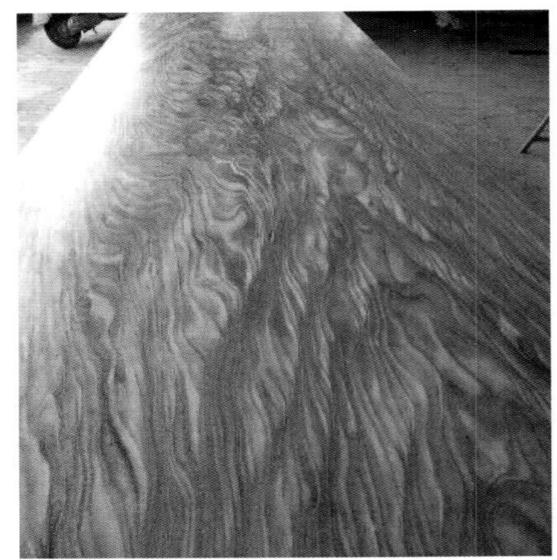

金丝柚木

其他名称：胭脂树、紫柚木、血树等。

概况：落叶或半落叶大乔木，树高 40 ~ 50 m，胸径 2 ~ 2.5 m，干通直。树皮褐色或灰色，枝四棱形，被星状毛。叶对生，极大，卵形或椭圆形，背面密被灰黄色星状毛。圆锥花序阔大，秋季开花，花白色，芳香。柚木是热带树种，要求较高的温度，垂直分布多见于海拔高 700 ~ 800 m 以下的低山丘陵和平原。可入药，也是制造高档家具地板、室内外装饰的材料。柚木号称“缅甸的国宝”，所以价格相当昂贵。材质本身纹理线条优美，含有金丝，所以又称金丝柚木。

八大优点：

①千年不腐超越铜钢，因含油性极大，滴水成珠，不怕暴晒，不怕水泡，抗海水腐蚀极佳。

②千年不蛀唯独木王，散发的香气能使虫蚁不蛀、蚊蝇不来、蛇鼠不靠。

③千年金丝闪闪发光，经过光合作用和氧化反应，木质纹理会发出清晰的金丝光泽，如水似波，光滑油亮，越久越氧化，色调越一致，越会发出金色的光芒。

④千年特有潮吸干放，也就是潮湿时可吸收水分，干燥时可释放水分，能调节室内空气。

⑤千年淡香提神安脑，有一种淡淡的香味，能提神安脑，调节睡眠。

⑥千年保鲜赛过冰箱，香味有保鲜防腐的作用，用它做箱子可以保护字画衣物。

⑦千年不倒通直巨树，叶阔、干粗、杈少、高大、通直、壮观，为巨大乔木，出材率极高。

⑧千年不翘极佳栋梁，胀缩率极小，稳定性极佳，握钉力极强，不变形，不翘裂。

11．黑檀木

黑檀木

其他名称：“条纹乌木”。

概况：深浅相间排列条纹。有光泽，无特殊气味。纹理黑白相间，直至浅交错，结构细而匀，耐腐、耐久性强、材质硬重、细腻。条纹乌木有很多不同的产地，市场上比较认可印尼条纹乌木，其他产地的黑檀木品质相对较差，甚至把其他地方产的条纹乌木称为“假印尼黑檀”。

主要用途：是名贵家具、高档装修、工艺雕刻及乐器用材。质地硬，密度高，沉于水，也多用于制作高档的茶桌椅以及黑檀木茶盘。

印尼黑檀油性较高，但木材口径小，一般用于制作佛珠或梳子之类的工艺品。市场用于制作黑檀木茶盘和茶桌椅的都是非洲黑檀（非洲条纹乌木）。

常见品种：

① 非洲条纹乌木：明显的黑底黄纹，木纹走向呈条纹状，木质纤维较粗，此木又称非洲黑檀。

② 非洲花纹乌木：此花纹乌与条纹乌均为同一种树木所出的料，只是开料方法不同而使得花纹不同，条纹乌为纵向开料，花纹乌为斜向开料。

③ 莫桑比克皮灰木（风车木）：颜色为灰黄色，老木颜色接近灰黑色，毛孔粗大，毛状纹很明显，木纹走向多呈山纹状，条纹状少见，木纹颜色为黑黄交替。

12. 卡斯拉

其他名称：学名是“卡斯拉”。

概况：是质地坚硬的树种，主要生长在缅甸、老挝、非洲等地区，属于高档木材。颜色呈黄红色或深褐色，木纹孔似菠萝格和黑胡桃，质量稳定。

材质：呈黄红色，光泽好，纹理交错，结构细腻、均匀，耐腐性好，收缩小；刨、锯加工容易，砂光、涂装、胶黏及握钉性好。

密度：550 kg/m^3，大于中国的桦木、楸木和水曲柳。

价格：目前市场价格远高于中国常规的其他实木价格。

用途：加工性能好，纹理清晰，适合做高档的家具、地板、室内装饰、雕刻等，是目前装饰首选之材，其产品比用其他普通材料做出来的产品价值感高出一筹，更利于产品在市场上的销售与推广，受到消费者的青睐。

卡斯拉

8.1.2 特殊木材及新型木材分析

1. 桃花心木

桃花心木主要应用于高档家具、船舶、汽车、乐器等，其中尤以欧式古典家具闻名世界，在国际家具市场中享有很高的地位。近年来，桃花心木以其色泽优美、质地温润、高贵典雅的特质吸引着国内消费者的目光，受到消费者的一致赞赏。

本属约有 7 ~ 8 种，隶属于楝科，原产美洲热带和亚热带地区以及西非等地，由于材质优良，现已有众多国家引种栽培，如东南亚地区及中国广东、云南等地，生长情况良好。依据国家标准，仅桃花心木属的木材才可称为真正的桃花心木。本属常见商品材树种包括大叶桃花心木、矮桃花心木和桃花心木。市场上对大叶桃花心木俗称巴西桃花心木，矮桃花心木及桃花心木俗称桃花心木或印尼桃花心木。其中，大叶桃花心木为野生木种，由于材料的稀缺性，属于濒危野生植物（二类）；因为控制砍伐及进口限制，所以国内市场上已经少见。欧洲古典欧式家具大多数采用大叶桃花心木，有的已成为经典传世作品，常出现在各类拍卖会上。

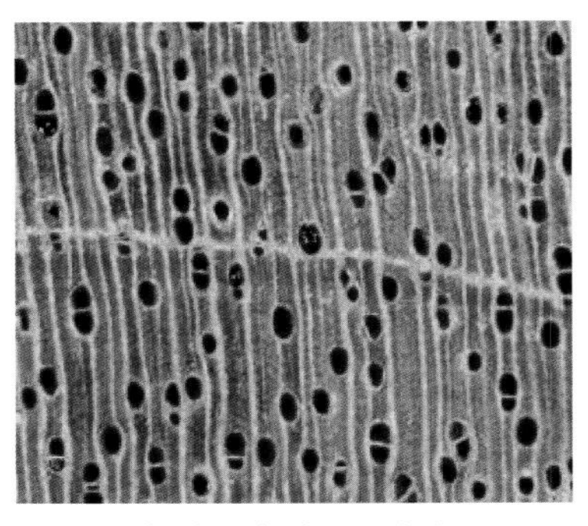

大叶桃花心木横切面体式图

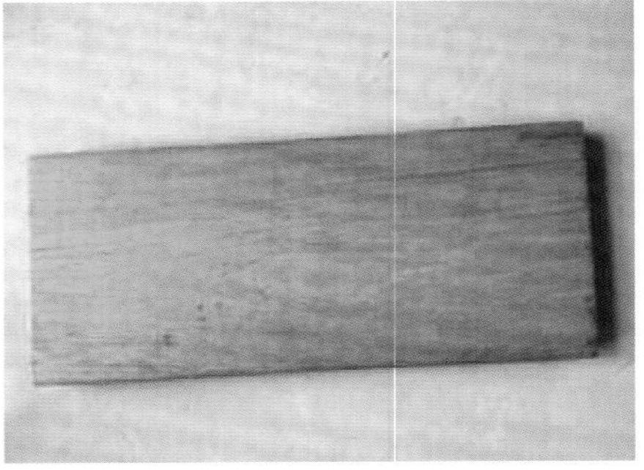

大叶桃花心木实物

大叶桃花心木板面纹

由于强度好、重量轻，桃花心木可用于飞机制造、高档欧式家具、高级细木工、船体、地板、单板、乐器、木模、雕刻、体育器材、精密仪器箱盒、人造板、装饰物、玩具、车旋制品，等等。

桃花心木种资料

木材名称	中文名	管孔（μm）			木纤维（μm）		物理力学性能			
		弦向直径	平均直径	导管分子	直径	长度	气干密度（g/cm³）	顺纹抗压强度（MPa）	抗弯弹性模量（MPa）	顺纹抗剪强度（MPa）
桃花心木	大叶桃花心木	247	151	550	26	1378	0.51~0.72	40~75	8750~10700	10~12
	桃花心木	226	142	400	18	1075	0.64~0.73	36.8~40.0	9272~9550	6.8~8.4
浅红娑罗双	泰斯娑罗双	338	300	745	25	1613	0.51~0.59	32.94~35.82	10758~11080	4.80~6.00

注：桃花心木种资料由安信伟光（上海）木材有限公司提供。

2. 玫瑰木

玫瑰木产于乌拉圭北部地区，在整个生长过程中不断地修枝间苗，以获得质量好、缺陷少且直径最大的高品质原木。

玫瑰木的密度在 12% 含水率的情况下 570 kg/m³，颜色为浅红色，适于做室内家具、橱柜、楼梯、线条、门窗等，也适合于做户外的家具地板等。

玫瑰木干燥，木材的稳定性高，板面宽取材选择多，易于加工、上色也容易，是制造和装修公司的新选择。

玫瑰木的原木，根据径级和等级的不同，分别可做复合地板的底层胶合板，也可做旋切单板、径切单板、胶合板，等等。

优势：性能稳定性好、供货稳定有保障、质量稳定有保障、价格相对稳定、出材率比较高、100% FSC 证书、市场上不多见的新产品。

用途：室内家具、户外家具（有天然防菌的作用，耐久性好，适于做户外家具、厨房和卫生间的实木橱柜和橱柜门、门和窗、整木定制、户外围栏和户外地板、长宽型实木地板、楼梯、建筑用的胶合柱子）。

3．莎丽格

莎丽格系列产品源于欧洲，拉丁文为 Salicaceae，植物界被子植物门，双子叶植物纲，分布于北温带和亚热带地区，含水率为 8% ~ 12%，且密度均匀，具备稳定性高、不易变形、不易开裂、易加工、易储存、易涂装等特点，极大地提高了木材的出材率，并拓展了使用范围。经过近几年的发展，莎丽格产品已广泛应用于定制门窗、家具、橱柜、地板、楼梯等领域，为行业的发展、创新起到了很好的引领作用，开创了木材绿色生态环保之路，由此莎丽格板材被公认为原木行业最具潜力的实木板材。

莎丽格系列产品

8.1.3 实木行业常用的木材种类

赤杨（封闭漆）。

枫木（软硬、封闭漆）。

白栓、鹅掌楸、红白橡木（开放漆）。

高端种类（多为进口木材）：花梨木（产自巴西和非洲）、金丝柚木、鸡翅木（封闭漆）、桃花心、黑檀、玫瑰木等。

8.2 木器涂料选用及涂装工艺

8.2.1 涂装的功能作用

1. 涂料的功能

涂料是一种可借特定的施工方法涂覆在物体表面上，经固化形成附着、牢固且连续性涂膜的材料，通过它可以对被涂物体进行保护、装饰和其他特殊的作用。涂料由成膜物质、颜料、填料、溶剂、助剂等组成，根据性能要求有时略有变化，比如清漆中没有颜料、填料，而粉末涂料中没有溶剂等。

2. 涂料的作用

保护作用——如防止金属锈蚀、木材腐朽、水泥风化等。

装饰作用——颜色装点，家具涂上涂料使人感到美观舒适，焕然一新。

特殊功能——防霉、耐湿、防水、绝缘、阻燃等。

8.2.2 国内外木器涂料常见品种

国内外木器涂料的常见品种包括硝基漆（NC）、聚氨酯涂料（PU）、不饱和聚酯涂料（PE）、氨基酸固化涂料（AC）、紫外光固化涂料（UV）、水性涂料（Water Coating）和木蜡油。

在中国，木蜡油是植物油蜡涂料的俗称，是一种类似油漆而又区别于油漆的天然木器涂料，和目前那种基于石化类合成树脂所生产的油漆完全不同，原料主要以精炼亚麻油、棕榈蜡等天然植物油与植物蜡并配合其他一些天然成分融合而成，连调色所用的颜料也达到了食品级。因此，它不含三苯、甲醛以及重金属等有毒成分，没有刺鼻的气味，可替代油漆用于家庭装修以及室外花园木器。

作用：由于油能渗透进木材内部，对木材进行深层滋润保养；蜡能与木材纤维紧密结合，增强表面硬度，防水防污，因此对木材来说，这样的黄金组合具有最出色的美化和保护作用。

特性：保持木材表面纹路，美观自然，富有原生态气息。木蜡油渗入家具木材的纤维缝隙中，植物蜡成分在木材表面形成坚硬的保护膜，不会覆盖住木材本来的面目，使家具清新自然，好像“会呼吸”。油漆不会渗入木材肌理，因此将木材表面糊住，木材没有透气性，时间久了会腐烂。木蜡油会渗入木材机理，并附着在木材表面纤维上，纤维之间形成一个一个的透气孔，保持木材的透气性，这也是宫廷家具大漆的优势，历经年代的洗礼不会腐烂；增加表面耐磨性和硬度。植物蜡本身是质软的，但附着在木材表面与木纤维结合却变得坚硬无比，增加木材的硬度和耐磨度。

家具优势：健康环保。木蜡油家具排除了油漆和胶合剂，而甲醛、三苯等有毒物质均出自油漆和胶合剂，木蜡油家具全实木基材和木蜡油外不含其他物质，因此完全做到健康环保；具有收藏价值。特别是名贵木材如红木、楸木等制作的木蜡油家具，健康环保，能够呼吸而不腐烂，保存时间长，完全可以作为收藏之用，且经历时间的洗礼，达到做旧效果，更具韵味，传统古典家具的榫卯工艺更具历史文化感；维护和翻新方便。木蜡油渗入木材肌理，轻微磕碰不会对家具美观性产生太大的影响，维修也比较方便。翻新只需刮点表面含蜡木蜡油后即可重新进行木蜡油饰面；颜色多样，可供选择。利用油画燃料的无污染色素，可以调和各种色彩。

缺点：榫卯结构会因热胀冷缩而有轻微缝隙。因不使用胶合剂和金属固定件，反靠榫卯插接结构，在热胀冷缩的时候会在榫卯部位产生细微缝隙，属正常现象。

8.2.3 常见工艺

PU底、PU面：最常见工艺。

PE底、PU面：表现出高丰满度、抗下陷性强，适合高档家具制作。

PU底、NC面：有好的丰满度、快捷的施工。

UV底、PU面：最有前景的工艺，效率极高，产品质量优异。

PU底、W面：有一定的丰满度，有较强的环保性。

8.2.4 高级实木家具常用涂装工艺

1．高级实木家具白坯必须具备的先决条件

木材具有秀丽的自然纹理。

造型结构独特，坚牢美观。

木材干燥，加工精细。

根据漆膜质量要求，合理选择涂饰工艺，选用优质涂料，运用熟练的技术，严格要求每道工序的操作。

高级家具白胚必须刷稀虫胶清漆；砂磨时，要放楞，仔细磨到磨透；涂层间刷水色使色泽鲜艳；反复嵌补腻子，保证涂饰表面的平整。漆膜的厚度必须有保证；漆膜的平整度要高；涂饰部位全部抛光。除上述涂饰要求外，有时还要揩涂虫胶清漆，进行涂层的剥色以保证漆膜着色的均匀性与清晰度；用模拟木纹的方法使普通纹理材质达到名贵木材纹理；有时要相应提高漆膜理化性能的某些指标等，以达到高级涂饰质量。

2．涂饰工艺

白坯表面处理→嵌补虫胶腻子→砂磨→揩擦水老粉→刷稀油（或虫胶清漆）→砂磨→批油腻子→砂磨→刷虫胶清漆→刷水色→刷虫胶清漆→复刷虫胶清漆→拼色→砂磨→刷硝基清漆二至三道→复补虫胶腻子→砂磨→拖涂硝基清漆→砂磨→拖二道硝基清漆→砂磨→拖三道硝基清漆→水砂磨→擦蜡→揩上光蜡→整修。

工序1 白胚表面处理

用1 ~ 1.5号木砂纸除去胶痕、污垢，掸去灰尘。用排笔刷一道虫胶与酒精配比为1 ：（7 ~ 8）的稀虫胶清漆，将涂饰表面全部刷到、刷匀。干燥7 ~ 15 min。

工序2 嵌补虫胶腻子

用虫胶与酒精配比为1 ：6的虫胶清漆与老粉（碳酸钙）调成膏状，再加入适量颜料，用脚刀嵌补钉孔、虫眼、缝隙等，要嵌平、填实。干燥15分钟。腻子颜色应根据漆膜颜色而定。

工序3 砂磨

用1号木砂纸磨楞角放楞，顺木纹仔细磨光涂饰表面，砂去木毛，砂平腻子。

工序4 揩擦水老粉

用老粉（碳酸钙）加水先调成浆状，再逐步添加所需颜料，使颜料均匀分散。用竹花手工涂擦。干燥1 ~ 2小时。

工序5 刷稀油（或虫胶清漆）

酚醛清漆与汽油配比为3 ：7混合搅匀，用猪鬃漆刷或羊毛排笔将涂饰表面刷到、刷匀。干燥约4 ~ 8小时（刷虫胶清漆则需7 ~ 15分钟）。

工序6 砂磨

用0号或1号木砂纸顺木纹将涂饰表面全部磨光，磨去颗粒和遗留下来的刷毛，不能磨掉底色和楞角露白。除去砂灰。

工序7 批油腻子

腻子用石膏、酚醛清漆、水、颜料调配。批的腻子要软些，也就是稀一点，用牛角刮刀将涂饰表面满批一道，要批到、

收刮干净，防止漏批，漏刮与腻子淤积，否则木纹不清，不易砂磨。干燥约 4 ~ 8h。

工序 8 砂磨

用 1 号木砂纸顺木纹方向将腻子砂平磨光，不能磨伤腻子与楞角露白。除去砂灰。

工序 9 刷虫胶清漆

用羊毛排笔手工刷涂虫胶与酒精配比为 1:4 的虫胶清漆。干燥 7 ~ 15 分钟。

工序 10 刷水色

将黄（或黑）纳粉溶解于开水中，根据颜色需要可适量添加墨汁增加深度。用羊毛排笔或猪毛刷手工刷涂。干燥 1 ~ 2 小时。

工序 11 刷虫胶清漆

用羊毛排笔手工刷涂虫胶与酒精配比为 1: 4 的虫胶清漆。干燥 7 ~ 15 分钟。

工序 12 复刷虫胶清漆

同工序 11。

工序 13 拼色

在虫胶与酒精配比为 1:5 的虫胶清漆中，加适量的颜料、染料搅匀。用羊毛排笔、大小揩笔手工调整色差，使涂饰表面颜色基本一致。拼色用带色虫胶漆（酒色）进行调色。

工序 14 砂磨

用 0 号旧木砂纸顺木纹方向轻轻将涂饰面磨光，磨去颗粒，遗留下来的刷毛，不能磨去颜色与楞角露白。除去砂灰。

工序 15 刷硝基清漆二至三道

硝基清漆 1 份加香蕉水 1.2 份搅匀，用羊毛排笔手工刷涂。每道干燥 30 分钟。最后干燥 12 ~ 24 小时。

工序 16 复补虫胶腻子

腻子调配方法同工序 2。凹陷的钉孔洞眼、缝隙等都必须复补虫胶腻子。腻子的颜色必须以底色为准。干燥 15 ~ 25 分钟。

工序 17 砂磨

用 0 号木砂纸将涂饰表面砂磨光滑，磨去颗粒遗留下来的刷毛，砂平腻子。除去砂灰。

工序 18 拖涂硝基清漆

硝基清漆 1 份加香蕉水 1 份搅匀，用棉球手工拖涂。干燥 1 ~ 2 天或不少于 12 小时。

工序 19 砂磨

用 1 号木砂纸砂磨揩涂时在涂饰表面上产生的颗粒与揩涂痕迹等。

工序 20 拖二道硝基清漆

硝基清漆 1 份加香蕉水 1.5 份搅匀，用棉球手工拖涂。干燥 1 ~ 2 天或不少于 12 小时。

工序 21 砂磨

同工序 19。

工序 22 拖三道硝基清漆

硝基清漆 1 份加香蕉水 2 份搅匀，用细布包的棉花球蘸硝基清漆拖涂。要求漆膜平整厚实。干燥 1 ~ 2 天。

工序 23 水砂磨

用 400 号水砂纸内衬折叠成块状的粗毛巾，带肥皂水湿砂磨，使漆膜达到平整、光滑、无光。

工序 24 擦蜡

将抛光蜡（砂蜡）在煤油中浸湿或与煤油配成均匀的混合液。用抛光蜡头（绒布内包纱头）蘸抛光蜡与煤油的混合液，对水砂后的无光表面用力摩擦进行抛光，使漆膜光亮如镜。

工序 25 揩上光蜡

用纱布内包纱头，蘸上光蜡（油蜡）涂敷整个抛光表面，然后用干净纱头用力收擦干净，使抛光后的漆膜更加滑亮。

工序 26 整修

用毛笔蘸带色硝基漆，修补水砂磨、擦蜡抛光后楞角露白的部位。

8.2.5 涂装工艺的比较

1. 开放漆与封闭漆的区别

开放漆有全开放和半开放之分。又称水洗白。其原理是保留天然木纹的毛孔，凸显肌理感。如果把毛孔全盖死，就是普通的封闭工艺。如果木质比较柔软，也可用手刷，如杉木。木质比较坚硬的必须喷漆。

开放漆是相对封闭漆而言的一种木器涂装工艺，是近年在欧洲高档家具中流行的一种工艺。

开放式油漆（以硝基漆为主）是一种完全显露木材表面管孔的涂饰工艺，其主要成分为聚氨酯(PU)，浓度小，表现为木孔明显，纹理清晰，油漆涂布量小，亚光，自然质感强，可以二次修补。但其成本高，对喷涂技术要求高，需要六七遍甚至十遍以上工艺。

半开放漆近年来比较流行，一般在水曲柳等粗木纹面板上进行施工。比较接近自然风格，由于漆的用量少，可以减少成本，降低环境污染。

此两种油漆工艺适用于不同木质的家具。如果木材的导管较细而密的话，如桦木、枫木建议做封闭漆。如果导管较深很明显，如橡木、水曲柳等高档木材，才可以做开放漆。

除了这两种漆之外，现在欧美较为流行的是用木蜡油做开放漆效果。这种木蜡油的作用机理和油漆完全不同。木蜡油属于渗透型木器漆，涂在木头上，渗透到木材内部。显露木材的纹理，而且有好多种颜色供选择。没有底漆面漆之分，最重要的是，木蜡油属于天然环保涂料，对人体没有任何伤害，属于真正的环保木器漆。

封闭式油漆是将木材管孔深深地掩埋在透明涂膜层里为主要特征的一种涂饰工艺，主要成分为不饱和树脂，浓度高，表现为家具表面涂膜丰满、厚实，亮光，表面光滑。

2. 半封闭油漆工艺与全封闭油漆工艺

半封闭油漆工艺：为保留木材本身的木射线（棕孔），体现一种贴近自然的纯木质感，喷漆时漆面不经打磨，木材的纹理非常清晰，甚至用手触摸就可以感觉到。这种半封闭油漆的喷漆过程对喷漆设备和技术要求相当高。因为如果油漆厚度不够则将失去油漆的作用，而若油漆太多，又会失去木材本身的特征。

全封闭油漆工艺：每喷漆一遍，要经过一次打磨抛光，处理后漆面非常平整光滑，显得油漆非常厚实和饱满。

3. 自动喷漆与手工喷漆的区别

静电除尘：自动喷漆在所有板件喷漆之前，先经过一遍静电除尘，除去板件表面的尘土，以提高油漆的附着力和清晰度。手工喷漆没有经过静电除尘。

喷漆过程：除尘后，自动喷漆的板件是进入到密闭的喷漆系统进行喷漆，每次喷漆都有 8 个喷枪在同时工作，且喷枪的压力达到 343N/cm^2，油漆与木材的每一个管孔进行充分连接，且油漆颗粒小，雾化好，漆面非常平整、均匀；手工喷漆凭感觉进行喷漆，容易造成漆面的薄厚不一，且手工喷漆喷枪压力小，一般只达 3 ~ 5 千克，所以相对而言，漆面没有自动喷漆均匀、平整。

油漆的干燥：喷漆完成后，自动喷漆的板件进入自动烘干箱，让油漆在密闭的环境中干燥和凝固，这样就避免了干燥时一些灰尘和杂质的混入，保证了油漆的透明度和平整度。而手工喷漆只能在自然的环境中晾干，因空气的湿度不均衡，加之灰尘降落，容易造成油漆表面起皱现象，影响外表的美观。

油漆的利用率：自动喷漆的整个过程都是在密闭的环境中进行的，喷漆时没有附着在板件上的油漆通过高气压全部附在传送带上，可以进行回收和利用，无形中降低了成本；而手工喷漆是人拿着喷枪在板件的上下移动，油漆的附着比例一般只能达到 20% ~ 30%，没有附着在板件上的油漆都被浪费掉了，而且手工喷漆对空气有一定的污染，而自动喷漆则没有。

喷漆遍数：因为木材本身有管孔，油漆会随着管孔渗入木材里面，造成漆面的凹凸不平，所以自动喷漆在每次油漆干燥后要对油漆进行一次打磨抛光，然后喷漆再打磨，经过四道底漆两道面漆，漆面显得非常光滑平整。手工喷漆一般没有这个过程。

4. 喷漆工艺的辨别

首先，看油漆是否有刺激性的气味。如果没有特殊的刺鼻味道，证明油漆的环保性能非常好，对人体没有危害。

其次，看油漆的薄厚。凡是油漆喷得越薄，油漆的亮度就越大，且显得有些发飘；油漆喷的遍数越多，漆面显得越厚重、饱满。

再次，要看板件的边缘是否有流漆现象。很多厂家为牟取暴利，购买劣质油漆，再加上技术不到位，没有先进的设备，家具喷漆后经常出现流漆现象（就像蜡烛燃烧后流下的烛液）。用手摸一下边角就能感觉到。好的油漆不会出现这种现象。

最后，看油漆的变色程度。油漆最大的一个特点是容易变色，在自然的环境中会因为空气湿度和光线的改变而发生色泽变化，有时即使是同一批出产的产品，如果组装日期不同，显示的颜色也有所差异。如果颜色深一些，就可以掩饰这一缺点。

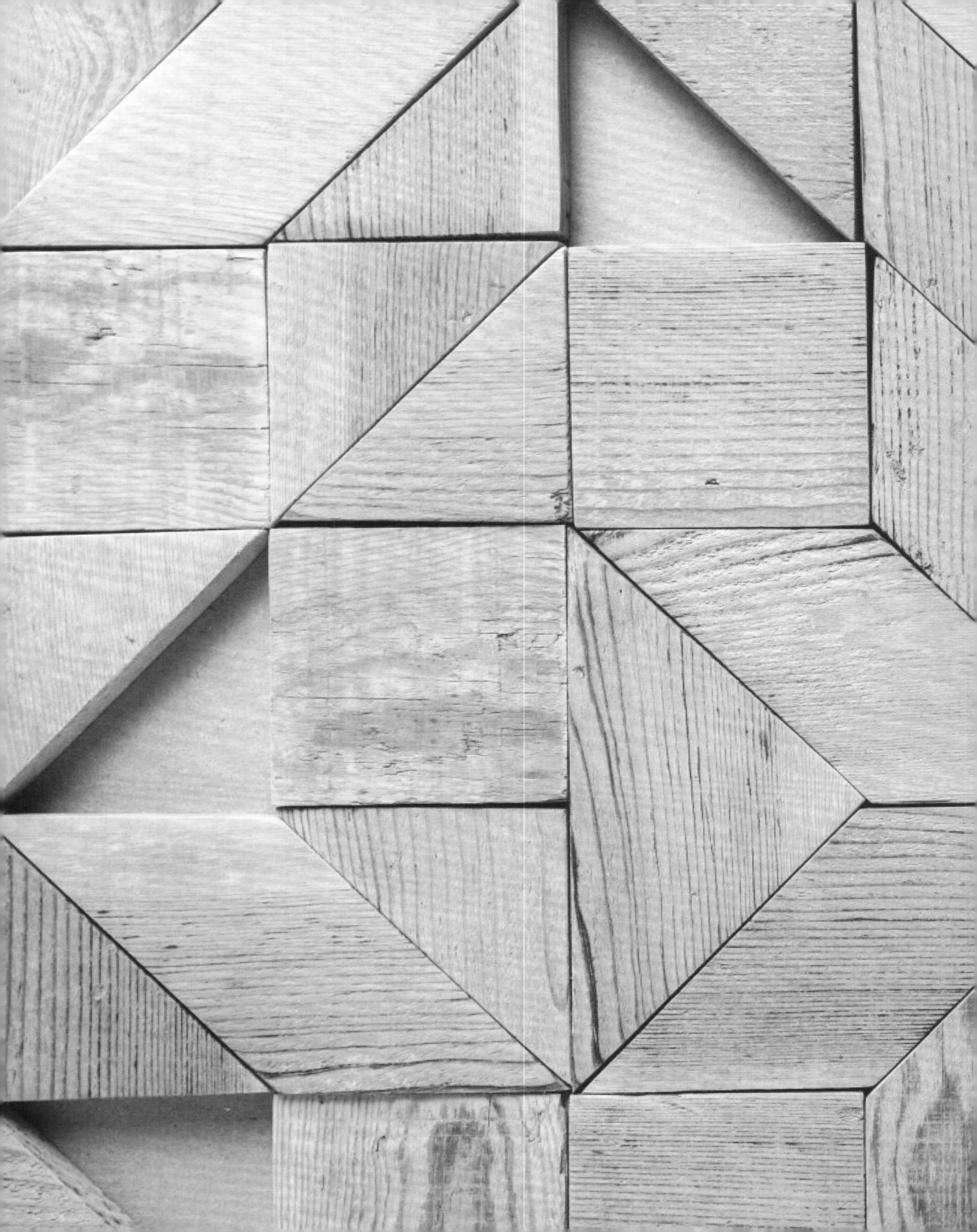

CHAPTER 9 第 9 章 质量判断和品牌定位

QUALITY JUDGEMENT AND BRAND POSITIONING

CHAPTER 9

第 9 章

质量判断和品牌定位

QUALITY JUDGEMENT AND BRAND POSITIONING

9.1 全屋定制产品质量判断

定制家居产品质量由整体风格及色调的整合设计（设计质量）、制作产品的工艺结构综合水准（制造质量）、安装的细节及效果（安装质量）组成。

9.1.1 产品组合的设计合理性判断

消费者在展厅看到的定制家居样品，不能搬回家直接使用，因为房型、规格、功能划分不可能完全一样。所谓设计创造价值，就是整合设计，在有限的空间里结合人的个性及环境的美化和实用精良的产品进行合理有效的谋划。好的设计首先应满足各部件的实用功能，如整体橱柜的存储、备餐、洗理、烹调等，整体衣柜或衣帽间的收纳、梳妆等，以及各种木作系统之间空间布局与尺寸安排合理，使用省力省时方便；空间利用充分，巧妙安排管位、柱位，对不规则墙位进行避开障碍设计等；其次，各系统间色彩搭配一致，和谐美观、造型新颖别致，与装修风格协调，满足个性化要求；再次，所选材料的性价比高，结实、耐用、美观；最后也是最重要的是，物有所值而不是华而不实。要达到以上要求，设计师的品位及素质(养)和务实经验极为关键。

因此，好的设计师在进行设计时必须与消费者进行一对一充分沟通，并提供详细的整体效果图、平面图、各立面设计图、节点放大图、水电气分布图、产品材料配置图等，不断磋商，且服务必须耐心细致。

9.1.2 全屋定制家居产品的制造质量判断

以房门为例：大厂家生产的纯实木木门根据不同区域含水率通过严密的蒸汽脱浆干燥程序进行脱脂、干燥，使其含水率与相应地方环境气候相符，以便木材性能稳定，不开裂，不变形。定制家居样品（产品）应当制作精良，连接结构具有高水准，油漆表面平整，形体优美，木纹清晰美观。封闭漆手感光滑，色泽均匀；开放漆保留原木材的木纹，特点为手能感受到木纹，肌理感比较强。

以衣书柜门及柜体板为例：纯实木木门门框和门芯，经过干燥处理，然后经下料、刨光、开榫、打眼、高速铣形、精细打磨等工序科学加工而成。纯实木木门所选用的多是名贵木材，如奥古曼、胡桃木、樱桃木、橡木、柚木、花梨木等，适合做精细的雕刻与造型，能更好地打造原木制品的尊贵与个性。为防止纯实木热缩湿胀的变形，专业厂家采用框架开槽、收缩胶条、油漆工艺的结构，柜体板（框架板）也如此，因而消费者可以要求厂家（商家）提供类似产品的剖面样品。

查看抽屉板的连接结构及滑轨：抽屉板的连接结构虽属细节，却是影响定制家居柜体质量的重要部分。孔位和尺寸误差会造成滑轨安装尺寸配合上出现误差，进而导致抽屉拉动不顺畅或左右松动。同时，还要注意抽屉缝隙是否均匀。

查看整套木作系统的组装效果：生产工序的任何尺寸误差都会表现在门板上，小厂生产组合的产品，门板会出现门缝不平直，间隙不均匀，有大有小。

9.2 打造整木品牌

整木家居在中国已有相当长的发展历史，然而这个概念被普及却是近几年的事。起初，整木家居在中国的表现方式主要为中式风格整装。随着人民生活水平不断提高，国内高档装修场所越来越多，风格也逐渐接轨国际时尚潮流，集设计、生产、装修于一体的一站式整木家居日渐受到消费者宠爱。这种从家装根源入手，协调设计、装修、施工等环节之间的关系，从而达到家居风格一致的家装方式，不仅能大幅度提高整体居家的美感，还可以为消费者省去不少烦琐的中间环节，因而日益受到重视。

从最早的工人单件订做到如今的整木家居工厂化定制，越来越多的地板、木门企业转而涉足整木行业，以自身转型升级的方式，积极应对单一市场的激烈竞争，整木家居逐渐显露火热发展的趋势。但是，这个行业能走多远，未来是什么情况，尚且不能妄下定论。唯一可以肯定的是，当下行业一直呈现多、小、散、乱的现状，缺乏相关制度管理，整体发展不规范，从地板、木门过渡过来的大、小企业良莠不齐已成事实。未来，整木行业或将迎来新一轮的企业洗牌。面对残酷的市场竞争，整木企业若想生存，必须首先树立起清晰的品牌意识。

当一个企业非常清楚地知道“企业、产品和所提供的服务在市场上、在消费者中间的影响力，以及这种影响力所形成的认知度、忠诚度和联想度，并能够运用适当的策略，将品牌融入消费者和潜在消费者的生活中”时，它就在一定的意义上培育了自己的品牌意识。综合来讲，品牌意识是指一个企业对品牌和品牌建设的基本理念，它是一个企业的品牌价值观、品牌资源观、品牌权益观、品牌竞争观、品牌发展观、品牌战略观和品牌建设观的综合反映。

落实品牌意识的第一步就是企业视觉识别系统（Visual Identity，VI）设计。

VI 是在理念识别（Mind Identity，MI）和行为识别

（Behavior Identity,BI）的基础上，通过一系列形象设计将企业经营理念、行为规范等文化内涵传达给公众的系统策略，是企业全部视觉形象的综合，也是企业识别系统中最重要的组成部分。

简单地说，一套优秀的 VI，不仅可以着力于企业整体形象的塑造，还能提升企业在社会中的声望与亲和力，从而达到使消费者对企业品牌及其产品产生一致的认同感和价值观的最终目的。

比如，企业家们比较熟悉的标识（LOGO）设计，是企业传递形象过程中应用最广泛、出现次数最多的元素，也是企业品牌管理体系最重要的组成部分，同时更是 VI 中最基础、最关键的核心体现。企业将所有的文化内容融入这个标识中，通过后期的不断推敲与反复策划，使之在大众心里留下深刻的印象。标识设计可以引导整个企业的经营理念和所有营销活动，具有毋庸置疑的权威地位。当标识从新生到具有一定影响力之后，它便成为企业的无形资产，为企业带来巨大的市场效应。

因此，成功的 VI 设计对企业长远发展有着至关重要的作用，这是建立一个整木家居品牌的关键第一步。整木企业想要依靠 VI 设计从竞争激烈的市场机制下脱颖而出，选择一家专业的品牌包装公司便是决定其成功与否的关键所在。

当然，在全球整木产业领域的经济活动中，企业想要不断获得并保持自身竞争优势，一系列的品牌包装活动只是基础准备。当品牌意识落实完成后，企业需要及时有效地进行品牌营销。整木企业可以充分利用互联网时代的便利与快捷，通过大数据平台优势和海量的信息库分析，对市场方向进行整体把握，牢牢抓住消费者要点进行深层次的品牌传播，大力扩大企业知名度。同样的，企业在建设品牌的过程中还必须提高整体服务质量。换句话说，消费者的品牌服务意识正在增强，优质的产品服务会为企业增添光彩，从而增加消费者的购买欲望。即便是经营了数十年或上百年的企业，如果不更新、不总结消费者对品牌服务的需求，未来也必将被市场淘汰。归根结底，客户即上帝，主宰着企业的生命长短。只有最大限度地满足了消费者的需求，企业才能在市场竞争中傲立群雄，越走越远。

“合抱之木，生于毫末；九层之台，起于累土；千里之行，始于足下。”创立一个品牌所耗费的时间和精力是无法估算的，付出与回报也是无法估量的。未来，品牌之间的竞争是市场发展的必然趋势。企业家们需要深思的是，自己的品牌是否有实力与别人一较高下？

图书在版编目（CIP）数据

全屋定制设计教程 / 青木大讲堂编著．—— 南京 ：江苏凤凰科学技术出版社，2018.8
ISBN 978-7-5537-9357-3

Ⅰ．①全… Ⅱ．①青… Ⅲ．①住宅－室内装饰设计－教材 Ⅳ．①TU241

中国版本图书馆 CIP 数据核字（2018）第 133359 号

全屋定制设计教程

编　　著　青木大讲堂
项目策划　凤凰空间/刘立颖
责任编辑　刘屹立　赵　研
特约编辑　刘立颖

出版发行　江苏凤凰科学技术出版社
出版社地址　南京市湖南路1号A楼，邮编：210009
出版社网址　http://www.pspress.cn
总 经 销　天津凤凰空间文化传媒有限公司
总经销网址　http://www.ifengspace.cn
印　　刷　上海利丰雅高印刷有限公司

开　　本　965 mm×1 270 mm　1 / 16
印　　张　21.25
版　　次　2018年8月第1版
印　　次　2018年8月第1次印刷

标准书号　ISBN 978-7-5537-9357-3
定　　价　328.00元（精）